高等院校信息类新专业规划教材

国家新闻出版改革发展项目库入库项目

U0149925

# 物联网基础与应用

## （第2版）

主编　彭木根

参编　刘雅琼　刘晨熙
　　　曹　傧　刘喜庆

北京邮电大学出版社
www.buptpress.com

## 内 容 简 介

本教材全面深入地介绍了物联网的感知层、网络层、应用层及其典型应用，突出了物联网主要技术形态、原理、性能、优缺点及未来发展演进等内容。本书对物联网的基础理论与关键技术典型案例做了详细的解读，基础理论的叙述言简意赅，典型案例的讲解翔实具体，确保将先进理论、方法和实践经验与实际应用紧密联系起来，让学生掌握作为未来实践者所必备的技能，学会用理论分析和解决实际问题的方法。

本教材内容翔实丰富、深入浅出，可作为高等院校的通信工程、电子信息工程和计算机应用等专业本科生相关课程的教材或者科研参考书，也可作为中高职院校物联网相关专业的教材，还可作为相关工程技术人员的指导手册。

### 图书在版编目(CIP)数据

物联网基础与应用 / 彭木根主编. --2版. --北京：北京邮电大学出版社，2023.8
ISBN 978-7-5635-6938-0

Ⅰ.①物… Ⅱ.①彭… Ⅲ.①物联网—教材 Ⅳ.①TP393.4②TP18

中国国家版本馆 CIP 数据核字(2023)第 122010 号

策划编辑：姚 顺 刘纳新 责任编辑：刘 颖 责任校对：张会良 封面设计：七星博纳

---

出版发行：北京邮电大学出版社
社  址：北京市海淀区西土城路 10 号
邮政编码：100876
发 行 部：电话：010-62282185 传真：010-62283578
E-mail：publish@bupt.edu.cn
经  销：各地新华书店
印  刷：中煤（北京）印务有限公司
开  本：787 mm×1 092 mm 1/16
印  张：22.25
字  数：579 千字
版  次：2019 年 8 月第 1 版 2023 年 8 月第 2 版
印  次：2023 年 8 月第 1 次印刷

---

ISBN 978-7-5635-6938-0 定价：49.00 元

# 前　言

　　物联网是新一代信息技术的重要组成部分，是"感知中国""智慧地球"的重要基础设施。随着 6G、卫星互联网、低空智联网、区块链等的快速发展，无线物联网的相关基础理论和关键技术等也发生了显著的变化，但已有的物联网教材尚未探讨这些带来的影响，也没将物联网和这些先进系统或技术有机融合在一起。为此，编者将现有物联网教材第 1 版进行改版，以更好地培养符合时代需求的专业人才。

　　《物联网基础与应用》(第 2 版)(下文称"本版教材")在第 1 版的基础上，参考了用书院校师生的反馈意见，对教材内容进行了全面修订和增补。首先，编者将 6G、卫星互联网、低空智联网、区块链等内容新增进本版教材；其次，对每章内容进行了修改完善，强化了基础理论和典型示例讲解，以便读者能更好地掌握基础理论知识；再次，将第 1 版的物联网应用，包括工业互联和车联网合并为一章，同时新增了空间信息安全与区块链等章节内容，以便读者能更好地掌握物联网安全相关知识；最后，全书穿插了物联网系统架构、标准和技术领域的科学家潜心做科研的故事以及我国在这一领域的技术水平的介绍，以激发科研热情，提升技术文化自信，培养爱国情怀。

　　本版教材的修订具体着眼于新工科，强化了专业特色、基础原理与实际应用的融合，构建了"物联网强国"的整体知识框架。章节之间更加融合贯通；理论与实际更加紧密结合；增添了对学生家国情怀培养、价值观塑造的思政元素；增补了最新最前沿的技术；增添和更改了例题和习题；修订了第 1 版的错误。本版教材依然从物联网的感知层、网络层、应用层入手进行讲授，每层从技术原理、主要技术、性能、优缺点、未来发展演进等角度进行介绍，力求给读者建立一个物联网整体知识结构，让其了解相关技术细节的原理，从而引领读者渐渐步入物联网世界，帮助读者把握信息通信科技浪潮发展的方向，为未来就业和科研打下理论基础。

　　本版教材共 9 章，各章节之间既相对独立，又前后呼应、有机结合，每个章节各自有其明确的思路和侧重点。第 1 章介绍了物联网的定义、历史、特征、应用和未来发展等，更新了 IEEE 802.11be 等先进标准的介绍等；第 2 章系统介绍了感知层的基本概念和主要应用，淡化了无线传感器网络等内容；第 3 章介绍了物联网网络层的各种无线通信和网络技术，特别是低轨卫星互联网的相关内容，同时重点增加了 OFDMA 的原理介绍；第 4 章系统描述了物联网应用层技术,重点增加了支持向量机(SVM)、K-Means、决策树、随机森林、卷积神经网络(CNN)、循环神经网络(RNN)等常用机器学习方法的讲解及计算实例;第5章阐述了物联网信息安全技术,着重增加了物理层安全技术;第6章概述了智能交通、智慧医疗、智慧农业、智能家居、智能物流和军事物联应用等物联网典型应用,特别是强化了物联网在垂直行业的广泛应用及广阔的应用前景;第7章介绍了移动通信与物联网的内在关联性,增加了面向物联应用的5G和6G相关基础理论与技术的描述;第8章合并了原第1版的第8章和第9章,系统介绍了工业互联网和移动车联网的原理、体系结构、标准协议、关键技术和应用性能等;第9章是新增的,聚焦空间信息网络的安全与区块链技术,重点介绍了空间信息安全的历史发展、内涵、面临的问题、关键技术,以及区块链的基础架构、技术分类、代表性系统、共识算法、智能合约与区块链中的密码学技术,让读者对物联网的信息安全有一个整体的认识,并掌握相应的核心基础知识。

本版教材结合了6G、低轨卫星通信、区块链等领域的最新发展,纳入了北京邮电大学在这些领域的最新研究成果,以便更好地满足新时代物联网理论和技术发展的需求,更好地培养学生分析和解决问题的能力。

本版教材由多名奋斗在教学和科研第一线的老师联合撰写,语言流畅,内容丰富,基本理论与实际系统紧密结合。书中的讲解、例题以及课后习题均取自当前主流物联网理论、技术和标准的实际案例。本版教材的编写也得到了多名博士生和硕士生的帮助,在此表示诚挚的谢意。

值得注意的是,物联网和信息网络持续演进,相关的基础理论、体系架构、关键技术、标准应用等日新月异。希望本版教材的更新能起到抛砖引玉的作用,后续有更多相关的优秀教材不断涌现出来。读者要学习的是基本原理和基本方法,而不是从本版教材找到解决实际问题的直接答案。

由于编者水平有限,谬误之处在所难免,敬请广大读者批评指正,欢迎来信探讨:pmg@bupt.edu.cn。

彭木根<br>于北京邮电大学沙河校区

本教材 PPT 下载

目 录

目 录

第 1 章　物联网概述 ……………………………………………………… 1

1.1　物联网的起源、意义与发展 ……………………………………… 1

1.1.1　物联网的起源 ………………………………………………… 1

1.1.2　物联网的价值意义 …………………………………………… 2

1.1.3　物联网的发展概述 …………………………………………… 2

1.1.4　我国物联网的发展 …………………………………………… 4

1.2　物联网原理 ………………………………………………………… 5

1.2.1　物联网的定义 ………………………………………………… 6

1.2.2　物联网与互联网的关系 ……………………………………… 6

1.2.3　物联网与蜂窝网络的关系 …………………………………… 8

1.2.4　物联网与 WiFi 的关系 ……………………………………… 9

1.3　物联网技术 ………………………………………………………… 10

1.3.1　物联网技术的特征 …………………………………………… 10

1.3.2　物联网技术的体系 …………………………………………… 10

1.3.3　物理网技术的挑战 …………………………………………… 12

1.4　物联网产业及应用前景 …………………………………………… 13

1.4.1　物联网产业链 ………………………………………………… 14

1.4.2　物联网产业的特点 …………………………………………… 16

1.4.3　物联网的应用领域 …………………………………………… 17

1.5　物联网发展 ………………………………………………………… 18

1.5.1　互联网＋物联网 ……………………………………………… 18

1.5.2　边缘计算与雾计算 …………………………………………… 18

1.5.3　智能物联网 …………………………………………………… 19

1.5.4　物联网与工业互联网 ………………………………………… 19

本章习题 …………………………………………………………………… 20

第 2 章　物联网感知层 …………………………………………………… 21

2.1　感知层的基本概念 ………………………………………………… 21

2.1.1 感知层在物联网中的作用 ……………………………………… 21

2.1.2 感知节点的特点 ………………………………………………… 23

2.2 RFID 与自动识别技术的发展 …………………………………… 24

2.2.1 自动识别技术的发展 …………………………………………… 24

2.2.2 条码、磁卡与 IC 卡 ……………………………………………… 27

2.2.3 RFID 标签 ………………………………………………………… 30

2.2.4 RFID 应用的结构与组成 ……………………………………… 35

2.2.5 RFID 标签编码标准 …………………………………………… 37

2.3 传感器与无线传感器网络 ………………………………………… 39

2.3.1 传感器的基本概念 ……………………………………………… 39

2.3.2 智能传感器的发展 ……………………………………………… 44

2.3.3 无线传感器的发展 ……………………………………………… 46

2.4 位置信息感知技术 ………………………………………………… 47

2.5 智能信息感知设备与嵌入式技术 ……………………………… 50

2.5.1 嵌入式系统与智能信息设备 …………………………………… 50

2.5.2 RFID 应用系统与智能感知设备的设计方法 ………………… 54

2.5.3 无线传感器网络与智能感知节点的设计方法 ……………… 55

本章习题 ………………………………………………………………… 60

第 3 章 物联网网络层技术 ……………………………………………… 62

3.1 网络层概述 ………………………………………………………… 62

3.1.1 物联网网络层的基本功能 ……………………………………… 62

3.1.2 网络层的特点 …………………………………………………… 63

3.2 移动互联网 ………………………………………………………… 65

3.2.1 从计算机网络、互联网、移动互联网到物联网 ……………… 65

3.2.2 计算机网络的基本概念 ………………………………………… 65

3.2.3 互联网、移动互联网的形成与发展 …………………………… 67

3.2.4 IP 网络：从 IPv4 到 IPv6 ……………………………………… 68

3.2.5 接入技术与物联网 ……………………………………………… 71

3.3 蜂窝移动通信 ……………………………………………………… 73

3.3.1 移动通信技术的发展历程 ……………………………………… 73

3.3.2 移动通信系统的结构与原理 …………………………………… 74

3.3.3 蜂窝移动通信的基本原理 ……………………………………… 75

3.3.4 4G 与 OFDMA ………………………………………………… 78

3.3.5 5G 及其应用 …………………………………………………… 81

3.4 空间通信网络 ……………………………………………………… 82

3.4.1 卫星通信系统 …………………………………………………… 82

3.4.2 低轨卫星通信系统 ……………………………………………… 84

        3.4.3 低轨星链计划 ································································ 86
        3.4.4 空间信息物联网 ······························································ 87
    本章习题 ·················································································· 88

第4章 物联网应用层技术 ································································· 91
    4.1 应用层原理 ········································································· 91
        4.1.1 物联网应用层的特点 ···················································· 91
        4.1.2 物联网数据的特点 ······················································ 92
        4.1.3 物联网数据处理的关键技术 ············································ 94
    4.2 海量数据存储与云计算技术 ···················································· 95
        4.2.1 物联网对海量数据存储的需求 ·········································· 95
        4.2.2 互联网数据中心的基本概念 ············································ 96
        4.2.3 云计算在物联网中的应用 ··············································· 97
    4.3 大数据挖掘技术 ·································································· 100
        4.3.1 数据、信息与知识 ······················································ 101
        4.3.2 数据挖掘与知识发现 ···················································· 102
        4.3.3 物联网与智能决策、智能控制 ·········································· 105
    4.4 机器学习技术 ···································································· 107
        4.4.1 机器学习的背景 ························································· 107
        4.4.2 机器学习的主要方法 ···················································· 108
        4.4.3 机器学习的应用举例 ···················································· 119
    4.5 雾计算与物联网 ·································································· 121
        4.5.1 雾计算原理与发展历史 ················································· 121
        4.5.2 雾计算的特征 ··························································· 122
        4.5.3 雾计算的架构 ··························································· 123
        4.5.4 雾计算的应用 ··························································· 124
    本章习题 ················································································ 125

第5章 物联网信息安全技术 ···························································· 128
    5.1 物联网信息安全中的四个重要关系 ············································ 128
        5.1.1 物联网信息安全与现实社会的关系 ····································· 128
        5.1.2 物联网信息安全与互联网信息安全的关系 ···························· 129
        5.1.3 物联网信息安全与密码学的关系 ······································· 130
        5.1.4 物联网安全与国家信息安全战略的关系 ································ 131
    5.2 物联网信息安全技术 ···························································· 132
        5.2.1 信息安全需求 ··························································· 132
        5.2.2 物联网信息安全技术的内容及分类 ····································· 132
        5.2.3 物联网的网络防攻击技术 ··············································· 134

5.2.4 物联网安全防护技术 ················································ 136

5.2.5 密码学及其在物联网中的应用 ·································· 143

5.2.6 物联网的物理层安全技术 ········································· 148

5.2.7 网络安全协议 ·························································· 154

5.3 蜂窝网络安全与隐私保护 ·················································· 157

5.3.1 蜂窝网络面临的攻击 ················································ 157

5.3.2 GSM 的信息安全与隐私保护 ····································· 158

5.3.3 3G 的信息安全与隐私保护 ········································ 161

5.3.4 B3G 与 4G 的信息安全与隐私保护 ···························· 163

5.3.5 5G 的信息安全与隐私保护 ········································ 165

5.4 RFID 安全与隐私保护 ······················································ 167

5.4.1 RFID 安全机制 ························································ 167

5.4.2 RFID 安全性问题 ····················································· 169

5.4.3 RFID 安全解决方案 ················································· 171

5.4.4 RFID 隐私保护 ························································ 175

本章习题 ····················································································· 177

第 6 章 物联网应用 ··········································································· 181

6.1 物联网应用概述 ······························································· 181

6.2 智能交通 ········································································· 182

6.2.1 智能交通的基本概念 ················································ 183

6.2.2 物联网技术与智能交通 ············································· 183

6.2.3 车载网技术的研究 ··················································· 184

6.2.4 物联网技术在民航领域中的应用 ································· 186

6.3 智慧医疗 ········································································· 187

6.3.1 智慧医疗的基本概念 ················································ 187

6.3.2 智慧医疗环境中的医院信息系统 ································· 189

6.3.3 物联网技术在健康监控中的应用 ································· 190

6.4 智慧农业 ········································································· 191

6.4.1 智慧农业的发展背景 ················································ 191

6.4.2 物联网技术在智慧农业中的应用 ································· 192

6.4.3 物联网技术在农产品质量安全溯源中的应用 ················ 194

6.5 智能家居 ········································································· 194

6.5.1 智能家居与物联网技术 ············································· 195

6.5.2 物联网技术在智能家居中的应用 ································· 196

6.6 智能物流 ········································································· 197

6.6.1 智能物流与物联网 ··················································· 198

6.6.2 RFID 技术在智能物流中的应用 ·································· 198

6.6.3　物联网技术与未来商店 ……………………………………… 200

6.6.4　智能物流系统网络体系结构 ………………………………… 201

6.7　物联网军事应用 …………………………………………………… 202

6.7.1　物联网与现代战争 …………………………………………… 202

6.7.2　物联网在陆地战场的应用 …………………………………… 203

6.7.3　物联网在空中战场的应用 …………………………………… 204

6.7.4　物联网在太空的应用 ………………………………………… 204

6.7.5　物联网在水下水面的应用 …………………………………… 205

6.7.6　物联网在地下的应用 ………………………………………… 206

本章习题 …………………………………………………………………… 207

第 7 章　物联网中的移动通信系统 ……………………………………… 209

7.1　移动通信系统概述 ………………………………………………… 209

7.1.1　6G 愿景与需求 ………………………………………………… 210

7.1.2　典型应用场景 ………………………………………………… 212

7.1.3　网络体系架构特征 …………………………………………… 214

7.1.4　6G 关键技术 …………………………………………………… 215

7.2　面向移动通信系统的物联网应用 ………………………………… 216

7.2.1　智慧城市与物联网 …………………………………………… 216

7.2.2　智慧海洋与物联网 …………………………………………… 217

7.2.3　智慧交通与物联网 …………………………………………… 218

7.2.4　智能制造与物联网 …………………………………………… 219

7.2.5　智能家居与物联网 …………………………………………… 219

7.3　非正交多址接入技术 ……………………………………………… 220

7.3.1　多址接入技术概述 …………………………………………… 220

7.3.2　NOMA 基本原理 ……………………………………………… 222

7.3.3　多用户共享接入 ……………………………………………… 223

7.3.4　图样分割多址接入 …………………………………………… 224

7.3.5　稀疏码分多址接入 …………………………………………… 225

7.4　物联网切片技术 …………………………………………………… 226

7.4.1　网络切片的概念与特征 ……………………………………… 226

7.4.2　软件定义网络与网络功能虚拟化 …………………………… 227

7.4.3　物联网切片编排方法 ………………………………………… 230

7.5　节能关键技术 ……………………………………………………… 230

7.5.1　体系架构与节能 ……………………………………………… 231

7.5.2　规划与节能 …………………………………………………… 233

7.5.3　资源管理节能技术 …………………………………………… 234

7.5.4　物理层节能技术 ……………………………………………… 236

本章习题 ……………………………………………………………………… 238

**第 8 章　工业互联网与移动车联网** …………………………………………… 240

8.1　工业互联网的发展与原理 ……………………………………………… 240

8.1.1　历史背景与发展 …………………………………………………… 241

8.1.2　工业互联网的定义 ………………………………………………… 242

8.1.3　工业互联网的体系架构 …………………………………………… 245

8.2　信息物理系统 …………………………………………………………… 253

8.2.1　CPS 的定义 ………………………………………………………… 253

8.2.2　CPS 的本质 ………………………………………………………… 254

8.2.3　CPS 与工业互联网的关系 ………………………………………… 255

8.2.4　CPS 的关键技术 …………………………………………………… 257

8.2.5　CPS 的应用场景 …………………………………………………… 259

8.3　工业互联网展望 ………………………………………………………… 261

8.3.1　工业互联网平台的标准化 ………………………………………… 262

8.3.2　工业互联网面临的安全挑战 ……………………………………… 262

8.4　移动车联网的发展与原理 ……………………………………………… 264

8.4.1　车联网的特点 ……………………………………………………… 265

8.4.2　车联网的通信类型 ………………………………………………… 265

8.4.3　车联网的发展 ……………………………………………………… 267

8.5　车联网的架构与标准 …………………………………………………… 268

8.5.1　IEEE 802.11p 标准 ………………………………………………… 269

8.5.2　IEEE 1609 标准 …………………………………………………… 270

8.5.3　LTE-V2X 标准 ……………………………………………………… 270

8.6　车联网的关键技术 ……………………………………………………… 271

8.6.1　智能感知技术 ……………………………………………………… 271

8.6.2　异构无线网络融合技术 …………………………………………… 273

8.6.3　智能化信息处理技术 ……………………………………………… 274

8.6.4　通信技术 …………………………………………………………… 275

8.6.5　安全性技术 ………………………………………………………… 278

8.7　车联网的应用 …………………………………………………………… 280

8.7.1　紧急救援系统 ……………………………………………………… 280

8.7.2　协助驾驶 …………………………………………………………… 280

8.7.3　智能交通管理 ……………………………………………………… 281

8.7.4　车载社交网络 ……………………………………………………… 281

本章习题 ……………………………………………………………………… 282

**第 9 章　空间信息安全与区块链** …………………………………………… 285

9.1　空间信息安全概述 ……………………………………………………… 285

9.1.1　历史发展与挑战 ……………………………………… 286

9.1.2　空间信息安全的内涵 ………………………………… 288

9.1.3　网络安全面临的主要问题 …………………………… 292

9.2　空间信息安全技术 …………………………………………… 295

9.2.1　网络安全 ……………………………………………… 295

9.2.2　信息系统安全技术 …………………………………… 302

9.2.3　信息对抗技术 ………………………………………… 310

9.2.4　卫星通信系统安全技术 ……………………………… 312

9.3　区块链技术 …………………………………………………… 313

9.3.1　区块链的基础架构 …………………………………… 314

9.3.2　区块链技术的分类 …………………………………… 314

9.3.3　区块链的代表性系统 ………………………………… 316

9.3.4　共识算法 ……………………………………………… 320

9.3.5　智能合约 ……………………………………………… 330

9.3.6　区块链中的密码学技术 ……………………………… 331

本章习题 …………………………………………………………… 337

参考文献 …………………………………………………………… 339

# 第1章 物联网概述

随着移动通信、大数据、云计算、人工智能、卫星互联网等的发展,智能家居、智能穿戴装备、医疗器械、虚拟现实版游戏、智慧社区、无人驾驶、智慧交通网络等应用不断涌现和蔓延,万物之间的互联互通成为可能,物联网也成为继计算机互联网、移动互联网之后的新网络模式。物联网主要应用包括工业互联网、车联网、智能电网等。

## 1.1 物联网的起源、意义与发展

物联网的概念最早可以追溯到比尔·盖茨 1995 年编写出版的《未来之路》一书。在该书中,比尔·盖茨提及了物物互联,但受限于当时的无线网络、硬件及传感设备,并未引起重视。1998 年,美国麻省理工学院提出了物联网构想。1999 年,在物品编码、射频识别(RFID)技术和互联网的基础上,美国 Auto-ID 中心首先提出了物联网的概念。

### 1.1.1 物联网的起源

2008 年,美国 IBM 提出了"智慧地球"的构想,物联网是其中不可缺少的一部分,2009 年 1 月,美国将其提升到国家战略的高度。IBM 公司首席执行官彭明盛认为,智能技术将应用到生活的各个方面,如智慧的医疗、智慧的交通、智慧的电力、智慧的食品、智慧的货币、智慧的零售业、智慧的基础设施甚至智慧的城市,这使地球变得越来越智能化。

智慧地球的核心是以一种更智慧的方法通过利用新一代信息技术来改变政府、公司和人们相互交互的方式,以便提高交互的明确性、效率、灵活性和响应速度。这将使得政府、企业和市民可以做出更明智的决策。该智慧方法有以下三个方面的特征:更透彻的感知、更广泛的互联互通、更深入的智能化。

(1) 更透彻的感知

这里的"更透彻的感知"是超越传统传感器、数码相机和 RFID 的更为广泛的一个概念。具体来说,它是指利用任何可以随时随地感知、测量、捕获和传递信息的设备、系统或流程进行感知。通过使用这些新设备,从人的血压到公司财务数据或城市交通状况等任何信息都可以被快速获取并进行分析,便于立即采取应对措施和进行长期规划。

（2）更广泛的互联互通

互联互通是指通过各种形式的高速的高带宽的通信网络工具,将个人电子设备、组织和政府信息系统中收集和储存的分散的信息及数据连接起来,进行交互和多方共享,从而更好地对环境和业务状况进行实时监控,从全局的角度分析形势并实时解决问题,使得工作和任务可以通过多方协作来得以远程完成,从而改变世界的运作方式。

（3）更深入的智能化

智能化是指深入分析收集到的数据,以获取更加新颖、更加系统和更加全面的洞察来解决特定问题。这要求使用先进技术(如数据挖掘和分析工具、科学模型和功能强大的运算系统)来处理复杂的数据分析、汇总和计算,以便整合和分析海量的跨地域、跨行业和职能部门的数据和信息,并将特定的知识应用到特定的行业、特定的场景、特定的解决方案中以更好地支持决策和行动。

### 1.1.2 物联网的价值意义

（1）物联网应用创新了治理模式

物联网的广泛应用改变了传统的社会管理模式,在线监测、实时感知、远程监控成为管理的新亮点,极大地创新了社会治理模式。无论在安全生产、社会治安防控领域,还是在危险源监控和应急救灾领域,物联网应用都实现了在线实时管理,这极大地提高了突发事件预判和应急处置能力。

（2）物联网应用促进了绿色低碳

物联网应用促进了各领域用料、用能、用水的精细化,减少了资源浪费,提高了资源利用率,降低了污染物排放。例如,工业物联网技术的广泛应用,让工厂生产线具备了自我感知能力,根据材料配方需要,实时、精准地用料、用水和用能,提高生产资料的利用率,减少废水、废气等污染物的排放。能源物联网的发展促进了物联网技术在能源生产、传输、存储和利用等环节的应用,实现了实时感知、精准调度、故障判断、预测性维护。

（3）物联网应用促进了开放合作

物联网应用加强了人与人之间的连接,更加强了人与物、物与物之间的连接,打通了人与物、物与物之间的信息流通渠道,促进了物与物之间的协作。例如,工业物联网应用将不同流水线、不同车间、不同工厂内的机器连接在一起,组成了一个标准化通信的开放网络,强化了机器之间的信息流动,促进了机器之间、流水线之间、车间之间、工厂之间的协同协作。

（4）物联网应用促进了共建共享

由于物联网的软硬件接口、传输协议等标准化,促成了物联网网络互联和信息互动,使得各类开放式的物联网公共服务平台得到了快速发展。例如,视频监控物联网公共服务平台促进了公安、交通、金融、环保、国土等部门视频监控网络的共建共享,统一了视频探头,统一了视频监控网络,统一了数据存储中心,不仅减少了各部门重复投资建设,而且大大提高了网络利用率和覆盖率。

### 1.1.3 物联网的发展概述

以移动互联网、云计算、大数据等为代表的新一代信息通信技术(ICT)创新活跃、发展迅猛,这些ICT正促进物联网的快速发展和成熟,并且在全球范围内掀起新一轮科技革命和产业变革。面对物联网可能带来的历史机遇,发达国家政府纷纷部署物联网的发展战略,瞄准重大融合创新技术的研发与应用,以寻找新一轮经济增长的动力,以期把握未来国际经济科技竞争的主动权。

**1. 全球物联网战略和政策逐步形成**

全球物联网已经从单个应用为主的初级阶段步入"融合应用、集成创新"的新阶段,已全面渗透到各个领域,产业布局正在逐步完善。美国政府通过提供资金和政策来全面支持物联网产业的发展。2017 年,美国事务处理性能委员会(TPC)表示全球物联网发展有必要制定网关基准,将新的基准命名为"TPCx-IoT Benchmark",2018 年 6 月由美国政府制定的《SMART物联网法案》颁布。欧盟及其成员国也积极发展物联网:2015 年欧盟成立物联网创新联盟(AIOTI)平台;同年 5 月,欧盟提出实施"数字化单一市场战略(DSM)",强调要避免分裂和促进共通性的技术和标准来发展物联网。2016 年启动"物联网欧洲平台倡议(IOT-EPI)"和物联网大规模试点计划。德国的工业 4.0 理念正影响全球,并于 2016 年宣布通过窄带物联网原型枢纽进一步加快物联网市场的发展。英国在 2014 至 2018 年投资 5 亿英镑建设智慧城市,并于 2018 年在英国数字政策中提出要全力发展物联网及城市智慧基础建设。

亚洲的日本、韩国积极推动以物联网为代表的信息技术与传统产业相融合,推进智慧日本、智慧韩国的建设。在物联网平台建设方面,日本于 2015 年 10 月成立物联网推进联盟,并于 2016 年与美国工业互联网联盟、德国工业 4.0 签署合作备忘录以联合推进物联网标准合作。2017 年日本推出了"科学技术 Innovation 综合战略 2017"。2014 年韩国提出了"制造业创新 3.0 战略",2015 年又公布了经过进一步补充和完善后的"制造业创新 3.0 战略实施方案"。2016 年韩国出台了"创意经济"计划大力扶持物联网等技术。

**2. 全球物联网产业发展加速**

物联网逐步从概念论证走向技术攻关及标准制定,并且已具备了大规模应用的基础条件。以 ARM、Intel、博通、高通、TI 等为代表的半导体厂家纷纷推出面向物联网的低功耗专用芯片产品,并且针对特殊应用环境进行优化。Intel 2014 年发布了爱迪生(Edison)适应可穿戴及物联网设备微型系统级芯片,2015 年发布了居里(Curie)芯片,为开发者提供底层芯片及开发工具。微型化、低功耗、低成本的光线、距离、温度、气压等微机电系统(MEMS)传感器、陀螺仪在物联网终端被广泛内置,人脸识别、增强现实、3D 显示等技术被应用于认证识别。2015 年,国内外各大公司相继推出各种物联网操作系统——谷歌推出了物联网软件 BriloOS 和物联网协议 Weave,微软在发布 Windows 10 的同时发布了 Windows 10 IoT Core,华为发布开拓物联网领域的"敏捷网络 3.0"战略,庆科发布了最新的 Mico 2.0。物联网技术的快速发展为物联网大规模应用创造了良好的条件。M2M 成为全球电信运营企业重要的业务增长点。"德国工业 4.0""美国工业互联网"和"中国制造 2025"的提出标志着工业物联网将成为未来物联网应用的焦点。

物联网的应用逐步实现跨行业领域的互联。世界各大城市,诸如纽约、伦敦、巴黎、东京、首尔、斯德哥尔摩等,相继推行的"智慧城市"战略各有侧重行业领域,均实现了多个行业领域的互联,互联的主要行业领域有智慧政务、智慧电力、智慧交通、智慧医疗和智慧教育等。2016 年,在国际消费类电子产品展览会(CES)上,福特与亚马逊的合作使各大企业争相布局的车联网和智能家居实现了互联;宝马集团也展示了"物联网"概念,将交通出行、家居等生活领域的必要信息综合在智能家居系统中。

**3. 全球物联网标准持续推进**

为了加速推进全球物联网产业的发展,各标准组织都在根据本领域的需求努力开展物联网标准的制定工作。虽各标准化组织在标准制定方面各有侧重,但总体来看,国际上各个标准组织的物联网标准制定的热点和重点都是物联网架构标准。开展物联网整体架构研究的国际组织有欧洲电信标准组织(ETSI)、国际电信联盟(ITU)、国际标准化组织/国际电工协会(ISO/IEC)等。ETSI专门成立了一个专项小组M2M TC,从M2M的角度进行相关标准化研究;ITU-T先后设立了IOT-GSI(全球物联网标准举措)和FG M2M(M2M焦点组);国际标准化组织/国际电工协会第一联合技术委员会(JTC1)在2014年正式成立物联网标准工作组(WG10)。在国际物联网标准与产业峰会上,国际三大标准组织ISO、IEC、ITU-T的相关负责人参会,共同探讨物联网标准与产业热点及物联网参考体系结构标准等内容。

### 1.1.4 我国物联网的发展

在国家有力政策环境和产业技术创新的推动下,我国物联网产业呈现强劲发展势头,行业应用不断深入,热点应用层出不穷,产业发展模式逐渐清晰。

**1. 国家持续出台扶持政策,物联网产业政策环境日趋完善**

国家层面高度重视物联网相关工作,国务院和各部委协力推动物联网产业发展,从顶层设计、组织机制、产业支撑等多个方面持续完善政策环境。2010年,物联网被正式列为国家五大战略性新兴产业之一,写入十一届全国人大三次会议政府工作报告,被明确列入《国家中长期科学和技术发展规划纲要(2006—2020年)》和2050年国家产业路线图。2015年,国务院印发中国政府实施制造强国战略第一个十年的行动纲领——《中国制造2025》,围绕实现制造强国的战略目标,明确了9项战略任务和重点,提出了8个方面的战略支撑和保障。2016年,十八届三中全会通过了《中共中央关于制定国民经济和社会发展第十三个五年规划的建议》。2017年,工信部印发《关于全面推进移动物联网(NB-IoT)建设发展的通知》,指出加强物联网平台能力建设,支持海量终端接入,提升大数据运营能力。2020年,工信部印发《关于深入推进移动物联网全面发展的通知》,指出准确把握全球移动物联网技术标准和产业格局的演进趋势。2021年,工信部等八部门推出《物联网新型基础设施建设三年行动计划(2021—2023)》,该计划确立了我国物联网产业发展的指导思想和推进产业发展的基本原则,明确了产业发展的战略意义,并提出了实施行动计划的总体行动目标和具体任务要求。2022年,工信部等部门发布《工业能效提升行动计划》,提出推动5G、云计算、边缘计算、物联网、大数据、人工智能等数字技术在节能提效领域的研发应用,积极构建面向能效管理的数字孪生系统。

**2. 产业链趋向完整,产业集聚,区域特色明显**

从空间分布来看,我国已初步形成长江三角洲地区、环渤海地区、珠江三角洲地区、西部地区四大物联网产业空间格局,四大区域各有特色,区域间相互独立,协调发展。各区域研发机构、公共服务等配套体系完备,企业分布密集,产业氛围良好。同时,这些地区依托发达的经济环境与雄厚的地方财力,建设了一大批物联网示范项目,带动了相关技术和产品的大范围社会应用。

长江三角洲地区是我国经济发展的龙头,物联网产业在全国也处于领先地位,芯片、传感器等基础环节有一定产业积淀,特别是在新型MEMS传感器的研发和产业化方面一枝独秀,整体产业汇集力很强。环渤海地区则主要依靠京津冀区位与资源优势,以集成和模式创新为主发展物联网产业。珠江三角洲地区市场化程度最高、产业链衔接最为紧密,各环节对市场的感应程度较为明显,市场转向灵活。西部地区发展平稳,逐步形成产业聚集,基于 RFID 的区域行业应用开展较好。

**3. 产业保持快速发展,移动互联网助力物联网产业呈指数级增长**

我国物联网产业持续快速发展。据相关报道,2020 年,中国物联网产业规模达到 2.14 万亿元,物联网连接数高达 45.3 亿个,占全球物联网连接数的 30%,继续保持全球第一大市场地位,未来中国物联网连接数规模将继续扩大,到 2030 年我国移动物联网连接数将达到百亿级规模。

移动互联网业务发展迅猛,将带动物联网进入规模化发展新阶段。我国移动互联网市场的繁荣和产业优势,将对物联网发展起到强大的带动作用。移动互联网应用以开放接口方式连接物联网设备,使物联网能够依托移动互联网应用的入口优势和用户优势,打造国民级物联网应用。

**4. 国内物联网热点应用"层出不穷",新兴业态不断涌现**

物联网以泛在感知、精益控制、数据决策等能力要素集的形式向传统行业的上下游各个环节加速渗透、多维融合,促进产业升级和结构优化,推动新兴业态不断涌现。当前,物联网正通过与其他信息通信技术的融合,加速向制造技术、新能源、新材料等其他领域渗透。随着工业"互联网+"迅速崛起,物联网 3.0 时代悄然来临,逐渐进入实质性推进阶段,物联网的理念和相关技术产品已经广泛渗透到社会经济民生的各个领域。"互联网+"与传统产业相结合,使传统产业爆发出新的生机。

在家居方面,移动 App 发挥数据汇聚中心和控制中心的作用,一方面获取温度、湿度等各类传感设备的监测信息,另一方面作为遥控器反向控制照明灯、洗碗机、落地灯等家用电器。

在安全方面,儿童防丢设备具有蓝牙防走散、安全区域报警、四重定位等功能,孩子佩戴后,家长在手机上即可随时查看孩子的位置、了解孩子的动态;老人移动 App 具备老人定位、报警、日常健康检测及大数据分析功能,帮助养老机构解决找人难、老人遇险报警难、遇到问题追溯难等问题。此外,基于可穿戴设备的个人健康管理、运动统计等融合应用引发的流量占比越来越大。

从智能制造与工业 4.0、智慧医疗、可穿戴、车联网到大数据、云计算、智慧城市,物联网正凭借与新一代信息技术的深度集成和综合应用,在推动产业转型升级、提升社会服务、改善服务民生、增效节能等方面发挥重要作用,正给部分领域带来真正的"智慧"应用。

## 1.2 物联网原理

物联网是在"互联网概念"的基础上,将其用户端延伸和扩展到任何物品与物品之间,进行信息交换和通信的一种网络形态,它基于互联网、传统电信网等信息承载体,让所有能够被独立寻址的普通物理对象实现互联互通的网络。

### 1.2.1 物联网的定义

较为公认的物联网的定义是:通过 RFID 装置、红外感应器、全球定位系统、激光扫描器等信息传感设备,按约定的协议,把任何物品与互联网相连接,进行信息交换和通信,以实现智能化识别、定位、跟踪、监控和管理的一种网络。

物联网中的"物"的涵义要满足以下条件才能够被纳入"物联网"的范围:要有相应信息的接收器;要有数据传输通路;要有一定的存储功能;要有 CPU;要有操作系统;要有专门的应用程序;要有数据发送器;遵循物联网的通信协议;在世界网络中有可被识别的唯一编号。一般认为,物联网具有以下三大特征。

a. 全面感知:利用 RFID、传感器、二维码、无线射频感知等随时随地获取物体的信息。

b. 可靠传递:通过有线网络、无线网络与互联网等融合,将物体的信息实时准确地传递给用户。

c. 智能处理:利用云计算、数据挖掘以及模糊识别等人工智能技术,对海量的数据和信息进行分析和处理,对物体实施智能化的控制。

### 1.2.2 物联网与互联网的关系

**1. 体系架构**

从体系架构来看,物联网通常被划分为三个层次:感知层、网络层、应用层。在有些划分中也将物联网划分为四层或五层,但不管是哪一种架构体系划分,感知层都是必不可少,而在计算机和互联网的体系架构中是没有感知层的。物联网需要通过遍布各地的传感器来感知并采集用户或工业数据,互联网不需要这个过程。另外,网络层将各个计算机终端通过网络连接起来,而应用层主要是通过系统支撑起各种应用。

**2. 操作系统**

在物联网应用领域会经常听到一个词——"嵌入式操作系统"。这种操作系统不同于互联网时代的通用操作系统,它很"专",这一点区别于 Windows 系统的"泛"。在互联网中,大部分的 PC、移动笔记本计算机等终端安装的都是微软的 Windows 操作系统,在企业的服务器中 Windows 也占据绝对份额,这使互联网的标准比较统一。但在工业环境中硬件和软件都比较繁杂,而且行业分类非常多。嵌入式操作系统满足的是某个行业企业的应用需求,这就使得物联网操作系统必须专注于某一领域。

**3. 系统的实时性**

由于工业生产环境中大多是工业控制化系统主导,数据能否及时地传输到指定的地方将决定工业生产过程能否继续进行下去。因此,工业系统对数据的实时性要求非常高,不允许数据有太大的延迟,更不允许数据出现宕机等事故发生,不然就会给企业带来重大损失,这要求物联网的网络传输必须有较高的实时性。但对互联网应用而言,主要是进行人与人之间的信息传递与沟通,在很多情况下,信息延迟并不会对沟通带来太大的影响。

**4. 通信协议**

通信协议是终端设备之间通过网络进行沟通的通信标准。在互联网应用中,TCP/IP 是主流的网络传输协议,几乎所有的入网终端必须支持该协议才能实现互联网信息传输。但在工业应用中,主流的工业网络传输协议包括 Modbus、Canbus、Profibus 等,常用的各种工业通信协议不少于 10 种。因此,通信协议的不同是物联网与互联网的一个非常明显的区别。

### 5. 系统升级

系统升级是防堵系统安全漏洞的一个常用办法,在日常应用中为了保证系统不受恶意攻击,及时地升级系统是必须的。但在工业环境中,系统的升级需要慎之又慎。前面谈到工业操作系统都是比较"专"的嵌入式操作系统,这些系统主要是针对某一行业或某一领域的工业应用。一方面,很少有黑客针对这些专用的系统设计病毒;另一方面,工业系统的升级很容易引发兼容问题,导致整个工业系统停机。因此,工业系统一般很少进行升级。

### 6. 开发流程

传统的基于互联网应用的开发都有着严格的开发流程和测试流程,主要原因是这些开发都是基于通用的软件开发环境和平台的。比如,基于.Net 的开发有微软提供的开发平台及框架,基于 Java 的开发有 Oracle 提供的开发平台及框架,这些都是通用的软件开发。要部署到通用的系统环境之中,必须制定严格的开发流程和测试流程,以保证软件能适应各种通用系统和环境。但是,工业环境中的操作系统都是比较"专"的小系统和应用,限定在某一领域或行业中,软件开发既要结合行业特点,也要结合企业的需求,软件的个性化特点十分突出,无法制定千篇一律的开发流程和测试流程。

### 7. 网络形态

从网络形态来说,物联网终端的传输网络大多处于未受保护的环境之中,而互联网的终端大多处于受保护的环境中。与互联网中类型较为统一的终端形态相比,物联网的接入终端形态纷繁各异,厂商无法针对这些差异化的终端部署统一的网络安全防护体系。

### 8. 物理安全

物理安全主要是指物理设备本身的安全。物联网的目标是实现万物互联,不管这个"物体"在何地方,只要能接入物联网中并传输数据都可以实现互联。伴随着万物互联的物联网时代推进,数百亿甚至数千亿的设备接入网络,这些设备遍布全球,无法做到对这些设备 100% 地保护,但互联网的终端设备及服务器大都在用户的专门保护下运行。因此,从物理设备的安全性来说,物联网和互联网的接入终端存在很大区别,如表 1-1 所示。

表 1-1 物联网与互联网的区别与联系

| 比较项 | 物联网 | 互联网 |
|---|---|---|
| 体系架构 | 感知层、网络层、应用层 | 网络层、应用层 |
| 操作系统 | 使用嵌入式操作系统,如 VxWorks、Predix 等 | 使用通用操作系统,如 Window、UNIX、Linux 等 |
| 系统实时性 | 工业控制对系统数据传输、信息处理的实时性要求较高,但智能家居对系统的实时性要求不高 | 大部分系统对实时性的要求不高,信息传输允许延迟,可以停机和重启恢复 |
| 通信协议 | 以 Mudbus 等工业网络专用协议为主,也包括 TCP/IP | 以 TCP/IP 为主 |
| 系统升级 | 一般很少进行系统升级,如需升级,可能需要整个系统升级换代 | 采用通用系统,兼容性较好,软硬件升级较容易,软件系统升级较频繁 |

| 比较项 | 物联网 | 互联网 |
|---|---|---|
| 开发流程 | 不像传统 IT 信息系统软件在开发时拥有严格的安全软件开发规范及安全测试流程 | 开发时拥有严格的安全软件开发规范及安全测试流程 |
| 网络形态 | 无线传感网传感器节点大规模分布在未保护的环境中 | 网络节点大多分布在受保护的环境中 |
| 物理安全 | 节点物理安全较薄弱 | 主机大多分布在受保护的环境中 |

互联网为人而生,而物联网为物而生:互联网的产生是为了人通过网络交换信息,其服务的主体是人。而物联网是为物而生,主要为了服务于物,让物自主地交换信息,间接服务于人类。例如,传统的互联网用户浏览网站时是点击按钮或者链接从一个页面跳转到另一个页面,有意识地跟网站发生交互行为之后留下行为信息。但是,物联网却能在用户还没意识到的情况下就完成了信息的搜集。物联网为物而生,但物没有智慧,理论上是无法感知、认识和决策的,因此,物联网的实现比互联网的实现更难。另外,从信息的进化上来讲,从人的互联,到物的互联,是一种自然的递进,本质上互联网和物联网都是人类智慧的物化而已,人的智慧对自然界的影响是信息化进程的本质原因。

作为互联网的延伸,物联网利用通信技术把传感器、控制器、机器、人员和物等通过新的方式联在一起,形成人与物、物与物相联,而它对于信息端的云计算和实体端的相关传感设备的需求,使得产业内的联合成为未来必然趋势,也为实际应用的领域打开无限可能。

### 1.2.3　物联网与蜂窝网络的关系

根据 Transforma Insights 的统计,截止 2019 年年底,全球激活的 IoT 设备已达到 76 亿个。在年复合增长率为 11% 的情况下,预计到 2030 年 IoT 设备将会增长到 241 亿个。物联网连接的方式有蓝牙、WiFi、蜂窝移动网络、NFC、电力线等。蜂窝网络在全球有着广泛的覆盖,保证了连接始终在线,能确保服务质量和网络的健壮性,已在全球形成完善的生态系统,是物联网的核心组成部分。物联网具有海量连接、低数据量、低成本终端和对能耗严格要求等特征,具有高可靠性、高可用性和低延迟性等性能需求,而蜂窝网络正好能满足这些性能需求,并且针对这些需求进行了蜂窝网络下的物联网增强技术研究和标准制定。

据全球移动供应商协会 2018 年 10 月消息显示,通信服务提供商已宣布在全球范围内部署 85 个蜂窝网络,这些蜂窝网络均使用 NB-IoT 和/或 Cat-M1。欧洲和亚洲都部署了 Cat-M1,而北美除了部署 Cat-M1,也已经开始部署 NB-IoT。以 NB-IoT 和 Cat-M1 等部署可以帮助通信服务提供商实现全球范围的解决方案互补,满足不同垂直领域持续变化的市场需求,如智慧城市、物流、农业、制造业和交通等。根据爱立信研究院研究,如图 1-1 所示,随着新的物联网支持技术的部署,蜂窝网络连接的设备数量和每个设备产生的流量的增加将驱使移动网络总体流量增加。

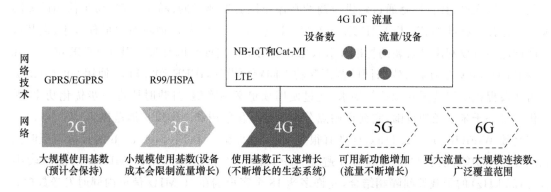

图 1-1　蜂窝网络的发展推动物联网流量的增加

### 1.2.4 物联网与 WiFi 的关系

在为物联网应用选择产品时,需考虑数据吞吐量、能效和设备成本等方面的要求。当更偏重成本而对服务质量要求不太高时,近距离的蓝牙,中远距离的 Mesh、ZigBee、WiFi、LoRa 等,具有较好的应用空间和发展前景,其中 WiFi 具有典型的代表性。

WiFi 技术发展至今已有 20 余年的历史,从第一代 IEEE 802.11b 到 IEEE 802.11g、IEEE 802.11a、IEEE 802.11n,一直到现在的 IEEE 802.11ax。随着技术和产品的发展,用户对速率的要求越来越高,产品的变化也越来越快。最新一代 WiFi——WiFi6(IEEE 802.11ax)的传输速率已经能够达到 1～10 Gbit/s。现在 WiFi 能够覆盖更多样化的应用,如物联网、汽车、4K 视频传输等。图 1-2 展示了 WiFi 技术的发展与未来。

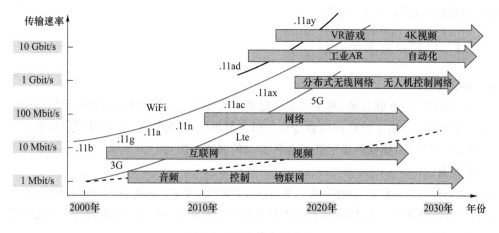

图 1-2　WiFi 技术的发展

作为蜂窝网在室内覆盖的补充,WiFi 承担的数据传输量约为总量的 70％。而随着接入网络的智能设备数量越来越多,数据传输量越来越大,当多个家庭成员同时尝试在自己的设备上播放带宽密集型视频时,便会受到带宽总量的限制,导致每个 WiFi 连接会遇到网络性能不佳问题,为此,IEEE 802.11ax 标准在 WiFi 速率、频段、覆盖面积上都有显著提升,使得 WiFi 将具备更加宽松的带宽流量以满足多用户同时服务需求,同时也增加了传输距离与传输速率,还满足 AR/VR、自动驾驶与 4K 影视等多元化场景应用的需求。

WiFi 和 IEEE 802.11 是一种无线协议,频谱成本为零,旨在通过非授权的频带上的无线通信替换以太网,其目标是通过跨供应商的互操作性提供现成的、易于实现、易于使用的短距离无线连接。标准 WiFi(基于 IEEE 802.11a/b/g/n/ac)通常不是物联网的最佳技术,但某些物联网应用可以利用已安装的标准 WiFi,尤其适用于室内或校园环境。基于 IEEE 802.11ah 的 WiFi HaLow 专为解决物联网的范围和功率问题而设计,IEEE 802.11ah 使用 900 MHz 免许可频段提供扩展范围和低功耗要求,通过使用预定义的唤醒/打盹时段进一步优化功率,并提供超过一千米半径的范围,它允许站点分组以最小化争用和中继以扩展范围。

高效 WiFi(IEEE 802.11ax)标准有很多增强,它保留了 IEEE 802.11ah 的目标唤醒时间和站点分组功能,使客户节省电力并避免冲突,此外,上行链路多用户 MIMO 功能与较小(78.125 kHz)的子载波间隔相结合,允许多达 18 个客户端在 40 MHz 信道内同时发送数据。

IEEE 802.11be 协议是对 IEEE 802.11ax 等的升级,最大数据速率为 30 Gbit/s,比 IEEE 802.11ax 的速率要高 4 倍,频率范围从 1 GHz 到 7.250 GHz,包括 2.4 GHz、5 GHz 及新的 6 GHz 未授权频段,并支持 320M 的带宽和 16 个流的 MIMO 技术,同时采用了 4096 QAM 高阶调制方式,这些都为 IEEE 802.11be 设备的 RF 测试带来了巨大的挑战,同时对仪器也提出了更高的性能要求。

## 1.3 物联网技术

物联网是典型的多技术融合网络,涉及 IPv6、云计算、传感、RFID 智能识别、无线通信等。从专业角度来看,涉及计算机科学与技术、电子电气工程、信息与通信工程、自动控制、遥感与遥测、涵盖的精密仪器、电子商务等。

### 1.3.1 物联网技术的特征

**1. 互联性**

物联网的核心是互联互通,其主要是通过各类有线及无线通信技术,将事物信息及时准确地感知并传输出去。由于物联网所要传输的信息量极大,在传输这些海量信息时,为了保证信息的正确性与及时性,物联网需要适应各种类型的网络及协议。

**2. 智能化**

物联网不但具备信息收集功能,还具备信息处理功能,可对物体进行有效的智能管理,物联网通过把设备与传感器相连接,利用云计算、智能识别等技术可大范围实现对事物的智能化管控。

**3. 强识别性**

物联网具有海量的各类型传感器,单个传感器均是一个信息源,各种类型的传感器所接受到的信息在格式及内容上是不同的,因此物联网具备极强的识别功能。

### 1.3.2 物联网技术的体系

2009 年 9 月,欧盟发布《欧盟物联网战略研究路线图》,该白皮书列出 13 类关键技术,包括:标识技术、物联网体系结构技术、通信与网络技术、数据和信号处理技术、软件和算法、发现与搜索引擎技术、电源和能量储存技术等,其技术框架如图 1-3 所示。

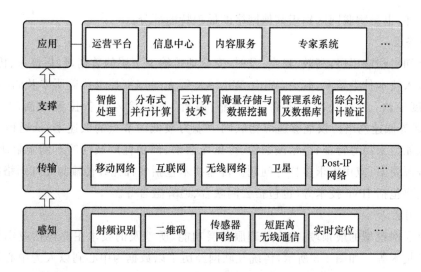

图 1-3 物联网的技术体系框架

根据信息生产、传输、处理和应用的原则,可以把物联网分为三层:**感知层、网络层和应用层**。图 1-4 所示为物联网三层模型及相关技术。(注:也有将物联网分为四层的说法,分别为感知层、网络层、管理服务层和应用层。)

图 1-4 物联网三层模型

（1）感知层

位于物联网模型的最底端,是所有上层结构的基础,包括 RFID、无线传感器等信息自动生成设备,也包括各种智能电子产品,如智能手机、平板计算机、笔记本计算机等,用来人工生成信息。信息生成方式多样化是物联网的重要特征之一,为了获得信息,采用传感器技术、标识技术、特征识别技术、位置感测技术等感知识别技术,让物品"开口说话、发布信息",这是融合物理世界和信息世

感知识别
技术拓展

界的重要一环,也是物联网区别于其他网络的最独特的部分。

(2)网络层

连接感知层和应用层,高效、稳定、及时、安全地传输上下层的数据,包括接入、传输与网络技术等。接入技术种类繁多,其中,WiFi/WiMAX 等无线宽带技术覆盖所涉及的技术范围较广,传输速度较快,为物联网提供高速、可靠、廉价、不受接入设备位置限制的互联手段;ZigBee/蓝牙等低速网络协议能够适应物联网中能力较低的节点的低速率、低通信半径、低计算能力和低能量来源等特征;毫米波通信、可见光通信、低功耗广域网等有助于解决物联网面对的频谱资源受限、应用需求多样等问题。传输技术包括各种光纤传输与光纤网络技术等,而网络技术主要包括 IPv6 技术等,也包括云网融合、通算融合等。

(3)应用层

位于物联网模型的最顶端,内含管理服务层功能,所涉及的技术主要包括应用管理、信息技术和服务技术等。如图 1-5 所示,传统互联网经历了以数据为中心到以人为中心的转化,典型早期应用包括数据传输、电子邮件、万维网、电子商务、视频点播、在线游戏和社交网络等,再到物联网应用以"物"或者物理世界为中心,涵盖智能交通、智能物流、智能建筑等。物联网应用一直快速增长,具有多样化、规模化、行业化等特点。

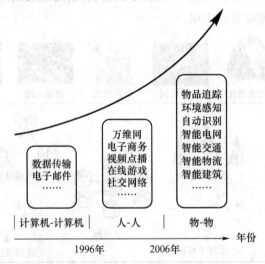

图 1-5 网络应用增长:从连接计算机到连接物

## 1.3.3 物理网技术的挑战

物联网的发展主要面临以下几方面技术挑战。

(1)技术标准问题

当前物联网标准体系建设面临 4 大难题。一是不统一性:各标准组织之间缺乏统一的规划,国家基础标准、应用标准、电子政务、基础资源标准融合较少。二是不兼容性:物联网涉及信息产业的方方面面,物联网的标准复杂、多样,针对同一问题,不同标准组织制定不同的标准,互不兼容。三是不同步性:物联网部分应用建设已经陆续展开,各标准组织从不同角度和不同深度开展了相关工作,大部分还处于启动阶段,无法及时指导应用。四是不一致性:由于应用建设的不同步性和标准的落后性,导致应用建设和标准不一,影响应用的复用性和互融互通性,阻碍产业化发展。

(2) 安全问题

由于物联网技术将虚拟世界与物理世界结合在一起,通过虚拟世界的数字信息就可以控制物理世界的关键设备甚至基础设施,因此物联网的安全关系国家安全与社会稳定。物联网技术的安全性与其他大规模计算基础架构的安全性既有不同之处,也有相似之处。两者面临的问题相似,并且用于解决问题的技术也十分相似,包括身份验证(设备、系统/应用和用户)、授权、审计、管理、加密/解密、数据完整性和密钥管理等技术。同时,还面临着一些新的挑战——计算设备的类型和功能更为多样、运行环境的控制度更低,而且需要保护的攻击面更多。加密技术中希尔加密是一种简单的加密方法,它是在 1929 年由 Lester S. Hill 运用矩阵的原理发明,其中每个字母均用数字来代替($A=0,B=1,\cdots,Z=25$),一串字母就可当成 $n$ 维向量,假设明文 $\boldsymbol{p}=$ "ABC",对应的向量就是 $\boldsymbol{p}=(0\ \ 1\ \ 2)$。具体加密过程如下:明文为 $\boldsymbol{p}\in(Z_{26})^m$,密钥为 $\boldsymbol{K}\in\{$定义在 $Z_{26}$ 上的 $m\times m$ 的可逆矩阵$\}$,则密文 $\boldsymbol{c}\in(Z_{26})^m$,$\boldsymbol{c}=\boldsymbol{p}*\boldsymbol{K}\bmod 26$。解密过程为:$\boldsymbol{p}=\boldsymbol{c}*\boldsymbol{K}^{-1}\bmod 26$。

【例】 若明文 $\boldsymbol{HI}=(78)$,密钥 $\boldsymbol{K}=\begin{pmatrix}11&8\\3&7\end{pmatrix}$,试运用希尔加密对明文进行加密及解密。

**解:**

加密:$(7\ \ 8)\begin{pmatrix}11&8\\3&7\end{pmatrix}=(7*11+8*37*8+8*7)=(23\ \ 8)=(\boldsymbol{X\ I})$

解密:$(23\ \ 8)\begin{pmatrix}11&8\\3&7\end{pmatrix}^{-1}=(23\ \ 8)\begin{pmatrix}7&18\\23&11\end{pmatrix}$

$=(23*7+8*2323*18+8*11)=(7\ \ 8)=(\boldsymbol{H\ I})$

(3) 协议问题

物联网技术不能够同时支持多种协议标准。例如,基于微型 IPv6 协议栈的 6LoWPAN 无线网络、基于 ZigBee 协议栈和 IEEE 802.15.4 的低速短距离 2.4G 无线网络,基于 IEEE 802.11b/g的 2.4G WiFi 网络,以及低于 1GHz 的无线网络等不能被同时支持,无法实现真正的互联互通。

(4) IP 地址问题

物联网增长潜力大都来源于嵌入式的、低功耗的无线设备和网络,无数智能设备将连入互联网,形成人与物、物与物信息交互和无缝链接,这需要大量的 IP 地址资源支撑。但是,现有 IPv4 地址资源大都已经使用完毕,需要采用先进的地址复用技术或者 IP 技术等。

(5) 终端问题

物联网终端除具有本身功能外还拥有传感器和网络接入等功能,且不同行业的需求千差万别,如何满足终端产品的多样化需求是一大挑战。

## 1.4 物联网产业及应用前景

2006 年,谷歌 CEO 埃里克在搜索引擎大会首次提出"云计算"的概念,之后陆续被亚马逊、阿里、微软等公司大规模商业化。

### 1.4.1 物联网产业链

如前所述,物联网分为**感知层**、**网络层**、**应用层**。根据这三个层,如图 1-6 所示,物联网的产业链可以增加平台层,从而大致可分为八大环节:芯片供应商、传感器供应商、无线模组(含天线)厂商、网络运营商(含 SIM 卡商)、平台服务商、系统及软件开发、智能硬件厂商、系统集成及应用服务提供商。

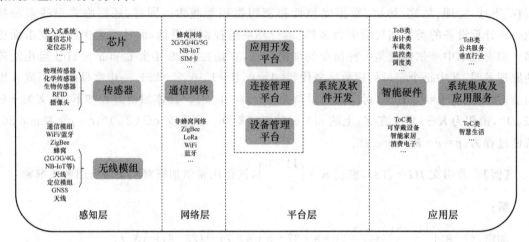

图 1-6　物联网产业链的八大环节

**1. 芯片供应商**

芯片是物联网的"大脑",低功耗、高可靠性的半导体芯片是物联网的关键部件。物联网产业中所需芯片既包括集成在传感器、无线模组中实现特定功能的芯片,也包括嵌入在终端设备中提供"大脑"功能的系统芯片——嵌入式微处理器,一般是 MCU/SoC 形式。

在物联网领域中,芯片厂商数量众多,芯片种类繁多,个性化差异明显。然而,大部分芯片依然为高通、TI、ARM 等国际巨头所主导,这导致了众多芯片企业的盈利能力不足,难以占领市场份额。

**2. 传感器供应商**

传感器是物联网的"五官",本质是一种检测装置,是用于采集各类信息并转换为特定信号的器件,可以采集身份标识、运动状态、地理位置、姿态、压力、温度、湿度、光线、声音、气味等信息。广义的传感器包括传统意义上的敏感元器件、RFID、条形码、二维码、雷达、摄像头、读卡器、红外感应元件等。

**3. 无线模组厂商**

无线模组是物联网接入网络和定位的关键设备,可以分为通信模组和定位模组两大类。常见的局域网技术有 WiFi、蓝牙、ZigBee 等,常见的广域网技术主要有工作于授权频段的 2G/3G/4G/5G/6G、NB-IoT 和非授权频段的 LoRa、SigFox 等技术,不同的通信对应不同的通信模组。NB-IoT、LoRa、SigFox 属于低功耗广域网(LPWA)技术,具有覆盖广、成本低、功耗小等特点,是专门针对物联网的应用场景开发的。与无线模组相关的还有智能终端天线,包括移动终端天线、GNSS 定位天线等。

**4. 网络运营商**

网络是物联的通道,也是物联网产业链中相对最成熟的环节。物联网的网络是指各种通信网与互联网形成的融合网络,包括蜂窝网、局域自组网、专网等,因此涉及通信设备、通信网络(接入网、核心网业务)、SIM制造等。

**5. 平台服务商**

平台是实现物联网有效管理的基础。物联网平台作为设备汇聚、应用服务、数据分析的重要环节,既要向下实现对终端的"管、控、营",又要向上为应用开发、服务提供及系统集成提供PaaS服务。根据平台功能的不同,平台可分为以下3种类型。

a. 设备管理平台:主要用于对物联网终端设备进行远程监管、系统升级、软件升级、故障排查、生命周期管理等功能,所有设备的数据均可以存储在云端。

b. 连接管理平台:用于保障终端联网通道的稳定、网络资源用量的管理、资费管理、账单管理、套餐变更、号码/地址资源管理。

c. 应用开发平台:主要为IoT开发者提供应用开发工具、后台技术支持服务、业务逻辑引擎、API接口、交互界面等,此外还提供高扩展的数据库、实时数据处理、智能预测离线数据分析、数据可视化展示应用等功能,让开发者无须考虑底层的细节问题就可以快速进行开发、部署和管理,从而缩短时间、降低成本。

物联网平台服务商主要有以下3种类型。

a. 电信运营商:主要负责搭建连接管理平台。

b. 百度、阿里、腾讯、京东等互联网巨头:主要负责利用各自的优势,搭建设备管理和应用开发平台。

c. 在各自细分领域的平台厂商:如宜通世纪、和而泰等。

**6. 系统及软件开发商**

物联网的系统及软件一般包括操作系统、应用软件等,其中操作系统是管理和控制物联网硬件和软件资源的程序,类似于智能手机的iOS、Android,是直接运行在"裸机"上的最基本的系统软件,其他应用软件都在操作系统的支持下才能正常运行。

发布物联网操作系统的主要是一些IT巨头,如谷歌、微软、苹果、阿里等。现阶段应用软件开发主要集中在车联网、智能家居、终端安全等通用性较强的领域。

**7. 智能硬件厂商**

智能硬件是物联网的承载终端,是指集成了传感器件和通信功能,可接入物联网并实现特定功能或服务的设备。按照面向的购买客户来划分,可分为ToB和ToC类。

• ToB类:包括表计类(智能水表、智能燃气表、智能电表、工业监控检测仪表等)、车载前装类(车机)、工业设备及公共服务监测设备等。

• ToC类:主要指消费电子,如可穿戴设备、智能家居等。

**8. 系统集成及应用服务提供商**

系统集成及应用服务是物联网部署实施与实现应用的重要环节,系统集成是根据一个复杂的信息系统或子系统的要求,把多种产品和技术验明并接入一个完整的解决方案的过程。物联网的系统集成一般面向大型客户或垂直行业,如政府部门、水务公司、燃气公司、热力公司、石油钢铁企业等,往往以提供综合解决方案形式为主。面对物联网的复杂应用环境和众多不同领域的设备,系统集成商可以帮助客户解决各类设备、子系统间的接口、协议、系统平台、应用软件等与子系统、建筑环境、施工配合、组织管理和人员配备相关的问题,确保客户得到最合适的解决方案。

### 1.4.2 物联网产业的特点

**物联网市场广阔,正处于高速发展的阶段。**如图 1-7 所示,从美国计算机技术工业协会(CompTIA)的一份普及调查结果来看,2020 年联网设备数量达 501 亿个。

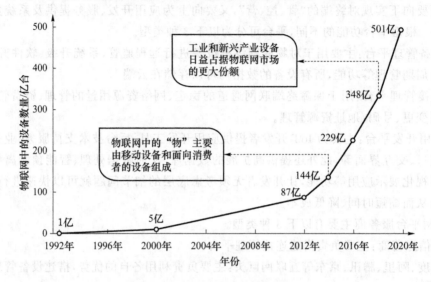

图 1-7 物联网设备数量增长图

近几年,在政策的推动下,我国物联网产业也得到了迅速的发展,图 1-8 展示了2019—2021年中国物联网行市场规模走势,2021 年市场规模接近 2.63 万亿元。

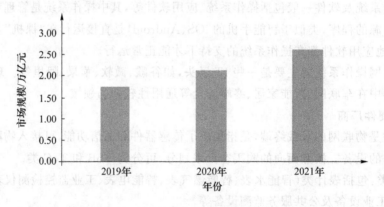

图 1-8 2019—2021 年中国物联网市场规模走势

**物联网相关产业结构不断优化,高新技术产业迅速发展。**以物联网技术为代表的高新技术产业发展呈现出良好的势头。随着物联网技术的发展,我国各地传统产业园区的调整和升级日趋频繁,这些产业园区集中了大量与物联网相关的高新技术产业,其中物联网产业的比重越来越大。

**物联网产业分布遍地开花,试点示范工程显著增多。**国内物联网产业发展环境已经初步形成,但由于相关标准、技术以及产业发展对策不够成熟,当前主要采取重点地区率先试点、其他地区逐步跟进的方法来推动其发展,在试点地区建立一批重点项目来推动关键技术的研发和应用。我国经济发达的省市都已制定了物联网产业发展布局规划,加快了发展试点的步伐。

同时,一些二、三线城市也纷纷结合本地区自身的特点,在积极谋划地区物联网产业的布局试点规划。

**物联网产业集群式发展,产业融合加深。** 物联网产业的发展可以带动移动通信、传感器件、计算机网络、软件研发等众多相关产业的发展,形成巨大的产业集群优势。按照产业关联度的大小,应该重点培育和发展核心产业,支持发展支撑产业,合理规划产业布局,以应用促进并带动物联网产业发展布局。

**物联网产业布局相对集中,区域分工逐渐显现。** 当前我国各地物联网产业布局已经呈现出区域间相对独立、区域内相对集中的特点,随着物联网产业规模的不断扩大,区域内物联网产业链的各个环节将加快整合的速度,区域间的产业分工协作格局也将逐渐形成。

**现在的物联网产业,仍然面临着诸多问题,主要问题如下。**

a. 基础核心技术仍存在短板:高端传感器等关键器件的技术和制造水平相对落后。

b. 产业提升作用未完全显现:行业应用物联网技术的改造成本高,投入大,周期长。

c. 标准、知识产权、开源开放等配套服务作用不突出。

d. 生态类型多而竞争力不强。

e. 安全存在隐患。

### 1.4.3 物联网的应用领域

物联网应用主要包括智能交通、智慧物流、智慧能源环保、智能医疗、智能建筑和环境监测等。

(1) 智能交通

利用信息技术将人、车和路紧密地结合起来,改善交通运输环境,保障交通安全,提高资源利用率。物联网技术在交通领域的应用包括智能公交车、共享单车、车联网、充电桩监测、智能红绿灯以及智慧停车等。其中,车联网是近些年来各大厂商及互联网企业争相进入的领域。

(2) 智慧物流

在物流的运输、仓储、运输、配送等环节实现系统感知、全面分析及处理等功能。智慧物流主要体现在仓储、运输监测和快递终端三个方面。通过物联网技术实现对货物的监测以及运输车辆的监测,包括运货车辆的位置、状态,货物的温度、湿度,运货车辆的油耗、车速等。物联网技术能提高运输效率,提升整个物流行业的智能化水平。

(3) 智慧能源环保

智能井盖可以监测水位,智能水电表可以实现远程抄表,智能垃圾桶可以自动感应……将物联网技术应用于传统的水能、电能、光能设备并进行联网,通过监测,提升利用效率,减少能源损耗。

(4) 智能医疗

物联网是数据获取的主要途径,能有效地帮助医院实现对人的智能化管理和对物的智能化管理。对人的智能化管理指的是通过医疗可穿戴设备等传感器对人的生理状态(如心跳频率、体力消耗、血压高低等)进行监测,将获取的数据记录到电子健康文件中,方便个人或医生查阅。除此之外,通过 RFID 技术还能对医疗设备、物品进行监控与管理,实现医疗设备、

FID 技术在智能医疗
领域的应用

用品可视化,实现数字化医院。

（5）智能建筑

通过建立以节能为目标的建筑设备监控网络,将各种设备和系统融合在一起,形成以智能处理为中心的物联网应用系统,有效地为建筑节能减排提供有力的支撑。

（6）环境监测

通过对人类和环境有影响的各种物质的含量、排放量以及各种环境状态参数的检测,跟踪环境质量的变化,确定环境质量水平,为环境管理、污染治理、防灾减灾等工作提供基础信息、方法指引和质量保证。

## 1.5　物联网发展

2025 年预计有约 800 亿台设备主动连接到互联网,到 2030 年全球物联网设备数量将达到 1 000 亿台,用于日常任务。物联网未来的发展将和数字经济、人工智能、移动通信、卫星互联网等密切相关。

### 1.5.1　互联网＋物联网

"互联网＋"希望用国内相对优质、国际领先的互联网力量去加速国内相对落后的制造业的效率、品质、创新、合作与营销能力的升级,以信息流带动物质流,与"一带一路"倡议相结合,推展整体产业的国际影响力。

### 1.5.2　边缘计算与雾计算

物联网设备在疯狂增长,也在以超乎想象的速度产生数据。以智能摄像头为例,随着摄像头的分辨率从 1080P 转向 4K,其一天所采集到的数据量将达到 200GB,预计 2030 年全球数据年新增将达 1YB。如果将源源不断产生的数据全部传输到云端,云端服务器将面临巨大的存储压力,因此提出了边缘计算的解决方案。所谓边缘计算,是一种在物理上靠近数据生成的位置处理数据的方法。如图 1-9 所示,边缘计算可以看作是无处不在的云计算和物联网(IoT)的延伸概念,而雾计算核心是云边协同,介于云计算和边缘计算之间,增加了网络的弹性。

雾计算
知识点拓展

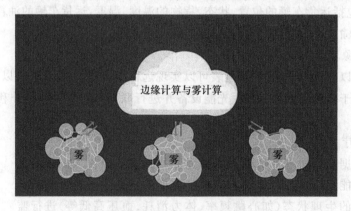

图 1-9　边缘计算与雾计算

从根本上来讲,边缘计算是智能和计算从云网络中集中式数据服务器到网络边缘硬件的移动,传感器不是在某个位置收集数据,然后将数据发送回中央服务器进行处理,而是在本地可用的硬件上对数据进行处理,只把处理结果发送到云端,以便确保信息的即时可用性并进行操作,而不需要进一步对数据加以处理。将计算迁移到边缘具备以下几个优势,能够促进更理想的计算:能够近乎实时地处理数据;处理的数据可以从各个边缘节点并行收集;消除了在带宽有限的网络上发送原始数据的负担;消除了计算量大的原始数据对数据中心的压力;降低了云网络从数据中获得信息的依赖性;可以帮助管理在本地处理而不是共享的敏感数据。雾计算在云计算和边缘计算之间构建了弹性的桥梁,根据要处理的数据量大小和边缘节点处理能力等,自适应地在边缘计算和云计算之间进行协同,更好地满足差异化性能需求。

### 1.5.3 智能物联网

智能物联网(AIoT)依靠人工智能赋能物联网,是物联网变革各行各业的有力工具。在AIoT中,AI和物联网是共生关系,AI作为一种赋能工具,当与传统行业融合,对核心生产经营流程进行优化、革新、重构时,需要AIoT深入到各行业核心生产经营流程中,获取感知数据和行业知识,从而变革行业。

### 1.5.4 物联网与工业互联网

消费领域对物联网概念的快速普及起到了重要作用,工业领域给物联网带来了最大的价值。据2017年12月赛迪顾问发布的《2017中国工业物联网产业白皮书》数据显示,2016年,我国工业物联网(IIoT)规模达到1 896亿元,在整体物联网产业中占比第一,约为18%;到2019年,该占比达到了20%;2021年,全球工业物联网市场规模达到960亿美元以上,预计2031年将增长至5 339亿美元。图1-10显示了物联网各个产业的占比情况。

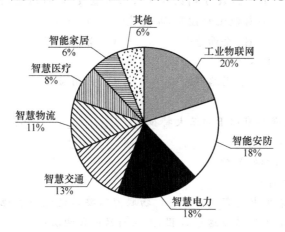

图1-10 工业物联网在物联网产业中的占比

**工业互联网两类应用:大型企业集成创新、中小企业应用普及。**因为我国制造企业技术水平参差不齐的现状,工业互联网的应用可以按照企业规模分成两类。三一重工、海尔、徐工信息这样的大型企业制造技术成熟先进,主打集成创新;更多的中小企业因数字化都没有解决,主打的还是应用普及。

**工业互联网三大体系:网络是基础,平台是核心,安全是保障。**工业环境由人、物品、机器、车间、企业等要素,设计、研发、生产、管理、服务等环节组成。在这之中,网络体系负责全产业链的泛在深度互联;平台体系作为连接枢纽,负责数据的汇总处理与分析,成长为智能制造的大脑;安全体系则无论何时都作为抵御风险威胁的保障,确保整个系统稳定运行。

**工业互联网发展模式:一大联盟,两大阵营,三大路径,四大模式。**一大联盟指的是工业互联网产业联盟(AII);两大阵营指的是应用型企业(包括离散和流程型制造企业)和基础型企业(包括基础电信、互联网、自动化、软件、集成商等);三大路径指的是面向企业内部的生产效率提升,面向企业外部的价值链延伸,面向开放生态的平台运营;四大模式指的是基于现场连接的智能化生产,基于企业互联的网络化协同,基于产品联网的服务化延伸,基于供需精准对接的个性化定制。

# 本 章 习 题

## 一、选择题

1. 物联网的英文名称是( )。

    A. Internet of Matters             B. Internet of Things

    C. Internet of Theory's           D. Internet of Clouds

2. 2009 年 10 月( )提出了"智慧地球"。

    A. IBM          B. 微软          C. 三星          D. 国际电信联盟

3. 通过无线网络与互联网的融合,将物体的信息实时准确地传递给用户,指的是( )。

    A. 可靠传递          B. 全面感知          C. 智能处理          D. 互联网

4. 利用 RFID、传感器、二维码等随时随地获取物体的信息,指的是( )。

    A. 可靠传递          B. 全面感知          C. 智能处理          D. 互联网

5. 运用云计算、数据挖掘以及模糊识别等人工智能技术,对海量的数据和信息进行分析和处理,对物体实施智能化的控制,指的是( )。

    A. 可靠传递          B. 全面感知          C. 智能处理          D. 互联网

6. 物联网的体系结构不包括( )。

    A. 感知层          B. 网络层          C. 应用层          D. 会话层

## 二、填空题

1. 一般认为,物联网具有以下的三大特征:_____,_____,_____。

2. 物联网可以简要分为_____、_____、_____。_____位于物联网三层模型的最底端,是所有上层结构的基础。

3. RFID 属于物联网的_____。

4. 互联网的体系架构中没有_____。物联网需要通过遍布各地的传感器来感知并采集用户或工业数据,互联网不需要这个过程,互联网只包含两层:_____和_____。

5. 物联网存在的问题有:_____,_____,_____,_____,_____共五大问题。

## 三、简答题

1. 简述物联网的定义,分析物联网的"物"的条件。

2. 简述物联网的特征。

3. 简述物联网的体系结构。

4. 分析物联网的关键技术和应用难点。

5. 举例说明物联网的应用领域及前景。

# 第 **2** 章 物联网感知层

人类使用五官和皮肤,通过视觉、味觉、嗅觉、听觉和触觉感知外部世界;感知层就是物联网的五官和皮肤,用于识别外界物体和采集信息。感知层解决的是人类世界和物理世界的数据获取问题,首先通过传感器、数码相机、摄像头、遥感卫星等设备,采集外部物理世界的数据,然后通过 RFID、条码、工业现场总线、蓝牙、红外等短距离传输技术传递数据。感知层所需要的关键技术包括检测技术、探测识别和成像技术等。

物联网感知层是物联网的核心,是信息采集的关键部分。感知层位于物联网三层结构中的最底层,通过传感网络获取环境信息,是信息采集的关键部分。由于需要感知的地理范围和空间范围比较大,包含的信息也比较多,感知层中的设备还需要通过传输和网络技术,以协同工作的方式组成一个自组织的多节点网络进行数据传递。

感知层由基本的感应器件(如 RFID 标签和读写器、各类传感器、摄像头、GPS、二维码标签和识读器等基本标识和传感器件)以及感应器组成的网络(如 RFID 网络、传感器网络等)两大部分组成。该层的核心技术包括射频技术、新兴传感技术、无线网络组网技术、现场总线控制技术(FCS)等,涉及的核心产品包括传感器、电子标签、传感器节点、无线路由器、无线网关等。

## 2.1 感知层的基本概念

物联网感知层是物联网的核心,是信息采集的关键部分。

### 2.1.1 感知层在物联网中的作用

感知层是物联网的基础,是联系物理世界与信息世界的重要纽带。物联网中能够自动感知外部物体与物理环境信息的设备(如各种传感器、RFID 芯片、GPS 终端设备、智能家用电器、智能测控设备)抽象为"智能物体",也称为"感知节点"或"感知设备"。

感知层包括二维码标签和识读器、RFID 标签和读写器、摄像头、GPS、传感器、M2M 终端、传感器网关等;感知层对物联网至关重要,是物物相连的基础,是实现物联网的最底层技术,也可以说感知层是物联网发展的"通行证"。感知层解决的是人类世界和物理世界的数据获取问题。它首先通过传感器、数码相机等设备,采集外部物理世界的数据,然后通过 RFID、条码、工业现场总线、蓝牙、红外等短距离传输技术传递数据。

物联网与互联网的重要区别之一就表现在感知层上。感知层在物联网中的重要性主要体现在以下几个方面。

(1)感知数据的准确性与实时性决定了物联网的应用价值

物联网的应用层要对感知节点传送的感知数据进行处理。假设网络层能够按照应用层的需求,正确、及时地将感知数据传送到应用层,那么应用层数据处理时的计算精度与数据挖掘结论的准确性将取决于感知数据的质量。如果感知数据不准确和实时,那么无论数据挖掘算法如何先进,也不可能得出正确的结论。因此,感知层感知数据的准确性与实时性决定了物联网系统的实际应用价值。

(2)感知节点的分布范围决定了物联网的覆盖能力

如果需要设计一个无线传感器网络来监测某一区域可能发生的山体滑坡问题,那么就需要在最关心的山体部位的岩石、土层上安装无线传感器节点。显然,只能获得安装了无线传感器节点区域的山体数据,没有安装无线传感器节点区域的数据则无法获得。对于一个用于监测机场边界入侵的无线传感器网络,如果有一段边界无线传感器网络无法监测,那么人或动物通过这一段边界进入时,也不能从无线传感器网络中得到报告。因此,感知节点的分布范围决定了物联网的覆盖能力。

(3)感知节点的生存能力决定了物联网的生命周期

物联网的感知层是由 RFID、各种传感器与测控设备组成。对于大量应用于智能环保、智能安防、智能农业的无线传感器网络技术,它能否大规模应用直接取决于每一个无线传感器节点的造价,因此无线传感器节点结构必须简单和小型化。这种设计思路带来的问题是:小型化、低造价,可以在野外设置的无线传感器节点只能携带很小的电池。电源能量直接限制着无线传感器节点的功能与生存时间。尽管研究人员设法从硬件、软件等各个方面降低节点的能耗,并考虑在节点由于能量消耗殆尽失效时重新补充新的节点,但是电源能量还是限制着无线传感器节点的生存时间,而感知节点的生存能力又决定了物联网的生命周期。

(4)感知节点决定着物联网的安全性

物联网感知层充斥了海量的数据,这些数据包含了多个方面的信息,例如国家军事部署信息、先进武器制造信息、重要政要活动信息等。如果这些信息在感知层就受到不法分子的干预和操纵,就很容易致使整个物联网系统存在安全隐患,甚至会导致国家信息泄露,因此,感知层的安全是国家物联网安全的重要一环,该层数据安全防范能力将决定整个物联网系统的信息安全防范能力。

除此之外,还有一些与感知精度相关的概念十分重要。

• 距离分辨率:距离分辨率是辨别两个或更多物体的能力。当两个物体靠近某个位置时,感知将不再能够将两者区分开来。对于脉冲信号,距离分辨率用公式表示为

$$\Delta d = c/2B$$

其中,$B$ 是脉冲信号的带宽。

• 速度分辨率:速度分辨率是把两个目标分开的最小速度。速度分辨率用公式表示为

$$\Delta v = \lambda/2T$$

能看出速度分辨率与帧时间成反比。

### 2.1.2 感知节点的特点

**1. 感知节点的差异**

感知节点可以是小到用肉眼几乎看不见的物体,也可以是一个大的建筑物;它可以是一块很小的芯片,也可以是像台式计算机一样大小的智能测控设备;它可以是固定的,也可以是移动的;它可以是有生命的,也可以是无生命的;它可以是人,也可以是动物。有的节点可以感知物理世界的温度、湿度、声音、压力等物理参数,有的节点可以感知氧气、二氧化碳等化学成分的含量等化学参数,有的节点可以感知位置信息,有的节点可以作为物体身份识别的标记。物联网中的所有感知节点有一个共同的特点——它们被安装了感知芯片或设备,具有自动感知外部环境变化和通信能力。但是,不同的物联网应用系统感知节点的差异很大。图 2-1 给出了不同类型的物联网感知节点。

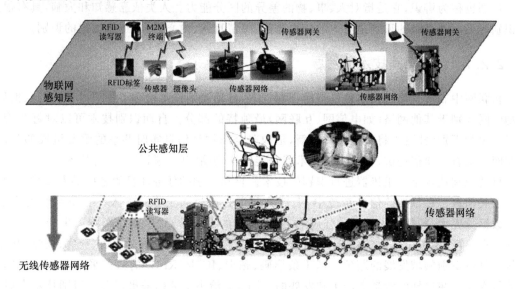

图 2-1 不同类型的物联网感知节点

**2. 感知节点的感知能力与控制能力**

物联网的感知节点需要同时具备感知能力和控制、执行能力。一般的传感器只具有感知周围环境参数的能力。例如,在环境监测系统中,一个温度传感器可以实时地传输它所测量到的环境温度,但是它对环境温度不具备控制能力。而一个精准农业物联网应用系统中的植物定点浇灌传感器节点的设计者希望它能够在监测到土地湿度低于某一个设定的数值时,就自动打开开关,给果树或蔬菜浇水,这种感知节点同时具有控制能力。在物联网突发事件应急处理的应用系统中,核泄漏现场处理的机器人可以根据指令进入指定的位置,通过传感器将周边的核泄漏相关参数测量出来,传送给指挥中心。机器人根据指挥中心的指令打开某个开关或关闭某个开关。从这个例子可以看出,作为具有智能处理能力的传感器节点,它必须同时具备感知和控制能力,同时具备适应周边环境的运动能力。

**3. 感知层技术演进**

在讨论感知层技术时,需要注意两个问题:一是由于一些实际的物联网应用系统要求末端的感知节点同时具有感知与控制能力,因此一些技术资料也将感知层叫作"感知控制层"。本书采用通用的表示方法,简称为"感知层"。二是目前讨论的物联网主要涉及大规模与低造价的 RFID、传感器的应用问题,这在物联网发展的第一阶段是非常自然和必需的。但是作为信息技术研究人员,不能不注意到世界各国正在大力研究的智能机器人技术的发展,以及智能机器人在军事、防灾救灾、安全保卫、航空航天及其他特殊领域的应用问题。智能机器人具有很强的对外部环境的感知能力、自适应与协同能力,以及对问题的智能处理能力。

通过网络控制大量智能机器人协同工作的机器人集群,正在一步一步展示出它能够更有效地扩大人类感知世界、智慧处理问题能力的应用前景。当智能机器人技术日益成熟并应用时,它必然会进入物联网,成为物联网重要的成员。

## 2.2　RFID 与自动识别技术的发展

识别也称为辨识,它是指对人、事、物的差异的区分能力。人类依靠感知和大脑,具有很强的识别能力。更高级的识别是对人的能力高低、感情真伪、内心活动、道德情操的识别。

### 2.2.1　自动识别技术的发展

物联网中非常重要的技术就是自动识别技术,自动识别技术融合了物理世界和信息世界,是物联网区别于其他网络(如电信网、互联网)最独特的部分。自动识别技术可以对每个物品进行标识和识别,并可以将数据实时更新,是构造全球物品信息实时共享的重要组成部分,是物联网的基石。通俗地讲,自动识别技术就是能够让物品"开口说话"的一种技术。

自动识别技术是采用机器进行识别的技术。自动识别的任务和目的是提供人、动物、货物等的相关信息。在早期的信息系统中,大部分数据是通过人工方式输入计算机系统之中的。由于数据量庞大、数据输入的劳动强度大、人工输入的误差率高,严重地影响了生产与决策的效率。在生产、销售全球化的背景下,数据的快速采集与自动识别成为销售、仓库、物流、交通、防伪与身份识别领域发展的瓶颈。基于条形码、磁卡、IC 卡、RFID 的数据采集与自动识别技术的研究就是在这样的背景下产生和发展的。图 2-2 给出了数据采集与自动识别技术发展过程示意图。

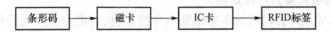

图 2-2　数据采集与自动识别技术发展过程示意图

自动识别技术是将信息数据自动识读、自动输入计算机的重要方法和手段,它是以计算机技术和通信技术为基础的综合性科学技术。近几十年内自动识别技术在全球范围内得到了迅猛发展,目前已形成了一个包括条码、磁识别、光学字符识别、射频识别、生物识别及图像识别等集计算机、光、机电、通信技术为一体的高新技术学科。

按照国际自动识别技术的分类标准,自动识别技术可以有两种分类方法:一种是按照采集技术进行分类,其基本特征是需要被识别物体具有特定的识别特征载体(如标签等,仅光学字符识别例外),可以分为光存储器、磁存储器和电存储器三种;另一种是按照特征提取技术进行分类,其基本特征是根据被识别物体的本身的行为特征来完成数据的自动采集,可以分为静态特征、动态特征和属性特征。自动识别技术具有如下共同的特点:

a. 准确性——自动数据采集,消除人为错误;

b. 高效性——信息交换实时进行；

c. 兼容性——自动识别技术以计算机技术为基础，可与信息管理系统无缝联结。

自动识别技术与以 IEEE 802.11b/g 为代表的无线局域网技术、蓝牙技术和蜂窝移动通信系统、全球定位系统等紧密结合，这是技术发展的重要趋势。在数据采集及标签生成等设备上集成无线通信功能的产品，将帮助企业实现在任何时间、任何地点实时采集数据，并将信息通过无线局域网、无线广域网实时传输，通过企业后台管理信息系统对信息进行高效的管理。无线技术的应用将把自动识别技术的发展推向新的高潮，手机识读条码的开发和应用也成为条码识别技术应用的一个亮点，在电子商务、物流、商品流通、身份认证、防伪、市场促销等领域得到广泛的应用。此外，随着社会和企业需要管理传输的数据日趋庞大，要求数据可以实现跨行业的交换。结合现代通信技术和网络技术搭建的数据管理和增值服务通信平台，将成为行业、企业数据管理和自动识别技术之间的桥梁和依托，使得政府和企业在信息化应用中的有关数据传输、通信、可靠性以及网络差异等一系列问题得到有效的解决。

按照应用领域和具体特征的分类标准，自动识别技术可以分为如下 7 种。

**1. 条码识别技术**

一维条码是由平行排列的宽窄不同的线条和间隔组成的二进制编码。这些线条和间隔根据预定的模式进行排列并且表达相应记号系统的数据项。宽窄不同的线条和间隔的排列次序可以解释成数字或者字母。可以通过光学扫描对一维条码进行阅读，即根据黑色线条和白色间隔对激光的不同反射来识别。

二维条码是在一维条码无法满足实际应用需求的情况下产生的。受信息容量的限制，一维条码通常只能对物品进行标示，不能对物品进行描述。二维条码能够在横向和纵向两个方向同时表达信息，因此能在很小的面积内表达大量的信息。

**2. 生物识别技术**

指通过获取和分析人体的身体和行为特征来实现人的身份的自动鉴别。生物特征分为物理特征和行为特点两类：物理特征包括指纹、掌形、眼睛（视网膜和虹膜）、人体气味、脸型、皮肤毛孔、手腕、手的血管纹理和 DNA 等；行为特点包括签名、语音、行走的步态、击打键盘的力度等。

举例1：声音识别技术

声音识别是一种非接触的识别技术，用户可以很自然地接受。这种技术可以用声音指令实现"不用手"的数据采集，其最大特点就是不用手和眼睛，这对那些采集数据同时还要完成手脚并用的工作场合尤为适用。由于声音识别技术的迅速发展以及高效可靠的应用软件的开发，使声音识别系统在很多方面得到了应用。

举例2：人脸识别技术

人脸识别，特指利用分析比较人脸视觉特征信息进行身份鉴别的计算机技术。人脸识别是一项热门的计算机技术研究领域，包括人脸追踪侦测、自动调整影像放大、夜间红外侦测、自动调整曝光强度等；它属于生物特征识别技术，是对生物体（一般特指人）本身的生物特征来区分生物体个体。

举例3：指纹识别技术

指纹是指人的手指末端正面皮肤上凸凹不平产生的纹线。纹线有规律地排列形成不同的纹型。纹线的起点、终点、结合点和分叉点，称为指纹的细节特征点。

由于指纹具有终身不变性、特定性和方便性，已经几乎成为生物特征识别的代名词。指纹识别即指通过比较不同指纹的细节特征点来进行自动识别。由于每个人的指纹不同,就是同一个人的十指之间,指纹也有明显区别,因此指纹可用于身份的自动识别。

**3. 图像识别技术**

在人类认知的过程中,图形识别指图形刺激作用于感觉器官,人们进而辨认出该图像是什么的过程,也叫图像再认。

在信息化领域,图像识别是利用计算机对图像进行处理、分析和理解,以识别各种不同模式的目标和对象的技术。例如,地理学中指将遥感图像进行分类的技术。图像识别技术的关键信息,既要有当时进入感官(即输入计算机系统)的信息,也要有系统中存储的信息。只有通过存储的信息与当前的信息进行比较的加工过程,才能实现对图像的再认。

**4. 磁卡识别技术**

磁卡是一种磁记录介质卡片,由高强度、高耐温的塑料或纸质涂覆塑料制成,能防潮、耐磨且有一定的柔韧性,携带方便、使用较为稳定可靠。磁条记录信息的方法是变化磁的极性,在磁性氧化的地方具有相反的极性,识别器才能够在磁条内分辨到这种磁性变化,这个过程被称作磁变。一部解码器可以识读到磁性变化,并将它们转换回字母或数字的形式,以便由一部计算机来处理。磁卡技术能够在小范围内存储较大数量的信息,在磁条上的信息可以被重写或更改。

**5. IC卡识别技术**

IC卡即集成电路卡,是继磁卡之后出现的又一种信息载体。IC卡通过卡里的集成电路存储信息,采用射频技术与支持IC卡的读卡器进行通讯。射频读写器向IC卡发一组固定频率的电磁波,卡片内有一个LC串联谐振电路,其频率与读写器发射的频率相同,这样在电磁波激励下,LC谐振电路产生共振,从而使电容内有了电荷;在这个电容的另一端,接有一个单向导通的电子泵,将电容内的电荷送到另一个电容内存储,当所积累的电荷达到2V时,此电容可作为电源为其他电路提供工作电压,将卡内数据发射出去或接受读写器的数据。按读取界面将IC卡分为下面两种。

• 接触式IC卡,该类卡通过IC卡读写设备的触点与IC卡的触点接触后进行数据的读写。国际标准ISO 7816对此类卡的机械特性、电器特性等进行了严格的规定。

• 非接触式IC卡,该类卡与IC卡读取设备无电路接触,通过非接触式的读写技术进行读写(如光或无线技术)。卡内所嵌芯片除了CPU、逻辑单元、存储单元外,增加了射频收发电路。国际标准ISO 10536系列阐述了对非接触式IC卡的规定。该类卡一般用在使用频繁、信息量相对较少、可靠性要求较高的场合。

**6. 光学字符识别技术**

光学字符识别技术(Optical Character Recognition,OCR),是属于图形识别的一项技术。其目的就是要让计算机知道它到底看到了什么,尤其是文字资料。

针对印刷体字符(比如一本纸质的书),采用光学的方式将文档资料转换成为原始资料黑白点阵的图像文件,然后通过识别软件将图像中的文字转换成文本格式,以便文字处理软件进一步编辑加工的系统技术。

一个OCR识别系统,从影像到结果输出,必须经过影像输入、影像预处理、文字特征抽取、比对识别、最后经人工校正将认错的文字更正,最后将结果输出。

**7. 射频识别技术**

射频识别技术(RFID)是通过无线电波进行数据传递的自动识别技术,是一种非接触式的自动识别技术。它通过射频信号自动识别目标对象并获取相关数据,识别工作无需人工干预,可工作于各种恶劣环境。与条码识别、磁卡识别技术和 IC 卡识别技术等相比,它以特有的无接触、抗干扰能力强、可同时识别多个物品等优点,逐渐成为自动识别中最优秀的和应用的领域最广泛的技术之一,是最重要的自动识别技术。

自动识别技术在国外发展较早也较快,尤其是发达国家具有较为先进成熟的自动识别系统,而我国在 2010 年前后也实现了自动识别技术的产业化。美国的军品管理、中国的二代身份证、中国的火车机车管理系统、日本的手机支付与近场通信等都是自动识别技术比较成功的大规模应用案例。自动识别技术不是稍纵即逝的时髦技术,它已经成为人们日常生活的一部分,它所带来的高效率和方便性影响深远。

### 2.2.2 条码、磁卡与 IC 卡

#### 1. 条码的特点及其应用

条码(也称条形码,Bar Code)与老百姓日常生活密切相关。例如,每本书的封底就印有条码,到书店买书时,售货员只需要用条码识读器在物品的条码上扫一下,收款机上就会立即显示物品的名称、单价等信息。

条码是由一组规则排列的条、空和相应的数字组成,这种用条、空组成的数据编码可以供机器识读,而且很容易译成二进制数和十进制数。这些条和空可以有各种不同的组合方法,构成不同的图形符号,即各种符号体系,也称为码制,适用于不同的应用场合。

条码是迄今为止最为经济、实用的一种自动识别技术。条形码技术具有以下几个方面的优点:①可靠准确,键盘输入数据出错率为三百分之一,利用光学字符识别技术出错率为万分之一,而采用条形码技术误码率低于百万分之一;②数据输入速度快,与键盘输入相比,条形码输入的速度是键盘输入的 5 倍,并且能实现"即时数据输入";③经济便宜,与其他自动化识别技术相比较,推广应用条形码技术,所需费用较低;④灵活、实用,条形码符号作为一种识别手段可以单独使用,也可以和有关设备组成识别系统实现自动化识别,还可和其他控制设备联系起来实现整个系统的自动化管理;同时,在没有自动识别设备时,也可实现手工键盘输入;⑤自由度大,识别装置与条形的标签相对位置的自由度要比 OCR(光学字符识别)大得多。条形码通常只在一维方向上表达信息,而同一条形码上所表示的信息完全相同并且连续,这样即使是标签有部分缺欠,仍可以从正常部分输入正确的信息;⑥设备简单,条形码符号识别设备的结构简单,操作容易,无须专门训练;⑦易于制作,可印刷,称作为"可印刷的计算机语言"。条形码标签易于制作,对印刷技术设备和材料无特殊要求,且设备也相对便宜。

按码制分类,条码可以分为 UPC 码、EAN 码、交叉 25 码、39 码、库德巴码、128 码、93 码和 49 码等。按维数分类,条码可以分为一维条码、二维条码和多维条码。其中,普通的一维条码自问世以来,很快得到了普及并广泛应用;一维条码只是在一个方向(一般是水平方向)表达信息,而在垂直方向则不表达任何信息。常见的一维条码的数据是由黑条(简称条)和白条(简称空)排成的平行线图案表示。一维条码的优点是编码规则简单,条码识读器造价较低。经常将一维条码简称为条码,其缺点是:数据容量较小,一般只能包含字母和数字;条形码尺寸相对较大,空间利用率较低;条形码一旦出现损坏将被拒读。多数一维条码所能表示的字符集包括 10 个数字、26 个英文字母及一些特殊字符,条码字符集最大所能表示的字符个数也不过是 128 个 ASCII 符。由于一维条码的信息容量很小,更多的描述商品的信息只能依赖数据库的支持,离开了预先建立的数据库,这种条码就变成了无源之水,无本之木,因而条码的应用范围

受到了一定的限制。二维条码是在水平和垂直方向的二维空间存储信息的条形码。二维条形码分为两类:一类由矩阵代码和点代码组成,其数据以二维空间的形态编码;另一类是包含重叠的或多行的条形码符号,代表性的条形码编码有 PDF417 和 CODE49 等。相比于一维条码,二维条码除具有普通条码的优点外,还有如下优点:信息容量大,译码可靠性高,纠错能力强,制作成本低,保密与防伪性能好。以常用的便携数据文件(Portable Data File,PDF)格式的二维条形码为例,PDF617 码可以表示字母、数字、ASCII 字符与二进制数。二维条形码的纠错功能是通过将部分信息重复表示(冗余)来实现的。例如,在 PDF617 码中,某一行除了包含本行的信息外,还有一些反映其他位置上的纠错码的信息。这样,即使条形码的某个部分遭到一定程度的损坏,也可以通过存在于其他位置的纠错码将损失的信息还原出来。

2009 年 12 月,我国铁道部对火车票进行了升级改版。新版火车票最明显的变化将是车票下方的一维条码变成二维防伪条码,增强了火车票的防伪功能。图 2-3 使用一维条形码与二维条形码的火车票的比较条码数据的采集是通过固定的或手持的条形码扫描器获取的。条码扫描器有三种类型:光扫描器、光电转换器、激光扫描器。光扫描器属于最原始的扫描方式,它需要手工移动光笔,并且还要与条码图形区域接触。光电转换器是以 LED 作为发光光源的扫描器。在一定范围内,可以实现自动扫描,并且可以阅读各种材料、不平表面上的条码。激光扫描器以激光作为发光源,多用于手持式扫描器,扫描范围大,准确性高。条码适用于近距离、静态、小数据量的商业物品销售、仓库物资管理、医院管理等应用。随着应用需求的不断提高,人们不断地研究新的数据快速采集与自动识别技术。

条码技术
扩展阅读

图 2-3　使用一维条形码与二维条形码的火车票的比较

## 2. 磁卡

磁卡是一种卡片状的磁性记录介质,利用磁性载体记录字符与数字信息,与各种磁卡读写器配合,用来标识身份或其他用途。图 2-4 为磁卡与磁卡读卡器的照片。

通常,磁卡的一面印刷有提示性信息,如插卡方向;另一面则有磁层或磁条,具有 2~3 个磁道以记录有关信息数据。磁条是一层薄薄的磁性材料,从本质意义上讲,它和计算机用的磁带或磁盘是一样的,可以用来记载字母、字符及数字信息。磁条中所包含的信息一般比长条码大。由于磁卡成本低廉,易于使用,便于管理,且具有一定的安全特性,因而可用于制作银行卡、地铁卡、车票、机票以及各种交通收费卡等。

磁卡技术的优点是数据可读写,即具有现场改造数据的能力;数据存储量能满足大多数情况下的需求,便于使用,成本低廉,具有一定的数据安全性;它能够粘贴在许多不同规格和形式的基材上。这些优点,使之在很多领域得到了广泛的应用,如银行卡、机票、公共汽车票、自动售货机、会员卡、电话磁卡等。

但是磁卡应用存在许多问题:首先,磁卡保密性差,易于被读出和伪造;其次,磁卡的应用往往需要强大可靠的计算机网络系统、中央数据库等,其应用方式是集中式的,这给用户异地使用带来极大不便。如果磁卡受压、被折、磁条划伤弄脏,或者受到外部磁场的影响,就会造成磁卡消磁,使数据丢失而不能再使用。

图 2-4 磁卡与磁卡读卡器结构示意图

### 3. IC 卡

IC(Integrated Circuit)卡,也称为智能卡,它是通过在集成电路芯片中写数据来进行识别的。IC 卡、IC 卡读卡器,以及后台计算机管理系统组成了 IC 卡应用系统。图 2-5 给出了 IC 卡与读卡器的示意图。

 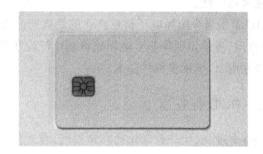

图 2-5 IC 卡与读卡器

IC 卡是一种将集成电路芯片嵌装于塑料等基片上而制成的卡片,是继磁卡之后出现的又一种信息载体。IC 卡出现后,国际上对它有多种叫法:Smart Card、IC Card、Memory Card、聪明卡、智慧卡、智能卡、存储卡等。IC 卡与磁卡的区别主要在于数据存储媒体的不同。磁卡是通过卡上磁条来存储信息的,IC 卡是通过嵌入卡中的集成电路芯片来存储数据的。因此,与磁卡相比,IC 卡的优点是:存储容量大,安全保密性好,读写方便,使用寿命长。

根据卡中的集成电路不同,可以把 IC 卡分为存储器卡(卡中的集成电路为 EEPROM)、逻辑加密卡(卡中的集成电路具有加密逻辑和 EEPROM)和 CPU 卡。严格地讲,只有 CPU 卡才是真正的智能卡。CPU 卡中的集成电路包括中央处理器 CPU、EEPROM、随机存储器 RAM 以及固化在只读存储器 ROM 中的卡片操作系统 COS。

根据卡片和读写设备通信方式不同,IC 卡分为接触式 IC 卡与非接触式 IC 卡两类。使用接触式 IC 卡时必须将卡片插入 IC 卡读卡器中,完成 IC 卡与读卡器之间的物理连接后,才能读取或写入数据。非接触式 IC 卡又称为射频卡,它以无线通信的方式与读卡器进行通信。当读卡器向 IC 卡发射一组固定频率的电磁波时,卡内的电路将接收的电磁波能量转换成电能,驱动 IC 卡的电路。当读卡器发出"读取"数据的指令时,卡内的电路将数据发射到读卡器;如果读卡器发出"写入"的指令,那么卡内的电路接收读卡器写入的数据。

接触式 IC 卡的芯片金属触点暴露在外,可以直观看见,数据存储在卡体内嵌的集成电路(IC)中,通过芯片上的 8 个触点可与读写设备接触、交换信息。目前使用的 IC 卡多属这种。

按存储介质分,两种最常用的接触卡类型是存储卡(MEMORY 卡)和处理器卡(CPU 卡)。存储卡只能存储 256 bit～128 kbit 的数据,而处理器卡在存储数据的同时还可以进行与计算机相似的运算操作。

非接触式 IC 卡,又称"无触点 IC 卡"或"射频卡",是最近几年发展起来的一项新技术。它的芯片全部封于卡基内,无暴露部分,不但如此,在卡体内还嵌有一个微型天线,用于嵌入的芯片与读卡器之间的相互通信,它通过无线电波或电磁场的感应来交换信息。它成功地将射频识别技术和 IC 技术结合起来,解决了无源(卡中无电源)和免接触这两大难题,是电子器件领域的一大突破。该技术的优势是信息的交换不需要卡和读卡器之间有任何接触。该种卡的存储容量一般在 256 bit～72 kbit 之间,目前最流行的技术有 Legic,Mifare,Desfire,iCode 和 HID iclass 等,同时也遵从 ISO14443 A&B 通信协议。通常用于门禁、公交收费、地铁收费等需要"一晃而过"的场合。公共交通卡就是一种非接触式的 IC 卡。非接触式 IC 卡在当前应用中主要包括逻辑加密卡和 CPU 卡,CPU 卡与逻辑加密卡相比,具有更高的安全性,而接触式 IC 卡能够充分保证交易时的安全性,因此双界面(即接触式和非接触式在一张 IC 卡上)CPU 卡应用得越来越广泛。

目前,IC 卡是当今国际电子信息产业的热点产品之一,除在商业、医疗、保险、交通、能源、通信、安全管理、身份识别等非金融领域得到广泛应用外,在金融领域的应用也日益广泛,未来的发展趋势是用 IC 卡逐步取代磁卡。

### 2.2.3 RFID 标签

随着经济全球化、生产自动化的高速发展,在现代物流、智能仓库、大型港口集装箱自动装卸、海关与保税区自动通关等应用场景中,传统的条码、磁卡、IC 卡技术已经不能满足新的应用需求。然而,使用 RFID 技术可以解决货物信息的快速采集、自动识别与处理的问题。当一辆装载着集装箱的货车通过关口时,RFID 读写器可以自动地"读出"贴在每一个集装箱、每一件物品上的 RFID 标签的信息,海关工作人员面前的计算机就能够立即呈现出准确的进出口货物的名称、数量、目的地、货主等报关信息。

#### 1. RFID 的特点

RFID 可以识别单个非常具体的物体,而条形码仅能够识别物体的类别。且 RFID 采用无线电射频,可以透过外部材料读取数据。RFID 可以同时对多个物体进行识读(即具有防碰撞能力)。它的应答器(标签)可存储的信息量大,并可进行多次改写。

RFID 广泛应用于制造、销售、物流、交通、医疗、安全与军事等领域,能实现全球范围内各种产品、物资流动过程的动态、快速、准确识别与管理。

#### 2. RFID 标签的基本结构

RFID 标签又称为"射频标签"或"电子标签"。RFID 最早出现于 20 世纪 80 年代,首先由欧洲一些行业和公司用于库存产品统计与跟踪、目标定位与身份认证。随着集成电路设计与制造技术的不断发展,RFID 芯片向着小型化、高性能、低价格的方向发展,使得 RFID 逐步为产业界所认知。图 2-6(a)给出了体积与普通的米粒相当的玻璃管封装的动物或人体植入式的 RFID 标签,图 2-6(b)的图给出了很薄的透明塑料封装的黏贴式 RFID 标签,图 2-6(c)给出了纸介质封装的黏贴式 RFID 标签照片。

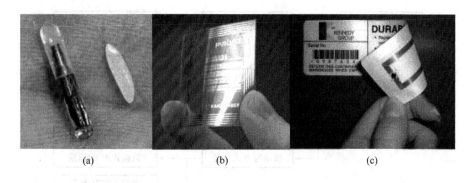

图 2-6 不同外形的 RFID 标签

### 3. RFID 基本工作原理

RFID 是利用无线射频信号交变电磁场的空间耦合方式自动传输标签芯片存储的信息。一套完整的 RFID 系统，由阅读器与电子标签也就是所谓的应答器及应用软件系统组成，其工作原理是 Reader 发射一特定频率的无线电波能量，用以驱动电路将内部的数据送出，此时 Reader 便依序接收解读数据，送给应用程序做相应的处理。

按 RFID 卡片阅读器及电子标签之间的通信及能量感应方式，RFID 大致可以分为感应耦合和后向散射耦合两种耦合方式。一般，低频的 RFID 大都采用第一种方式，而较高频大多采用第二种方式。

按使用的结构和技术，阅读器有只读和读/写两种读写装置，阅读器是 RFID 系统信息控制和处理中心。阅读器通常由耦合模块、收发模块、控制模块和接口单元组成。阅读器和应答器之间一般采用半双工通信方式进行信息交换，同时阅读器通过耦合给无源应答器提供能量和时序。在实际应用中，可进一步通过 Ethernet 或 WLAN 等实现对物体识别信息的采集、处理及远程传送等管理功能。应答器是 RFID 系统的信息载体，应答器大多是由耦合原件（线圈、微带天线等）和微芯片组成无源单元。

### 4. RFID 标签的分类

根据供电方式、工作方式等的不同，可将 RFID 标签分为 6 种基本类型，如图 2-7 所示。

（1）按标签供电方式进行分类

按标签供电方式进行分类，RFID 标签可以分为无源 RFID 标签和有源 RFID 标签两类。

① 无源 RFID 标签

无源 RFID 标签内不含电池，它的能量要从 RFID 读写器获取。当无源 RFID 标签靠近 RFID 读写器时，无源 RFID 标签的天线将接收到的电磁波能量转化成电能，激活 RFID 标签中的芯片，并将 RFID 芯片中的数据发送到 RFID 读写器。无源 RFID 标签的优点是体积小、重量轻、成本低、寿命长，可以制作成薄片或挂扣等不同形状，应用于不同的环境。但是，无源 RFID 标签由于没有内部电源，因此无源 RFID 标签与 RFID 读写器之间的距离受到限制，一般要求功率较大的 RFID 读写器。

② 有源 RFID 标签

有源 RFID 标签由内部电池提供能量，优点是作用距离远，有源 RFID 标签与 RFID 读写器之间的距离可以达到几十米，甚至可以达到上百米。有源 RFID 标签的缺点是体积大、成本高，使用时间受到电池寿命的限制。图 2-8 给出了无源 RFID 标签与有源 RFID 标签的示意图。其中，无源 RFID 标签内部没有电池。而有源 RFID 标签，标签内部有电池，图中使用了两个纽扣型电池。当然，不同的有源标签可以使用不同数量与形状的电池。

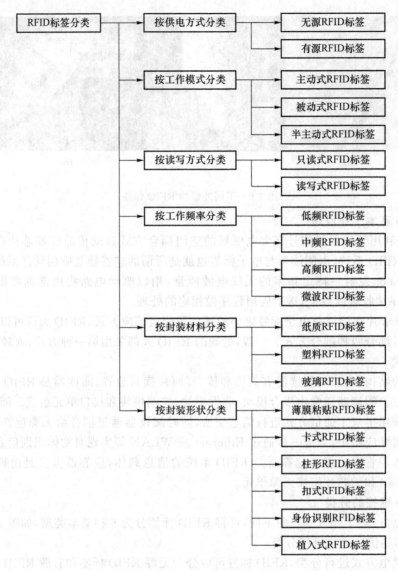

图 2-7 RFID 的分类

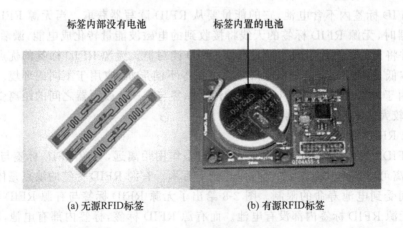

(a) 无源RFID标签      (b) 有源RFID标签

图 2-8 无源 RFID 标签与有源 RFID 标签的比较

（2）按标签工作模式进行分类

按标签工作模式进行分类，RFID 标签可以分为主动式、被动式和半主动式三类。

① 主动式 RFID 标签

主动式 RFID 标签依靠自身的能量主动向 RFID 读写器发送数据，也称为"有源 RFID 标签"，处于远场的有源 RFID 标签由内部配置的电池供电。从节约能源、延长标签工作寿命的角度，有源 RFID 标签可以不主动发送信息。当有源标签接收到读写器发送的读写指令时，标签才向读写器发送存储的标识信息。有源标签工作过程就是读写器向标签发送读写指令，标签向读写器发送标识信息的过程。

② 被动式 RFID 标签

被动式 RFID 标签从 RFID 读写器发送的电磁波中获取能量，激活后才能向 RFID 读写器发送数据，也称为"无源 RFID 标签"，无源 RFID 标签接近读写器时，标签处于读写器天线辐射形成的近场范围内。RFID 标签天线通过电磁感应产生感应电流，感应电流驱动 RFID 芯片电路。芯片电路通过 RFID 标签天线将存储在标签中的标识信息发送给读写器，读写器天线再将接收到的标识信息发送给主机。无源标签工作过程就是读写器向标签传递能量，标签向读写器发送标签信息的过程。读写器与标签之间能够双向通信的距离称为"可读范围"或"作用范围"。

③ 半主动式 RFID 标签

半主动式 RFID 标签继承了无源标签体积小、重量轻、价格低、使用寿命长的优点，内置的电池在没有读写器访问时，只为芯片内很少的电路提供电源。半主动式 RFID 标签自身的能量只提供给 RFID 标签中的电路使用，并不主动向 RFID 读写器发送数据。在它接收到 RFID 读写器发送的电磁波并被电磁波激活后，内置电池向 RFID 芯片供电，以增加标签的读写距离，提高通信的可靠性。半主动式 RFID 标签一般用在可重复使用的集装箱和物品的跟踪上。

（3）按标签读写方式进行分类

按标签读写方式进行分类，RFID 标签可以分为只读式和读写式两类。

① 只读式 RFID 标签

在读写器识别过程中，只读式 RFID 标签的内容只可读出不可写入。只读式 RFID 标签又可以进一步分为：只读标签、一次性编程只读标签和可重复编程只读标签。

只读标签的内容在标签出厂时已经被写入，在读写器识别过程中只能读出不能写入。只读标签内部使用的是只读存储器（ROM），只读标签属于标签生产厂商受客户委托定制的一类标签。

一次性编程只读标签的内容不是在出厂之前写入，而是在使用前通过编程写入，在读写器识别过程中只能读出不能写入。可重复编程只读标签的内容经过擦除后，可以重新编程写入，但是在读写器识别过程中只能读出不能写入。一次性编程只读标签内部使用的是可擦除可编程只读存储器（EPROM）或通用阵列逻辑（GAL）。

② 读写式 RFID 标签

读写式 RFID 标签的内容在识别过程中可以被读写器读出，也可以被读写器写入。读写式 RFID 标签内部使用的是随机存取存储器（RAM）或电可擦可编程只读存储器（EEROM）。

不同类型的标签的数据存储能力是不同的。RFID 标签的芯片有的设计为只读，有的设计为可擦除和可编程写入。第一代可读写标签一般是要完全擦除原有的内容之后，才可以写入，而有一类标签有 2 个或 2 个以上的内存块，读写器可以分别对不同的内存块编程写入内容。

(4) 按标签工作频率进行分类

RFID 标签使用的是 ISM 频段。按标签的工作频率进行分类，RFID 标签可以分为低频、中高频、超高频和微波四类。由于 RFID 工作频率的选取会直接影响芯片设计、天线设计、工作模式、作用距离、读写器安装要求，因此了解不同工作频率下 RFID 标签的特点，对于设计 RFID 应用系统是十分重要的。

① 低频 RFID 标签

低频 RFID 标签典型的工作频率为 125～134.2 kHz。低频 RFID 标签一般为无源标签，通过电感耦合方式，从读写器耦合线圈的辐射近场中获得标签的工作能量，读写距离一般小于 1 m。通常，低频标签芯片造价低、省电，适合近距离、低传输速率、数据量较小的应用，如门禁、考勤、电子计费、电子钱包、停车场收费管理等。低频标签的工作频率较低，适用于牛、猪、信鸽等动物的标识。

② 中高频 RFID 标签

中高频 RFID 标签的典型工作频率为 13.56 MHz，其工作原理与低频 RFID 标签基本相同，为无源标签。标签的工作能量通过电感耦合方式，从读写器耦合线圈的辐射近场中获得，读写距离一般小于 1 m。高频 RFID 标签可以方便地做成卡式结构，典型的应用有电子身份识别、电子车票，以及校园卡和门禁系统的身份识别卡。

③ 超高频与微波段 RFID 标签

超高频与微波段 RFID 标签通常简称为"微波标签"，典型的超高频工作频率为 860～928 MHz，微波段工作频率为 2.45～5.8 GHz。微波标签主要有无源标签和有源标签两类。微波无源标签的工作频率主要为 902～928 MHz；微波有源标签的工作频率主要为 2.45～5.8 GHz。微波标签工作在读写器天线辐射的远场区域。

由于超高频与微波段电磁波是视距传输，超高频与微波段无线电波绕射能力较弱，发送天线与接收天线之间不能有物体阻挡，因此用于超高频与微波段 RFID 标签的读写器天线被设计为定向天线，只有在天线定向波束范围内的电子标签可以被读写。读写器天线向有源标签发送读写指令，有源标签向读写器发送标签存储的标识信息；有源标签的最大工作距离可以超过百米。微波标签一般用于远距离识别与对快速移动物体的识别，如近距离通信与工业控制领域、高速公路的不停车电子收费(ETC)系统。

(5) 按封装材料进行分类

按封装材料进行分类，RFID 标签可以分为纸质封装 RFID 标签、塑料封装 RFID 标签与玻璃封装 RFID 标签三类。

① 纸质封装 RFID 标签

纸质封装 RFID 标签一般由面层、芯片与天线电路层、胶层与底层组成。纸质 RFID 标签价格便宜，一般具有可粘贴功能，能够直接粘贴在被标识的物体上。

② 塑料封装 RFID 标签

塑料封装 RFID 标签采用特定的工艺与塑料基材，将芯片与天线封装成不同外形的标签。封装 RFID 标签的塑料可以采用不同的颜色，封装材料一般都能够耐高温。

③ 玻璃封装 RFID 标签

玻璃封装 RFID 标签将芯片与天线封装在不同形状的玻璃容器内，形成玻璃封装的 RFID 标签。玻璃封装 RFID 标签可以植入动物体内，用于动物的识别与跟踪。

RFID 标签未来有可能会直接在制作过程中就镶嵌到服装、手机、计算机、移动存储器、家电、书籍、药瓶、手术器械上。

（6）按标签封装的形状进行分类

人们可以根据实际应用的需要，设计出各种外形与结构的 RFID 标签。RFID 标签根据应用场合、成本与环境等因素，可以封装成以下几种外形：

　　a. 粘贴在标识物上的薄膜型的自粘贴式标签；

　　b. 可以让用户携带、类似于信用卡的卡式标签；

　　c. 可以封装成能够固定在车辆或集装箱上的柱型标签；

　　d. 可以封装在塑料扣中，用于动物耳标的扣式标签；

　　e. 可以封装在钥匙扣中，用于用户随身携带的身份标识标签；

　　f. 可以封装在玻璃管中，用于人或动物的植入式标签。

### 2.2.4　RFID 应用的结构与组成

RFID 是一项易于操控，简单实用且特别适合用于自动化控制的灵活性应用技术，识别工作无须人工干预，它既可支持只读工作模式也可支持读写工作模式，且无需接触或瞄准；可自由工作在各种恶劣环境下，例如短距离射频产品不怕油渍、灰尘污染等恶劣的环境，可以替代条码，可以用在工厂的流水线上跟踪物体；长距射频产品多用于交通上，识别距离可达几十米，如自动收费或识别车辆身份等。射频识别系统主要有以下几个方面系统优势。

　　a. 读取方便快捷：数据的读取无需光源，甚至可以透过外包装来进行。有效识别距离更大，采用自带电池的主动标签时，有效识别距离可达到 30 m 以上。

　　b. 识别速度快：标签一进入磁场，解读器就可以即时读取其中的信息，而且能够同时处理多个标签，实现批量识别。

　　c. 数据容量大：数据容量最大的二维条形码（PDF417），最多也只能存储 2 725 个数字；若包含字母，存储量则会更少；RFID 标签则可以根据用户的需要扩充到数十 K。

　　d. 使用寿命长，应用范围广：其无线电通信方式，使其可以应用于粉尘、油污等高污染环境和放射性环境，而且其封闭式包装使得其寿命大大超过印刷的条形码。

　　e. 标签数据可动态更改：利用编程器可以写入数据，从而赋予 RFID 标签交互式便携数据文件的功能，而且写入时间相比打印条形码更少。

　　f. 更好的安全性：不仅可以嵌入或附着在不同形状、类型的产品上，而且可以为标签数据的读写设置密码保护，从而具有更高的安全性。

　　g. 动态实时通信：标签以每秒 50～100 次的频率与解读器进行通信，所以只要 RFID 标签所附着的物体出现在解读器的有效识别范围内，就可以对其位置进行动态的追踪和监控。

根据 RFID 系统完成的功能不同，可以粗略地把 RFID 系统分成四种类型：EAS 系统、便携式数据采集系统、网络系统、定位系统。

EAS(Electronic Article Surveillance)是一种设置在需要控制物品出入的门口的 RFID 技术。这种技术的典型应用场合是商店、图书馆、数据中心等地方，当未被授权的人从这些地方非法取走物品时，EAS 系统会发出警告。在应用 EAS 技术时，首先在物品上黏附 EAS 标签，当物品被正常购买或者合法移出时，在结算处通过一定的装置使 EAS 标签失活，物品就可以取走；物品经过装有 EAS 系统的门口时，EAS 装置能自动检测标签的活动性，发现活动性标签 EAS 系统会发出警告。EAS 技术的应用可以有效防止物品被盗，不管是大件的商品，还是很小的物品。采用 EAS 技术后,不用再将商品锁在玻璃橱柜里,而是可以让顾客自由地观看和检查,这在自选日益流行的今天有着非常重要的现实意义。

典型的 EAS 系统一般由三部分组成:

a. 附着在商品上的电子标签,电子传感器;

b. 电子标签灭活装置,以便授权商品能正常出入;

c. 监视器,在出口造成一定区域的监视空间。

EAS 系统的工作原理是:在监视区,发射器以一定的频率向接收器发射信号。发射器与接收器一般安装在零售店、图书馆的出入口,形成一定的监视空间。当具有特殊特征的标签进入该区域时,会对发射器发出的信号产生干扰,这种干扰信号也会被接收器接收,再经过微处理器的分析判断,就会控制警报器的鸣响。根据发射器所发出的信号不同以及标签对信号干扰原理不同,EAS 可以分成许多种类。关于 EAS 技术最新的研究方向是标签的制作,人们正在讨论 EAS 标签能不能像条码一样,在产品的制作或包装过程中加进产品,成为产品的一部分。

便携式数据采集系统是使用带有 RFID 阅读器的手持式数据采集器采集 RFID 标签上的数据。这种系统具有比较大的灵活性,适用于不宜安装固定式 RFID 系统的应用环境。手持式阅读器(数据输入终端)可以在读取数据的同时,通过无线电波数据传输方式(RFDC)实时地向主计算机系统传输数据,也可以暂时将数据存储在阅读器中,再一批一批地向主计算机系统传输数据。

在物流控制系统中,固定布置的 RFID 阅读器分散布置在给定的区域,并且阅读器直接与数据管理信息系统相连,信号发射机是移动的,一般安装在移动的物体、人上面。当物体、人流经阅读器时,阅读器会自动扫描标签上的信息并把数据信息输入数据管理信息系统存储、分析、处理,达到控制物流的目的。

定位系统用于自动化加工系统中的定位以及对车辆、轮船等进行运行定位支持。阅读器放置在移动的车辆、轮船上或者自动化流水线中移动的物料、半成品、成品上,信号发射机嵌入到操作环境的地表下面。信号发射机上存储有位置识别信息,阅读器一般通过无线的方式或者有线的方式连接到主信息管理系统。

一个射频识别系统至少应包括以下两个部分:一是读写器;二是电子标签(或称射频卡、应答器等,本书统称为电子标签)。另外还应包括天线,主机等。RFID 系统在具体的应用过程中,根据不同的应用目的和应用环境,系统的组成会有所不同,但从 RFID 系统的工作原理来看,系统一般都由信号发射机、信号接收机、发射接收天线几部分组成。下面分别加以说明。

a. 信号发射机:在 RFID 系统中,信号发射机为了不同的应用目的,会以不同的形式存在,典型的形式是标签(TAG)。标签相当于条码技术中的条码符号,用来存储需要识别传输的信息。与条码不同的是,标签必须能够自动或在外力的作用下,把存储的信息主动发射出去。

b. 信号接收机:在 RFID 系统中,信号接收机一般叫作阅读器。根据支持的标签类型不同与完成的功能不同,阅读器的复杂程度是显著不同的;阅读器基本的功能就是提供与标签进行数据传输的途径。另外,阅读器还提供相当复杂的信号状态控制、奇偶错误校验与更正功能等。标签中除了存储需要传输的信息外,还必须含有一定的附加信息,如错误校验信息等。识别数据信息和附加信息按照一定的结构编制在一起,并按照特定的顺序向外发送。阅读器通过接收到的附加信息来控制数据流的发送。到达阅读器的信息被正确地接收和译解后,阅读器通过特定的算法决定是否需要发射机对发送的信号重发一次,或者通知发射器停止发信号,这就是"命令响应协议"。使用这种协议,即便在很短的时间、很小的空间阅读多个标签,也可以有效地防止"欺骗问题"的产生。

c. 编程器:只有可读可写标签系统才需要编程器。编程器是向标签写入数据的装置。编程器写入数据一般来说是离线(OFF-LINE)完成的,也就是预先在标签中写入数据,等到开始应用时直接把标签黏附在被标识项目上。也有一些 RFID 应用系统,写数据是在线(ON-LINE)完成的,尤其是在生产环境中作为交互式便携数据文件来处理时。

d. 天线:天线是标签与阅读器之间传输数据的发射、接收装置。在实际应用中,除系统功率外,天线的形状和相对位置也会影响数据的发射和接收,需要专业人员对系统的天线进行设计、安装。

一个简单的基于 RFID 的超市零售管理系统可以形象地说明 RFID 应用系统的结构。如果要在超市内对各个商品的销售、库存、调度和结算环节使用 RFID 标签技术,那么技术人员要做的第一件事是构建一个覆盖从仓库、零售、收款到管理各个部门的局域网系统。同时需要解决从进货、打印与粘贴 RFID 标签、入库到提货、销售、收款、统计分析、制定进货计划的全过程的 RFID 应用技术问题。这样一个基于 RFID 的超市零售管理系统应该由 RFID 标签、标签编码器/打印机、读写器、运行 RFID 中间件软件的计算机、数据服务器与系统管理计算机等部分组成。

基于 RFID 的超市零售管理系统的结构具有一定的普遍性,由 RFID 标签编码、RFID 标签打印、RFID 读写器、运行 RFID 中间件的计算机、数据库服务器与数据处理计算机组成。需要注意的是,系统中出现了 4 瓶相同的饮料,如果使用条形码,由于它们是一种饮料,因此 4 瓶饮料贴一种条码即可。而在使用 RFID 标签之后,这 4 瓶饮料要贴识别码最后一位不同的 4 个标识码。可见,RFID 标签标识的是每一瓶饮料,而不是一种饮料。

在很多应用中,必须对物品进行精细管理。例如,每一种药品(如抗生素"头孢地尼")都存在着不同厂家、不同批次、不同的生产时间与有效期的问题。条码一般只能表示"A 公司的 B 类产品",而 RFID 标签可以表示"A 公司于 B 时间在 C 地点生产的 D 类产品的第 E 件"。显然,只用条码去标识所有的"头孢地尼"存在问题,如果出现医疗事故也无法溯源,而 RFID 标签可以很好地解决这个问题。

### 2.2.5 RFID 标签编码标准

**1. RFID 标签编码标准的现状**

在 RFID 应用系统中,要使每一个物体的信息在生产加工、市场流通、客户购买与售后服务过程中,都能够被准确地记录下来,并且通过物联网基础设施在世界范围内快速地传输,就必须形成全球统一的、标准的、唯一能够准确标识各国、各个企业生产的不同产品的电子编码标准。因此,RFID 技术广泛应用的基础是 RFID 标签编码的标准化与 RFID 标签体系的建立。RFID 编码体系的竞争涉及全球物品信息控制器的问题,关系到国家安全。

目前还没有形成全球统一的 RFID 标准体系,物联网的应用中仍然存在多种 RFID 标准体系。最有影响的标准有 EPC Global RFID 标准、UID RFID 标准和 ISO/IEC RFID 标准。

**2. EPC Global RFID 标准**

ECP 编码体系为物联网提供了基础性的商品标识的规范体系与代码空间。2003 年 11 月,欧洲物品编码协会(EAN)与美国统一商品编码委员会(UCC)决定成立一个全球性的非赢利组织——产品电子代码中心 EPCglobal,并在美国、英国、日本、韩国、中国、澳大利亚、瑞士建立了 7 个实验室,统一管理和实施 EPC 标准推广工作。

EPC 编码体系研究的是产品电子代码的全球标准。2004 年 6 月,EPCglobal 公布了第一个全球产品电子代码 EPC 标准,并在部分应用领域进行了测试。EPC 编码的特点之一是编码空间大,可以实现对单品的标识。

EPC 统一了对全球物品的编码方法,直到编码至单个物品。EPC 规定了将此编码以数字信号的形式存储于附着在物品上的应答器(在 EPC 中常称为标签)中。阅读器通过无线空中接口读取标签中的 EPC 码,并经计算机网络传送至信息控制中心,进行相应的数据处理、存储、显示和交互。

EPC 编码由版本号、域名管理、对象分类和序列号 4 个字段组成。版本号字段标识 EPC 的版本号,它给出 EPC 编码的长度;域名管理标识生产厂商;对象分类标识产品类型;序列号标识每一件产品。目前,EPC 编码有 64 位、96 位和 256 位 3 种,即 EPC-64、EPC-96 与 EPC-256。已经公布的具体编码有 EPC-64 I 型、EPC-64 II 型、EPC-64 III 型、EPC-96 I 型与 EPC-256 I 型、EPC-256 II 型与 EPC-256 III 型。

图 2-9 给出了符合 EPC-96 I 型编码标准的各字段结构与意义的示意图。EPC-96 I 型编码的总长度为 96 位,其中版本号字段长度为 8 位,用来表示编码标准的版本;域名管理字段长度为 28 位,用来表示产品是由哪个厂家生产的;对象分类字段长度为 24 位,用来标识是哪一类产品;序列号字段长度为 36 位,可以唯一地标识出每一件产品。

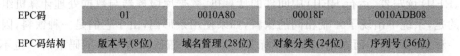

| EPC码 | 01 | 0010A80 | 00018F | 0010ADB08 |
| --- | --- | --- | --- | --- |
| EPC码结构 | 版本号(8位) | 域名管理(28位) | 对象分类(24位) | 序列号(36位) |

图 2-9　EPC-96 I 型编码标准字段结构

### 3. UID RFID 标准

日本泛在识别(Ubiquitous ID, UID)标准体系是射频识别三大标准体系之一。UID 制定标准的思路类似于 EPCglobal,其目标也是推广自动识别技术,构建一个完整的编码体系,组建网络进行通信。与 EPC 系统不同的是,UID 信息共享尽量依赖于日本的泛在网络,它可以独立于互联网,实现信息共享。

UID 标准体系主要包括泛在编码体系、泛在通信、泛在解析服务器和信息系统服务器 4 部分。UID 编码体系采用 Ucode 识别码,Ucode 识别码是识别目标对象的唯一手段。UID 积极参加空中标准的制定工作,泛在通信除了提供读写器与标签的通信外,还提供 3G、PHS 和802.11 等多种接入方式。

UID 识别技术体系架构由泛在识别码(Ucode)、信息系统服务器、泛在通信器和 Ucode 解析服务器等四部分构成。

Ucode 是赋予现实世界中任何物理对象的唯一的识别码。它具备了 128 位的充裕容量,并可以用 128 位为单元进一步扩展至 256、384 或 512 位。Ucode 的最大优势是能包容现有编码体系的元编码设计,可以兼容多种编码。Ucode 标签具有多种形式,包括条码、射频标签、智能卡、有源芯片等。泛在识别中心把标签进行分类,设立了 9 个级别的不同认证标准。

信息系统服务器存储并提供与 Ucode 相关的各种信息。Ucode 解析服务器确定与 Ucode 相关的信息存放在哪个信息系统服务器上。Ucode 解析服务器的通信协议为 UcodeRP 和

eTP,其中 eTP 是基于 eTron(PKI)的密码认证通信协议。泛在通信器主要由 IC 标签、标签读写器和无线广域通信设备等部分构成,用来把读到的 Ucode 送至 Ucode 解析服务器,并从信息系统服务器获得有关信息。

**4. ISO 标准**

RFID 领域的 ISO 标准可以分为以下四大类:技术标准(如射频识别技术、IC 卡标准等);数据内容与编码标准(如编码格式、语法标准等);性能与一致性标准(如测试规范等标准);应用标准(如船运标签、产品包装标准等)。

## 2.3　传感器与无线传感器网络

### 2.3.1　传感器的基本概念

传感器的概念来自"感觉(sensor)"一词,传感器(transducer 或 sensor)俗称探头,有时被称为换能器、变换器、变送器、探测器。其主要特征是感知和检测某一形态的信息,并将其转换成另一形态的信息。因此,传感器是指那些由敏感元件和转换元件组成的一种检测装置,能感受到被测量,并能将检测和感受到的信息,按一定规律变换成为电信号(电压、电流、频率或相位)输出,以满足感知信息的传输、处理、存储、显示、记录和控制的要求。这里的信息应包括电量和非电量。

国家标准 GB 7665—87 对传感器下的定义是:"能感受规定的被测量并按照一定的规律转换成可用信号的器件或装置,通常由敏感元件和转换元件组成"。它是实现自动检测和自动控制的首要环节。传感技术作为信息获取的重要手段,与通信技术、计算机技术共同构成了信息技术的三大支柱。传感器是物联网感知层的主要器件,是物联网及时、准确获取外部物理世界信息的重要手段。

**1. 传感器的组成**

传感器是一种检测装置,能感受到被测量的信息,并能将感受到的信息,按一定规律变换成为电信号或其他所需形式的信息输出,以满足信息的传输、处理、存储、显示、记录和控制等要求。图 2-10 给出了传感器结构示意图。

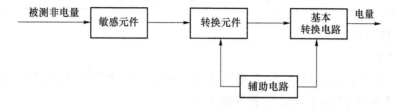

图 2-10　传感器结构示意图

人们从其功能出发,形象地将传感器定义为,具有视觉、听觉、触觉、嗅觉和味觉等功能的元器件或装置。传感器一般由敏感元件、转换元件、信号调理电路和辅助电路组成。值得注意的是,并不是所有的传感器都必须包括敏感元件和转换元件。如果敏感元件直接输出的是电量,那么它就同时兼为转换元件,因此敏感元件和转换元件二者合一的传感器是很多的,如压电晶体、热电偶、热敏电阻、光电器件等。

a. 敏感元件:敏感元件也叫预变换器,是指传感器中能直接感受或响应被测量(非电量)并输出与之成确定关系的其他量(非电量)的部分。在完成非电量到电量的变换时,并非所有的非电量都能利用现有手段直接变换为电量,往往是将被测非电量预先变换为另一种易于变换成电量的非电量,然后再变换为电量,能够完成预变换的器件称为敏感元件。

b. 转换元件:转换元件是指传感器中能将敏感元件感受或响应到的被测量转换成适于传输或测量的可用输出信号(一般为电信号)的部分。

c. 信号调理电路:信号调理电路是能把转换元件输出的电信号转换为便于显示、记录、处理和控制的有用电信号的电路。其类型视转换元件的分类而定,经常采用的有电桥电路、放大器、振荡器、阻抗变换、补偿及其他特殊电路,如高阻抗输入电路、脉冲调宽电路等。

d. 辅助电路:通常指电源,即交、直流供电系统。

**2. 传感器的分类**

传感器有多种分类方法,包括根据传感器功能分类、根据传感器工作原理分类、根据传感器感知的对象分类,以及根据传感器的应用领域分类等。如表 2-1 所示,根据传感器的工作原理,可将其分为物理传感器、化学传感器两大类。物理传感器应用的是物理效应,诸如压电效应,磁致伸缩现象,离化、极化、热电、光电、磁电等效应。被测信号量的微小变化都将转换成电信号。化学传感器包括那些以化学吸附、电化学反应等现象为因果关系的传感器,被测信号量的微小变化也将转换成电信号。生物传感器属于一种特殊的化学传感器。

**表 2-1 常用传感器分类**

| | | |
|---|---|---|
| 物理传感器 | 力传感器 | 压力传感器、力矩传感器、速度传感器、加速度传感器、流量传感器、位移传感器、位置传感器、密度传感器、硬度传感器、黏度传感器 |
| | 热传感器 | 温度传感器、热流传感器、热导率传感器 |
| | 声传感器 | 声压传感器、噪声传感器、超声波传感器、声表面波传感器 |
| | 光传感器 | 可见光传感器、红外线传感器、紫外线传感器、图像传感器、光纤传感器、分布式光纤传感系统 |
| | 电传感器 | 电流传感器、电压传感器、电场强度传感器 |
| | 磁传感器 | 磁场强度传感器、磁通量传感器 |
| | 射线传感器 | X 射线传感器、γ 射线传感器、β 射线传感器、辐射剂量传感器 |
| 化学传感器 | | 离子传感器、气体传感器、湿度传感器、生物传感器 |

(1)物理传感器

① 力传感器

根据力传感器测量的物理量不同,可以分为压力传感器、力矩传感器、速度传感器、加速度传感器、流量传感器、位移传感器、位置传感器等。

② 热传感器

在人类生活与生产中经常需要对温度与热量进行测量。热传感器可以分为:温度传感器、热流传感器、热导率传感器。按测量方式的不同,热传感器可以分为接触式和非接触式两大类。接触式温度传感器的检测部分与被测对象有良好的接触,又称温度计。非接触式的敏感元件与被测对象互不接触。非接触式的测量方法主要用于运动物体、小目标,以及热容量小或温度变化快的环境中。最常用的非接触式测温仪表基于黑体辐射的基本定律。

③ 声传感器

声传感器是一个古老的话题,人们非常熟悉的声呐就是声传感器最典型的应用。声呐是英文"sonar"的音译,是一种利用声波在水下的传播特性,通过声敏感元件完成水下探测和通信的电子设备,是水声学中应用最广泛、最重要的一种装置。声呐技术从诞生至今已有一百多年的历史。

人说话的语音频率范围在 $300\sim3\,400$ Hz,人耳可以听到 $20$ Hz$\sim20$ kHz 的音频信号。频率高于 $20$ kHz 的声波叫作超声波,频率低于 $20$ Hz 的声波叫作次声波;相应地,声传感器包括声波传感器、超声波传感器与次声波传感器三类。

超声波传感器是利用超声波的特性研制而成的声传感器。超声波是振动频率高于声波的机械波,具有频率高、波长短、方向性好、能够定向传播等特点。超声波对液体、固体的穿透能力很强,尤其是在不透明的固体中能够穿透几十米的深度;超声波碰到杂质或分界面会产生显著反射形成回波,碰到活动物体能产生多普勒效应。因此,超声波传感器广泛应用于工业、国防、生物医学领域。

④ 光传感器

光传感器是当前传感器技术研究的活跃领域之一。按照光源的频段,光传感器可以分为可见光传感器、红外线传感器、紫外线传感器、图像传感器、光纤传感器等。目前常用的光传感器主要有图像传感器与光纤传感器。

由于光纤传感器工作在非电的状态,具有重量轻、体积小、低成本、抗干扰等优点,因此光纤传感器在高精度、远距离、网络化、危险环境的感知与测量中越来越受到重视。社会需求进一步推动了光纤传感器技术的快速发展。激光是 20 世纪 60 年代初发展起来的一项新技术,它标志着人们掌握和利用光波进入了一个新的阶段。光纤传感器作为一种重要的工业传感器,目前已经广泛应用于工业控制机器人、搬运机器人、焊接机器人、装配机器人与控制系统的自动实时测量。同时,光纤传感器可以用于磁、声、压力、温度、加速度、陀螺、位移、液面、转矩、光声、电流和应变等物理量的测量与传感,以及光纤陀螺、光纤水听器等应用中。

分布式光纤传感系统利用光纤作为传感敏感元件和传输信号介质,探测出沿着光纤不同位置的温度和应变的变化,实现分布式、自动、实时、连续、精确的测量。分布式光纤温度传感系统可以用于石油、天然气输送管线或储罐的泄漏监测,以及油库、油管、油罐的温度监测及故障点的检测。

⑤ 电传感器

电传感器是一种常用的传感器。从被测量的物理量的角度,电传感器可以分为电阻式、电容式、电感式传感器。电阻式传感器是利用变阻器将非电量转换成电阻信号的原理制成的,它主要用于位移、压力、应变、力矩、气流流速、液面与液体流量等参数的测量。电容式传感器是利用改变电容器的几何尺寸或介质参数来使电容量变化的原理制成的,它主要用于压力、位移、液面、厚度、水分含量等参数的测量。电感式传感器是利用改变电感磁路的几何尺寸或磁体位置来使电感或互感量变化的原理制成的,它主要用于压力、位移、力、振动、加速度等参数的测量。

⑥ 磁传感器

磁传感器是最古老的传感器,指南针就是磁传感器最早的一种应用。现代磁传感器要将磁信号转化成为电信号输出,在电磁效应的传感器中,磁旋转传感器是重要的一种。磁旋转传感器主要由半导体磁阻元件、永久磁铁、固定器、外壳等几个部分组成。典型结构是将一对磁阻元件安装在一个永磁体上,元件的输入输出端子接到固定器上,然后安装在金属盒中,再用工程塑料密封,形成密闭结构,这个结构具有良好的可靠性。磁旋转传感器在工厂自动化系统中有广泛的应用,如机床伺服电机的转动检测、工厂自动化的机器人臂的定位、液压冲程的检测,以及工厂自动化设备的位置检测等。

磁旋转传感器在家用电器中也有很大的应用空间。大多数家用录像机中的变速、高速重放功能,以及洗衣机中的电机的正反转和高低速旋转功能都是通过伺服旋转传感器来实现检测和控制的。磁旋转传感器可用于检测翻盖手机与笔记本计算机等的开关状态,而且可以用作电源及照明灯开关。

⑦ 射线传感器

射线传感器是将射线强度转换为可输出的电信号的传感器。射线传感器可以分为 X 射线传感器、γ 射线传感器、β 射线传感器、辐射剂量传感器。射线传感器的研究已有很长的历史,目前射线传感器已经在环境保护、医疗卫生、科学研究与安全保护领域得到广泛应用。

(2)化学传感器

按是否与被监测物接触,化学传感器可分为接触式与非接触式;按结构形式的不同,化学传感器可分为分离型传感器与组装一体化传感器;按检测对象的不同,化学传感器可分为气体传感器、离子传感器、湿度传感器。

气体传感器的传感元件多为氧化物半导体,有时在其中加入微量贵金属作增敏剂,增加对气体的活化作用。气体传感器又分为半导体、固体电解质、接触燃烧式、晶体振荡式和电化学式气体传感器。

湿度传感器是测定水气含量的传感器,它可以进一步分为电解质式、高分子式、陶瓷式和半导体式湿度传感器。

离子传感器是根据感应膜对某种离子具有选择性响应的原理设计的一类化学传感器。感应膜主要有玻璃膜、溶有活性物质的液体膜,以及高分子膜。

化学传感器在矿产资源的探测、气象观测和遥测、工业自动化、医学诊断和实时监测、生物工程、农产品储藏和环境保护等领域有着重要的应用。目前已经制成了血压传感器、心音传感器、体温传感器、呼吸传感器、血流传感器、脉搏传感器与体电传感器,用于监测人的生理参数,直接为保障人类的健康服务。

(3)生物传感器

生物传感器是一类特殊的化学传感器。实际上,目前生物传感器研究的类型,已经远远超出了对传统传感器的认知程度。

生物传感器由生物敏感元件和信号传导器组成。生物敏感元件可以是生物体、组织、细胞、酶、核酸或有机物分子。不同的生物敏感元件对于光强度、热量、声强度、压力有不同的感应特性。例如,光敏感的生物敏感元件能够将它感受到的光强度转变为与之成比例的电信号,热敏感的生物敏感元件能够将它感受到的热量转变为与之成比例的电信号;声敏感的生物敏感元件能够将它感受到的声强度转变为与之成比例的电信号。

生物传感器应用的是生物机理,与传统的化学传感器和分析设备相比具有不可比拟的优势,这些优势表现在高选择性、高灵敏度、高稳定性、低成本等方面,能够在复杂环境中进行在线、快速、连续监测。

**4. 传感器的特性**

一种传感器就是一种系统,一个系统总可以用一个数学方程式或函数来描述,即用某种方程式或函数表征传感器的输出和输入的关系和特性。以传感器的静态输入-输出关系建立的数学模型叫静态模型;以传感器的动态输入-输出关系建立的数学模型叫动态模型。传感器所测量的非电量一般有两种形式:一种是稳定的(不随时间变化或随时间变化极其缓慢)的信号,我们通常称之为静态信号;另一种是随时间变化而变化的信号,我们通常称之为动态信号,由于输入量的状态不同,传感器所呈现出来的输入输出特性也不同,分为静态特性和动态特性。

(1)静态特性

静态特性的几种性能指标:线性度、灵敏度、分辨率、稳定性等。

① 线性度

所谓传感器的线性度就是其输出量与输入量之间的实际关系曲线偏离拟合直线的程度,因此又称为非线性误差。

② 灵敏度

传感器的灵敏度是其在稳态下输出增量 $\Delta y$ 与输入增量 $\Delta x$ 的比值。非线性传感器的灵敏度就是它的静态特性的斜率,非线性传感器的灵敏度是一个变量。

③ 分辨率

传感器的分辨率是在规定的测量范围内传感器所能检测的输入量的最小变化量,有时也用该值相对满量程输入值的百分数来表述。

④ 稳定性

稳定性有短期稳定性和长期稳定性之分,对于传感器常用长期稳定性描述其稳定性。所谓传感器的稳定性是指在室温条件下,经过相当长的时间间隔,如一天、一月或者一年,传感器的输出与起始标定时的输出之间的差异,因此,通常又用其不稳定度来表征传感器输出的稳定程度。

下面我们举一个传感器静态特性相关的例子,来阐明传感器性能的变化。

例题:某位移传感器,当位移变化 1 mm 时,输出电压变化 200 mV,那么这个位移传感器的灵敏度为多少? 为什么?

答案:位移传感器的灵敏度为 200 mV/mm,对于线性传感器,其灵敏度就是它的校准曲线的斜率,为一常数。而非线性传感器的灵敏度为一变量,其灵敏度可表示为 $K = \mathrm{d}Y/\mathrm{d}X$,也可用某一小区域内的拟合直线的斜率表示。

(2)动态特性

动态特性是指传感器在输入变化时的输出特性。动态特性是传感器在测量中非常重要的问题,它是传感器对输入激励的输出响应特性。一个动态特性好的传感器,随时间变化的输出曲线能同时再现输入随时间变化的曲线,即输出与输入具有相同类型的时间函数。在动态的输入信号情况下,输出信号一般来说不会与输入信号具有完全相同的时间函数,这种输出与输入间的差异就是所谓的动态误差,这是由于在动态输入信号情况下,要有较好的动态特性,不仅要求传感器能精确地测量信号的幅值大小,而且能测量出信号变化过程的波形,即要求传感器能迅速准确地响应幅值变化和无失真地再现被测信号随时间变化的波形。

传感器的基本动态特性方程为:

$$a_n \mathrm{d}^n y/\mathrm{d}t^n + \cdots + a_1 \mathrm{d}y/\mathrm{d}t + a_0 y = b_m \mathrm{d}^m x/\mathrm{d}t^m + \cdots + b_1 \mathrm{d}x/\mathrm{d}t + b_0 x$$

① 一阶传感器

如果传感器的电路中含有一个储能元件(电感或电容),其输出量 $y(t)$ 和输入量 $x(t)$ 的关

系可以表示为 $a_1 \dfrac{\mathrm{d}y}{\mathrm{d}t}+a_0 y(t)=b_0 x(t)\Rightarrow\dfrac{a_1}{a_0}\dfrac{\mathrm{d}y}{\mathrm{d}t}+y=\dfrac{b_0}{a_0}x$,其中,$\tau=\dfrac{a_1}{a_0}$ 为传感器的时间常数,$k=b_0/a_0$ 为传感器的静态灵敏度。所以一阶传感器的幅频特性为 $A(\omega)=1/\sqrt{1+(\omega\tau)^2}$,相频特性为 $\varphi(w)=-\arctan(w\tau)$。

在实际工作中,传感器的动态特性常用它对某些标准输入信号的响应来表示,这是因为传感器对标准输入信号的响应容易用实验方法求得,并且它对标准信号的响应与它对任意输入信号的响应之间存在一定的关系,往往知道了前者就能推出后者。最常用的标准输入信号有阶跃信号和正弦信号两种,所以传感器的动态特性也常用阶跃响应和频率响应来表示。

任何传感器都有影响动态特性的"固有因素",只不过表现形式和作用程度不同而已。研究传感器的动态特性主要是为了从测量误差角度分析产生动态误差的原因以及提出改善措施。具体研究时,通常从时域和频域两个方面采用瞬态响应法和频率响应法来分析。

② 二阶传感器

典型的二阶传感器的微分方程为:

$$a_2 \frac{\mathrm{d}^2 y}{\mathrm{d}t^2}+a_1 \frac{\mathrm{d}y(t)}{\mathrm{d}t}+a_0 y(t)=a_0 x(t)$$

所以幅频特性 $A(\omega)=\dfrac{1}{\sqrt{\left[1-\left(\dfrac{\omega}{\omega_0}\right)^2\right]^2+\left(2\xi\dfrac{\omega}{\omega_0}\right)^2}}$ 是输出信号的幅值与输入信号幅值之比,其中 $\xi$ 为传感器的阻尼系数。传感器的相频特 $\varphi(w)=-\arctan[2\xi\omega\omega_0/(\omega_0^2-\omega^2)]$ 是输出信号的相角与输入信号的相角之差。则振幅相对误差为 $A(\omega)-1$,相位误差为 $\varphi(w)$。

**5. 传感器的应用**

传感器技术是构成物联网技术系统的主要内容之一,它感受外界各种刺激并及时做出反应,相当于"五官",也就是信息的获取技术,传送信息或信息的传输技术相当于"神经",也就是通信技术,处理信息的技术,相当于"大脑"。传感器是实现自动监测和自动控制的首要环节,它对原始的各种参数进行精确可靠的测量,精确的传感器是精确的自动监测和控制的前提。在工农业、国防、航天、航空、医疗卫生和生物工程等各个领域中,会遇到各种物理量、化学量和生物量,对它们的测量和控制都有十分重要的意义。

a. 传感器是航空航天和航海事业不可缺少的器件,在现代飞行器上装备着种类繁多的显示与控制系统,而传感器对反映飞行器的参数和工作状态的各种量加以检测,以便操纵者进行正确的操作。

b. 传感器是机器人的重要组成部件,在工业机器人的控制系统中,要完成检测功能、操作与驱动功能以及比较与判断功能等,必须借助于检测机器人内部各部分状态,检测并控制机器人与所操作对象的关系和工作现场之间的状态两类传感器。

c. 传感器在生物医学和医疗器械方面也已得到了广泛应用。它能将人体各种生理信息转化成工程上已测定的量,从而正确显示出人体的生理信息,如心电图、B超、胃镜、血压器以及 CT 等。

d. 人们在日常生活的各个方面也广泛地应用了传感器,如家电中温度湿度的测量、音响系统、电视机和电风扇的遥控、煤气和液化气的泄露报警装置、路灯的声控等都离不开传感器。

### 2.3.2  智能传感器的发展

传感器的广泛应用推动了传感器技术的快速发展。传感器技术的发展表现在:智能传感器与无线传感器两个方面。本节主要介绍智能传感器及其发展。

**1. 智能传感器的特点**

智能传感器是具有信息处理功能的传感器。智能传感器带有微处理机,具有采集、处理、交换信息的能力,是传感器集成化与微处理机相结合的产物。与一般传感器相比,智能传感器具有以下三个优点:通过软件技术可实现高精度的信息采集,而且成本低;具有一定的编程自动化能力;功能多样化。智能传感器的功能是通过模拟人的感官和大脑的协调动作,结合长期以来测试技术的研究和实际经验而提出来的。智能传感器是一个相对独立的智能单元,它的出现对原来硬件性能苛刻要求有所减轻,而靠软件帮助可以使传感器的性能大幅度提高。智能传感器可实现的功能如下。

① 信息存储和传输

智能传感器通过测试数据传输或接收指令来实现各项功能,如增益的设置、补偿参数的设置、内检参数设置、测试数据输出等。

② 自补偿和计算功能

智能传感器的自补偿和计算功能为传感器的温度漂移和非线性补偿开辟了新的道路。这样,放宽传感器加工精密度要求,只要能保证传感器的重复性好,通过软件利用微处理器对测试的信号进行计算,采用多次拟合和差值计算方法对漂移和非线性进行补偿,能获得较精确的测量结果。

③ 自检、自校、自诊断功能

普通传感器需要定期检验和标定,以保证它在正常使用时有足够的准确度;在线测量传感器若出现异常,则不能及时诊断。若采用智能传感器,则情况大有改观。首先,自诊断功能在电源接通时进行自检,诊断测试以确定组件有无故障;其次,根据使用时间可以在线进行校正。

④ 复合敏感功能

智能传感器具有复合敏感功能,能够同时测量多种物理量和化学量,给出能够较全面反映物质运动规律的信息。例如,美国加利福利亚大学研制的复合液体传感器,可同时测量介质的温度、流速、压力和密度。复合力学传感器,可同时测量物体某一点的三维振动加速度(加速度传感器)、速度(速度传感器)、位移(位移传感器)等。

⑤ 智能传感器的集成化

集成智能传感器的功能有三个方面的优点。

• 高信噪比:传感器的弱信号先经集成电路信号放大后再远距离传送,就可大大改进信噪比。

• 改善性能:由于传感器与电路集成于同一芯片上,对于传感器的零漂、温漂和零位可以通过自校单元定期自动校准,又可以采用适当的反馈方式改善传感器的频响。

• 信号归一化:传感器的模拟信号通过程控放大器进行归一化,又通过模数转换成数字信号。

智能传感器与传统传感器相比将具有以下几个显著的特点。

① 自学习、自诊断与自补偿能力

智能传感器具有较强的计算能力,能够对采集的数据进行预处理,剔除错误或重复数据,进行数据的归并与融合;采用智能技术与软件,通过自学习,能够调整传感器的工作模式,重新标定传感器的线性度,以适应所处的实际感知环境,提高测量精度与可信度;能够采用自补偿算法,调整针对传感器温度漂移的非线性补偿方法;能够根据自诊断算法,发现外部环境与内部电路引起的不稳定因素,采用自修复方法改进传感器工作的可靠性,设备非正常断电时的数据保护,或在故障出现之前报警。

② 复合感知能力

通过集成多种传感器,智能传感器对物体与外部环境的物理量、化学量或生物量具有复合感知能力,可以综合感知光强、波长、相位与偏振以及压力、温度、湿度、声强等参数,帮助人类全面地感知和研究环境的变化规律。

③ 灵活的通信能力

网络化是传感器发展的必然趋势,这要求智能传感器具有灵活的通信能力,能够提供适应互联网、无线个人区域网、移动通信网、无线局域网通信的标准接口,能够具有接入无线自组网通信环境的能力。

### 2.3.3 无线传感器的发展

无线传感器,是一种集数据采集、数据管理、数据通信等功能为一体的无线数据通信采集器,是一种无线数据采集传输通信终端,具有低功耗运行、无线数据传输、无需布线、即插即用、安装调试灵活、智能手机现场调试配置等特点。

无线传感器在战场侦察中的应用已经有几十年的历史了。早在 20 世纪 60 年代,美军就已经在战场上应用了"热带树"的无人值守传感器。由于要侦察的区域处于热带雨林之中,常年阴雨绵绵,使用卫星与航空侦察手段都难以奏效,因此美军不得不改用地面传感器技术。"热带树"的无人值守传感器实际上是一个由震动传感器与声传感器组成的系统,它被飞机空投到被观测的地区后插在地上,仅露出伪装成树枝的无线天线。当人或车辆在它附近经过时,无人值守传感器就能够探测到目标发出的声音与震动信号,并立即通过无线信道向指挥部报告。指挥部对获得的信息进行处理,再决定如何处置。"热带树"的无人值守传感器应用取得的成果促使很多国家纷纷研制无人值守地面传感器(Unattended Ground Sensors,UGS)系统,图 2-11 为 UGS 无线传感器外形与系统应用的示意图。

图 2-11　UGS 无线传感器与系统应用

在 UGS 项目之后,美军又研制了远程战场监控传感器系统(Remotely Monitored Battlefield Sensors System,REMBASS)。REMBASS 使用了远程监测传感器,由人工放置在被观测区域。传感器会记录被检测对象活动所引起的地面震动、声响、红外与磁场等物理量变化,经过本地节点进行预处理或直接发送到传感器监视设备。传感器监视设备对接收的信号进行解码、分类、统计、分析,形成被检测对象活动的完整记录。现在,各国军方都相继开展了无线传感器技术的研究与应用。

## 2.4 位置信息感知技术

位置是物联网中各种信息的重要属性之一,缺少位置的感知信息是没有使用价值的。位置服务是采用定位技术,确定智能物体当前的地理位置,利用地理信息系统技术与移动通信技术,向物联网中的智能物体提供与其位置相关的信息服务。理解位置信息在物联网中的作用时,需要注意以下几个问题。

(1) 位置信息是各种物联网应用系统能够实现服务功能的基础

日常生活中 80% 的信息与位置有关,隐藏在各种物联网系统自动服务功能背后的就是位置信息。在很多情况下,无线传感器网络的节点需要知道自身的物理位置。例如,通过 RFID 或传感器技术实现的生产过程控制系统,感知系统只有确切地知道装配的零部件是否到达规定的位置,才能够决定下一步装配动作是否进行。供应链物流系统必须通过全球导航卫星系统(Global Navigation Satellite System,GNSS)确切地掌握配送货物的货车当前所处的地理位置,才能够控制整个物流过程有序地运行。因此,位置信息是支持物联网各种应用系统功能实现的重要基础。

(2) 位置信息涵盖了空间、时间与对象三要素

位置信息不仅仅是空间信息,它包含三个要素:所在的地理位置、处于该地理位置的时间,以及处于该地理位置的对象(人或物)。例如,用于煤矿井下工人定位与识别的无线传感器网络需要随时掌握哪位矿工下井且他什么时间处在什么地理位置的信息。用于森林环境监控的无线传感器网络在发现某一个传感器节点反馈的温度数值突然升高时,需要参考周边传感器在同一时间感知的温度来判断是传感器出现故障还是出现了火警。如果出现火警,那么需要根据同一时间、不同位置的传感器感知的温度高低,来计算起火点的地理位置。因此,位置信息应该涵盖空间、时间与对象三要素。

(3) 通过定位技术获取位置信息是物联网应用系统研究的一个重要问题

在很多情况下,如果缺少位置信息,那么感知系统与感知功能将失去意义。例如,在目标跟踪与突发事件检测的应用中,如果无线传感器网络的节点不能够提供自身的位置信息,那么它提供的声音、压力、光强度、磁场强度、与运动物体的加速度等信息也就没有价值了,必须将感知信息与对应的位置信息绑定之后才有意义。构建 GNSS 是为了解决全球范围的飞机、舰船、汽车的定位和自动导航问题,但是无线传感器网络在室内应用中会因为 GNSS 接收机接收不到信号而失效。在战争环境中,GNSS 卫星系统可能被损坏或被干扰。因此,研究如何在物联网中应用 GNSS 定位技术时,也必须研究作为 GNSS 定位技术补充的局部范围精确定位技术。

移动互联网、智能手机与 GNSS 技术的应用带动了基于位置的服务(Location Based Service,LBS)的发展。基于位置的服务也称为移动定位服务(Mobile Position Services,MPS),通常简称为位置服务,又称定位服务。位置服务是通过电信移动运营商的 GSM 网、CDMA 网、4G/5G 或 GNSS 来获取移动数字终端设备的位置信息。位置服务的两大功能

是：确定用户的位置，提供适合用户的服务。获取物体位置信息的技术称为位置信息感知技术。

随着智能手机、iPhone、iPad 等移动智能数字终端设备的发展，通过智能移动终端设备对 Google 地图搜索的设备数量，已经超过通过传统的 PC 对 Google 地图访问的数量，位置服务开始在移动互联网中迅速流行开来；智能手机用户对客户端应用的需求给位置服务的商业应用带来新的发展机遇，成为信息服务业一种新的服务模式与经济增长点。物联网应用对于位置信息的依赖程度高于移动互联网，由此可以预见：位置服务将成为物联网应用的一个重要的产业增长点。图 2-12 给出了位置信息与位置服务概念的示意图。从图中可以看出，支持位置服务的技术包括智能手机、移动通信网、GPS 定位、GIS 与网络地图、搜索引擎，由位置服务网站、合作的商店与餐饮业网站组成的位置服务平台，以及将互联网与移动通信网互联的异构网络互联技术。

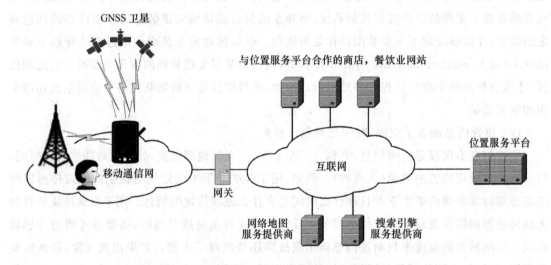

图 2-12　位置信息与位置服务

全球卫星导航系统(GNSS)是一种将卫星定位和导航技术与现代通信技术相结合，能够全时空、全天候、高精度、连续实时地提供导航、定位和授时的系统。GNSS 在空间定位技术方面已经引起了革命性的变化。用 GNSS 同时测定三维坐标的方法将测绘定位技术从陆地和近海扩展到整个地球空间和外层空间，从静态扩展到动态，从单点定位扩展到局部和广域范围，从事后处理扩展到定位、实时与导航。全球卫星定位系统极大地提高了地球社会的信息化水平，有力地推动了数字经济的发展。

目前全球主要有 4 个 GNSS 系统：美国的"全球导航定位系统(GPS)"、欧盟的"伽利略(Galileo)"卫星定位系统、俄罗斯的"格洛纳斯(GLONASS)"卫星定位系统和中国的"北斗"全球卫星定位与通信系统(BDS)。

截至北京时间 2023 年 5 月 17 日，我国已成功发射 56 颗北斗导航卫星。初步具备为包括我国在内的绝大部分亚太地区服务的能力，能为用户提供定位、导航、授时与短报文通信服务。目前，北斗卫星导航定位系统已经用于我国交通运输、基础测绘、工程勘测、资源调查、地震监测、公共安全与应急管理，以及军事等领域。

GNSS 由 3 个部分组成：空间部分、地面控制部分与用户终端。

（1）空间部分

空间部分的 GNSS 卫星星座是由均匀分布在 6 个轨道平面上的 24 颗卫星组成，其结构如图 2-13 所示。卫星轨道与卫星围绕地球运行一周的时间经过精心计算和控制之后，能保证地面的接收者在任何时候最少可以见到 4 颗卫星，最多可以见到 11 颗卫星。

（2）地面控制部分

GNSS 地面控制部分承担着两项任务：一是控制卫星运行状态与轨道参数；二是保证星座上所有卫星的时间基准的一致性。地面控制部分由一个主控站、5 个全球监测站和 3 个地面控制站组成。

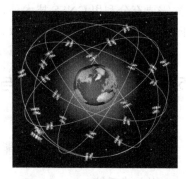

图 2-13　GNSS 卫星星座结构

GNSS 监测站都有精密的铯钟和能够连续测量到所有可见卫星的接收机。监测站将取得的卫星观测数据，包括电离层和气象数据，经过初步处理后传送到主控站；主控站从各监测站收集跟踪数据，计算出卫星的轨道和时钟参数，然后将计算结果发送到 3 个地面控制站。地面控制站在每颗卫星运行至上空时，把这些导航数据及主控站指令发送到卫星。

（3）用户终端

GNSS 用户终端设备就是 GNSS 接收机。为了准确地定位，GNSS 接收机通过接收卫星发送的信号，从解调出的卫星轨道参数获取精确的时钟信息，通过判断卫星信号从发送到接收的传播时间来测算出观测点到卫星的距离，然后根据到不同卫星的距离来计算出自己的位置。

（4）GNSS 基本工作原理

GNSS 接收机能够接收的卫星越多，定位的精度就越高。如果 GNSS 接收机能够稳定地接收到 3 颗以上卫星的信号，那么它就可以计算出自己的经纬度；如果 GNSS 接收机能够接收到 4 颗以上卫星的信号，那么它就可以提高定位精度，并能够测算出自己的海拔高度；如果 GNSS 接收机能够接收到 5～7 颗卫星的信号，那么它测算的位置误差一般可以达到 6.2 m 左右。同时，GNSS 的定时精度可以达到 20～50 ns（1 ns＝$1×10^{-9}$ s）。根据 GNSS 接收机经纬度、海拔高度、速度的计算模型和算法，以及结合数字地图计算从给定的出发地与目的地的最佳路径的导航计算模型和算法，GNSS 接收机可以通过软件或将软件固化到 SoC 芯片中，从而实现定位、导航、测距和定时的功能。

（5）GNSS 主要的应用领域

GNSS 可以用于陆地、海洋、航空航天等应用领域，为船舶、汽车、飞机、行人等运动物体定位导航。陆地应用主要包括车辆导航、突发事件应急指挥、大气物理观测、地球物理资源勘探、工程测量、地壳运动监测等。海洋应用主要包括远洋船最佳航程航线测定、船只实时调度与导航、船舶远洋导航和进港引水、海洋救援、海洋平台定位等。航空航天应用主要包括飞机导航、航空遥感姿态控制、低轨卫星定轨、和载人航天器防护探测等。随着我国北斗全球导航卫星系统的建设和营运，我国的卫星导航与位置服务产业将融合传感网、物联网和云计算技术，提供泛在的智能位置服务。

定位技术原理
扩展阅读

GNSS 在位置服务中起到了主导的作用，但是 GNSS 也有它固有的缺点。缺点之一是接收机在开机时进入稳定工作状态需要 3～5 min。因为 GNSS 接收机至少需要找到 3 颗卫星之后才能够提供位置信息。缺点之二是 GNSS 不能 100% 定位，室内定位更不精准。室内环境中 GNSS 接收机不能稳定地接收，或者根本就接收不到卫星信号。因此，在物联网定位技术中,除需要充分利用 GNSS 技术外,目前还开展了以下研究:基于移动通信基站的定位技术、基于无线局域网 WiFi 的定位技术,以及基于 RFID、无线传感器网络的定位技术。

## 2.5 智能信息感知设备与嵌入式技术

### 2.5.1 嵌入式系统与智能信息设备

#### 1. 嵌入式系统

计算机与互联网的广泛应用、智能手机与移动互联网应用的快速发展,使得智能设备制造与应用成为信息产业与现代信息服务业发展的热点。嵌入式系统(Embedded System),也称作嵌入式计算机系统(Embedded Computer System),是针对特定的应用剪裁计算机的软件和硬件,以适应应用系统对功能、可靠性、成本、体积、功耗有严格要求的专用计算机系统。嵌入式系统已经用于工业、农业、军事、家电等各个领域。

嵌入式系统有以下几个主要特点。

(1) 微型机应用和微处理器芯片技术的发展为嵌入式系统研究奠定了基础

早期的计算机体积大,耗电多,只能安装在计算机机房中使用。微型机的出现使得计算机进入了个人计算与便携式计算的阶段,而微型机的小型化得益于微处理器芯片技术的发展。微型机应用技术的发展、微处理器芯片可定制、软件技术的发展都为嵌入式系统的诞生创造了条件,奠定了基础。

(2) 嵌入式系统的发展适应了智能控制的需求

生活中大量的电器设备,如传感器、RFID、PDA、电视机顶盒、手机、数字电视、数字相机、汽车控制器、工业控制器、机器人、医疗设备中的智能控制,都对内部的计算机模块的功能、体积、耗电有着特殊的要求。这种特殊的设计要求是推动定制的小型、嵌入式计算机系统发展的动力。

(3) 嵌入式系统的发展促进了芯片、操作系统、软件编程语言与体系结构研究的发展

由于嵌入式系统要适应传感器、RFID、PDA、汽车控制器、工业控制器、机器人等物联网设备的智能控制要求,而传统的通用计算机的体系结构不能适应嵌入式系统的需要,因此研究人员必须为嵌入式系统研究特殊要求的微处理器芯片、嵌入式操作系统与嵌入式软件编程语言。

(4) 嵌入式系统的研究体现出多学科交叉融合的特点

完成一项用于机器人控制的嵌入式计算机系统的开发任务,团队成员只具备通用计算机的设计与编程能力是不够的,研究开发团队必须由计算机、机器人、电子学等多方面的技术人员组成。目前在实际工作中,从事嵌入式系统开发的技术人员主要有两类。一类是电子工程、通信工程专业的技术人员,他们主要完成硬件设计,开发与底层硬件关系密切的软件。另一类是从事计算机与软件专业的技术人员,主要完成嵌入式操作系统和应用软件的开发。

物联网以射频识别系统为基础,结合已有的云计算、数据库、互联网技术等,构成一个由大量可接入网络的阅读器和标签组成的庞大网络。物联网描绘了一个物理世界被广泛嵌入各种感知与控制智能设备后的场景,在这个场景下能够全面地感知环境信息,智能地为人类提供各种便捷的服务。嵌入式技术是开发物联网智能设备的重要手段。无线传感器节点与 RFID 标签节点都是微小型的嵌入式系统。同时,PC、PAD、平板电脑、智能手机等智能设备都提供了丰富的应用程序开发工具,目前已经有多种物联网应用系统用户终端是在现有的智能信息设

备上开发的。

**2. 智能信息设备**

在研究物联网系统设计与研发技术时,需要对目前已经广泛应用的智能信息设备以及它们在物联网中的应用进行讨论。

(1) 个人计算机

计算机最重要的进展之一表现在个人计算机(Personal Computer,PC)及其应用上。PC是互联网中重要的用户计算设备,同时也是物联网中重要的计算工具。

随着奔腾系列微处理器的出现与互联网的发展,笔记本计算机和掌上型超微型计算机在各个领域得到广泛应用,完善的操作系统与各种应用软件的大量涌现,使得计算机进入了一个前所未有的发展阶段。在很多应用中,小型机的计算与存储功能已经被网络服务器所代替;大型科学计算与图形处理功能被图形工作站所代替。个人计算机进入了办公室和家庭,出差、旅游时人们可以携带笔记本计算机。

2010年1月,在美国苹果公司发布会上,发布了一种新的个人计算机——iPad。iPad 定位介于苹果的智能手机 iPhone 和笔记本计算机之间,提供浏览互联网、收发电子邮件、观看电子书、播放音频或视频等功能。iPad 的出现为物联网便携式计算工具的设计提供了一种新的思路。

图 2-14 为 IBM PC、图形工作站、台式个人计算机、笔记本计算机、一体机及 iPad 的照片。

图 2-14　IBM PC、图形工作站、台式机、笔记本计算机、一体机与 iPad

(2) 个人数字助理

个人数字助理(PDA)是集电子记事本、便携式计算机、移动通信装置于一体的电子产品,即将个人平常所需的资料数字化,能被广泛地利用与传输。目前,PDA 正与智能手机、GPS 结合在一起,向着融合计算、通信、网络服务等多种功能的方向发展,很多种物联网智能终端设备是在 PDA 基础上开发的。随着 PC 技术的成熟与移动互联网技术的发展,PDA 的功能扩展到浏览网页、收发电子邮件与传真、播放视频与音乐,传统的 PDA 向着无线 PDA 方向发展。图 2-15 给出了各种外形的 PDA 的照片。

移动 PDA 的迅速发展,使得智能手机与 PDA 之间的界限越来越模糊,大部分物联网智能设备都必然是具有特定功能的 PDA,很多种物联网用户智能终端设备是在 PDA 基础上开发的。例如,用于森林火灾预报救助的无线传感器网络系统,消防员们可以通过手持 PDA 来采集和显示由传感器节点提供的数据,根据观测地区的"温度地图"来指挥和调度灭火,提高指挥的正确性与效率。

图 2-15　各种类型 PDA

（3）智能手机

智能手机将是物联网中的一种重要的智能终端设备,很多物联网应用系统的用户终端设备都是基于智能手机操作系统平台开发的。移动计算技术的发展,对手机功能的发展与概念的演变带来了以下几个方面重要的影响。

a. 移动通信的发展使手机不仅仅是一种通话的工具,而且是集电话、PDA、照相机、摄像机、录音机、收音机、电视、游戏机以及 Web 浏览器等多种功能于一体的消费品,是移动计算与移动互联网的一种重要的用户终端设备。手机及移动通信系统的信号传输,已经从初期单纯的语音信号传输,逐步扩展到文本、图形、图像与视频信号的多媒体信号的传输。

b. 手机也必然成为集移动通信、计算机软件、嵌入式系统、互联网应用等技术于一体的电子设备。手机设计、制造与后端网络服务的技术呈现出跨领域、综合化的趋势,不同领域技术的磨合与标准化的复杂度明显增加。

c. 手机功能的演变是电信网、电视广播网与互联网三网融合的标志,它标志着电信网、电视广播网与互联网在技术、业务与网络结构上的融合,也为物联网应用的推广创造了重要的手段与通信环境。

目前已经有多种嵌入 RFID 标签的智能手机用作手机钱包、公交车与地铁电子车票支付、购物电子支付,也可以作为电子门警卡、超市打折卡、家庭网络遥控器使用。

（4）智能家电

随着人们生活水平的提高,以及电子、控制、计算机与互联网技术的发展,人们有能力将先进的自动控制技术引入传统家用电器中,使家用电器从一种用具变成一种具有智能的设备。智能家电是应用了嵌入式技术,具有自动监测故障、自动测量、自动控制、自动调节,以及与控制中心、家庭成员实现远程通信、控制能力的新一代家电设备。未来的智能家电将向智能化、自适应和网络化方向发展。智能家电将成为物联网中智慧家居应用的主要组成单元。

目前的智能家电产品根据所采用的技术的不同,以及智能控制水平与功能的不同,可以分为三类。第一类是将电子、机械领域先进的技术应用到家电设备单项或多项控制之中,使之具备初步的智能控制能力。例如,洗衣机的定时控制、电饭煲的定时与恒温控制。第二类是模拟家庭中熟练操作者的经验,应用模糊推理、模糊控制与计算技术,提高家电的综合智能控制能力。第三类是可以接入互联网或移动通信网的智能家电,也有人将它称为"网络家电"。智能家电可以实现互联从而组成一个家庭内部网络,同时这个家庭网络又可以与外部互联网相连接。智能家电研究的对象主要是电视、冰箱、空调、洗衣机、热水器、微波炉、照明设备等,实现家庭内部网络家电连接的技术主要是蓝牙、红外、电力线、双绞线等。

（5）数字标牌

数字标牌（Digital Signage）是一种新型专业多媒体视听系统,体现出全新的媒体概念,同时也是物联网应用系统与人通过视觉交互的工具。数字标牌是一种显示终端设备,它分为两类:一类是具有显示功能的标牌,一般用作大型广告等;另一类是多点触摸数字标牌,一般用于需要与用户交互查询的场合。

现在,数字标牌已经在商场、机场、商务中心和高速公路等场景得到广泛应用。数字标牌改变了传统的信息传播模式。随着在物联网中的应用,数字标牌正在从标清显示到高清显示、从 2D 显示到 3D 显示、从单向的信息传播到互动与实时互动体会显示、从小屏到大屏（甚至超大屏）到全景式到 360 度空间游历显示转变。数字标牌的变化体现出一种全新"媒体"的概念,并且开始向越来越多的领域扩展,必将成为物联网信息发布与人机交互的重要手段之一。

（6）RFID 标签

射频识别是一种低功耗、非接触式自动识别技术,利用空间的射频信号实现双向数据的无线通信,作为物联网底层关键感知技术可实现对粘贴于物品上电子标签的快速读取和追踪,被广泛用于定位、仓库监控、供应链管理等应用中。与传统的条形码识别技术相比,RFID 技术具有以下优势:

a. 条形码技术每次只能扫描一个条形码,而 RFID 阅读器可以同时识别获取多个标签信息;

b. 传统条形码的载体是纸张,通常黏附于外包装或塑料袋上,易受到污染和折损,而RFID 是将数据保存至芯片中,具有很好的抗污染能力和耐久性;

c. 条形码一旦印刷是无法进行修改的,而 RFID 标签可以重复地增加、更改或删除芯片中的数据;

d. 条形码扫描仪需要在近距离且无阻碍物的情况下识别条形码,而 RFID 技术可实现远距离读写和非视距信息传输,能用于多种复杂的环境（如浓雾等）;

e. RFID 标签不受尺寸和形状的限制,以多种样式存在,便于应用不同场景的物品。近几十年,RFID 在全球范围得到了迅猛发展,极大地提高了数据信息搜集和处理的速度,提升工作效率,改善了人们的生活。

（7）无线传感器网络

随着嵌入式技术、微机电系统、无线通信技术、传感器技术等的飞速发展和日益成熟,开发和应用高集成度、多功能及小型化的传感器节点成为可能。这些传感器节点具有信息采集、数据处理以及无线通信的能力,它们可以通过自由组织连接形成网络,协作感知、采集、处理并传送各种感知数据,这种自组网络被称为 WSN。人类与自然界沟通的桥梁由 WSN 首次架起,同时加强了人与物质世界的联系,实现了信息共享,将客观世界的万物与 WSN 紧密地联系在一起,具有广泛的应用前景。目前 WSN 在国防军事、智能交通、医疗救助、环境监测、工业和农业控制等领域发挥的作用越来越重要。在上述领域的应用中,基于位置的服务是所有应用的核心部分,缺少位置信息的任何数据采集都将变得毫无意义,也就是说,用户不仅需要传感器节点的感知数据,还需要知道感知数据的来源位置。因此,基于 WSN 的无线定位技术是人们感知客观物理世界的重要途径之一,已成为人类日常生活的重要组成部分。

### 2.5.2 RFID 应用系统与智能感知设备的设计方法

#### 1. RFID 标签与读写器

RFID 标签与读写器是物联网应用系统中最常用的智能信息感知设备,也是典型的微小型嵌入式系统。了解 RFID 标签与读写器的结构,对于理解物联网应用系统工作原理与设计方法是非常有益的。

图 2-16 为 RFID 应用系统的结构与 RFID 标签、读写器的结构与工作原理示意图。RFID 标签读写器主要由三个部分组成:天线与射频模块、控制模块与通信模块。

(1) 天线与射频模块

读写器天线与射频模块的主要功能是:

a. 向近场的无源 RFID 标签发送电磁波,激活电子标签;

b. 接收 RFID 标签发送的标识信息;

c. 根据应用系统的指令,向可读写 RFID 标签发送写操作指令与数据。

(2) 控制模块

控制模块的微处理器芯片控制读写器的工作流程,其主要功能是:

a. 对 RFID 标签进行身份认证与数据加密/解密计算;

b. 对读取的标签信息进行解码和预处理;

c. 通过校验发现和纠正数据传输错误;

d. 通过通信模块向数据管理计算机传输接收的标识数据;

e. 将数据管理计算机的写操作指令与数据通过天线发送给标签;

f. 协调对多个标签读写的顺序,减少和防止"碰撞"现象的发生;

g. 采集有源标签电池电量信息。

(3) 通信模块

通信模块通过 USB 接口标准、串行通信 RS-232 标准、以太局域网(Ethernet)802.3 标准、无线局域网 802.11 标准、移动通信网的 M2M 标准或蓝牙标准,与数据管理计算机通信,传输读取的 RFID 标签数据,接收应用系统的操作指令。

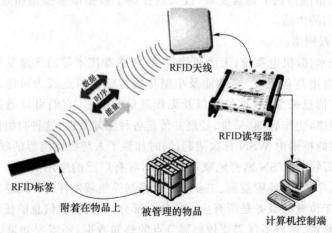

图 2-16 RFID 应用系统的结构

无源 RFID 标签是由控制电路与存储器、射频模块、天线三部分组成。无源 RFID 标签内部没有电源,天线接收 RFID 读写器辐射的能量,同时将提取的时钟与指令数据传送给控制模块芯片。控制模块接收发送数据的指令之后,将存储器中的物品编码数据通过射频模块与天线发送给 RFID 读写器。

数据管理计算机由通信模块、中间件模块、数据处理模块与网络模块组成。如果读写器的通信模块采用的是 USB 标准接口,那么数据管理计算机需要通过 USB 标准接口与读写器通信。由于数据管理计算机可能要接收不同类型读写器的数据,因此数据管理计算机设计一个中间件软件,以便屏蔽不同读写器数据的差异性。数据处理模块对接收的 RFID 数据进行预处理,然后通过网络模块传送到系统的服务器中。

**2. RFID 应用系统服务器**

RFID 应用系统服务器由网络模块、中间件模块与数据处理模块组成。网络模块实现服务器与数据管理计算机的数据传输。如果应用系统建立在互联网之上,那么服务器与数据管理计算机可以通过 TCP/IP 协议完成 RFID 数据的传输。同样,服务器可能要面对不同类型的数据管理计算机。例如,有直接读取销售过程中出现的 RFID 标签的编码数据,也有读取的仓库库存物品的

RFID 技术
扩展阅读

RFID 编码数据,也有在运输过程中的物品 RFID 标签编码数据,因此应用软件设计了服务器端的中间件软件,以屏蔽不同应用类型数据的差异性。服务器数据处理软件按照高层应用的需求,根据确定的算法对获取的数据进行计算、分析与处理,从中找出高层管理人员所需要的信息。

**3. RFID 读写器的结构与设计方法**

RFID 读写器是一种小型的嵌入式系统,典型的手持式 RFID 读写器的结构如图 2-17 所示。

手持式 RFID 读写器是由控制模块、RFID 读写模块、人机交互模块、存储器模块、接口模块与电源模块六部分组成。其中,控制模块的微处理器芯片对 RFID 读写器整体工作流程执行控制;RFID 读写模块实现对 RFID 标签的数据读出与写入的功能;存储器模块存储系统软件、应用软件与 RFID 的标签数据;人机交互模块实现手持读写器操作人员的命令,显示命令执行的

图 2-17 手持式 RFID 读写器

结果;接口模块实现读写器与高层计算机的数据通信;电源模块负责监控手持设备的电源供应与电池电量。

## 2.5.3 无线传感器网络与智能感知节点的设计方法

WSN 通常包括传感器节点、汇聚节点(也称为接收发送节点 Sink 或基站 Base Station)、互联网与管理节点(也称为用户中心)。WSN 一般是由随机分布在监控区域内的多个传感器节点通过自组网络的方式形成。由传感器节点采样得到的数据将被其他多个节点进行处理,然后通过其他节点逐跳传输到汇聚节点,最后管理节点通过互联网获得采样数据。因此用户将通过管理节点部署与管理传感器网络,达到发布各种监测任务与收集数据的目的。

**1. 无线传感器网络节点的结构**

无线传感器网络节点是一种典型的微小型嵌入式系统。决定无线传感器网络实际应用效

果的一个重要因素是传感器节点的有效感知与执行能力。利用合适的传感器技术,无线传感器网络节点可以感知、融合不同物理参数的传感器,如温度、湿度、可见光强度、红外光、音频、振动、压力、机械应力,以及能够测量气味与空气的化学成分、人的生理参数,一个节点同时具有多种感知能力是可以实现的。传感器节点可以用于月球探测,也可以用于一个儿童玩具的控制。无线传感器网络的不同应用将为研究人员提出不同的传感器节点的研发任务,实际上也是针对实际需求研发不同的微型嵌入式系统。这就需要从嵌入式系统节点设计方法的角度,去研究传感器节点的硬件、软件结构与开发方法。图 2-18 给出了无线传感器节点结构示意图。

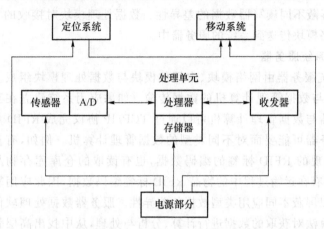

图 2-18　无线传感器的节点结构

无线传感器节点是由传感器模块、处理器模块、无线通信模块与能量供应模块四部分组成。

a. 传感器模块中的传感器完成监控区域内信息感知和采集的任务,AC/DC 电路将模拟信号转换成数字信号。

b. 处理器模块负责控制整个传感器节点的工作流程,存储和处理本节点传感器采集的数据,以及其他节点传送来的感知数据。

c. 无线通信模块负责与相邻传感器节点之间的通信,它的基本功能是将处理器输出的数据通过无线信道以及传输网络传送给其他节点。无线通信模块应用于传感器网络的数据通信协议包括物理层协议、链路层协议、网络层协议和应用层协议。其中,物理层协议需要考虑编码调制技术、通信速率和通信频段等问题,网络层协议负责完成数据包的传输路由选择。

d. 能量供应模块通常由微型电池与电源控制电路组成,为传感器模块、处理器模块、无线通信模块提供运行所需要的能量。

**2. 无线传感器网络节点设计原则**

设计无线传感器网络节点需要遵循以下几个主要的原则。

(1) 微型化与低成本

由于无线传感器网络节点数量大,只有实现节点的微型化与低成本才有可能大规模部署与应用。因此,节点的微型化与低成本一直是研究人员追求的主要目标之一。对于目标跟踪与位置服务一类的应用来说,部署的无线传感器节点越密,定位精度就越高。对于医疗监控类的应用来说,微型节点容易被穿戴。实现节点的微型化与低成本需要考虑硬件与软件两个方面的因素,而关键是研制专用的片上系统(System on Chip,SoC)芯片。对于传统的个人计算机,内存 2 GB、硬盘 100 GB 已经是常见的配置,而一个典型的无线传感器节点的内存只有

4 kB、程序存储空间只有 10 kB。正是因为传感器节点硬件配置的限制,所以节点的操作系统、应用软件结构的设计与软件编程都必须注意节约计算资源,不能够超出节点硬件可能支持的范围。

（2）低功耗

传感器节点在使用过程中受到电池能量的限制。在实际应用中,通常要求传感器节点数量很多,但是每个节点的体积很小,携带的电池能量十分有限。同时,由于无线传感器网络的节点数量多、成本低廉、部署区域的环境复杂,有些区域甚至人员不能到达,因此传感器节点通过更换电池来补充能源是不现实的。如何高效使用有限的电池能量,来最大化网络生命周期是无线传感器网络面临的最大的挑战。

传感器节点消耗能量的模块包括传感器模块、处理器模块和无线通信模块。随着集成电路工艺的进步,处理器和传感器模块的功耗变得很低。传感器节点能量的绝大部分消耗在无线通信模块。传感器节点发送信息消耗的电能比计算更大,传输 1 bit 信号到相距 100 m 的其他节点需要的能量相当于执行 3 000 条计算指令消耗的能量。

传感器节点各部分能量消耗情况在无线通信模块存在四种状态:发送、接收、空闲和休眠。无线通信模块在空闲状态一直监听无线信道的使用情况,检查是否有数据发送给自己,而在休眠状态则关闭通信模块。可知,无线通信模块在发送状态的能量消耗最大;在空闲状态和接收状态的能量消耗接近,但略少于发送状态的能量消耗;在休眠状态的能量消耗最少。为让网络通信更有效率,必须减少不必要的转发和接收,不需要通信时尽快进入休眠状态,这是设计无线传感器网络协议时需要重点考虑的问题。

（3）灵活性与可扩展性

无线传感器网络节点的灵活性与可扩展性表现在适应不同的应用系统,或部署在不同的应用场景中。例如,传感器节点可以用于森林防火的无线传感器网络中,也可以用于天然气管道安全监控的无线传感器网络中;可以用于沙漠干旱环境下天然气管道安全监控,也可以用于沼泽地潮湿环境的安全监控;可以适应单一声音传感器精确位置测量的应用,也可以适应温度、湿度与声音等多种传感器的应用;节点可以按照不同的应用需求,将不同的功能模块自由配置到系统中,而不需重新设计新的传感器节点;节点的硬件设计必须考虑提供的外部接口,可以方便地在现有的节点上直接接入新的传感器。软件设计必须考虑到可裁剪,可以方便地扩充功能,可以通过网络自动更新应用软件。

（4）鲁棒性

普通的计算机或 PDA、智能手机可以通过经常性的人机交互来保证系统的正常运行。而无线传感器节点与传统信息设备最大的区别是无人值守,一旦大量无线传感器节点被飞机抛洒或人工安置后,就需要独立运行。即使是用于医疗健康的可穿戴节点,也需要独立工作,使用者无法与其交互。对于普通的计算机,如果出现故障,人们可以通过重启来恢复系统的工作状态。而在无线传感器网络的设计中,如果一个节点崩溃,那么剩余的节点将按照自组网的思路,重新组成具有新拓扑的自组网。当剩余的节点不能够组成新的网络时,这个无线传感器网络就失效了。因此传感器节点的鲁棒性是实现无线传感器网络长时间工作重要的保证。

**3. 无线传感器节点设计方法**

无线传感器网络节点是一种微小型嵌入式设备,对它的要求是价格低功耗小,这些限制必然导致节点的处理器能力比较弱,存储器容量比较小。传感器节点需要完成监测数据的采集和转换、数据的管理和处理、应答汇聚节点的任务请求、节点控制等多种工作。如何利用有限的计算、存储与能量资源完成实际应用所提出的协同工作任务,是对无线传感器网络节点设计的一个挑战。传感器节点硬件部件之间的相互依赖与制约关系如图 2-19 所示。

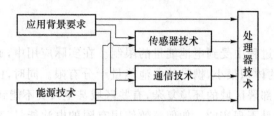

图 2-19　传感器节点硬件部件之间的关系

（1）能量供应

由于无线传感器节点需要独立工作,因此一般采取电池供电的方式。除了电池之外,也可以考虑采用太阳能、风能等来供电。一般情况下,如果用 1 节能量标称值为 2 000 mA·h(毫安·小时)的电池为一个平均工作电流 10 mA 的节点供电,那么理论上工作时间可以达到 200 h。但是,实际上电池的能量并不能够全部被利用。利用太阳能光伏电池,一平方英寸的太阳能板一般只能提供 10 mA 的电流。选择节点电池的原则是容量大、重量轻、体积小、成本低,同时尽可能考虑随时从节点的外部补充能量。传感器节点的电能供应问题一直是研究的热点与关键技术之一。

（2）传感器

传感器的类型是由应用需求决定的。目前有很多种微型传感器可以选择,如一些相对简单的光传感器、温度传感器,以及一些复杂的二氧化碳传感器、化学与生物传感器。在选择微型传感器时需要注意工作电压、工作能耗、采样时间。例如,对于一个典型的主动式温度传感器,它的工作电压为 2.7～5.5 V、工作电流为 1 mA、采样时间为 400 ms;压力传感器的工作电压为 2.2～3.6 V、工作电流为 1 mA、采样时间为 35 ms。而被动式的红外传感器、合成光传感器与磁传感器不需要外部供给电源。同时要注意传感器的体积、价格、接口标准、灵敏度、稳定性与工作寿命等因素。

（3）处理器

处理器是传感器节点的核心,负责节点的数据采集、处理与传输控制。最佳的方案是采用专用的 SoC 芯片。目前常用的处理器芯片同时集成了内存、闪存、AD/DA 转换、数字 I/O 等。在选择处理器时需要注意供电电压、功耗特性、唤醒时间、运算速度、内存大小等参数。

（4）通信芯片

无线传感器节点的工作范围是由通信电路决定的,而设计通信电路的关键是选择通信芯片。通信芯片对于无线传感器网络整体性能影响很大。选择通信芯片时必须注意工作频段、发射功率与接收灵敏度、传输速率、发射能耗、接收能耗、休眠能耗、唤醒时间等参数。

传统的无线传感器网络系统在设计时,一般采用带有电池的无线传感器节点通过自组网方式,将感知的信息传递到汇聚节点的思路,这种设计下决定无线传感器网络生存时间的主要因素是节点电源。出于对环境的长期监测和提高可维护性的需要,有另外一种设计思路:参考无源 RFID 节点的工作原理,设计一种无源的无线传感器节点,利用无人机为传感器节点供电,同时无人机作为一种移动数据采集器设备,定时对无源传感器节点进行供电和收集传感器的感知数据。例如,有一种用于水上桥梁结构安全性监测的无线传感器网络系统,它在无源节点中采用 ATmega128L 微处理器,无线通信频率为 2.4 GHz,节点使用一个电容器来存储电能。在实际应用环境中,每一次无人机用 95 s 为一个无源节点充电后,节点就可以将测量的数据传送给无人机。这种系统的研究为无线传感器网络与节点开辟了一种新的设计思路。

**4. 无线传感器网络的应用**

(1) 无线传感器在电气自动化中的应用

在我国自动化技术不断发展的进程中,我国电力系统是发展较快的一个领域,电力系统的自动化,有助于减少不必要的能源浪费,减少事故的发生率,以及提高在事故发生时对其进行修理维护的效率。人工电力系统管理工作容错率较低,人们在进行工作的过程中,必须根据电力系统设备的运行情况进行适时调整。同样,在电气自动化的过程中需要对电力系统进行实时监控,根据需求对电压进行调节,电力系统在运行的过程中,会由于外界环境(比如天气温度等)的变化而时时刻刻发生变化。如果外界条件变化较为剧烈,在电力系统中的各项电力属性同样会发生较大的变化。为了补偿这部分变化,需要对其进行调节,数据的采集首先是一项重要的内容,需要有一些装置能够对电气系统中的各项电气属性值进行统计,然后进行处理,将数据进行记录传输,根据传输的内容对其进行控制,提高其自动化水平。此外,还需要在电力系统中,在单位路程内设置一些温度和湿度等环境传感设备对电力系统的环境进行监管,以便预计电力系统的变化。在电气自动化中,大多使用无线传感装置,通过无线传感装置能够避免一些线路问题,提高传感装置的高效性。采用无线传感装置,相较于过去的监控管理装置而言具有较多的优点,其中较为明显的优点便是减少了线路的复杂性,在电力系统中,特别是高压输电线,如果线路较为复杂,在进行管理维护的过程中,会增加工作难度,而且具有较高的风险。相较于传统的感应装置,无线传感装置受损的可能性较小,而且传输的数据也更加具有精确性也使其具有更高的价值。

(2) 无线传感技术在进行监测工作中的应用

在使用无线传感技术进行监测的过程中,不同类型的监测工作所用的监测设备也不尽相同。其中在工业生产过程中,较为常用的传感技术是温度传感技术,在使用传感技术对工业生产进行监测的过程中,主要针对锅炉方面进行监测,确保锅炉的安全性。在锅炉中,与锅炉温度息息相关的是锅炉的水冷管,当今常见的水冷管大多是由钢管组成的,热量在排出的过程中,需要通过钢管排出。但是由于在进行冷却的过程中,随着大量热量的排出,同时会排出一些杂物,比如一些细小的烟尘颗粒等,久而久之水冷壁内部可能会出现一些污垢附着在钢管上,如果污垢堆积得过厚,那么会影响到钢管的散热情况,而水冷壁所能够承受的热量往往有一定的上限,水冷壁上的热量难以及时得到散失,便会在压力过大的情况下进行工作,长时间处于超负荷状态,会对水冷壁的结构造成较为严重的影响,使用一段时间之后,便可能出现较为严重的事故。在当今对锅炉工作进行管理大多采用计算机进行远程操控,这样可以避免高温环境对工作人员造成危害。但是,采用远程操控技术便需要对锅炉进行监控,在高温的环境下,采用有线监控装置,线路会受到高温环境的影响,造成额外的损失,需要投入较多的成本。而采用无线传感技术进行监控,在进行数据的传输过程中,无需其他物品作为媒介,可以直接传输测量数据,这样在进行监控管理的过程中,受损部位的数量会减少,能够有效降低生产成本。而且采用无线传感网络,可以更加全面地对不同部位进行监控,使工作更加全面。

(3) 无线传感技术在定位中的应用

无线传感技术不仅可以为大型组织工作和科研时使用,而且可以为个人使用。随着无线传感技术的不断发展,其成本也越来越低,越来越多的个人可以将它用于个体身上。对于个人来说,无线传感技术的主要使用目的是定位,定位技术对于传感技术来说是应用较广的方面,在车辆上安装无线传感装置,可以通过无线传感技术,将车辆所在的位置信息进行传输,然后再由中转站将信息进行处理发送,这样在接收站能够明确了解汽车所处位置信息。无线传感技术对于汽车导航具有重要意义。此外,还可以对一些随身携带的物品采用无线传感技术,对一些老年人或者儿童进行实时定位,可避免一些弱势人员出现意外事故。

# 本章习题

## 一、填空题

1. 自动识别系统是应用一定的识别装置,通过与被识别物之间的_____,自动地获取被识别物的相关信息,并提供给后台的计算机处理系统来完成相关后续处理的数据采集系统,加载了信息的载体(标签)与对应的识别设备及其相关计算机软硬件的有机组合便形成了自动识别系统。

2. 传感器具有静态特性:_____、_____、_____、_____。

3. 传感器网络的基本功能:协作式的感知、_____、_____、发布感知信息。

4. 自动识别技术是一个涵盖_____、_____、磁卡识别技术、接触IC卡识别技术、语音识别技术和生物特征识别技术等,集计算机、光、机电、微电子、通信与网络技术于一体的高技术专业领域。

5. _____是将外界信号转换成电信号的装置。

6. 传感器网络的三个基本要素:_____、_____、_____。

7. 传感器的节点可以组成三种拓扑结构:_____、_____和_____。

8. 根据传感器的工作原理,可以将传感器分为_____和_____两大类。

## 二、判断题

1. 条形码与RFID可以优势互补。( )

2. IC卡识别、生物特征识别无须直接面对被识别标签。( )

3. 条码识别可读可写。( )

4. 条码识别是一次性使用的。( )

5. 生物识别成本较低。( )

6. RFID技术可识别高速运动物体并可同时识别多个标签。( )

7. 长距射频产品多用于交通上,识别距离可达几百米,如自动收费或识别车辆身份等。( )

8. 只读标签容量小,可以用作标识标签。( )

9. 可读可写标签不仅具有存储数据功能,还具有在适当条件下允许多次对原有数据进行擦除以及重新写入数据的功能,甚至UID也可以重新写入。( )

10. 一般来讲,无源系统、有源系统均为主动式。( )

11. 低频标签可以穿透大部分物体。( )

## 三、简答题

1. 按能量获取方式,电子标签分为哪三类?它们各有什么特点?

2. 试述RFID技术的工作原理。

3. 试述自动识别技术的特点。

4. 试述传感器的静态和动态特性。

5. 试述 RFID 在现代通信技术中的作用。

6. 无线传感器体系网络包括哪些部分？各部分的功能分别是什么？

**四、计算题**

1. 有一温度传感器，微分方程为 $30\mathrm{d}y/\mathrm{d}t+3y=0.15x$，其中 $y$ 为输出电压(mV)，$x$ 为输入温度，试求该传感器的时间常数和静态灵敏度。

2. 某力传感器属于二阶传感器，固有频率为 $1\,000\,\mathrm{Hz}$，阻尼比为 0.7，试求用它测量频率为 $600\,\mathrm{Hz}$ 的正弦变力时的振幅相对误差和相位误差。

3. 设有两只力传感器均可作为二阶系统处理，固有频率分别为 $800\,\mathrm{Hz}$ 和 $1.2\,\mathrm{kHz}$，阻尼比均为 0.4，欲测量频率为 $400\,\mathrm{Hz}$ 的正弦变化的外力，应选用哪一只？计算所产生的振幅相对误差和相位误差。

4. 一个带宽为 $4\,\mathrm{GHz}$ 的脉冲信号的距离分辨率是多少？一个波长为 $0.03\,\mathrm{m}$，帧时间为 $2\,\mathrm{s}$ 的信号的速度分辨率为多少？

# 第 **3** 章 物联网网络层技术

物联网作为一种形式多样的聚合性复杂系统,涉及了信息技术自上而下的每一层面,网络层将来自感知层的各类信息通过基础承载网络传输到应用层,包括移动通信网、互联网、卫星网、行业专网以及形成融合网络等。本章的目的是重点讲解网络层的基本功能和特点,随后详细介绍移动互联网、蜂窝通信网络、空间信息网络等与物联网网络层联系紧密的通信系统,阐述网络层建设对物联网发展的重要意义。

## 3.1 网络层概述

网络层位于物联网三层结构中的第二层,其功能为"传送",即通过通信网络进行信息传输,主要实现感知层数据和控制信息的双向传递、路由和控制。网络层作为纽带连接着感知层和应用层,它由各种私有网络、互联网、有线和无线通信网等组成,相当于人的神经中枢系统,负责将感知层获取的信息安全可靠地传输到应用层,然后根据不同的应用需求进行信息处理。

### 3.1.1 物联网网络层的基本功能

物联网的网络层包含接入网和传输网,分别实现接入功能和传输功能,如图 3-1 所示,其中传输网由公网与专网组成,典型传输网络包括电信网(固网、移动通信网)、广电网、互联网、电力通信网、专用网(数字集群)。接入网包括光纤接入、无线接入、以太网接入、卫星接入等各类接入方式,实现底层的传感器网络、RFID 网络最后一千米的接入。网络层可依托公众电信网和互联网,也可以依托行业或企业的专网。

物联网的网络层基本上综合了已有的全部网络形式,来构建更加广泛的"互联"。每种网络都有自己的特点和应用场景,互相组合才能发挥出最大的作用,因此在实际应用中,信息往往由任何一种网络或几种网络组合的形式进行传输。

目前,移动运营商均利用已有的网络为物联网用户提供服务,物联网终端与手机终端使用相同的 MSISDN 和 IMSI,其签约信息与手机用户混存在现网 HLR 中。物联网终端通过无线网、核心网、短消息中心、行业网关与物联网应用平台互通、使用业务。一些运营商为提高物联网业务质量、解决纯通道模式面临的部分问题,在网中部署了 M2M 平台,该平台处于 GGSN、行业网关与物联网应用平台之间,通过该平台实现对终端的管理等职能。

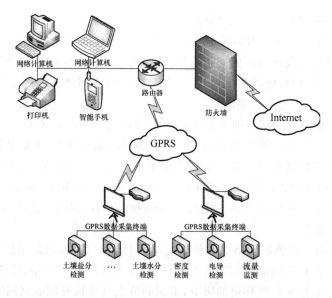

图 3-1 物联网网络层架构

由于物联网的网络层承担着巨大的数据量,并且面临更高的服务质量要求,物联网需要对现有网络进行融合和扩展,利用新技术以实现更加广泛和高效的互联功能。物联网的网络层,自然也成为了各种新技术的舞台,如 5G、IPv6、WiFi、蓝牙、ZigBee、自组网等,正在向更快的传输速度、更宽的传输带宽、更高的频谱利用率、更智能化的接入和网络管理发展。

### 3.1.2 网络层的特点

物联网是由传感器网加上互联网的网络结构构成的,传感器网作为末端的信息拾取或者信息馈送网络,是一种可以快速建立、不需要预先存在固定的网络底层构造的网络体系结构,如图 3-2 所示。物联网中节点的高速移动性使得节点群快速变化,节点间链路通断变化频繁。

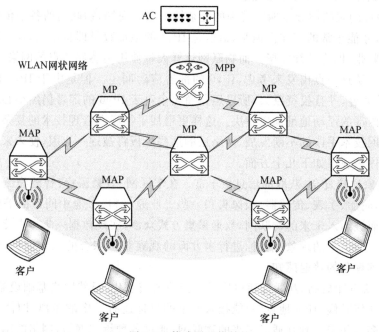

图 3-2 传感器网络结构

在目前,已有物联网具有如下几个特点。

a. 网络拓扑变化快。这是因为传感器网络密布在需要收集信息的环境之中,独立工作。部署的传感器数量较大,设计寿命的期望值长,结构简单。但是实际上传感器的寿命受环境的影响较大,失效是常事,而传感器的失效,往往会造成传感器网络拓扑的变化。这一点在复杂和多级的物联网系统中表现尤为突出。

b. 传感器网络难以形成网络的节点中心。传感器网的设计和操作与其他传统的无线网络不同,它基本没有一个固定的中心实体。在标准的蜂窝无线网中,正是靠这些中心实体来实现协调功能,而传感器网络则必须靠分布算法来实现。因此,传统的基于集中的 HLR(Home Location Register,归属位置寄存器)和 VLR(Visiting Location Register,访问位置寄存器)的移动管理算法,以及基于基站和 MSC(Mobile Switch Center,移动交换中心)的媒体接入控制算法,在这里都不再适用。

c. 通信能力有限。传感器网络的通信带宽窄而且经常变化,通信范围覆盖小,一般在几米、几十米的范围。并且传感器之间通信中断频繁,经常导致通信失败,由于传感器网络更多受到高山、障碍物等地势和自然环境的影响,里面的节点可能长时间脱离网络。

d. 节点的处理能力有限。通常,传感器都配备了嵌入式处理器和存储器,这些传感器都具有计算能力,可以完成一些信息处理工作。但是嵌入式处理器的处理能力和存储器的存储量是有限的,从而造成传感器的计算能力十分有限。

e. 物联网网络对数据的安全性有一定的要求。这是因为物联网工作时一般少有人介入,完全依赖网络自动采集、传输、存储和分析数据,并且报告结果。如果发生数据的错误,那么必然引起系统的错误决策和行动。这一点与互联网并不一样。互联网由于使用者具有相当的智能和判断能力,所以在网络和数据的安全性受到攻击时,可以主动采取防御和修复措施。

f. 网络终端之间的关联性较低。节点之间的信息传输很少,终端之间的独立性较大。通常,物联网中的传感和控制终端工作时,是通过网络设备或者上一级节点传输信息,所以传感器之间信息相关性不大,相对比较独立。

g. 网络地址的短缺性导致网络管理的复杂性。众所周知,物联网的各个传感器都应该获得唯一的地址,才能正常的工作。但是,恰恰是 IPv4 的地址数量即将用完,连互联网上面的地址也已经非常紧张,即将分配完毕。而物联网这样大量使用传感器节点的网络,对于地址的寻求就更加迫切。从这一点出发来考虑,IPv6 的部署应运而生。但是由于 IPv6 的部署需要考虑到与 IPv4 的兼容,并且投资巨大,所以运营商至今对于 IPv6 的部署仍然小心谨慎。目前还是倾向于采取内部的浮动地址加以解决。这样更增加了物联网管理技术的复杂性。

随着物联网技术手段的不断发展,网络层的这些短板将被逐一克服,使未来的物联网功能更为全面。具体表现在如下几个方面。

a. 接入对象比较复杂,获取的信息更丰富。在车联网、智慧医疗、智能物流等物联网应用场景的驱使下,轮胎、手表、传感器、摄像头和一些工业原材料、工业中间产品等物体也因嵌入微型感知设备而被纳入未来的物联网,数据采集方式众多,实现数据采集多点化、多维化、网络化。不仅表现在对单一的现象或目标进行多方面的观察获得综合的感知数据,也表现在对现实世界各种物理现象的普遍感知。

b. 网络可获得性更高,互联互通更广泛。当前的信息化,虽然网络基础设施已日益完善,但离"任何人、任何时候、任何地点"都能接入网络的目标还有一定的距离,即使是已接入网络的信息系统很多也并未达到互通。未来的物联网,通过各种承载网络,网络的随时随地可获得性大为增强,建立起物联网内实体间的广泛互联,具体表现在各种物体经由多种接入模式实现异构互联,信息共享和相互操作。

c. 信息处理能力更强大,人类与外界相处更智能。目前,由于数据、计算能力、存储、模型等的限制,大部分信息处理工具和系统还停留在提高效率的数字化阶段,能够为人类决策提供有效支持的系统很少。未来的物联网,利用云计算、模糊识别和数据融合等各种智能计算技术,对海量数据和信息进行处理、分析,并对物体实施智能化的控制。进一步地,广泛采用数据挖掘等知识发现技术整合和深入分析收集到的海量数据,以获取更加新颖、系统且全面的观点和方法解决特定问题。物体互动经过从物理空间到信息空间,再到物理空间的过程,形成感知、传输、决策、控制的开放式的循环。

## 3.2 移动互联网

所谓移动互联网,就是将移动通信和互联网二者结合起来,成为一体。移动互联网是移动通信和互联网融合的产物,继承了移动通信随时随地随身和互联网分享、开放、互动的优势,是整合二者优势的"升级版本",即运营商提供无线接入,互联网企业提供各种成熟的应用。

### 3.2.1 从计算机网络、互联网、移动互联网到物联网

在互联网中,连接在网络上的设备主要还是计算机、手机等依赖人类操作的电子设备,本质仍然是"人在网上"。物联网的到来,特别是终端设备的多元化,将会为互联网带来延伸和拓展。物联网的时代,联网终端扩展到了所有可能的物品,包括曾经在网络连接范围之外的电视、电冰箱等家电和日常用品,都会成为网络中的一份子。物联网将过去的虚拟网络世界与现在的物理世界紧密联接在了一起。在互联网、移动互联网时代,获取信息的行为依赖用户主动地在网上搜寻信息,而在物联网时代,得益于传感器技术和无线射频识别技术的迅速发展,物品结合传感器节点或 RFID 标签之后,人们不仅可以主动获取数据,还可以随时被告知自己感兴趣的物体或人的信息,便于进一步地处理和控制,以达到信息获取多样化和感知行为智能化。另外,物体之间在空间上的距离也因它们在网络上的互相连接而被缩短,人与物、物与物、人与人都能更加紧密地联系在一起,人类对于物质世界的控制能力将达到一个新的高度。

物联网是现有互联网和移动互联网的拓展,特别是在网络接入设备和方式上。大量的异构设备,通过有线或无线的方式,采用适当的标准通信协议,接入互联网。物联网的末梢是传感器和 RFID 等自动信息获取设备,也包括传统的互联网终端。物联网核心网络是互联网及作为互联网基础设施的电信网络。互联网及移动互联网的技术进步为物联网提供了应用平台和技术支撑,反过来,物联网催生的新型应用也会促进互联网的发展。

### 3.2.2 计算机网络的基本概念

计算机网络泛指一些互相连接的、自治的计算机的集合。"自治"的概念是指独立的计算机,有自己的硬件和软件,可以单独运行使用。"互相连接"是指计算机之间具备交换信息、数据通信的能力。计算机之间可以借助通信线路传递信息、共享软件、硬件和数据等资源。

在计算机网络中要做到有条不紊地交换数据,就必须遵守一些事先约定好的规矩,这些规

矩明确规定了所交换数据的格式以及相关的同步问题。这些为进行网络中的数据交换而建立的规则、标准或约定称为网络协议,可简称为协议。网络协议由以下三个要素组成:

a. 语法,即数据与控制信息的结构或格式;

b. 语义,即需要发出何种控制信息,完成何种动作以及作出何种响应;

c. 同步,即事件实现顺序的详细说明。

网络协议是计算机网络中不可缺少的组成部分。根据 ARPANET 的研究经验,对于非常复杂的计算机网络协议,其结构应该是层次式的。分层可以带来很多好处:

a. 各层之间是独立的,降低了结构的复杂程度;

b. 灵活性好,各层之间不相互影响;

c. 结构上可分割开,各层可以选择最合适的技术来实现;

d. 易于实现和维护;

e. 能促进标准化工作。

计算机网络的各层及其协议的集合,称为网络的体系结构。

在计算机网络的基本概念中,分层的体系结构是最基本的。OSI 七层协议体系结构(如图 3-3 所示)概念清楚,理论也较完整,但结构略显复杂。四层的 TCP/IP 体系结构包含应用层、运输层、网际层和网络接口层。因此,综合 OSI 和 TCP/IP 的优点,可以采用一种只有五层协议的体系结构,既简洁又能将概念阐述清楚。

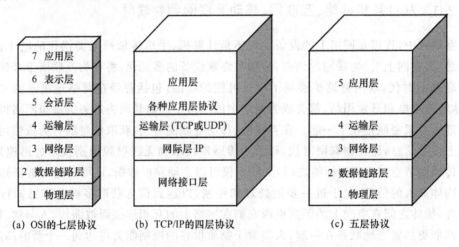

(a) OSI的七层协议　　(b) TCP/IP的四层协议　　(c) 五层协议

图 3-3　计算机网络体系结构

(1) 应用层

应用层是体系结构中的最高层。应用层的任务是通过应用进程间的交互来完成特定网络应用。应用层协议定义的是应用进程间通信和交互额度规则。进程是指主机中正在运行的程序。不同的网络应用需要有不同的应用层协议。应用层交互的数据单元称为报文。

(2) 运输层

运输层的任务就是负责向两个主机中进程之间的通信提供通用的数据传输服务。应用进程利用该服务传送应用层报文。运输层主要使用以下两种协议:

a. 传输控制协议 TCP——提供面向连接的、可靠的数据传输服务,其数据传输的单位是报文段。

b. 用户数据报协议 UCP——提供无连接的、尽最大努力的数据传输服务(不保证可靠性),其数据传输的单位是用户数据报。

（3）网络层

网络层负责为分组交换网上的不同主机提供通信服务。在发送数据时,网络层把运输层产生的报文段或用户数据报分装成组或包进行传送。网络层的另一个任务是选择合适的路由,使源主机运输层所传下来的分组能够通过网络中的路由器找到目的主机。网络层中的"网络"不是指一个具体的网络,而是在计算机网络体系结构模型中的专用名词。

（4）数据链路层

数据链路层简称链路层。两台主机之间的数据传输,总是在一段一段的链路上传送的,所以需要使用专门的链路层协议。在两个相邻节点之间传送数据时,数据链路层将网络层转发过来的 IP 数据报组装成帧,在两个相邻节点间的链路上传送帧。每一帧包括数据和必要的控制信息(如同步信息、地址信息、差错控制等)。在接收数据时,控制信息使接收端能够知道一个帧从哪个比特开始,到哪个比特结束。这样,数据链路层在收到一个帧后,就可以提取出数据部分,上交给网络层。

（5）物理层

在物理层上传输的数据的单位是比特。当发送方发送 1(或 0)时,需要保证接收方收到的是 1(或 0)。因此,物理层需要考虑用多大的电压代表"1"或"0",以及接收方如何识别发送方发送的比特。物理层还要确定连接电缆的插头应当有多少根引脚以及各条引脚如何连接。传递信息的一些物理媒介,如双绞线、同轴电缆、光缆、无线信道等,并不在物理层协议之中,而是在物理层协议下面的物理媒介,因此也有人将物理媒介称为 0 层。

### 3.2.3 互联网、移动互联网的形成与发展

互联网是计算机间交互网络的简称,利用通信设备和线路将全球不同地理位置的功能相对独立的数以千万计的计算机系统互联,以功能完善的网络软件(网络通信协议、网络操作系统等)实现网络资源共享和信息交换的数据通信网。互联网的主要前身为阿帕网(ARPRANET),该网于 1969 年投入使用,是现代计算机网络诞生的标志。最初,ARPRANET 主要是用于军事研究目的。当时 ARPRANET 使用的是 NCP 协议,它允许计算机相互交流,从 1970 年开始,加入 ARPRANET 的节点数不断增加,但在 NCP 协议下,目的地之外的网络和计算机却不分配地址,这使得节点数受限,NCP 协议已经无法满足需求。1974 年美国国防部高级研究计划署(ARPA)的罗伯特•卡恩(Robert Elliot Kahn)和斯坦福大学的文顿•瑟夫(Vinton Cerf)提出了开放式网络框架,并开发了 TCP/IP 协议,定义了在计算机网络之间传送信息的方法。1983 年 1 月 1 日,ARPRANET 将其网络核心协议由网络控制程序改变为 TCP/IP 协议。ARPRANET 使用的技术(如 TCP/IP 协议)成为了以后互联网的核心。它采纳的征求修正意见书过程,一直是发展互联网协议与标准所使用的机制,至今仍然发挥着作用。

1982 年,美国北卡罗来纳州立大学的斯蒂文•贝拉文(Steve Bellovin)创立了著名的集电极通信网络——网络新闻组(Usenet),它允许该网络中任何用户把消息或文章之类的信息发送给网上的其他用户;1983 年在纽约城市大学也出现了一个以讨论问题为目的的网络——BITNET,不同的话题被分为不同的组,用户还可以根据自己的需求,通过计算机订阅。BITNET 后来被称为 Mailing List(电子邮件群)。1983 年,FidoNet(费多网,又称 Fido BBS)即公告牌系统诞生于美国旧金山,它只需一台计算机、一个调制解调器和一根电话线就可以互

相发送电子邮件并讨论问题,这就是后来的 Internet BBS。以上网络都相继并入互联网而成为它的组成部分,具有特定用途和特点的网络的发展,推动了互联网成为全世界各种网络的大集合。

互联网的第一次快速发展源于美国国家科学基金会(National Science Foundation,NSF)的介入,即建立 NSFNET。1983 年,ARPRANET 分裂为两个部分——ARPRANET 和纯军事用的 MILNET。20 世纪 80 年代初,美国一大批科学家呼吁实现全美的计算机和网络资源共享,以改进教育和科研领域的基础设施建设面对欧洲和日本先进教育和科技进步的挑战和竞争。

第二次飞跃归功于互联网的商业化。互联网在 20 世纪 80 年代开始不断扩张,许多学术团体、企业研究机构进入,互联网的使用者不再限于纯计算机专业人员。对于新的使用者而言,计算机之间的通信更有吸引力。于是,他们逐步把互联网当作一种交流与通信的工具。但本质上当时的互联网主要还是用于学术和科学研究。连接系统数量的增加使得一些方便用户使用的系统也得到了发展,如域名系统(DNS),它创造了主机命名系统。20 世纪 90 年代初,由于基础设置和应用软件的发展和推动,互联网的规模飞速扩张,渐渐深入大众的日常生活之中,已成为世界上规模最大、用户最多、资源最丰富的网络互联系统。

自 21 世纪以来,轻型移动设备(手机、平板计算机等)逐渐普及,数量已经远远超过固定设备(台式机、服务器等),用户通过移动终端接入互联网获取信息与服务成了必然的趋势。移动互联网以移动网络作为接入网络,将移动设备稳定、高速地联入互联网中。

### 3.2.4 IP 网络:从 IPv4 到 IPv6

在进行数据通信的时候,人们假定互联网内部的任何部分都是互相连通的,并且能够将数据准确无误地从一端传向另一端。在这个过程中,路由器起到了枢纽的作用。路由器作为网络层通信设备,具有多个可连接的端口,这些端口通过传输介质与其他路由器或网络终端相连。在互联网中,网络设备之间不是必须通过通信介质直接相连的,因此具有良好的扩展性,可以随意扩展成大规模的网络。但是,在子网连接在一起形成的大规模网络中,数据在内部的传输将会具有多条路径,而并非每条路径都可以将数据从发送端传输到接收端,此时就需要 IP 协议以及路由的协助来找到一条合适的路径。

互联网中的网络终端需要一个唯一的标识,因此它为网络中的每一个网络终端分配一个全网络唯一的身份号码,即 IP 地址,并假设这些号码的长度是一定的,为 32 bit。在网络中传输数据时,网络层的包头中就包含着发送终端以及接收终端的 IP 地址。路由器中内部维护一张路由表,规定了每个接口对应的目的地址的范围。当路由器从它的接口之一接收到数据包后,路由器会查看该数据包中网络层包头里接收终端的 IP 地址,然后根据路由表决定从哪一个接口转发出去。

IP 协议是网络层中的核心协议,主要包括 IPv4、IPv6 地址等概念和相关内容。IPv4 地址长度为 32 bit,由于二进制的地址(如 10101100 01011001 00101100 10011011),不方便人们记忆,因此 IP 地址通常也可以表示成十进制的形式,相邻字节之间用"."隔开,即:172.89.44.155。实际上,32 位的 IP 地址是由网络地址和主机地址这两部分组成的。在路由器进行数据转发的时候,首先通过网络地址找到接收终端所在的网络,然后根据主机地址定位到具体的接收终端。实际上 IP 地址代表的并不是一个主机,更确切地说应该是一个网络接口,当一台主机同时接入多个网络时,在不同网络中它的 IP 地址也会不同。

为了保障 IP 地址中网络地址的全网络唯一性,IP 地址中的网络地址由 ICANN(Internet Corporation for Assigned Names and Numbers)负责总体的分配,其下属机构 InterNic 负责北美地区,RIPENIC 负责欧洲地区,APNIC 负责亚太地区。主机地址由各个网络的系统管理员统一分配。如此一来,IP 地址的全网络唯一性就得到了保障。

IPv4 将地址分为 5 类,如图 3-4 所示。

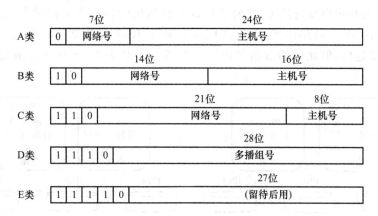

图 3-4　IPv4 的 5 类 IP 地址

A 类地址:主要保留给政府机构,左起 1 个字节为网络地址,3 个字节为主机地址,地址范围为 1.0.0.1~126.255.255.254。

B 类地址:主要分配给中等规模的企业,左起 2 个字节为网络地址,2 个字节为主机地址,地址范围为 128.0.0.1~191.255.255.254。

C 类地址:主要分配给小型的组织及个人使用,左起 3 个字节为网络地址,1 个字节为主机地址,地址范围为 192.0.0.1~233.255.255.254。

D 类地址和 E 类地址:用作特殊用途,没有分网络地址和主机地址。D 类地址第一个字节的前 4 位固定为 1110,地址范围为 224.0.0.1~239.255.255.254。E 类地址第一个字节的前 5 位固定为 11110,地址范围为 240.0.0.1~255.255.255.254。

随着接入的网络终端数量剧增,IPv4 的网络地址面临枯竭。32 bit 的 IP 地址最多只能有 $2^{32} \approx 4.3 \times 10^9$ 个,而 A、B、C 类这种分类方式也使得可使用的 IP 地址骤减。根据 ICANN 的分配,北美占有约 30 亿个 IP 地址,占了总数的一半以上,而人口最多的亚洲仅有 4 亿个,中国则仅有 3 千多万个。IP 地址的不足对国家互联网产业的应用和发展产生了严重的阻碍,因此,寻找新的解决方案以突破 IPv4 地址数量的限制势在必行。于是,IPv6 应运而生。

IPv6 是 IETF 组织设计的用于替代 IPv4 的下一代 IP 协议。为了解决 IP 地址资源紧张的困境,IPv6 将地址长度延长到了 128 bit,与 IPv4 相比,地址空间增大了 $2^{96}$ 倍,地址数量则达到了 $2^{128} \approx 3.4 \times 10^{38}$ 个。除此之外,IPv6 还对包头格式进行了改进,使其更加简洁,加快路由器处理数据包时的速度,降低了通信的延迟。与 IPv4 相比,IPv6 还更加可靠。但是,IPv4 仍然是当前的主流,而当今互联网的规模之大,使得 IPv6 的大范围推行遇到了重重阻碍。除此之外,网络中的许多设备也是针对 IPv4 设计的,这些网络设备的设计、更换,也是一个开销巨大的工程,不可能在全球范围内实现。因此,IPv4 只能循序渐进地向 IPv6 过渡。

IPv6 在设计之初就考虑到了由 IPv4 过渡的问题,具有一些简化过渡过程的特性。目前,在过渡两种协议的技术中比较成熟的有双栈议栈技术和隧道技术两种。

• 双栈议栈技术：为了使网络设备通用于 IPv4 和 IPv6,采用一种直接的方式,即在 IPv6 的设备中添加 IPv4 的协议栈,使之并行工作,同时支持两种协议。这样的设备既可以收发 IPv4 的数据包,又可以收发 IPv6 的数据包,还具备由 IPv6 的数据包制作 IPv4 数据包的能力。如图 3-5 所示,有 A、B、C、D、E、F 六个路由器,其中 A、B、E、F 同时支持 IPv4 和 IPv6,C、D 仅支持 IPv4。A 发送一个 IPv6 的数据包给 B,由于 C 不支持 IPv6,B 将接收到的 IPv6 数据包制作为一个 IPv4 数据包再发送给 C,此时会造成数据包的转换包头信息缺失,丢失部分信息。C、D 都是仅支持 IPv4 的路由器,它们之间发送基于 IPv4 的数据包。而 E、F 虽然都支持 IPv6,采用 IPv6 通信,但此时的数据包由于已经发生信息丢失,无法恢复成最初的 IPv6 数据包。

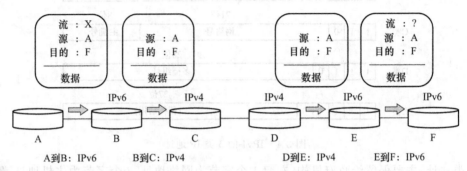

图 3-5　IPv6 双栈技术

• 隧道技术：在 IPv6 推行初期,针对一些单纯基于 IPv6 的子网无法使用 IPv4 进行通信的情况,可以采用隧道技术进行通信。当数据在 IPv6 与 IPv4 的网络之间传输时,将 IPv6 数据包分组封装到一个新的 IPv4 数据包中,它的源地址和目的地址分别是隧道出口和入口的路由器。出口处的路由器接收到 IPv4 的数据包后可以将其中的 IPv6 数据包提取出来,继续在 IPv6 网络中传输。在双栈的示例中,数据包的包头信息缺失会导致无法恢复出原有的数据包,而使用隧道技术则避免了这种情况的发生。

【例 3-1】　一个公司有 9 个部门,要求给每个部门划分不同的网段,但是都在 192.168.1.0 这个大网内,并且每个部门要容纳 10 台计算机。请给出一种划分的方案。

**解：**

已知有 9 个部门,每个部门 10 台计算机,也就是要划分 9 个以上的子网,每个子网可用主机地址大于 10。192.168.1.0 为 C 类地址,默认掩码是 24 位,即 255.255.255.0。由于 2 的 4 次方等于 16,因此需要借用 4 位地址作为子网位,掩码就变成了 28 位,即 255.255.255.240。而同时余下的 4 位主机位可包含 14 个可用主机地址,满足要求的划分方案之一如下：

① 192.168.1.0,掩码 255.255.255.240,可用主机地址 14 个,范围是 192.168.1.1 到 192.168.1.14;

② 192.168.1.16,掩码 255.255.255.240,可用主机地址 14 个,范围是 192.168.1.17 到 192.168.1.30;

③ 192.168.1.32,掩码 255.255.255.240,可用主机地址 14 个,范围是 192.168.1.33 到 192.168.1.46;

④ 192.168.1.48,掩码 255.255.255.240,可用主机地址 14 个,范围是 192.168.1.49 到 192.168.1.62;

⑤ 192.168.1.64,掩码 255.255.255.240,可用主机地址 14 个,范围是 192.168.1.65 到 192.168.1.78;

⑥ 192.168.1.80,掩码 255.255.255.240,可用主机地址 14 个,范围是 192.168.1.81 到 192.168.1.94;

⑦ 192.168.1.96,掩码 255.255.255.240,可用主机地址 14 个,范围是 192.168.1.1.97 到 192.168.1.110;

⑧ 192.168.1.112,掩码 255.255.255.240,可用主机地址 14 个,范围是 192.168.1.113 到 192.168.1.126;

⑨ 192.168.1.128,掩码 255.255.255.240,可用主机地址 14 个,范围是 192.168.1.129 到 192.168.1.142。

### 3.2.5 接入技术与物联网

图 3-6 彩图
物联网接入
(有线接入)

物联网接入技术是构建物联网的核心,包括 ZigBee、WiFi、蓝牙、Z-Ware 等短距离通信技术和长距离通信技术。物联网接入技术的分类如图 3-6 所示,其中广域无线技术分为两类:工作于非授权频谱的 LoRa、SigFox 等技术;工作于授权频谱下的传统的 2G/3G/4G 蜂窝技术及其 3GPP 支持的 LTE 演进技术,如 NB-IoT 等。下面对具体的接入技术进行介绍。

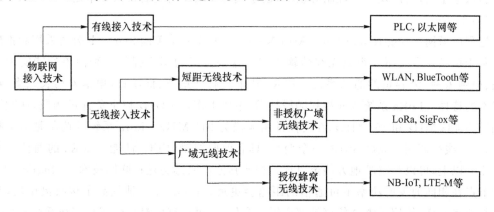

图 3-6 物联网接入技术的分类

(1) 以太网

图 3-6 彩图
物联网接入
(无线接入)

以太网技术是比较成熟稳定的联网技术。它是一种计算机局域网技术,IEEE 802.3 给出了以太网的技术标准,它规定了包括物理层的连线、电信号和介质访问层协议的内容。以太网的标准拓扑结构为总线型拓扑,但目前的快速以太网(100BASE-T、1000BASE-T 标准)为了最大程度地减少冲突,最大程度地提高网络速度和使用效率,使用交换机(Switch Hub)来进行网络连接和组织,这样,以太网的拓扑结构就成了星型,但在逻辑上,以太网仍然使用总线型拓扑和 CSMA/CD(Carrier Sense Multiple Access/Collision Detect,带冲突检测的载波监听多路访问)的总线争用技术。

(2) WLAN

WLAN(Wireless Local Area Networks,无线局域网)是指无线通信技术将设备互联起来,构成可以互相通信和实现资源共享的网络体系,从而使网络的构建和终端的移动更加灵活。WLAN 使用 ISM 无线电广播频段通信。WLAN 的 IEEE 802.11a 标准使用 5 GHz 频段,支持的最大速度为 54 Mbit/s,而 IEEE 802.11b 和 IEEE 802.11g 标准使用 2.4 GHz 频段,分别支持最大 11 Mbit/s 和 54 Mbit/s 的速度。

(3) BlueTooth

BlueTooth 技术(蓝牙技术),其基础为使用 IEEE 802.15 协议,是一种开放性的、支持设备短距离通信(一般 10 m 内)的无线电技术,能在包括移动电话、汽车、PDA、无线耳机、笔记本式计算机,甚至家用电器相关外设等众多设备之间采用无线方式联接起来,进行信息交换。蓝牙技术能够有效地简化移动设备终端之间的通信,使数据传输更加迅速高效。蓝牙采用分散式网络结构以及快跳频和短包技术,支持点对点及点对多点通信。蓝牙的波段为 2 400～2 483.5 MHz(包括防护频带)。

(4) ZigBee

ZigBee 技术又被称为紫峰技术,其基础为 IEEE 802.15.4 标准。其特点是近距离,低复杂度,自组织,低功耗,低数据速率。ZigBee 技术主要适用于自动控制和远程控制领域,可以嵌入各种设备,同时支持地理定位功能。而且,对于工业现场,这种无线数据传输是高可靠的,并能抵抗工业现场的各种电磁干扰。在 ZigBee 技术中,使用网状拓扑结构、自动路由、动态组网、直接序列的方式,满足工业控制现场的这种需要。ZigBee 技术现已广泛应用于智能化建筑、文教、卫生、科研以及工业控制等领域,迅速成为物联网的主要接入技术之一。

(5) LoRa

远程广域网(Long Range Wide Area Network,LoRa)是美国 Semtech 公司采用和推广的一种基于扩频技术的超远距离无线传输方案。这一方案为用户提供一种简单的能实现远距离、长电池寿命、大容量的通信系统。LoRa 技术具有远距离、低功耗(电池寿命长)、多节点、低成本的特性。LoRa 系统为非授权频段技术,主要工作在 1 GHz 以下免许可频段,在欧洲常用频段为 433 MHz 和 868 MHz,在美国常用频段为 915 MHz。Lora 系统的调制是基于扩频技术,属于线性调制扩频(CSS)的一个变种,具有前向纠错(FEC)性能。LoRa 的通信距离可达 15 km 以上,可以是空旷地方甚至更远。相比其他广域低功耗物联网技术,如 SigFox,LoRa 终端节点在相同的发射功率下可通信的距离会更远。LoRa 显著地提高了接收灵敏度,与其他扩频技术一样,使用了整个信道带宽广播一个信号,可以有效对抗信道噪声和低成本晶振引起的频偏。

(6) SigFox

SigFox 是一种商用化速度较快的 LPWAN 技术,它采用超窄带技术,主要打造低功耗、低成本的无线物联网专用网络。SigFox 是一家法国窄带物联网公司,成立于 2009 年。SigFox 公司不仅是标准的制定者,同时也是网络运营者和云平台提供商,目标是与合作伙伴使用旗下的 SigFox 技术建造一个覆盖全球的 IoT 网络,独立于现有电信运营商的移动蜂窝网络。

(7) LTE-M

LTE-M 即 LTE M2M 或 MTC(Machine Type Communication),是基于 LTE 演进的物联网技术。LTE-M 在 LTE 系统基础上,为低功耗、广覆盖物联网业务拓展新功能,可在 LTE 系统上实现软件升级。3GPP Release 12 定义了低成本 MTC,引入了 Cat-0 类别 UE;3GPP Release 13 进一步降低了成本,引入了 Cat-M 类别 UE,并为低速率 MTC 应用提供了显著的覆盖扩展,实现了至少 15 dB 的增益;3GPP Release 14 和 3GPP Release 15 进一步增强了 MTC。

（8）NB-IoT

NB-IoT（Narrow Band Internet of Things）是基于蜂窝的窄带（200kHz）物联网技术。NB-IoT 构建于蜂窝网络，可直接部署于 GSM 网络或 LTE 网络，以降低部署成本、实现平滑升级。NB-IoT 是 IoT 领域的一种新兴技术，支持低功耗设备在广域网的蜂窝数据连接。NB-IoT 支持待机时间短、对网络连接要求较高设备的高效连接。NB-IoT 工作于授权频段，系统带宽是 200 kHz，基带带宽是 180 kHz，采用半双工 FDD。下行采用 OFDMA，子载波间隔为 15 kHz；上行采用 single-tone 和 multi-tone 两种传输方式。若采用 single-tone，则子载波间隔为 3.75 kHz 或 15 kHz；若采用 multi-tone，则子载波间隔为 15 kHz。下行峰值速率约为 27 kbit/s；采用 single-tone 传输时，上行峰值速率约为 17 kbit/s，采用 multi-tone 传输时，上行峰值约为 62.5 kbit/s。NB-IoT 的覆盖范围比传统 GPRS 高 20 dB，NB-IoT 支持 PSM 和 eDRX 省电模式。

## 3.3　蜂窝移动通信

美国贝尔实验室最早（1947 年）提出了蜂窝移动通信的概念，随着微电子、计算机等基本技术的发展，蜂窝移动通信才开始被研制，并成为驱动移动通信市场发展的领头技术。

### 3.3.1　移动通信技术的发展历程

1864 年，英国物理学家麦克斯韦在理论上证明了电磁波的存在；1876 年，德国物理学家赫兹的实验证明了电磁波的存在；1900 年，意大利发明家马可尼等人成功地利用电磁波进行了远距离的无线电通信；1901 年，马可尼发射的无线电信息成功地穿越了大西洋，从英格兰传到加拿大的纽芬兰，标志着无线电时代的到来。迄今为止，移动通信技术经历了五代的发展。

第一代移动通信为模拟语音通信。1986 年，第一代（1G）移动通信系统在美国芝加哥诞生，采用模拟信号传输。即将电磁波进行频率调制后，再将频率介于 300 Hz 到 3 400 Hz 的语音信号转换到载波电磁波上，载有信息的电磁波发布到空间后，由接收设备接收，并从载波电磁波上还原语音信息，完成一次通话。

但各个国家的 1G 通信标准并不一致，使得第一代移动通信并不能"全球漫游"，这使得 1G 的发展受到了限制。同时，由于 1G 采用模拟信号进行传输，所以其容量非常有限，一般只能传输语音信号，并且存在语音品质低、信号稳定性差、涵盖的区域有限、业务量小、安全性差、抗干扰性差等问题。

【例 3-2】　假设系统采用 FDMA 多址方式，信道带宽为 25 kHz。问：在 FDD 方式下，系统同时只是 100 路双向语音传输，需要多大系统带宽？

**解：**

每个双工的信道带宽为 25 kHz×2＝50 kHz；

则系统需要的带宽为 50 kHz×100＝5 MHz。

移动通信技术的第二代（2G），起源于 20 世纪 90 年代初期。2G 使用数字信号进行传输，相比于模拟移动通信，2G 提高了频谱利用率，支持多种业务服务，不仅可以进行语音通信，还可以收发各种文字短信及多媒体短信,并支持一些无线应用协议。第二代移动通信系统的服务主要是话音和低速数据的传输业务,因此又称窄带数字通信系统。目前,最为主流的数字移动电话系统有 GSM 和 CDMA。2G 成功地实现了模拟通信到数字通信的过渡,数字信号比模拟信号传输速度更快,性能更稳定,可通信距离更长。在有效性与可靠性方面,2G 移动通信的加密程度较弱,对通信信息保密能力较差,安全性不足。

随着数字信息的多样化,用户已经不满足于单一的语音交流或简单的短信交流,对快速处理图像、音频、视频等多媒体信息提出了新的要求。在这样的背景下,能够将互联网与无线通信业务相结合的第三代(3G)移动通信技术应运而生。3G 最早由国际电信联盟(ITU)于 1985年提出。与 2G 相比,3G 具有更宽的带宽,3G 除了可以提供 2G 的业务之外,还可以实现高速数据传输和宽带多媒体服务,如文件传输、移动办公、网页浏览、移动定位等,因此更加方便快捷。目前,3G 存在四种标准:cdma 2000,WCDMA,TD-SCDMA,WiMAX。3G 网络能将高速移动接入和基于互联网协议的服务结合起来,提高无线频率利用效率,提供包括卫星在内的全球覆盖并实现有线和无线以及不同无线网络之间业务的无缝连接。3G 可满足多媒体业务的要求,从而为用户提供更经济、内容更丰富的无线通信服务。

在 3G 之后,长期演进(Long Term Evolution,LTE)出现了,作为 3G 技术和 4G 技术的过渡。LTE 将通信从窄带推向了宽带,集成了 3G 和 WLAN,下载速度高达 100 Mbit/s,上传速度是 3G 上传速度的 10 倍。真正的 4G 始于 2012 年。2012 年 1 月 18 日,国际电信联盟(ITU)在无线通信会议上,正式采用 4G 的移动通信技术标准,并开始大规模地应用 4G。2012年 1 月 20 日,国际电信联盟(ITU)通过了 4G (IMT-Advanced)标准。4G 标准共有 4 种:LTE,LTE-Advanced,WiMAX,WirelessMAN-Advanced。我国自主研发的 TD-LTE 是 LTE-Advanced 技术标准的分支之一,在 4G 领域的发展中占有重要席位。4G 移动通信的主要特点有:

a. 采用了 OFDMA 正交频分多址接入技术。通信速度是 3G 通信速度的数十倍乃至数百倍,通信方式非常灵活多变。

b. 采用了软件无线电技术。可以使用软件编程取代相应的硬件功能,通过软件应用和更新即可实现多种终端的无线通信。

c. 使用了智能天线技术和 MIMO 技术,在发送端和接收端可以利用多个天线同时发送和接收信息。

### 3.3.2 移动通信系统的结构与原理

移动通信是移动体之间或移动体与固定体之间的通信。移动体可以是人,也可以是汽车、火车、轮船等处于移动状态中的物体。移动通信包括无线传输,有线传输,信息的收集、处理和存储等,其使用的主要设备有无线收发信机、移动交换控制设备和移动终端设备。基础的移动通信无线服务区由许多正六边形小区覆盖而成,呈蜂窝状,通过接口与公众通信网(PSTN、ISDN、PDN)互联。移动通信系统包括移动交换子系统(SS)、操作维护管理子系统(OMS)、基站子系统(BSS)和移动台(MS),是一个完整的信息传输实体,如图 3-7 所示。

移动通信中建立一个呼叫是由 BSS 和 SS 共同完成的。BSS 提供并管理 MS 和 SS 之间的无线传输通道,SS 负责呼叫控制功能,所有的呼叫都是经由 SS 建立连接的。OMS 负责管理控制整个移动网。MS 也是一个子系统。它实际上是由移动终端设备和用户数据两部分组成的:移动终端设备简称移动设备;用户数据存放在一个与移动设备可分离的数据模块中,此数据模块称为用户识别卡(SIM)。

早期的移动通信主要使用 VHF 和 UHF 频段。大容量移动通信系统均使用 800 MHz 频段(CDMA)、900 MHz 频段(GSM),并开始使用 1 800 MHz 频段(GSM1800),该频段用于微蜂窝(Microcell)系统。第三代移动通信使用 2.4 GHz 频段。从传输方式的角度来看,移动通信分为单向传输(广播式)和双向传输(应答式)。单向传输只用于无线电寻呼系统。双向传输有单工、双工和半双工三种工作方式。单工通信是指通信双方电台交替地进行收信和发信,根据收、发频率的异同,又可分为同频单工和异频单工。双工通信是指通信双方电台同时进行收信和发信。半双工通信的组成与双工通信相似,移动台采用类似单工的"按讲"方式,即按下"按讲"开关,发射机才工作,而接收机一直工作。

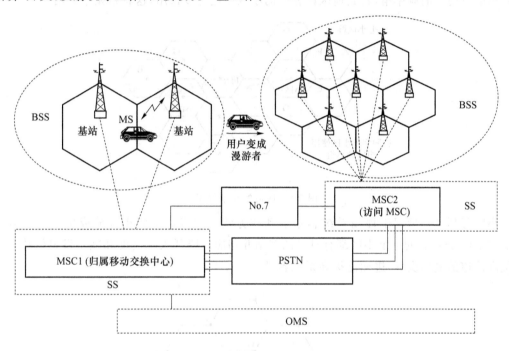

图 3-7 移动通信系统的基本结构

移动通信采用无线蜂窝式小区覆盖和小功率发射的模式。蜂窝式组网放弃了点对点传输和广播覆盖模式,把整个服务区域划分成若干个较小的区域(cell,在蜂窝系统中称为小区),各小区均用小功率的发射机(基站发射机)进行覆盖,许多小区像蜂窝一样能布满(覆盖)任意形状的服务地区。

### 3.3.3 蜂窝移动通信的基本原理

早期的移动通信系统采用大区覆盖,使用大功率发射机,覆盖半径达几十千米,频谱利用率低,适用于小容量的通信网,如用户数在 1 000 以下。蜂窝系统将覆盖区域分成许多个小的区域,称为小区(cell),各小区均用小功率的发射机进行覆盖,且每个发射机只负责一个小区的覆盖,若干个像蜂窝一样的小区可以覆盖任意形状的服务区。蜂窝的核心思想是将服务范围分割,并用许多小功率的发射机来代替单个的大功率发射机,每一个小的覆盖区只提供服务范围内的一小部分覆盖。引入蜂窝概念是无线移动通信的重大突破,其主要目的是在有限的频谱资源上提供更多的移动电话用户服务。

蜂窝有两个主要的特点:频率再用和小区分裂。频率再用通过控制发射功率使得频谱资源在一个大区的不同小区间重复利用。小区分裂通过将小区划分成扇区或更小的小区的方法来增大系统的容量。

频率再用是蜂窝系统提高通信容量的关键。为避免发生同道干扰,相邻的小区不允许使用相同的频道,但由于各小区在通信时使用的功率较小,因而任意两个小区只要相互之间的空间距离大于某一数值,即使使用相同的频道,也不会产生显著的同道干扰。满足这些条件的若干相邻小区划分为一个区群,图 3-8 是一个七小区群的示例。区群内各小区使用不同的频率,任一小区所使用的频率组,在其他区群相应的小区中还可以再用,这就是频率再用。

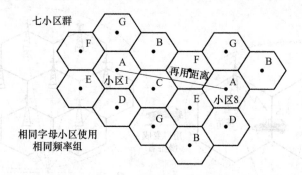

图 3-8　区群的频率再用

小区分裂是一种用于提高系统容量的独特方式。它将拥塞的小区分成更小的小区,如图 3-9 所示,分裂后的每个小区都有自己的基站并相应地降低天线高度和减小发射机功率,能够提高信道的复用次数,进而能提高系统容量。

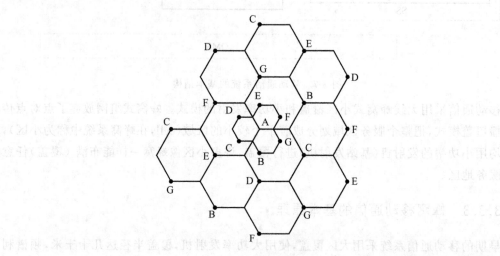

图 3-9　小区分裂

由于移动台与基站之间的通信距离有限,传输损耗和电磁兼容限制都是难题,而大区制可容纳的用户数有限,无法满足大容量的要求。为了达到无缝覆盖,提高系统容量,采用多个基站覆盖给定的服务区的方法,每个基站的覆盖区称为一个小区,于是就需要解决小区的结构以及频率分配的问题。

小区结构有带状网和面状网两种。带状网主要用于覆盖公路、铁路、海岸等,若基站天线用全向辐射,则覆盖区呈圆形,如图 3-10 所示。若基站天线用有向天线,则覆盖区呈椭圆形,如图 3-11 所示。

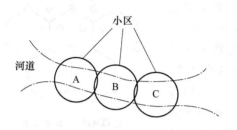

图 3-10　带状网的圆形覆盖区

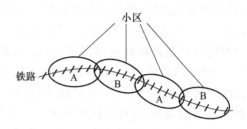

图 3-11　带状网的椭圆形覆盖区

带状网小区呈线状排列,区群的组成和同频道小区距离的计算都比较方便。带状网可以进行频率再用,有双频制和三频制两种方法。双频制指采用不同信道的两个小区组成一个区群,在一个区群内各小区使用不同的频率,不同的区群可使用相同的频率。三频指制采用不同信道的三个小区组成一个区群。就造价和频率资源的利用而言,双频制较好;但就抗同频道干扰而言,多频制更好。面状网在平面区域内划为小区,组成蜂窝式网络,区群的组成和同频道小区距离的计算比较复杂。

在选择小区的形状时,首先考虑路径损耗与方向无关而仅取决于基站之间的距离的理想情况。全向天线辐射的覆盖区是个圆形,最自然的选择就是圆形小区,因为它提供了小区边界上处处相同的接收功率。然而圆形小区不能既无缝隙又无重叠地填满一个面。在考虑了交叠之后,实际上每个辐射区的有效覆盖区是一个多边形。根据交叠情况的不同,有效覆盖区可为正三角形、正方形或正六边形,如图 3-12 所示。小区相间 120°时,有效覆盖区为正三角形;小区相间 90°时,有效覆盖区为正方形;小区相间 60°时,有效覆盖区为正六边形。

图 3-12　小区形状的选择

可以证明,用正多边形无空隙、无重叠地覆盖一个平面的区域,可取的形状只有这三种。在服务区域一定的条件下,正六边形小区的形状最接近理想的圆形,因此正六边形常常作为基本的小区形状,尤其是在理论研究中。用正六边形覆盖整个服务区所需的基站数最少,最经济。正是因为正六边形构成的网络形同蜂窝,因此把小区形状为六边形的小区制移动通信网称为蜂窝网。

相邻小区显然不能用相同的信道。为了保证同信道小区之间有足够的距离,附近的若干小区都不能用相同的信道。这些不同信道的小区组成一个区群,只有不同区群的小区才能进行信道再用。区群的组成应满足两个条件:一是区群之间可以邻接,且无空隙无重叠地进行覆盖;二是邻接之后的区群应保证各个相邻同信道小区之间的距离相等。满足上述条件的区群形状和区群内的小区数不是任意的。可以证明,区群内的小区数应满足下式:

$$N = i^2 + ij + j^2$$

其中,$i,j$ 为正整数,可以为零但不能同时为零。

通常在建网初期,各小区大小相等,容量相同,随着城市建设和用户数的增加,用户密度不再相等。为了适应这种情况,在高用户密度地区,将小区的面积划小,单位面积上的频道数增多,满足话务量增大的需求,这种技术称为小区分裂。小区分裂的目的是提高蜂窝网容量。具体方法是将小区半径缩小,增加新的蜂窝小区,并在适当的地方增加新的基站。原基站的天线高度适当降低,发射功率减小。以 120°扇形辐射的顶点激励为例,在原小区内分设三个发射功率更小的新基站,形成几个面积更小的正六边形小区,如图 3-13 所示。

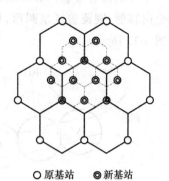

○原基站 ◎新基站

图 3-13 小区分裂

### 3.3.4 4G 与 OFDMA

4G 的关键技术包括智能天线技术、软件无线电技术、正交频分多址接入(Orthogonal Frequency Division Multiple Access,OFDMA)等。智能天线技术包含了自适应天线阵列、多天线、可变天线阵列等,自适应天线阵列主要是利用自适应天线,组建合适的天线阵列,在加权条件下让多个天线接收信号得到融合,进而达到提升信噪比的目的。天线阵列是智能天线技术的主要特点,天线阵列对于天线增益发展具有促进作用。在智能天线技术中,将移动通信信号构建在传输基站之上的技术被称为 SA 技术,SA 技术属于 4G 通信体系的关键技术。软件无线电技术,顾名思义是用现代化软件来操纵、控制传统的"纯硬件电路"的无线通信。软件无线电技术的重要价值在于:传统的硬件无线电通信设备只是作为无线通信的基本平台,而许多的通信功能则是由软件来实现,打破了有史以来设备的通信功能的实现仅仅依赖于硬件发展的格局。正交频分复用技术是一种多载波调制技术,极大地提高无线通信的速率并减小了空口时延,具有良好的发展前景,4G-LTE 的发展和普及带动了正交频分复用技术的发展,让其应用领域大幅拓宽,其采用的多址接入技术就是 OFDMA。

OFDMA 技术于 20 世纪 50 年代中期首次被提出,但当时理论尚不完备且硬件设备远远不能满足 OFDM 系统的要求。1971 年,FFT 和 IFFT 首次被提出,利用蝶形运算大幅减少了加法运算和乘法运算的次数,将其分别引入接收机和发射机可以很大程度上简化 OFDMA 系统的复杂度,为 OFDMA 技术打下了坚实的基础。21 世纪以来,大规模集成电路的发展迅速使得 OFDMA 技术可以由芯片实现,进而使 OFDMA 得以广泛应用于无线通信系统之中。目前,OFDMA 技术愈发成熟,在 4G 和 5G 的空口技术中扮演着核心角色。

OFDMA 的核心是将频谱分成多个相互正交的子频带,对需要传输的数据做串并变换后分别在每个子频带进行传输,正交性可以有效减小载波间干扰(Inter-carrier Interference,ICI)。此外,OFDMA 还有以下优势。

a. 因为并行码元长度远大于信道平均衰落时间,所以每个子信道都为平坦衰落,传输的数据不受其他子信道数据的干扰,从而可以消除符号间干扰(Inter-symbol Interference,ISI)。

b. OFDMA 采用的正交载波与传统的 FDM 系统不同,如图 3-14 所示,频带相互重叠的设计极大地提升了带宽效率,使得 OFDMA 能够最大程度地利用所分配的频带,伴随着子载波数的增加,带宽效率可以无限接近 $\log_2 M$ 的理论极限。

c. 可以在发射端和接收端分别利用 IFFT/FFT 模块进行信号处理,从而大大减小了系统硬件开销。

d. 由于 OFDMA 将数据流映射到多个窄带子载波上进行传输,当信道在某个频率存在较强或大幅衰减的窄带干扰时,也仅仅影响小部分子载波。于是,在某种程度上,OFDMA 有一定的抗窄带干扰能力。

e. 信道总带宽远大于每个子信道带宽,使得信道均衡的实现相对容易,大多数 OFDMA 无须使用均衡器。

f. 在大多数业务中,下行链路数据量远高于上行链路,OFDMA 能够给上、下行链路分别分配不同数量的子载波,从而有效支撑各种业务的不对称性。

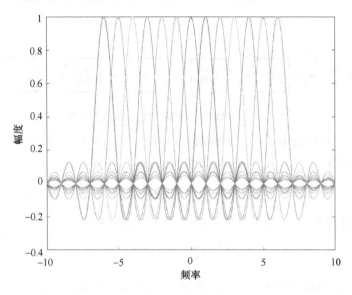

图 3-14　OFDMA 子载波频谱分布

然而,OFDMA 也面临着诸多挑战。首先,OFDMA 将多个子信道信号叠加,若信号彼此相位一致,则输出功率将远超过平均功率,造成过大的峰均功率比,使发射机的功率放大器饱和,发射信号将产生互调失真,给硬件实施带来了困难。如果采用降低发射功率的方法来避免此现象,那么又会引出功率效率低下等问题。其次,无线信号传播必将经历信道的衰落,其中小尺度衰落主要由多径以及多普勒效应造成,分别会导致频率选择性衰落和时间选择性衰落,当这两种衰落同时存在时会形成时频双选信道,给 OFDMA 系统带来 ISI 和 ICI,严重影响系统的误比特率性能和容量性能。此外,为了对抗多径效应,通常会将每个 OFDMA 符号的最后一段信息复制至最前面,即添加循环前缀(Cyclic Prefix,CP),从而使符号间干扰只发生在 CP 的区间里,消除多径导致的符号间时延带来的影响。但是,从信息本身的角度看,CP 不含有任何有用信息,属于一种冗余。假设每个 OFDMA 符号原始信息的周期为 $T_{symbol}$,CP 的时间长度为 $T_{CP}$,则 CP 将会给容量和频谱效率带来 $\eta_{loss} = T_{CP}/(T_{CP} + T_{symbol})$ 的损失。目前,CP 造成的损失可达到 25%,如此高的损失虽然仍能接受但是已经不可忽视。

OFDMA 系统框图如图 3-15 所示,上半部分对应发射机信号处理过程,下半部分对应接收机流程。发送端将被传输的比特流进行星座映射,然后将串行符号流做串并变换生成并行符号流,再进行 IFFT,将频域数据变换到时域上。若一个 OFDM 系统共有 $M$ 个子载波,则进行 $M$ 点 IFFT,一般 $M$ 为 2 的整数次方,若单个串行符号的传输时间是 $T_s$,则单个 OFDMA 符号的周期为 $T_{OFDM} = MT_s$。假设经过串并变换的 $M$ 个符号为 $\boldsymbol{S}$:

$$S = [S(0), S(1), \cdots, S(M-1)]^{\mathrm{T}} \tag{3-1}$$

则经过 IFFT 的长度为 $M$ 的 OFDMA 符号可以表示为:

$$\left[ s(n) \right]_{n=0}^{M-1} = \left[ \frac{1}{\sqrt{M}} \sum_{m=0}^{M-1} S(m) \mathrm{e}^{\mathrm{j}2\pi\frac{nm}{M}} \right]_{n=0}^{M-1} \tag{3-2}$$

在并串变换后,添加循环前缀,然后经过数模转换和射频调制通过天线发射至无线信道。

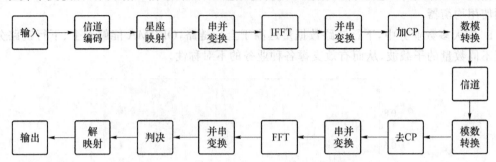

图 3-15　OFDMA 系统发射机及接收机结构

若 $w(n)$ 为信号在信道中受到的加性高斯白噪声干扰,则接收端接收到的信号可以表示为

$$y(n) = \sum_{l=0}^{L-1} h(l)s(n-l) + w(n) \tag{3-3}$$

对所得信号进行去 CP 和串并变换后,经过 FFT 处理得

$$Y(k) = \frac{1}{\sqrt{M}} \sum_{n=0}^{M-1} y(n) \mathrm{e}^{-\mathrm{j}2\pi\frac{mk}{M}} \tag{3-4}$$

图 3-15 彩图
OFDM 系统的 CP

最后,将式(3-4)所得的结果进行判决和解映射,恢复出原始比特流。

以上是 OFDMA 技术实现的全部流程。上文提到,OFDMA 在实际环境中会受到环境的影响。在复杂的环境中,信号遇到障碍物后会出现反射、散射、绕射和折射等现象,通过不同的衰落路径最终到达接收端,接收到的为多路叠加信号,这种现象被称为多径效应。显然,直射径到达接收端的时间最短,最晚到达的信号与直射径的时间差被定义为最大时延扩展 $\tau_{\max}$。若多路信号的相对时延足够大,则在接收端,不同符号会错位叠加在一起,造成符号间干扰(Inter-symbol Interference,ISI),即造成频率选择性衰落。两个频率相近的衰落信号在经过多径后,由于时延不同,可能会使它们变得相关,此频率间隔被称为相关带宽 $B_{\mathrm{c}}$,数值上约等于最大时延扩展的倒数,即 $1/\tau_{\max}$。当信号带宽小于信道相关带宽($B_{\mathrm{s}} < B_{\mathrm{c}}$)时,为平坦衰落,信号不会失真;反之,若 $B_{\mathrm{s}} \geqslant B_{\mathrm{c}}$,则会造成信号失真,产生 ISI,严重影响系统的性能。此外,时间选择性衰落由多普勒效应造成。当通信系统的发射端和接收端存在相对速度时,接收到信号的频率会产生一定的偏移,产生载波间干扰(Inter-carrier Interference,ICI),多普勒频移可以表示为 $f_{\mathrm{d}} = \frac{v}{\lambda} \cos\alpha$。其中,$v$ 为相对移动速度,$\lambda$ 为信号的波长,$\alpha$ 为波传播方向与相对速度方向的夹角。可以看出,当 $\alpha = 0$ 时,$f_{\mathrm{d}}$ 达到最大,我们称此最大值为最大多普勒频移 $f_{\mathrm{m}}$,假设某子载波的中心频率为 $f_{\mathrm{c}}$,在经过时间选择性衰落信号后,其频率会扩展到 $[f_{\mathrm{c}} - f_{\mathrm{m}}, f_{\mathrm{c}} + f_{\mathrm{m}}]$。在移动场景下,信道的特性会不断变化,相关时间 $T_{\mathrm{c}}$ 表示信道特性维持不变的时间,体现了信号在时变信道下衰落的节拍。当信号的周期远小于相关时间($T_{\mathrm{s}} \ll T_{\mathrm{c}}$)时,对应的衰落属于慢衰落;当 $T_{\mathrm{s}} > T_{\mathrm{c}}$ 时,对应的衰落属于快衰落,且速度越快,信道变化速率越快,接收信号就会失真得越明显。

OFDMA 技术在有线信道和无线信道的高速数据传输中均有广泛应用,如 ADSL、IEEE 802.11a、HIPERLAN-2、数字广播和高清电视等,4G 系统就使用了 MIMO-OFDMA 技术。OFDMA 的众多优点使其在 4G 后仍有强大的生命力和发展前景,在 5G 中,超大规模 MIMO 与 OFDMA 的结合被应用,极大地提高了无线链路的传输速率和可靠性。

**【例 3-3】** 考虑一个 OFDM 系统,数据传输使用 48 个子载波。无线信道的最大时延扩展为 $0.6\,\mu s$,一个 OFDM 符号长度为 $8\,\mu s$,其中循环前缀长度为 $1.6\,\mu s$。

问:① 子载波间隔是多少?若每个子载波采用 64QAM 和 1/2 码率的信道编码,不考虑参考信号在时间上的开销,则信息传输速率是多少?

② 假设某一时刻系统处于定时同步状态,并且系统不做定时调整。考虑无线信道的时延扩展刚达到最大值,则当接收机逐渐远离发射机时,最远移动多少米后会出现符号间干扰?

**解:**

① 去掉 CP 后,一个 OFDM 符号时间长度为 $6.4\,\mu s$,不包含 CP 的一个 OFDM 符号时间长度 = 1/子载波间隔,得到子载波间隔为 $156.25\,kHz$。每个子载波采用 64QAM 调制,一个符号是 6 bit,由于码率是 1/2,说明这 6 bit 中有 3 bit 是信息比特。即 1 个子载波传 3 信息比特,那么 48 个子载波传 144 信息比特。花费 $8\,\mu s$ 的时间,所以信息速率是:144 bit/8 $\mu s$=18 Mbit/s。

② 由于 CP 时间长度为 $1.6\,\mu s$,现在无线信道的最大时延拓展为 $0.6\,\mu s$,注意到符号间干扰的来源便是这个符号的最晚路径到达比下一个符号的最早路径到达晚一点,便会发生符号间干扰。所以恰好不发生符号间干扰的时间还剩下 $1.6\,\mu s-0.6\,\mu s=1\,\mu s$,乘以光速可得答案为 300 m。

**【例 3-4】** 假设一个系统是 20 MHz 带宽,需要留 2 MHz 为保护带宽,剩余带宽用作数据传输。同时,假设子载波间隔为 15 kHz,每个子载波均采用 16QAM 调制,且经填充 CP 后,1 ms 能发送 14 个 OFDM 符号。

问:① 做 IFFT 或者 FFT 的点数是多大?

② 信息传输速率是多少?

**解:**

① 由于 20 MHz 是系统带宽,2 MHz 保护间隔,所以剩下 18 MHz 是传输数据,子载波间隔是 15 kHz,所以子载波个数为 18 MHz/15 kHz=1 200 个。要让这 1 200 子载波的调制符号都能进行 IFFT/FFT 变换,就要选比 1 200 大的 IFFT/FFT 点数,所以 IFFT/FFT 点数是 2 048。

② 每个子载波采用 16QAM 调制,1 个符号是 4 bit,1 200 个子载波有 4 800 bit,即一个 OFDM 符号传了 4 800 bit,1 ms 能传 14 个 OFDM 符号,所以信息传输速率是 4 800 bit×14 = 67.2 Mbit/s。

### 3.3.5　5G 及其应用

为了应对未来爆炸性的移动数据流量增长、海量的设备连接、不断涌现的各类新业务和应用场景,同时与行业深度融合,满足垂直行业终端互联的多样化需求,实现真正的"万物互联"。另外,随着移动通信的飞速发

5G 的发展及其关键技术

展,网络规模和功能逐步拓展,4G 网络中的专有硬件不断增加,不仅使得运营商的成本上升,也使得网络的能力逐渐僵化,难以长期发展。急剧增加的设备连接,不断涌现的新业务和新应用场景,催生了 5G 的诞生。

5G 以高速率、低延迟、低能耗、低成本、高系统容量和大规模设备连接为性能目标,ITU-R

将 5G 的典型应用场景分为三类:

a. 增强型移动宽带,包括高清视频、虚拟现实、增强现实等业务,该类应用场景需要支持极高峰值数据速率的稳定连接,以及小区边缘用户的适中速率;

b. 超高可靠与低延迟的通信,包括工业控制、无人机控制、智能驾驶控制等业务,该类应用场景对网络传输时延和可靠性具有很高的要求;

c. 大规模机器类通信,包括智慧城市、智能家居等业务,在该类应用场景下,存在对连接密度和能耗很高的要求,还需要使终端能够适应不同的工作环境。为支持各类用户业务的同时运行,需要在 5G 系统中同时部署多张多制式的网络,网络规模和运维复杂度随之提升,运维成本进而成为运营商亟待解决的问题;同时,5G 承载的业务种类繁多,业务特征各不相同,业务需求的多样性对网络架构的灵活性提出了要求。面对 5G 极致的体验、效率和性能要求,以及"万物互联"的愿景,网络面临全新的挑战与机遇。5G 网络将遵循网络业务融合和按需服务提供的核心理念,引入更丰富的无线接入网拓扑,提供更灵活的无线控制、业务感知和协议栈定制能力,构建一个可持续演进的网络。

## 3.4 空间通信网络

移动通信按照设备的使用环境可以分为陆地通信、海上通信和空间通信三类。空间通信网络是由在轨运行的多颗卫星及卫星星座组成的骨干通信网,可为各种空间任务(如气象、环境与灾害监测、资源勘察、地形测绘、侦察、通信广播和科学探测等)提供通信服务,也是未来物联网发展不可缺少的重要技术手段。

### 3.4.1 卫星通信系统

尽管大力铺设光纤仍是全世界的发展趋势,但即使按最乐观的成本和最短的时间估算,把全球用光纤连接起来也需要 10 万亿美元投资和 20~25 年时间。而建立卫星通信网则相对快速和安全,在全球性扩展因特网接入范围时,卫星通信显示出许多较其他传输媒体优越的特性:终端架设方便快捷;覆盖面十分广阔;链路的通信成本与传输距离无关;可以克服海洋、沙漠、高山等自然地理障碍进行通信;终端可以独立运行在边远地区或农村环境;技术成熟且即时可用。

相较于短波/超波无线通信系统,卫星通信系统的组成要复杂得多。要实现卫星通信,首先要发射人造地球卫星,还需要保证卫星正常运行的地面测控设备,其次必须有发射与接收信号的各种通信地球站。一个卫星通信系统由空间分系统、通信地球站、跟踪遥测及指令分系统和监控管理分系统四部分组成,如图 3-16 所示。

空间分系统即通信卫星,包括能源装置、通信装置、遥测指令装置和控制装置。其主体是通信装置,其任务是保障星体上的其余装置正常工作。

跟踪遥测及指令分系统对卫星进行跟踪测量,控制其准确进入轨道指定位置;待卫星正常运行后,定期对卫星进行轨道修正和位置保持。该系统由一系列机械或电子可控调整装置组成,其控制任务主要有两类:一是姿态控制,二是位置控制。

监控管理分系统的任务是在业务开通前后对定点的卫星进行通信性能的监测和控制。为了保证通信卫星正常运行,监控管理分系统需要了解通信卫星内部各种设备的工作情况。例如,监控管理分系统需要对卫星转发器功率、卫星天线增益以及地球站的发射功率、射频频率和带宽等基本通信参数进行监控,以保证卫星能正常通信。

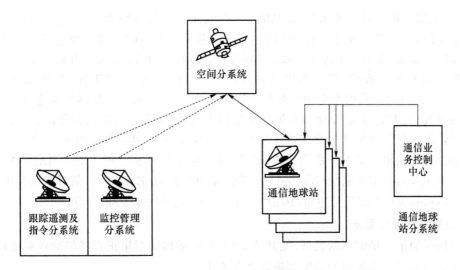

图 3-16 卫星通信系统的组成

地球站由天线馈线设备、发射设备、接收设备、信道终端设备、跟踪和伺服设备、电源设备等组成。地球站是卫星系统与地面公众网的接口,地面用户端可以通过地球站接入卫星系统形成链路。

卫星通信系统按其提供的业务可以分为宽带卫星通信系统、卫星固定通信系统和卫星移动通信系统。

**1. 宽带卫星通信系统**

宽带卫星通信也称多媒体卫星通信,指的是利用通信卫星作为中继站,在地面站之间转发高速率通信业务,通过卫星进行语音、数据、图像和视像的处理和传送,是宽带业务需求与现代卫星通信技术结合的产物。因为卫星通信系统的带宽远小于光纤线路,所以几十兆比特每秒就称为宽带通信了。提供更大带宽仅是卫星通信方案的一部分,基于卫星的通信也为许多新应用和新业务提供了机会。由于互联网和物联网的驱动,卫星通信也转向满足数据通信的全面需求。传统的同步通信卫星已发展成为非常强大的多种用途系统。

宽带卫星通信到今天已经发展了三代:第一代是 20 世纪 80 年代提出的 VSAT 系统,业务速率 2 048 bit/s,特点是大波束覆盖,转发器为多用户共享;第二代兴起于 2005—2007 年,业务速率 256 kbit/s~3 Mbit/s,此类宽带卫星有 IPstar,Spaceway3。特点是点波速,采用频率复用技术;第三代出现于 2010 年,业务速率达 50~500 Mbit/s,此类系统有 Ka-Sat 和 Via-Sat等。

卫星通信的可用频谱资源很有限,建设宽带网必然要采用更高频率。宽带卫星业务基本是使用 Ku 频段和 C 频段,但 Ku 频段的应用已经非常拥挤,故计划中的宽带卫星通信网基本是采用 Ka 频段,通过同步轨道卫星、非静止轨道卫星或两者的混合卫星群系统提供多媒体交互式业务和广播业务。尽管 Ka 频段卫星通信技术已有基础,但要利用 Ka 频段进行卫星通信必须解决下列技术问题:克服信号雨衰;研制复杂的 Ka 频段星上处理器;保证高速传输的数据没有明显的时延;保持星座中有关卫星之间的有效通信;通过星上交换进行数据包的路由选择。目前,我国和一些欧美国家已经在有关 Ka 频段卫星通信方面进行了不少关键性的试验工作。

**2. 卫星固定通信系统**

固定通信是卫星通信的传统业务,主要应用有电信服务、广播电视、转发器出租、内部专网、数据采集等。按组网方式和应用,卫星固定通信又可分为四种类型:一是以话音为主的点对点通信系统,主要用于解决边远地区的通信问题和骨干节点间的备份和迂回。二是以数据为主的 VAST 系统,主要用于解决内部通信问题。三是基于 DVB(Digital Video Broadcasting)的单向数据广播和分发系统,用于多媒体数据的分发。四是基于 DVB-RCS(Return Channel Via Satellite)或外交互式的双向卫星数据广播和分发系统,应用于因特网的高速接入、电视会议等。按速率,卫星固定业务分为窄带和宽带两大类:窄带业务仍以话音和低速数据业务为主,发展缓慢;而各类卫星宽带业务在近几年得到较快发展,尤其是基于 IP 的业务。

大部分静止轨道卫星通信系统都能够提供固定通信业务,但一般不限于固定业务,比较著名的系统有国际通信卫星系统(Intelsat)、欧洲通信卫星公司(Eutelsat)、俄罗斯联邦国际卫星组织(Intersputnik),美国泛美卫星(PanAmsat),新天空卫星(NewSkies)等。

**3. 卫星移动通信系统**

随着国际通信卫星的不断发展,尤其从 1982 年国际移动卫星正式提供商业服务以来,卫星移动通信引起了世界各国的浓厚兴趣和极大关注。

按轨道类型,卫星移动通信系统可分为静止轨道卫星移动通信系统和非静止轨道卫星移动通信系统。其中,静止轨道卫星移动通信系统有国际海事卫星系统(Inmarsat)、北美移动卫星系统(MSAT)、瑟拉亚卫星系统(Thuraya)、亚洲蜂窝卫星系统(ACeS);非静止轨道卫星移动通信系统有铱星系统、全球星系统、轨道通信系统、ICO 系统。

移动通信卫星的收发天线尺寸和发射功率一般都比较高,并采用雨致衰减小和信号传输损耗小的 L 波段传输信号,目的是减小地面用户终端的尺寸,便于携带,保证通信质量。移动通信卫星一般要达到全球覆盖,只需要 3 颗卫星就行了,不过南北两极地区是覆盖不到的盲区。中轨道的移动通信卫星星座只需要 12 颗。低轨道的移动通信卫星星座则需要数十颗甚至数百颗。比如,铱星星座是由 66 颗卫星组成的。

卫星移动通信由于具有覆盖范围广、建站成本和通信成本与距离无关等优点,是实现全球移动通信必不可少的手段,而且特别适合难以铺设有线通信设施地区的移动通信需求。

**【例 3-5】** 某静止通信卫星的遥测系统对太空舱上 100 个传感器的样本数据进行轮流采集,数据以每样本 8 bit 的 TDM 帧格式(并附加 200 bit 的同步和状态信息)回传至地面,若传输速率为 1 kbit/s,则采用 BPSK 调制方式。

**问:** ① 要完成 100 个传感器一轮采样的全部数据传输,需要多长时间?

② 将长度为 40 000 km 的链路传播时延考虑在内,当太空舱某传感器数据发生变化时,地面控制站可能最长要等待多少时间才能获得该信息?

**解:**

① 一帧比特数为 $200+8\times100=1\,000$,以 1 kbit/s 速率传送一帧(即 100 个传感器一轮采样数据)的时间为 1 s。

② 一轮采样时间为 1 s,40 000 km 距离的传输时间为 0.133 s。因此,当太空舱某传感器数据发生变化时,地面控制站可能要等待 1.133 s 之后才能获得该信息。

## 3.4.2 低轨卫星通信系统

低地轨道(Low Earth Orbit,LEO)是指航天器距离地面高度较低的轨道。低地轨道没有公认的严格定义,一般高度在 2 000 km 以下的近圆形轨道都可以称为近地轨道。由于低地轨道卫星离地面较近,绝大多数对地观测卫星、测地卫星、空间站以及一些新的通信卫星系统都采用低地轨道。

低地轨道(简称低轨)卫星系统一般是指由多个卫星构成的可以进行实时信息处理的大型卫星系统,其中卫星的分布称为卫星星座。低轨卫星主要用于军事目标探测,利用低轨卫星可获得目标物的高分辨率图像。低轨卫星的轨道高度低,因此传输延时短,路径损耗小,可用于手机通信。多个卫星组成的通信系统可以实现真正的全球覆盖,频率复用更有效。蜂窝通信、多址、点波束、频率复用等技术也为低轨卫星移动通信提供了技术保障。低轨卫星是最新最有前途的卫星移动通信系统。

低轨卫星星座由多条轨道上的多个卫星组成。由于低轨卫星和地球不同步,所以星座在不断地变化,各卫星的相对位置也在不断的变化之中。为了便于管理和实现多星系统的实时通信,卫星不但要与地面终端和关口站相连,而且各卫星之间也要相连。当然,这种相连可以通过地面链路相连,也可以通过星间链路相连。一般的星座有多个卫星轨道,各个卫星之间为了协调工作和实时通信,不同轨道的卫星之间还存在轨道间链路。目前提出的低轨卫星方案中,比较有代表性的通信系统主要有 SpaceX 公司的星链(StarLink)计划、铱星系统、全球星(Globalstar)系统、白羊(Arics)系统、低轨卫星(Leo-Set)系统、柯斯卡(Coscon)系统和卫星通信网络(Teledesic)系统等。下面重点介绍铱星系统。

铱星系统是 1990 年由美国提出的非静止轨道卫星移动通信系统,其星座示意图及系统组成如图 3-17 所示。铱星系统总共由 72 颗卫星组成,其中卫星星座由 66 颗卫星组成,分布在 6 个轨道面上,每个轨道面上有 11 颗工作卫星,另外还有 6 颗备份卫星分布在每个轨道面上。铱星卫星轨道高度为 780 km,轨道倾角为 86.4°,轨道周期为 100 min 28 s。相邻平面上卫星按相反方向运行,第 2 到第 5 轨道面之间的夹角为 31.6°,第 1 和第 6 轨道面之间的夹角为 22°。铱系统卫星可向地面投射 48 个点波束,以形成 48 个相同小区的网络,每个小区的直径为 689 km,48 个点波束组合起来,可以构成直径为 4 700 km 的覆盖区。整个系统有 66×48 共 3 168个点波束,其中 2 150 个波束用来覆盖全球,其余的波束在高纬度地区被关闭以减少干扰和降低功耗。每个卫星有 4 条星际链路,其中两条用于同一轨道面内相邻卫星之间的通信,另外两条用于相邻轨道面之间的邻近卫星之间的通信。星际链路速率高达 25 Mbit/s。

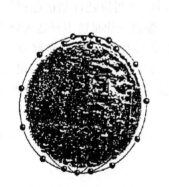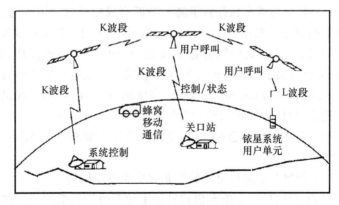

图 3-17 铱星的轨道分布和基本架构

在网络结构方面,铱星系统采用的是网格型网络结构,移动用户之间可以通过卫星中继直接进行通信。通信时延较小,所需要的关口站数目较少。采用星间链路和星上处理技术后,系统独立性较强。

铱星系统用户链路的多址方式是 FDMA/TDMA/SDMA/TDD,即系统利用 66 颗卫星和每颗卫星上的 48 个点波束,按照相邻 12 个波束使用一组频率的方式,对全部可用频带进行空分复用,在每个波束内把频带分为许多条 TDMA 信道,在每条 TDMA 载波内使用时分复用,同一用户的上、下行链路使用同一帧的不同时隙。

铱星系统 1996 年开始发射,1998 年投入运营,耗资 34 亿美元。但铱星公司运营不到半年就宣告破产了。铱星失败的原因有很多,主要原因是地面蜂窝系统已经占领了主导地位,次要原因有铱星终端笨重,性能不稳定,价格昂贵等。

破产被收购后成立的新铱星公司,提出了建设铱星下一代的计划。重新设计的卫星的重量比以前减轻了五分之一,通信能力比以前提升了 100 倍。铱星二代(Iridium-NEXT)系统可以给普通移动终端提供 128 kbit/s 的数据传输速度,对海事航行用终端能提供 1.5 Mbit/s 的数据传输速度,对固定的地面接收站可提供高达 8 Mbit/s 的数据传输速度。

和铱星一代系统相同,铱星二代系统仍然由 66 颗有源卫星组成,另外还有 9 颗在轨备用卫星和 6 颗地面备用卫星。从 2010 年开始,铱星的卫星由 SpaceX 的猎鹰系列火箭完成发射。一批批被送入预订轨道的铱星二代卫星将帮助新一代的铱星系统,逐步达成重建无缝覆盖全世界的目标。

### 3.4.3　低轨星链计划

2015 年,SpaceX 首席执行官伊隆·马斯克宣布推出一项太空高速互联网“星链”计划项目,预计发送高达 4.2 万颗低轨卫星,轨道高度大约为 335.9～1 325 km。凭借远远超过传统卫星互联网的性能,以及不受地面基础设施限制的全球网络,星链计划可以为网络服务不可靠,费用昂贵或完全没有网络的位置提供高速互联网服务,旨在为世界上的每一个人提供高速互联网服务。“星链”计划的宗旨是开发出“全球卫星互联网系统”,并能运用在火星等环境中,在太阳系内部署通信基础建设。

2018 年 2 月 22 日,SpaceX 公司在美国加州范登堡空军基地成功发射了一枚“猎鹰 9”号火箭,并将两颗小型实验通信卫星送入轨道,星链计划由此开启。2019 年 5 月 23 日,SpeceX 公司使用“猎鹰 9”-1.2 型运载火箭发射了星链低轨宽带星座的 60 颗卫星。2019 年 10 月 22 日,SpaceX 公司首席执行官伊隆·马斯克成功通过星链发送推特,表明星链计划已能提供天基互联网服务。截至 2022 年 12 月,SpaceX 公司已将大约 3 500 颗第一代星链卫星送入轨道,2022 年 12 月 1 日美国联邦通信委员会(FCC)发布公告称,有条件地部分批准和部分推迟 SpaceX 公司关于部署和运营 29 988 颗第二代星链卫星的申请,而在此之前,SpaceX 公司已获准在 525 km、530 km 和 535 km 的高度运营 7 500 颗第二代星链卫星,并被授权开展发射、早期轨道阶段(LEOP)的操作和升轨期间的测试等业务。

星链计划的实施会给通信、互联网等行业带来冲击,使频谱资源竞争加剧、信息安全隐患加大。

(1) 低轨卫星通信使通信产业形成竞争新格局

首先,星链的太空组网模式打破了地面通信系统的局域网、城域网和主干网等惯有模式。其次,低轨卫星通信是海上、南北极、荒漠等不适宜架设地面基站地区的优质通信选择。卫星移动通信与地面移动通信的融合将真正打造出一个覆盖全球的通信网络。再次,随着卫星通信服务的推广和应用成本的不断下降,卫星通信业务在全球通信业务中的占比将得到提升,使用卫星通信的行业用户和个人用户也将更多。

（2）低轨卫星通信为互联网产业带来了新的增长极

目前，全球仍然有超过 30 亿人无法使用互联网服务，地面通信在偏远农村、山区、沙漠、戈壁地区和飞机、船舶上仍存在盲区。而低轨卫星通信网能够解决这一问题，使人们在偏远地区也能随时随地上网，从而带来大量的新增用户群。低轨卫星通信延展了地面网络的空间维度，能够用于海洋运输、极地探测、远洋渔业、航空高铁客运和应急通信等领域，带来新的互联网应用场景和服务模式。卫星通信网络可以天然累积海洋/航空运输、航洋渔业、旅游等行业综合数据，为实时信息采集与产业数据分析提供大数据服务。卫星运营商可通过构建集群卫星网络，提供创新的互联网服务，与传统互联网企业开展竞争。

（3）低轨卫星通信将加剧频谱资源的竞争问题

在通信领域，由于相近频率间会产生信号干扰，原则上不同的卫星通信系统不能使用相同频率。我国的"北斗"系统曾抢先发射卫星，使用了欧洲"伽利略"系统原计划使用的频率。实际上，卫星通信频谱资源存量本身已非常紧张：一方面，低轨卫星覆盖全球，频率协调难度较大，可用频段较少；另一方面，5G 网络向毫米波段发展，新开放的频段与互联网卫星使用频率接近，可能导致信号干扰和阻塞。

（4）"星链"计划带来的其他影响

火箭回收技术的成熟和卫星的大规模应用，势必引发小型卫星研发制造的新一波热潮，卫星资源的军民融合应用将进一步加快，卫星通信行业、商用航天产业也将进入快速发展期。但与此同时，它也可能带来一系列的负面影响，比如，对近红外天文观测、地球气象监测、地质勘探遥感带来干扰，产生过量的"太空拥堵"和"太空垃圾"，密集低空卫星群被用作军事用途进而引发信息安全和国家安全问题等。

### 3.4.4 空间信息物联网

2009 年年初，IBM 公司提出"智慧地球"的概念，旨在通过超级计算机和云计算整合广泛部署、普通互联的万物来实现智慧地球的远景目标，即转变个人、企业、政府、自然系统和人造系统交互的方式，使其更加智慧（更加清晰、效率更高、响应更灵活更及时）。信息化产业与互联网的每一次发展浪潮都离不开 RS、GIS、GPS 等空间信息的概念。

空间信息技术是指采用现代探测与传感技术、摄影测量与遥感对地观测技术、卫星导航定位技术、卫星通信技术和地理信息系统等手段，研究地球空间目标与环境参数信息的获取、分析、管理、存储、传输、显示、应用的一门综合和集成的信息科学和技术。近年来，随着物联网及应用迅速发展，空间信息技术迎来了发展的新机遇，物联网时代下，空间信息在智能导航定位、卫星远程通信、地理环境与资源监测、数字化精准作战等领域发挥重要的作用。

（1）智能导航定位

物联网的实现中离不开对入网互联的"物"的智能跟踪与定位。卫星导航系统具有海、陆、空全方位实时三维导航与定位的能力，能够快速、高效、准确提供点、线、面要素的精准三维坐标及其他相关信息，为全球的军事、民用和商业用户提供 24 小时的全球精确目标导向和地理定位信息。卫星导航作为移动感知技术，是物联网延伸到移动物理采集移动物体信息的重要技术，随着物联网的日益成熟，物物相连对于高动态目标的导航需求将不断增多，智能导航定位技术必不可少。

（2）卫星远程通信

卫星通信是在物联网中实现远距离实时数据传输的有效途径，是实现物联网可靠传输的保证之一。卫星通信具有覆盖面积大、频带宽、容量大、通信距离远的特点，且性能稳定可靠，不受地理条件限制,可覆盖全球,在国际国内通信、宽带多媒体通信、移动通信和广播电视等领域应用广泛。

现代通信业务的多样化和多媒体化对通信业务类型、业务量和传输速率的要求不断增长和提高。卫星通信在不断满足日益增强的收发能力、通信容量和处理能力需求的同时,卫星固定通信、卫星移动通信、卫星直接广播将融为一体,卫星通信网将与地面电信网、计算机网络和有线电视网络实现互联互通,构成全球无缝隙、覆盖天地一体化的能够提供各种带宽和多种业务的综合信息网。

(3) 地理环境与资源监测

地球环境与资源监测也是物联网应用的一个重要领域。地球资源卫星搭载了 CCD 传感器、光学或微波成像仪、红外扫描仪及用于资源与环境监测的传感仪器,可以迅速、准确地获取环境和灾害信息,及时、全面地掌握自然环境状况和进行灾害监视,为防灾、抗灾、遏制环境污染和生态破坏提供科学决策依据,在农业、水利、生态环境建设、环境保护、可持续发展、资源调查等方面具有重要而高效的应用。我国的资源卫星已有"中巴地球资源卫星(CBERS)""资源二号""海洋一号(HY-1A、1B)""北京一号(DMC+4)"及环境减灾小卫星星座 A、B 星座(HJ-1A、B、1C)等,且已在国内减灾救灾中发挥了重要作用。

(4) 数字化精准作战

物联网时代的未来战场是可视化的数字战场,空间信息是实现全面感知、精准作战、精细保障的关键力量。在物联网的战场上,以卫星及其星载传感器为主的空间信息系统将与大量部署在地面、飞机、舰艇上的各种传感器相连,构成完整、精确的战场网络,形成全方位、全频谱、全时域的所谓侦察检测预警和指挥控制体系。各种卫星所提供的战场信息几乎覆盖整个军事作战行动域,包括通信、全球广播业务、战场监视、图像侦察、信息情报侦察、天基雷达和红外探测、告警与跟踪、全球导航、气象监测与预报、战斗管理等。

空间信息物联网也面临着诸多的挑战。物联网的网络安全问题也是空间信息物联网必须面对的问题。空间信息系统通过专用的空间信息网络接入物联网,但存在着信号泄露与干扰、伪装节点入侵、网络攻击及传送安全等诸多问题。空间信息物联网中网络架构和网络兼容的相关技术也是空间信息物联网要面临的技术难题。另外,空间信息物联网的网络通信技术、网络管理技术、自治计算与海量信息融合技术也是要关注的重点。空间信息物联网实现信息的互联互通和全网共享,所有的接口、协议、标识、信息交互及运行机制等,都必须有统一的标准作指引。例如,国际传感器及无线传感器网络标准化就出台了包括 IEEE 1451.5 智能传感器接口标准、IEEE 802.11 无线局域网标准等在内的标准体系。因此,加快标准化进程是空间信息物联网更好地实现互联互融的基础。

# 本 章 习 题

## 一、选择题

1. 物联网网络层的特征不包括(　　)。

A. 网络拓扑变化快　　　　　　　　　B. 节点处理能力有限

C. 比现有网络系统都安全　　　　　　D. 网络管理复杂

2. IPv4 地址分为( )类。

    A. 4               B. 5               C. 6               D. 7

3. 一个卫星通信系统由空间分系统、( )、跟踪遥测及指令分系统和监控管理分系统四个部分组成。

    A. 通信地球站      B. 能源装置          C. 通信装置           D. 控制装置

4. 卫星通信系统按照其提供的业务可以分为宽带卫星通信系统、卫星固定通信系统和( )。

    A. 地球同步轨道卫星系统           B. 低轨卫星系统

    C. 高轨道卫星系统                D. 卫星移动通信系统

5. (多选)要实现 Ka 频段卫星通信技术,必须要克服的问题有( )。

    A. 信号雨衰                B. 研制该频段的星上处理器

    C. 保证高速率传输,减少时延      D. 保证星间有效通信

6. 下列有关第一代铱星系统的说法,不正确的是( )。

    A. 铱星系统用户链路的多址方式是 FDMA/TDMA/SDMA/TDD

    B. 在网络结构方面,铱星系统采用的是星状网络结构

    C. 铱星系统是非静止轨道卫星移动通信系统

    D. 铱星系统的通信时延较小,系统独立性较强

7. 星链计划大约要发送( )颗卫星。

    A. 1.4 万         B. 7 千             C. 3 万            D. 4.1 万

## 二、填空题

1. IPv4 地址长度为_____,IPv6 地址长度为_____。

2. ZigBee 可以支持_____、_____和_____等多种网络拓扑结构。

3. 移动通信的工作方式可以分为 _____、_____、_____、_____。

4. 蜂窝通信采用了_____、_____、_____等技术。

5. 在蜂窝通信中,若小区半径 $r=15\,\mathrm{km}$,同频复用距离 $D=60\,\mathrm{km}$,用面状服务区组网时,可用的单位无限区群的小区最少个数为_____个。

6. 星链计划的低轨卫星高度为_____。

## 三、简答题

1. 请简述物联网网络层的基本功能和特点。

2. 3G 包含哪些主要技术? 它们具有哪些特点?

3. 试画图说明 TCP/IP 模型与 OSI 参考模型的对应关系。

4. ZigBee 与 IEEE 802.15.4 有何关系?

5. 短距离无线通信技术主要有哪些? 这些技术与物联网的关系如何?

6. 简述蓝牙技术的特点。

7. 卫星通信系统的组成部分有哪些? 各部分的功能是什么?

8. 学习了 3.2.2 小节的铱星系统后,请自行查阅资料,了解另外一个典型的低轨卫星系统(全球星系统)。比较这两个系统在网络结构、星座设计、呼叫处理方面的不同和各自的优缺点。

9. 简述 OFDM 技术的优点和缺点。

**四、计算题**

1. 长 2 km、数据传输率为 10 Mbit/s 的基带总线 LAN,信号传播速度为 200 m/μs,试计算:

(1) 1 000 bit 的帧从发送开始到接收结束的最大时间是多少?

(2) 若两相距最远的站点在同一时刻发送数据,则经过多长时间两站发现冲突?

2. 与下列掩码相对应的网络前缀各有多少比特?

(1)192.0.0.0;(2)240.0.0.0;(3)255.244.0.0;(4)255.255.255.252

3. 一个 3 200 位长的 TCP 报文传到 IP 层,加上 160 位的首部后成为数据报。下面的互联网由两个局域网通过路由器连接起来。但第二个局域网所能传送的最长数据帧中的数据部分只有 1 200 位。因此数据报在路由器必须进行分片。试问第二个局域网要向其上层传送多少比特的数据(这里的"数据"指的是局域网看见的数据)?

4. 要求设计系统满足如下条件:

(1) 比特率 25 Mbit/s;

(2) 可容忍的时延扩展 200 ns;

(3) 带宽<18 MHz。

求 OFDM 系统的保护间隔、符号周期长度、子载波间隔、子载波数量。

5. 已知静止卫星轨道半径为 42 164.2 km,地球的平均赤道半径取为 6 378.155 km,位于北京的地球站的经度、纬度分别为 $\theta_L=116.45°E, \varphi_L=39.92°N$,"亚洲二号"卫星的经度为 $\theta_S=100.5°E$,求该地球站的方位角、仰角、用户终端到卫星之间的距离。

# 第 **4** 章 物联网应用层技术

　　自 1990 年首款物联网实践设备的网络可乐贩售机问世以来,随着传感设备和网络等相关技术的成熟和发展,物联网应用蓬勃发展。物联网应用层是物联网应用的核心所在,其主要负责众多用户业务的承载,包括了各项业务中数据的存储和处理。

　　就核心功能而言,应用层主要围绕数据和应用两个方面展开。一方面,日产数据量爆炸式增长,应用层的任务是需要及时对这些数据进行管理和处理,避免数据的时效性丢失;另一方面,数据的意义不仅仅在于其处理,更为重要的是要将其与各行业的应用紧密相连,以对各行业的发展进行指导。例如,在智能物流系统中,需要对物流的运输、仓储、包装、装卸、搬运和配送等各个环节进行系统感知,这有利于物流的自动化管控,同时也能够基于已有的物流数据,对市场上的客户需求和商品库存等进行数据分析,从而优化物流决策,进而提高服务质量。

　　从结构上,物联网应用层主要包括以下三个部分,分别是:物联网中间件、物联网应用以及云雾计算平台。物联网中间件是指一套独立的系统程序,其主要是负责用于连接两个独立的系统,以保证相连系统即使接口不同仍然能够完成互通的功能。物联网应用是指面向用户的各种应用程序,包括智能医疗、智能农业和智慧城市等。云雾计算平台是针对不同的计算模式,为物联网海量数据的存储和处理提供保障,以保证不同业务的高效运转。

## 4.1　应用层原理

　　物联网应用层位于物联网三层结构中的最顶层,该层是终端设备与网络之间的接口,是物联网社会分工与行业需求的结合,也是物联网技术与行业专业技术的结合。应用层的主要任务是发现服务和承担服务,并根据行业的需求承担着多种功能。物联网应用层支持多种协议,不同协议中数据有着不同的格式,但总的来说,物联网数据有着海量性、多态性、关联性和时效性的特点。物联网数据处理主要分为五个过程,分别是数据获取、数据处理、数据传输、数据分析与数据存储,并在这些过程中对数据处理采用了多种关键技术。

### 4.1.1　物联网应用层的特点

　　应用层对应于 OSI 模型的 5、6、7 层与 TCP-IP 模型的应用层,被视为传统物联网架构的顶层。该层能够根据用户相关需求,提供基于个性化的服务,并能结合行业,实现灾难监测、健康监测、金融、医疗和生态环境等高级智能应用型解决方案,处理与所有智能型应用相关的全球管理。

对于计算机的应用层来说,各类协议比如 HTTP、HTTPS、SMTP 和 FTP 等都是通过浏览器实现的。物联网的应用层与此类似,该层是终端设备与网络之间的接口,通过设备端的专用应用程序实现。在因特网中,典型的应用层协议是 HTTP 协议。然而,由于 HTTP 会产生很大的解析开销,并不适用于资源受限的环境,所以该协议并不适用于物联网。在物联网中,有许多专门为该环境开发的备用协议,如 CoAP、MQTT、AMQP 等。

应用层的主要任务是发现服务和承担服务。发现服务面向各行业的需求,承担服务则是针对需求提供各种解决方案,实现广泛的智能化。应用层是物联网开发的最终目标,其关键问题是将信息共享给社区并确保信息安全。软件开发和智能控制技术将提供丰富多彩的物联网应用,各行业和家庭应用的发展将促进物联网的普及,并将有利于整个物联网的产业链。

在某些物联网架构中,应用层被分成了三层,分别是处理层、应用层与业务层,如图 4-1 所示。

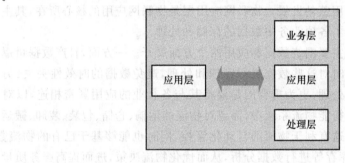

图 4-1 物联网应用层框架

应用层的功能也被划分到了三个子层之中,具体地,每一层的功能如下。

(1) 处理层

处理层主要存储、分析和处理从网络层接收的对象的信息。由于大量对象与它们所携带的巨大信息,存储和处理这些大数据是非常困难的。因此,部分物联网架构将该层提取出来作为单独的一层。该层主要技术包括数据库、智能处理、云计算、普适计算等。

(2) 应用层

应用层基于处理层处理的数据,开发物联网的各种应用,如智能交通、物流管理、身份认证、基于位置的服务(LBS)和安全等。该层的功能是为每个行业提供各种应用,并根据用户的需求提供服务。同时,该层涵盖众多垂直市场,如智能家居、智能建筑、交通、工业自动化和智能医疗。

(3) 业务层

业务层就像是物联网的管理者,包括管理应用程序、相关的业务模型和其他业务。业务层不仅管理各种应用程序的发布和收费,还负责业务模型和盈利模型的研究。同时,该层还需要管理用户的隐私。

## 4.1.2  物联网数据的特点

为了促进和简化应用程序员与服务提供商的工作,W3C、IETF、EPCglobal、IEEE 与 ETSI 等小组提出了许多物联网协议与标准,其中有一些典型的支持物联网应用层的协议,比如 CoAP、MQTT、AMQP 等,不同协议的数据有着不同的消息格式。

CoAP 由 IETF 的 CoRE 工作组提出,这是一个物联网应用层协议。CoAP 使用一种短小简单的格式来对消息进行编码。典型的 CoAP 消息为 10～20 个字节。每条消息的第一个部分是 4 个字节的标题。标题的下一字段可能为一个令牌值,其长度范围为 0～8 个字节,令牌值用于关联请求和响应。消息的最后字段为选项值和有效负载。

MQTT 是一种消息传递协议,由 IBM 的 Andy StanfordClark 和 Arcom 的 Arlen Nipper 于 1999 年提出,并于 2013 年在 OASIS 标准化。MQTT 旨在将嵌入式设备和网络与应用程序和中间件连接起来,它适用于需要"代码占用小"或网络带宽有限的远程位置的连接。MQTT 消息的前两个字节为固定标头,标头中的消息指示字段的值表示各种消息。

AMQP 是用于物联网的开放标准应用层协议,侧重于面向消息的环境。AMQP 定义了两种类型的消息:由发送者提供的消息和在接收者处看到的带注释的消息。在 AMQP 消息格式中,标题传达了交付参数,包括持久性、优先级、生存时间、第一个收单方和交货计数。

对于物联网而言,多播、低开销和简单性非常重要,物联网的数据都使用尽量小的消息格式,消息中的各个字段都指示了较多的信息,以此节约了消息传输开销。

物联网数据可以分为静态数据和动态数据,两者的区别在于是否以时间为序列。

- 静态数据由 RFID 自动录入、人工录入或其他系统导入而产生,以标签类数据居多,通常由结构型、关系型数据库存储。静态数据会随传感器与控制设备的增多而增加。
- 动态数据以时间为序列,由物联网采集终端产生。动态数据的特点是数据与时间一一对应,这类数据多由时序数据库存储。动态数据不仅会随传感器与控制设备的增多而增加,还会随着时间的增加而增加。

物联网的数据有如下几个特点。

(1) 海量性

节点的海量性是物联网的最主要特征之一,物联网的设备除了人和服务器以外,还包含物品、设备以及传感网等,且每一类节点的数量都可能极为庞大。此外,当传感网部署在更为敏感的场合时,其数据传输率要求相较于互联网可能会更高。同时,物联网中的传感节点多数处于全时工作状态,其数据传输的频率将远远大于互联网。由于物联网数据传输具有节点多、速率快、频率高等特点,其每天产生的数据量将非常庞大。

(2) 多态性

物联网所涉及的应用范围非常广泛,从智能家居、智能建筑、智慧交通到工业自动化和智慧医疗,各种行业将涉及不同格式和类型的数据。这些数据包括能耗类数据、资产类数据、诊断类数据和信号类数据等。不同的数据可能有不同的单位和精度,同时不同的测量时间和测量条件下同一类数据可能会呈现出不同的数值。多态性将带来数据处理的复杂性,因此需要更为先进的数据处理技术。

(3) 关联性

物联网中的各类数据都不是独立存在,数据之间有着相互的关联性。物联网数据的关联性有时间关联性、空间关联性和维度关联性。时间关联性指同一物体在不同时间所产生数据之间所具有的关联性,它反映的是先后产生的数据之间的相互影响;空间关联性描述了不同实体的数据在空间上的关联性;维度关联性描述的是实体不同维度之间的关联性。

（4）时效性

数据的时效性指数据从产生开始到被清除的时间。物联网的数据同样具有时效性。相对来说，边缘处理的数据所具有的时效性较短，远程处理的数据时效性较长。因为边缘处理的存储空间较小，计算能力较弱，数据不能长期保存；远程数据传输距离较远，显示与计算的通常是以前的数据，且由于云端空间较大，计算伸缩性较强，因此远程数据具有较强的时效性。

### 4.1.3 物联网数据处理的关键技术

如图 4-2 所示，物联网数据处理分为五个过程，分别是数据获取、数据处理、数据传输、数据分析与数据存储。数据通过感知器获取后，需要对其进行有效处理；数据处理分为两个部分，一个是终端处的预处理，另一个是对数据进行挖掘以提取知识；数据传输是数据在各节点或网关之间传输的过程；数据分析可以提取出数据中有价值的信息，以便对物联网进行决策和监控；数据存储可以将数据存储在云端或终端，以便用户获取和访问。

（1）数据获取

物联网的数据从感知层收集并获取，感知层包括传感器和执行器，可以执行不同的数据获取功能，比如获取位置、温度、重量、运动、振动、加速度、湿度等信息，获取的数据类型包括图像、声音、数字等。

图 4-2  物联网数据处理过程

RFID 介绍

数据获取基本的关键技术为传感器设备的有效管理。RFID 读取器是其中一项关键技术，它通过射频信号获取有关数据，因此识别不需要人工操作，它可以在各种恶劣环境下工作。除此之外，数据还可以通过传感器、GPS、摄像机等技术获取。

（2）数据处理

在传感器获取到数据后，需要在终端对数据进行预处理。预处理的关键技术包括数据压缩、特征提取、补充缺失值等。数据压缩是在不丢失有用信息的前提下减少数据存储空间的技术，对于海量的物联网数据，需要数据压缩来提高数据传输处理的效率。特征提取是计算机视觉和图像处理中的一项技术，通过影像分析和变换提取特征性的信息。数据中的缺失值使不完全观测数据与完全观测数据产生系统差异，影响后续数据挖掘的效果，所以需要对缺失值进行补充。在预处理完成后，再通过云计算和边缘计算技术对数据进行分析挖掘。

（3）数据传输

物联网通信技术将不同的节点与网关之间连接起来，以实现数据传输，并提供特定的智能服务。通常，物联网节点应在存在有损和嘈杂的通信链路的情况下保证低功率操作。物联网使用的通信协议包括一些比较常用的技术（如 WiFi、蓝牙和 LTE 等），同时也包括一些特定的通信技术（如 RFID、NFC 等）。

（4）数据分析

大数据成为各企业的重要资产的原因在于它能够对数据进行分析，并挖掘出有价值的知识,从而使企业获得竞争优势。目前的一些大数据分析平台,如 Apache Hadoop 和 SciDB 还不足以满足物联网的大数据需求。为了支持物联网,这些平台应该实时工作以有效地为用户服务。例如,Facebook 使用改进版的 Hadoop 每天分析数十亿条消息,并提供用户操作的实时统计信息。在资源方面,除了数据中心中功能强大的服务器外,周围的智能设备都提供可用于执行并行物联网数据分析任务的计算功能。

物联网不需要提供特定于应用程序的分析,而是需要一个通用的大数据分析平台,该平台可以作为服务提供给物联网应用程序。此类分析服务不应对整个物联网系统施加相当大的开销。物联网大数据的一个可行解决方案是仅跟踪有趣的数据。现有方法可以在此领域提供帮助,如主成分分析(PCA)、模式约简、降维、特征选择和分布式计算方法。

(5) 数据存储

因特网数据存储的关键技术有云计算集中式存储和边缘存储。云计算集中式存储将数据存储在云端,当用户需要数据时,通过因特网去云端取得数据。边缘存储节点部署在靠近终端用户的地方,节点中预先缓存了用户近期访问过的部分数据,当用户需要数据时,无须从云端取得数据,减少了数据处理时间,减少了移动设备因大量计算而消耗的能量。

## 4.2 海量数据存储与云计算技术

对大规模数据的快速读取以及增删改查一直是存储和计算技术需要解决的难题。然而随着物联网、大数据的快速应用与发展,数据量达到了空前的规模,此外,业务也向着多元化的方向进行发展。为了满足不同业务的不同需求,对于不同的业务必须采用不同的存储以及决策方法。

### 4.2.1 物联网对海量数据存储的需求

针对不同场景的不同业务应用,物联网对海量数据的存储提出了不同需求。例如,在车联网中,为了达到高可靠和低时延的特性,需要对数据进行快速访问和存储;在档案系统中需要对存储的数据进行较长时间的持久存储以实现档案的严谨与安全;在一些以共享单车为代表的共享经济中,存储的能耗成为一个不得不考虑的目标。

**1. 快速持久化存储**

随着物联网接入设备的快速增长,物联网的规模也越来越大,更大规模的数据伴随着接入设备而产生。传统的存储框架已经不能满足如此海量的存储需求。只有将数据完整地记录和存储下来,对数据的分析与利用才成为可能。为了保证整个业务应用的连续性,提高系统的快速存储能力是首先要解决的问题。

持久化存储并不是指永久式存储,而是一种存储周期比较长的存储方式。物联网中的数据通常都有一定的存储周期,并不是在利用一次之后就删除销毁。对不同需求的业务设定不同的存储周期是非常必要的。周期的变长同样意味着存储内容的增多,因此快速持久化存储要求存储资源具有良好的弹性扩展能力以应对指数增长的存储需求。

**2. 高效在线读取**

为了让用户能在海量数据中更高效地读取数据,提高业务质量,需要实现数据的高效在线读取。在海量数据中对数据的查找和读取是一项十分耗时的工作,为了提高数据查找和读取的速度,不同的优化方案应运而生。

（1）索引

为数据添加索引后,用户可以根据索引关键字快速在海量数据中找到需要的数据。为了保证索引的高效和精准,要不断地提取关键字对索引进行更新。索引带来查询的便捷的同时也会引起资源的浪费,根据具体的业务需求选择合适的索引才能更好地提高业务质量。

（2）内容缓存

缓存就是将一些热门的经常读取的数据放到内存中去。用户访问数据符合"二八定律",即80%的业务访问集中在20%的数据上。由于内存读写速度快,可以把经常被访问的热门数据放到内存中去。

（3）内容分发网络

内容分发网络(Content Delivery Network,CDN)广泛采用缓存服务器,并且将服务器部署到用户密集的区域,用户在请求数据服务时,可从距离用户最近的机房获取数据。通过中心平台进行控制、内容分发、负载均衡,使用户就近获取所需内容,降低网络拥塞,提高用户访问响应速度和命中率。

**3. 存储能耗**

存储容量与日俱增带来存储能耗的增加,不仅造成能源的浪费,更造成存储器件使用寿命的急剧缩短。能源成本的日益高涨使得能耗在建设大规模存储设施时成为一个重要的考虑因素。引起能耗增加的原因主要是一些不合理的系统结构和数据中心的重复建设。为了节约宝贵的能源,建设实现环境友好型的存储设施需要进一步研究海量存储系统的组织构架,找出能耗问题的关键所在。

### 4.2.2 互联网数据中心的基本概念

互联网数据中心(Internet Data Center,IDC)是指利用相应的机房设施,以外包出租的方式为用户的服务器等互联网或其他网络相关设备提供放置、代理维护、系统配置及管理服务,以及提供数据库系统或服务器等设备的出租及其存储空间的出租、通信线路和带宽的代理租用和其他应用服务的数据中心。它是一种提供网络资源与服务的企业模式,是伴随数据业务发展的必然产物。IDC构成了网络基础资源的一部分,提供了一种高端的数据传输服务和高速接入服务。在传统的数据中心网络架构中,网络通常分为接入层、汇聚层、核心层三层。三层网络结构采用层次化模型设计,将复杂的网络设计划分为多个不同层次,从而实现将复杂的问题简单化。接下来,简要介绍上述三层网络架构。

（1）接入层

接入层通常直接面对的是用户或接入端,为其提供接入接口、物理连接服务器,允许用户连接到网络。该层为用户提供了在本地网段访问应用的能力,主要解决相邻用户之间的互访需求,并为这些访问提供足够带宽。此外,接入层还负责一些用户的管理功能(如地址认证、计费管理等)以及用户信息的收集(如用户的IP地址、访问日志等)。

（2）汇聚层

汇聚层位于接入层和核心层之间,其作用是将接入层的数据进行汇聚管理后传输给核心层,这大大减小了核心层设备的负荷。该层具有实施策略、防火墙、工作组接入、源地址或目的地址过滤、入侵检测、网络分析等多种功能。该层采用支持三层交换技术和VLAN的交换机来管理POD(Point of Delivery)。

（3）核心层

核心层是整个网络架构的中心,对整个网络的连通发挥着至关重要的作用。作为所有流量的最终承受和汇聚者,核心层的交换机带宽在千兆以上。核心层的设备采用双机冗余热备份的,并可以通过负载均衡改善网络性能。

如图 4-3 所示,在传统三层网络架构中,汇聚层交换机是接入层(L2)和核心层(L3)网络的分界点,汇聚层交换机以下是 L2 网络,以上是 L3 网络。每个 POD 内均为独立的虚拟局域网络,且由一组汇聚层交换机管理。汇聚层交换机和接入层交换机通常使用生成树协议。该协议使得对于一个虚拟局域网络只有一个汇聚层交换机可用,在出现故障时才使用其他的汇聚层交换机(图中虚线连接的)。因此,无法在汇聚层做到水平扩展,无论增加多少个汇聚层交换机,真正工作的只有一个,导致汇聚层交换机的利用率很低。

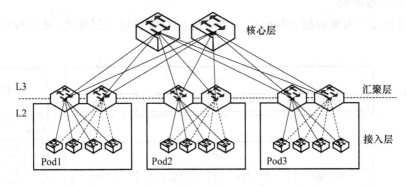

图 4-3　传统的网络架构模型

近年来随着云计算的发展,IDC 进入了云计算数据中心的时代,计算资源被池化,为了能够对计算资源随意分配,大二层的网络架构应运而生。

所谓大二层网络架构,即将整个数据中心网络都作为 L2 的广播域。如图 4-4 所示,与传统网络架构不同,在大二层网络架构中核心层交换机作为 L2 和 L3 网络的分界,核心层交换机以上为 L3 网络,以下为 L2 网络,也即整个数据中心网络。由此,解决了传统网络架构难以水平扩展的问题,服务器可以在任意时间任意地点创建、迁移,而不需对 IP 地址或默认网关进行修改。

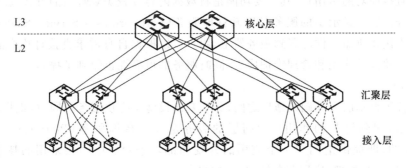

图 4-4　大二层网络架构模型

### 4.2.3　云计算在物联网中的应用

如图 4-5 所示,云计算是一种大规模分布式的并行运算,是基于互联网的超级运算,改变了传统计算存储对物理节点的限制。通过对基础资源进行部署管理,将计算任务分配到大量的分布式计算机中,从而达到按需服务、共享资源的目的。云计算具有超大规模、高可靠性、虚拟化、高扩展性、通用性、廉价性、零落定制的特点。云端在进行数据信息存储时,还存在良好的自动容错能力和可操作性。

图 4-5　云计算

### 1. 云计算网络架构

云计算网络可分为显示层、中间层、基础设施层和管理层四层结构,其架构模型如图 4-6 所示。

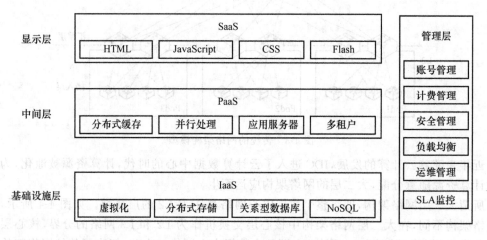

图 4-6　云计算的架构模型

（1）显示层

显示层直接面对的是用户,其主要功能是将数据内容以较美观舒适的方式展现给用户,提高用户的服务体验。显示层的服务是以软件即服务（Software as a Service,SaaS）为基础的,云计算厂商直接将所需软件部署到服务器上,用户可以根据自身需求直接订购产品。SaaS 模式大大降低了软件的使用和管理维护成本,同时服务的可靠性也得到了提高。

（2）中间层

中间层位于显示层和基础设施层之间,其为基础设施层提供服务的同时,也将这些服务用于支撑显示层,起到调节的作用。中间层的服务是以平台即服务（Platform as a Service,PaaS）为基础的,即提供给用户一个应用的开发和部署平台。中间层采用的技术主要包括 REST、多租户、并行处理、应用服务器、分布式缓存等。

（3）基础设施层

基础设施层作为云计算架构的基础,连接存储数据库,为中间层提供计算和存储等资源。基础设施层的服务以基础架构即服务（Infrastructure as a Service,IaaS）为基础,将各种底层的计算和存储资源作为服务提供给用户。厂商利用服务器集群搭建云端的基础设施,用户可通过互联网从基础设施获得所需服务。基础设施服务的优势是用户不用自己购买设备,只需要通过互联网租赁的方式搭建满足自己需求的服务系统。基础设施层采用的技术主要包括虚拟化、分布式存储、关系型数据库、NoSQL 等。

（4）管理层

管理层是为横向的上述三层服务的，并给三层提供多种管理和维护技术，协调处理三层的运行。管理层的功能涉及方方面面，下面详细介绍其中六种功能。账号管理：使用户能够在安全条件下便捷地登录，并方便管理员对账号的管理。计费管理：统计每个用户消耗占用的资源，作为收费多少的依据。安全管理：保护用户数据，防止犯罪分子的恶意入侵。负载均衡：将流量分发给一个应用或者服务的多个实例以应对突发情况。运维管理：使运维操作极大地实现自动化，降低云计算中心的运维成本。SLA(Service Level Agreement)监控：对各个层次运行的虚拟机、服务和应用等进行性能方面的监控，以使它们都能在满足预先设定的 SLA 的情况下运行。

云计算的发展离不开技术的支撑，上述云计算架构中涉及的关键技术主要有：虚拟化技术、分布式存储和计算技术和云资源管理技术。

（1）虚拟化技术

虚拟技术的原理是将一台计算机虚拟化为多台不同的计算机，从而提高资源利用率、降低成本。它是一整套应用在系统多个层面的资源调配方法，实现了资源的虚拟化和动态分配资源的目的。

（2）分布式存储和计算技术

分布式存储技术可以把分散在很多主机上的存储联合起来形成一个虚拟的大存储。分布式计算技术能够将任务分配到最合适的计算资源上，实现平衡负载。

（3）云资源管理技术

云资源管理包括云资源的规划、部署、监控和故障管理等，用于保证系统的正常运行。

**2. 物联网与云计算的结合**

近几年，云计算技术和物联网迅速发展，颠覆了传统网络架构和业务模型。云计算与物联网相辅相成：云计算是物联网发展的技术支撑；物联网业务为了实现规模化和智能化的管理应用，对数据信息的采集和智能化处理提出了较高的要求，从而又推动着云计算技术的发展。云计算在物联网中的应用主要表现在数据的存储和数据的管理两个方面。

（1）数据的存储

对于物联网时代的海量业务数据，云计算采用分布式存储的方式，对数据和信息进行存储。为了保证存储信息的可靠性，分布式存储同时存储信息的多个冗余版本。

（2）数据的管理

云计算可以通过高效的处理技术为用户提供快捷的服务。云计算是一种读取优化的数据管理模式，能在海量的数据中快速查找到用户需求的数据。云计算规模大、信息调度便捷，可以很好地解决物联网中服务器节点经常出现的不可靠问题，最大程度地减少了服务器的错误率，最大程度地实现了物联网的无间断式的安全服务。云计算使物联网在更大的范围内做到了信息和资源的共享。云计算技术现今被广泛应用于组织机构中，结合了虚拟化计算机技术、分布式的计算机计算方式、多副本信息数据中的容错的计算机技术等，使得云计算对数据计算的能力大大增强，能够满足数据时代用户对数据的管理分析需求。

物联网的产生是建立在互联网基础之上的，云计算是一种依据互联网的计算方式，这种新型的网络数据信息应用的模式可以预见在未来网络技术的发展中会形成一定规模。因此，云计算与物联网的有效结合令云计算技术从理论走向实际应用中,充分发挥云计算的功能特性,加快了物联网时代的到来。当然,云计算与物联网的结合过程也面临着一些严峻的挑战,比如连接的规模、数据库的安全性、统一的协议标准等。

**3. 应用介绍**

(1) 智慧医疗

智慧医疗采用物联网等技术,用手机作为传感器对用户的身体状况数据进行感知,并通过网络将获得的数据发送到云端。云端对用户的数据进行分析处理,根据结果为用户发送合适的医疗建议。智慧医疗使用户享受到及时的医疗咨询与监管,时刻保卫着人们的身体健康。

(2) 智能交通

智能交通是指在城市的道路交通中安装传感器,对城市交通进行监管,随时随地将获得的交通信息(拥堵情况、有无事故发生等)上报给云端服务器,云端服务器在接收到获得的数据后根据不同路段的具体交通情况选择不同的调度方式。智能交通极大地缓解了交通的压力,降低了城市环境污染。

(3) 智慧农业

智慧农业是将物联网技术运用到传统农业中去,对农业进行监控和预警。运用传感器感知农业中的土壤水分、酸碱度、空气湿度、光照强度等,并将获得的数据上传到云端服务器,云端进行计算处理后,智能地对农田进行科学的灌溉施肥等,让物联网服务于最基本的民生。

(4) 门禁安防

安防是企业安全的第一保障。为保证企业安全,可将物联网技术结合到安防中去。提前向云端数据库输入员工识别信息(人脸图像、语音等),门禁识别系统通过摄像头、麦克风等传感器收集信息,将收到的信息上传到云端处理器进行比较,通过云端处理识别人员信息。

## 4.3 大数据挖掘技术

在现实社会中,物理世界和数字世界是分离的,物理世界的基础设施和信息基础设施是分开建设的。物联网将身处的物理世界与数字世界融合在一起,帮助获得对物理世界的"透彻的感知能力、全面的认知能力和智慧的处理能力"。这种新的计算模式可以大幅度提高劳动力生产关系、生产效率,进一步改善人类社会与地球生态和谐、可持续发展的关系。

数据挖掘是从大量数据中提取或"挖掘"知识。对数据挖掘的一种比较公认的定义是:数据挖掘是指从数据库的大量数据中揭示出隐含的、先前未知的、潜在有用的信息的非平凡过程。

随着数据库技术的发展应用,数据的积累不断膨胀,导致简单的查询和统计已经无法满足企业的商业需求,急需一些革命性的技术去挖掘数据背后的信息。数据挖掘起始于 20 世纪下半叶,是在当时的多个学科的基础上发展起来的。数据挖掘(Data Mining, DM)一词是在 1989 年 8 月于美国底特律市召开的第十一届国际联合人工智能学术会议上正式形成的,业界常常将它与 KDD(Knowledge Discovery in Database)混用。从 1995 年起,每年举办一次的 KDD 国际学术会议,将 KDD 和 DM 的研究推向了高潮,数据挖掘一词由此开始流行。在中文文献中,DM 有时还被翻译为"数据采掘""数据开采""数据发掘"等。

物联网就像人类的感官系统一样,可以感知物理世界的变化。而大数据就相当于人类的大脑,通过综合感知信息和存储的知识来做出判断,选择处理问题的最佳方案。在大数据时代,数据就是新能源,蕴含着巨大的社会价值和经济价值。从海量数据中分析挖掘需要的信息和价值,这就需要用到大数据技术。物联网离不开数据,所有物联网触及的领域都会有大数据的运用。

### 4.3.1　数据、信息与知识

人类对客观事物的认识组成了人类思想的内容。这个认识过程是一个从低级到高级不断发展的过程。目前大多数学者将人类思想的内容分为三类,即数据、信息和知识。如图 4-7 所示,它表明了从数据到信息直至知识的跃迁的过程。

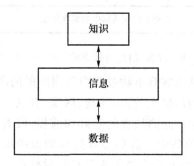

图 4-7　数据、信息与知识跃迁图

（1）数据

反映客观事物运动状态的信号通过感觉器官或观测仪器感知,形成了文本、数字、事实或图像等形式的数据。它是最原始的记录,未被加工解释,没有回答特定的问题;它反映了客观事物的某种运动状态,除此以外没有其他意义;它与其他数据之间没有建立相互联系,是分散和孤立的。数据是客观事物被大脑感知的最初的印象,是客观事物与大脑最浅层次相互作用的结果。

（2）信息

大脑对数据进行加工处理,在数据之间建立相互联系,形成回答了某个特定问题的文本,以及被解释具有某些意义的数字、事实、图像等形式的信息。它包含了某种类型可能的因果关系的理解,回答了"why""what""where"和/或"when"等问题。

（3）知识

在特殊背景下,人们在头脑中将数据与信息、信息与信息在行动中的应用之间所建立的有意义的联系,体现了信息的本质、原则和经验。它是人所拥有的真理和信念、视角和概念、判断和预期、方法论和技能等;回答"how""why"的问题,能够积极地指导任务的执行和管理,进行决策和解决问题。当人们将知识与其他知识、信息、数据在行动中的应用之间建立起有意义的联系,就创造出新的更高层次的知识。

数据与信息和知识二者的区别主要在于它是原始的,彼此分散孤立的、未被加工处理过的记录,它不能回答特定的问题。知识与信息的区别主要在于它们回答的是不同层次的问题,信息可以由计算机处理而获取,知识很难由计算机创造出来。数据、信息与知识的形成与发展的过程如图 4-8 所示。

图 4-8　数据、信息与知识的形成与发展过程

数据、信息和知识是人类认识客观事物过程中不同阶段的产物。从数据到信息再到知识，是一个从低级到高级的认识过程，层次越高，外延、深度、含义、概念化和价值不断增加。一方面，在数据、信息和知识中，低层次是高层次的基础和前提，没有低层次就不可能有高层次，数据是信息的源泉，信息是知识的基础。信息是数据与知识的桥梁。知识反映了信息的本质。例如，在产品质量分析中，夏天加工的零件在冬天装配时外径偏差较大，从中随机抽取 100 个零件进行测量，这 100 个零件外径的数值就是数据。当把这 100 个数据描在坐标轴上，发现它们普遍偏小，这个规律就是一个信息。另一批冬天加工的零件在夏天装配时外径偏差也较大，从中随机抽出 100 个零件进行测量，将测量出的数据描在坐标轴上，发现外径普遍偏大，这个规律就是另一个信息。当将这两个信息联系起来分析，可以得出外径偏差与气温有关，制造这种零件的材料具有热胀冷缩的性质这样一个知识。根据这个知识，规定该种零件的库存时间不能过长，或者用于不同季节装配的零件，加工时的要求应该相应调整。另一方面，在数据、信息和知识中，高层次对于低层次的获取具有一定的影响。例如，对于同一棵大树，具有不同知识背景的人接收到的可能是不同的数据，在木匠的眼中是木材，画家看到的是色彩和色调，植物学家看到的是它的形态特征。

### 4.3.2　数据挖掘与知识发现

随着业务数据量的飞速增长，人们迫切需要新的技术和工具以支持从大量的数据中智能地、自动地抽取出有价值的知识或信息，从而产生了智能数据分析技术。目前，智能数据分析的热点是数据挖掘和知识发现，两者有着密切的联系。

"知识发现"第一次出现在 1989 年 8 月在美国底特律召开的第十一届国际人工智能联合会议的专题讨论会上随着研究的不断深入，人们对知识发现的理解越来越全面，对知识发现的定义也不断修改，目前对知识发现比较公认的一个定义是：知识发现是从数据集中识别有效的、新颖的、潜在有用的，以及最终可理解的模式的非平凡处理过程。

数据挖掘是指从数据集合中自动抽取隐藏在数据中的那些有用信息的非平凡过程。其处理对象是大量的日常业务数据，目的是从这些数据中抽取一些有价值的知识或信息，提高信息利用率，把人们对数据的应用从低层次的简单查询提升到从数据中挖掘知识，提供决策支持服务。

知识发现是从大量数据中提取出可信的、新颖的、有用的并能被人理解的模式的高级处理过程,数据挖掘是应用具体算法从数据中提取信息和知识的过程。严格来说,知识发现是从数据中发现有用知识的整个过程,而数据挖掘是知识发现的其中一个重要方法。

数据挖掘阶段首先要确定挖掘的任务或目的是什么,如分类、聚类等。确定了挖掘任务后,就要决定用什么样的挖掘算法。同样的任务可以用不同的算法来实现,一般要考虑多方面的因素来确定具体的挖掘算法。例如,不同的数据有不同的特点,因此需要用与之相关的算法来挖掘;用户对数据挖掘有着不同的要求,有的用户可能希望获取描述性的、容易理解的知识,而有的用户或系统的目的是获取预测准确度尽可能高的预测性知识。

需要指出的是,尽管数据挖掘算法是数据库知识发现的核心,但要获得好的挖掘效果,必须对各种挖掘算法的要求或前提假设有充分的理解。在这个相对正式的“任务”一词的定义中,学习本身的过程不是任务。学习是执行任务能力的手段。机器学习任务通常根据机器学习系统应如何处理事件来描述。一个例子是从希望机器学习系统处理的某个对象或事件中定量测量的一系列特征。通常将一个示例表示为向量 $x \in R^n$,其中向量的每个记录 $x_i$ 是另一个特征。例如,图像的特征通常是图像中像素的值。数据挖掘可以解决很多类型的任务,一些最常见的数据挖掘任务如下。

(1) 分类

在这种类型的任务中,要求计算机程序指定某些输入属于哪 $k$ 个类别。为了解决该任务,通常要求学习算法产生函数 $f: R^n \rightarrow \{1, \cdots, k\}$。当 $y = f(x)$ 时,模型将由向量 $x$ 描述的输入分配给由数字代码 $y$ 标识的类别。分类任务还有其他变体,例如,$f$ 输出类上的概率分布。

分类任务的示例是对象识别,其中输入是图像(通常被描述为一组像素亮度值),并且输出是识别图像中的对象的数字代码。

(2) 缺少输入的分类

如果不能保证计算机程序始终提供其输入向量中的每个测量,那么分类会变得更具挑战性。为了解决分类任务,学习算法只需要定义从矢量输入到分类输出的单个函数映射。当某些输入可能丢失,而不是提供单个分类功能时,学习算法必须学习一组功能。每个函数对应于 $x$ 的分类,缺少其输入的不同子集。有效地定义如此大的函数集的一种方法是学习所有相关变量的概率分布,然后通过边缘化丢失的变量来解决分类任务。使用 $n$ 个输入变量,现在可以获得每个可能的缺失输入集所需的所有 $2^n$ 个不同的分类函数,但是计算机程序只需要学习描述联合概率分布的单个函数。

(3) 回归

在这种类型的任务中,要求计算机程序在给定一些输入的情况下预测数值。为了解决这个任务,要求学习算法输出函数 $f: R^n \rightarrow R$。这种类型的任务类似于分类,除了输出的格式不同。回归任务的一个示例是预测被保险人将用于设定保险费(或用于设定保险费)或预测未来证券价格的预期索赔额,这些类型的预测也用于算法交易。

(4) 转录

在这种类型的任务中,要求机器学习系统观察某种数据的相对非结构化的表示,并将信息转录成离散的文本形式。例如,在光学字符识别中,计算机程序被显示为包含文本图像的照片,并被要求以字符序列的形式(例如,以 ASCII 或 Unicode 格式)返回。

(5) 机器翻译

在机器翻译任务中,输入由某种语言的符号序列组成,并且计算机程序必须将其转换为另一种语言的符号序列。通常这适用于自然语言,如从英语翻译成法语。深度学习最近开始对这类任务产生重要影响。

（6）结构化输出

结构化输出任务涉及任何任务,其中输出是向量(或包含多个值的其他数据结构),在不同元素之间具有重要关系。这是一个广泛的类别,包含上述转录和翻译任务,以及许多其他任务。一个示例是图像的逐像素分割,其中计算机程序将图像中的每个像素分配给特定类别。输出形式不需要像在这些注释样式的任务中那样镜像输入的结构。例如,在图像字幕中,计算机程序观察图像并输出描述图像的自然语言句子,这些任务称为结构化输出任务,因为程序必须输出几个紧密相关的值,例如图像字幕程序产生的单词必须形成有效的句子。

（7）异常检测

在这种类型的任务中,计算机程序筛选一组事件或对象,并将其中一些事件或对象视为不寻常或非典型的。异常检测任务的示例是信用卡欺诈检测。通过模拟客户的购买习惯,信用卡公司可以检测到客户的卡被滥用。如果小偷窃取了客户的信用卡或信用卡信息,小偷的购买通常来自购买类型的不同概率分布而不是客户自己的。一旦该卡用于非特征性购买,信用卡公司可以通过暂停账户来防止欺诈。

（8）合成和抽样

在这种类型的任务中,要求机器学习算法生成与训练数据类似的新示例。通过机器学习进行合成和采样对于媒体应用非常有用,手动生成大量内容会很昂贵、很无聊或需要太多时间。例如,视频游戏可以自动生成大型物体或风景的纹理,而不是要求艺术家手动标记每个像素。在某些情况下,希望采样或合成程序在给定输入的情况下生成特定类型的输出。例如,在语音合成任务中,提供书面句子并要求程序发出包含该句子的口语版本的音频波形。这是一种结构化输出任务,但增加的限定条件是每个输入没有单一的正确输出,明确要求输出中存在大量变化,以使输出看起来更自然和逼真。

（9）缺失值的估算

在这种类型的任务中,机器学习算法给出了一个新的例子 $x \in R^n$,但是缺少 $x$ 的一些记录 $x_i$。因此相关算法必须提供缺失条目值的预测。

（10）降噪

在这种类型的任务中,机器学习算法作为输入给出了由干净的示例 $x \in R^n$ 经过未知的破坏过程获得的损坏示例 $\tilde{x} \in R^n$。学习者必须从其损坏版本 $\tilde{x}$ 预测干净的示例 $x$,或者更一般地预测条件概率分布 $p(x | \tilde{x})$。

（11）密度估计

在密度估计问题中,要求机器学习算法学习函数 $p_{model} : R^n \rightarrow R$,其中 $p_{model}(x)$ 可以被解释为概率密度函数(如果 $x$ 是连续的)或概率质量函数(如果 $x$ 是离散的)。为了做好这样的任务,算法需要学习它所见过的数据的结构。大多数任务要求学习算法至少隐含地捕获概率分布的结构。密度估计使我们能够明确地捕获该分布。原则上,可以对该分布执行计算以解决其他任务。例如,如果已经执行密度估计以获得概率分布 $p(x)$,那么可以使用该分布来解决缺失值插补任务。如果缺少值 $x_i$,并且给出了表示为 $x_{-i}$ 的所有其他值,那么其上分布由 $p(x_i | x_{-i})$ 给出。在实践中,密度估计并不总是能够解决所有这些相关任务,因为在许多情况下,对 $p(x)$ 的所需操作在计算上是难以处理的。

### 4.3.3　物联网与智能决策、智能控制

物联网通过覆盖全球的传感器、RFID 标签等智能设备实时获取海量的数据并不是目的，只有对数据进行汇聚、整合、分析和挖掘，获取有价值的知识。大数据技术的价值体现在对物联网海量数据的智能处理、数据挖掘与智能决策水平上。

广义的数据挖掘过程如图 4-9 所示，整个过程可以分为三个阶段：数据准备、数据挖掘、结果的解释与评估。

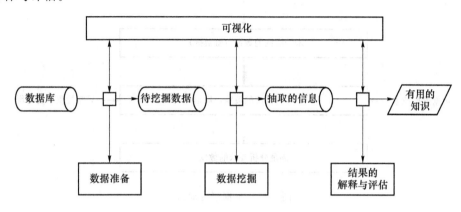

图 4-9　数据挖掘过程

数据准备阶段的工作包括 4 个方面的内容：数据的净化、数据的集成、数据的应用变换和数据的精简。数据净化是清除数据源中不正确、不完整或其他方面不能达到数据挖掘质量要求的数据。数据净化可以提高数据的质量，从而得到更正确的数据挖掘结果。数据集成是在数据挖掘所应用的数据来自多个数据源的情况下，将数据进行统一的存储，并消除其中的不一致性。数据的应用变换是为了使数据适用于计算的需求而进行的一种数据转换。这种变换可能是现有数据不满足分析需求而进行的，也可能是所应用的具体数据挖掘算法对数据提出的要求。数据的精简是采用一定的方法对数据的数量进行缩减，或从初始特征中找出真正有用的特征来削减数据的维数，从而提高数据挖掘算法的效率和质量。

将数据按照数据挖掘源数据的要求进行处理的工作可以通过数据清洗来解决。数据清洗是指发现并且纠正数据文件中可识别的错误的最后一道程序，包括检查数据一致性，处理数据录入后的无效值和缺失值等。数据清洗的目的是除去数据集中不符合要求和不相关的信息。数据清洗的领域有如下几个方面。

（1）数据一致性检查

数据一致性检查是根据每个变量的取值范围和相互关系，检查数据是否合乎要求，发现超出正常范围或者逻辑上不合理的数据。具有逻辑上不一致性的问题可能以多种方式存在。例如，在人员基本信息中，对象的出生日期与从身份证号码中的编号看出的出生日期不一样。当发现不一样时，要记录下来，便于进一步核实纠正。

（2）无效值与缺失值的处理

由于录入、理解上的误差，数据中可能存在一些无效值和缺失值，针对这一类型的值，需要有适当的处理方法。常用的处理方法有：估计、整列删除、变量删除。

数据清洗原理是利用有关技术，按照预先定义好的清理规则将原始未经清洗的数据，即脏数据，转化为满足数据质量要求的数据，如图 4-10 所示。一般来说，数据清洗是将数据库中的数

据去除重复的记录,并将余下的数据进行转换。通过一系列的清洗步骤,将数据以期望的格式输出。数据清洗从数据的准确性、完整性、一致性、有效性等几个方面来处理数据中的"脏数据"。

知识表示是为描述世界所作的一组约定,是知识的符号化、形式化或模型化。各种不同的知识表示方法,是各种不同的形式化的知识模型。从计算机科学的角度来看,知识表示是研究计算机表示知识的可行性、有效性的一般方法,是把人类知识表示成机器能处理的数据结构和系统控制结构的策略。知识表示的研究既要考虑知识的表示与存储,又要考虑知识的使用。

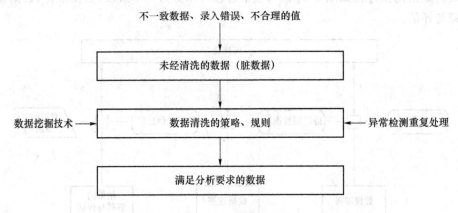

图 4-10  数据清洗原理

正如可以用不同的方式来描述同一事物,对于同一表示模式的知识,也可以采用不同的表示方法。但是在解决某一问题时,不同的表示方法可能产生完全不同的效果。因此,为了有效地解决问题,必须选择一种良好的表示方法。所以,知识表示问题向来就是人工智能和认识科学中最热门的研究课题之一。对于一个知识表示方法,通常有以下要求。

a. 具备足够的表示能力。针对特定领域,能否正确地、有效地表示出问题求解所需的各种知识就是知识表示的能力,这是一个关键的问题。选取的表示方法必须尽可能扩大表示范围并尽可能提高表示效率。同时,自然界的信息具有固有的模糊性和不确定性,因此对知识的模糊性和不确定性的支持程度也是选择时所要考虑的一个重要因素。

b. 与推理方法的匹配。人工智能只能处理适合推理的知识表示,因此所选用的知识表示必须适合推理才能完成问题的求解。

c. 知识和元知识的一致。知识和元知识是属于不同层次的知识,使用统一的表示方法可以简化知识处理。在已知前提的情况下,要最快地推导出所需的结论以及解决如何才能推导出最佳结论的问题,就得在元知识中加入一些控制信息,也就是通常所说的启发信息。

d. 清晰自然的模块结构。由于知识库一般都需要不断地扩充和完善,具有模块性结构的表示模式有利于新知识的获取和知识库的维护、扩充与完善;表示模式是否简单、有效,便于领域问题求解策略的推理和对知识库的搜索实现;表示方法还应该具备良好定义的语义并保证推理的正确性。

e. 说明性表示与过程性表示。一般认为说明性的知识表示涉及的细节少,抽象程度高,因此表达自然,可靠性好,修改方便,但是执行效率低;过程性知识表示的特点恰恰相反。

实际上选取知识表示方法的过程也就是在表达清晰自然和使用高效之间进行折中。一般来说,根据领域知识的特点,选择一种恰当的知识表示方法就可以较好地解决问题。但是,现实世界的复杂性造成专家系统的领域知识很难用单一的知识表示方法进行准确的表达,因此许多专家系统的建造者采用了多种形式的混合知识表示方法,从而提高了知识表示的准确性以及推理效率。不但如此，有时为了开发具有较宽领域的知识系统，也需要选择多种知识表示或者采用多种表示方法相结合的办法来表示领域知识。

## 4.4　机器学习技术

数据处理的过程分为三个阶段，收集、分析和预测。收集阶段主要应用星罗棋布的传感器收集数据；分析阶段主要应用大数据的相关技术进行数据处理；预测阶段就需要运用到机器学习的相关技术。本节主要介绍一些常见的机器学习算法和深度学习方法，并给出相关学习方法在物联网等领域的应用示例。

### 4.4.1　机器学习的背景

1959 年，IBM 科学家阿瑟·塞缪尔编写出了可以学习的跳棋程序，并发表了论文 *Some Studies in Machine Learning Using the Game of Checkers*，在论文中首次提出了"机器学习"（Machine Learning，ML）这一概念，他也因此被后人称为"机器学习之父"。

事实上，图灵在 1950 年有关于图灵测试的文章中，就曾提到过机器学习的可能性。从 20 世纪 50 年代开始，机器学习从"推理期"开始慢慢发展，那时只要计算机具有逻辑推理能力，人们就认为计算机具有智能。然而，随着机器学习的发展，人们逐渐意识到，要让计算机具有智能，必需要使其拥有知识。之后，人们对于机器学习的研究进入了"知识期"。但是让人类总结好知识再教给计算机是非常困难的，于是有人想到：能否让计算机自己去学习？20 世纪 80 年代之后，"从样例中学习"成为机器学习的主要研究方向，符号主义在那时是"从样例中学习"的一大主流，代表包括决策树和基于逻辑的学习。到了 90 年代中期，基于神经网络的连接主义学习成为"从样例中学习"的另一大主流；统计学习又迅速占领了主流舞台，其代表是支持向量机（Support Vector Machine，SVM）以及"核方法"。21 世纪之初，名为"深度学习"的连接主义再次掀起了一股热潮。狭义地说，深度学习就是"很多层"的神经网络，与 20 世纪 80 年代的神经网络本质上是一样的。机器学习的"发展简史"如图 4-11 所示。

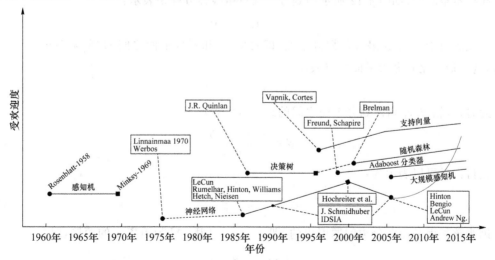

图 4-11　机器学习的发展历程

回顾机器学习的发展历程,会发现机器学习是技术研究发展到一定阶段的必然产物,但是它的发展并不是一直顺利的,而且其研究热点也几经变迁。机器学习的发展诠释了多学科交叉的重要性和必要性,其发展也为许多交叉学科提供了重要的技术支撑。机器学习通过计算并利用经验来提高系统自身的性能,在计算机系统中,"经验"是以"数据"形式存储的,因此,计算机是通过从这些数据中学习得到一种模型以挖掘这些数据之中的规律,而机器学习所研究的内容就在于这种"学习算法"。

要进行机器学习,首先要有"数据集"。基于数据集,计算机从中学习某种潜在的规律,也称为"假设",在处理数据时,计算机学习建立预测模型。机器学习主要分为三类:监督学习、无监督学习和强化学习。监督机器学习需要使用有标签的数据进行训练,每个有标签的训练数据由输入值和期望的目标输出值组成。监督学习算法对训练数据进行分析,得出一个可用于分析新样本的预测函数。在无监督机器学习技术中,计算机不依赖带标签的数据集,而是直接根据样本特征将数据集聚类。强化学习允许机器从与外部环境交互的反馈中学习自己的行为。从数据处理的角度来看,监督学习和无监督学习技术是数据分析的首选,而强化学习技术则是决策问题的首选。

### 4.4.2 机器学习的主要方法

根据学习方法的不同,可以将机器学习分为两类:传统机器学习和深度学习。

**1. 传统机器学习**

传统机器学习从训练样本出发,试图发现其中的规律,实现对未来数据的规律或趋势的准确预测。相关算法包括逻辑回归、支持向量机、$K$ 近邻方法、贝叶斯方法以及决策树方法等。传统机器学习平衡了学习结果的有效性和学习模型的可解释性,为解决有限样本的学习问题提供了一种框架。

(1) 支持向量机

对于 $y_i \in \{+1, -1\}$ 的二分类问题,想找到一个划分平面将两类样本分开,但有时候能将两类样本划分开的平面不止一个,如图 4-12 所示,那么应该选择哪一个作为划分依据呢?

在样本空间中,如图 4-12 所示的划分平面可由线性方程来表示:

$$w \cdot x_i + b = 0 \tag{4-1}$$

想找到对于 $x_i$ 来说最佳的划分平面,即希望 $x_i$ 和划分平面之间的"间隔"(margin)越大越好,这一最大化间隔的平面可以表示为:

$$w \cdot x_i + b = \pm 1 \tag{4-2}$$

此时,数据点 $x_i$ 和该划分平面之间的距离可以表示为:

$$d = \frac{|w \cdot x_i + b|}{\| w \|} \tag{4-3}$$

支持向量可以表示为:

$$d_{\text{supportvectors}} = \frac{1}{\| w \|} \tag{4-4}$$

因为该平面是由两分类问题引出的,即 $y_i = \pm 1$,间隔 $M$ 为距离 $d$ 的两倍,即:

$$M = \frac{2}{\| w \|} \tag{4-5}$$

支持向量机(Support Vector Machine,SVM)的目标就是最大化分类间隔 M,如图 4-13 所示。

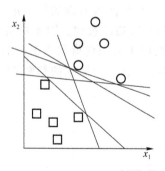

图 4-12　样本划分示例

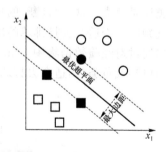

图 4-13　线性 SVM

上述介绍潜在的假设是所有样本是线性可分的,即能找到一个平面可以将所有的样本都正确划分,但显然这一假设不符合很多现实情况,一个典型的例子就是异或问题。对于像异或问题这样线性不可分的问题,SVM 的思想是将低维空间中的样本投影到高维,使其在高维线性可分。SVM 通过核函数 $K(x_i,x_j)$ 将低维空间中线性不可分的样本投影到高维,在高维空间寻找最优分类平面即最大分隔分类平面。核函数的选择直接影响 SVM 的最终性能,但是如何选择核函数一直是一个悬而未决的问题。常见的核函数形式如下。

- 线性核函数:

$$K(x_i,x_j)=x_i \cdot x_j+c$$

- 高斯核函数:

$$K(x_i,x_j)=\exp\left(-\frac{\|x_i-x_j\|^2}{2\sigma^2}\right)$$

- 多项式核函数

$$K(x_i,x_j)=(x_i \cdot x_j+c)^d$$

由于核函数的高性能,SVM 在解决非线性问题方面很有优势,因此 SVM 有了更广的应用范围,也由于不同的核函数具有不同的特性,SVM 处理不同的分类问题时可以有不同的选择,SVM 因此具备了很强的推广性能,是机器学习中经典的分类方法。

【SVM 背后的故事】提到支持向量机,很难不提其理论的提出者之一的弗拉基米尔·万普尼克,他是杰出的数学家、统计学家、计算机科学家。1968 年他与苏联数学家 A. Chervonenkis 提出了以他们两人的姓氏命名的"VC 维",1974 年又提出了结构风险最小化原则,使得统计学习理论在 20 世纪 70 年代就已成型。但这些工作主要是以俄文发表的,在万普尼克随着东欧剧变和苏联解体来到美国后,这方面的研究在西方学术界引起重视。1991—2001 年,他工作于 AT&T 贝尔实验室(后来的香农实验室),并和他的同事们一起刻苦钻研、潜心研究,提出了支持向量机理论,为机器学习的许多方法奠定了理论基础。万普尼克有一句名言被广为传诵:"Nothing is more practical than a good theory."诚然,正如万普尼克所说:"没有什么比一套好的理论更加实用。"科学研究往往都需要其研究背后的理论作为指导和支撑,这与仅仅适用于工程上的经验是不同的。而科研成果的取得,与科学家付出的努力息息相关。

（2）决策树

决策树(Decision Tree)是一种常见的分类和回归方法。以二分类任务为例,数据集 $D$ 中包含有正、负两类的样本,希望从 $D$ 中学习得到一个分类模型,然后对新的样例进行分类,判断它是正类还是负类。这一"判断"的过程,就是决策树进行决策的过程。图 4-14 是一棵简单地根据天气判断是否适合去打排球的决策树,这一决策树解决的问题就相当于一个二分类问题。决策树通过对经验数据集中{Outlook, Humidity, Wind}这三个属性的判断,将其分为正类(适合去打球)或负类(不适合去打球)。

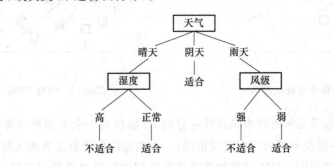

图 4-14　决策树案例

树是由节点和边两种元素组成的结构,一棵决策树一般包含一个根节点、若干个内部节点和叶节点,其中叶节点对应决策的结果,其他节点对应一个属性测试,从根节点到叶节点的路径就表示一个决策的过程。一旦构建好了决策树,分类任务便可以很简单地执行:从根节点出发做属性测试,选中相应的属性对应的分支到达下一节点,再重复以上步骤,直到到达某一叶节点,该叶节点对应的类别标签就是得到的分类结果。一棵决策树的生成过程主要分为 3 个部分:特征选择、决策树生成和剪枝。特征选择是指从训练样本的众多属性中选择其中一个作为根节点或内部节点的决策指标,其重点就是使用合适的特征选择方法选出最优的属性特征。下面我们以一种典型的决策树生成算法——ID3 算法为例,介绍它的特征选择方法。

在介绍算法之前,需要了解信息熵的概念,信息熵是一个描述信源各可能事件发生的不确定性的量,也可以理解为描述一个集合中各可能取值的被取到的不确定度的量。ID3 使用"信息增益"来选取最优属性,首先需要计算总体样本的信息熵,然后算出基于某个属性分类后,各个子样本的加权信息熵,信息增益则为两者之差。ID3 算法会选择信息增益最大的特征作为节点的决策指标。

决策树生成是根据选择的特征评估标准,自上而下递归地生成子节点,直到生成叶节点。决策树容易过拟合,需要对已经生成的树自下而上进行剪枝,缩小树结构的规模,从而使它具有更好的泛化能力。具体地说,剪枝就是去掉过于细分的叶节点,使其回退到父节点,甚至更高的节点,然后将父节点或更高的节点改为新的叶节点。

决策树的学习,或者说决策树的生成过程,关键在于特征选择。一般来说,随着分割过程的进行,希望决策树的分支节点所包含的样本尽可能属于同一类别,即节点的"纯度"越来越高。因此,特征选择的目标在于选取对训练数据具有分类能力的特征。不同的纯度度量方法对应于不同的决策树算法,比如 ID3 决策树生成算法就是使用信息增益度量纯度,C4.5 算法则使用信息增益率,CART 算法使用基尼系数。

（3）$K$ 均值聚类

SVM 和决策树都属于有监督方法,即在学习过程中利用了数据的类别标签信息,而 $K$ 均值聚类($K$-means)是传统机器学习中的无监督方法。

所谓"类",是指具有相似属性的集合,"聚类"即为将数据集中的样本按相似性进行分类,使同一类的样本尽可能地相似,而不同类之间的样本差别尽可能大的过程。聚类分析就是以相似性为基础,得到的结果是将样本划分为若干区域,而并不关心每个区域对应类别的具体含义。例如,假定一个无标记样本集合 $D=\{x_1,x_2,\cdots,x_m\}$,每个样本 $x_i$ 是一个 $d$ 维向量。聚类算法所作的工作就是将样本集合划分为指定数量的子集(簇),且子集间两两交集为空集,所有子集的并集为全集,每个子集中,样本在一定程度上具有相似度。由于聚类无需数据集提供样本的类别标签信息,所以属于无监督学习。

即使是无监督学习,依然需要一组度量指标来衡量聚类效果的好坏。为此,需要设计准则函数,将聚类问题转换为求极值的问题。常用的准则有误差平方和准则、相似度准则以及散布准则等。误差平方和准则是求取每个聚类中各样本与其对应的聚类中心的误差平方和,所有聚类的总误差平方和越小,则相应的聚类结果越合理。相似性准则则是求某一聚类中两两样本间距离平方之和。散布准则是根据样本的分散程度判定聚类结果的好坏,其中引入了离散矩阵的概念评判样本的分散程度。

聚类分析的方法有很多种,$K$ 均值聚类是一种简单的迭代型聚类方法,它利用误差平方和准则,将数据集分为 $K$ 个类,且每个类的中心是根据类中所有值的均值得到,每个类用聚类中心来描述。对于给定的包含有 $n$ 个样本的数据集 $D$ 以及要得到的类别 $K$,选取欧氏距离作为相似度指标,聚类目标是使得各类的聚类平方和最小,即最小化:

$$J = \sum_{k=1}^{K} \sum_{i=1}^{n} \| x_i - u_k \|^2 \tag{4-6}$$

下面介绍 $K$ 均值聚类的完整迭代过程。假设输入的样本集 $D=\{x_1,x_2,\cdots,x_m\}$,制定的聚类簇数为 $K$,则算法步骤如下。

步骤 1. 随机选择初始的 $K$ 个簇的中心位置 $\mu_1,\mu_2,\cdots,\mu_K$。

步骤 2. 对于每个样本 $x_i(1\leqslant i\leqslant m)$,判断其归属:

① 计算 $x_i$ 与各簇中心 $\mu_j(1\leqslant i\leqslant m)$ 的欧几里得距离:

$$d_{ij} = \| x_i - \mu_j \|_2$$

② 将 $x_i$ 标记为距离它最近的簇:

$$\lambda_i = \mathrm{argmin}_{1\leqslant j\leqslant K} d_{ij}$$

③ 将样本 $x_i$ 划入相应类别:

$$C_{\lambda_i} = C_{\lambda_i} \bigcup \{x_i\}$$

步骤 3. 将各簇中心更新为隶属该簇的所有样本的均值:

$$\mu_j = \frac{1}{|C_j|} \sum_{x\in C_j} x$$

步骤 4. 重复步骤 2 和步骤 3,直到簇中心不再变化(或变化小于阈值),随后输出最终的簇划分 $C=\{C_1,C_2,\cdots,C_K\}$。

一个简单的 $K$ 均值聚类案例的实现步骤如图 4-15 所示。图 4-15(a)中显示了输入的所有样本,每个样本的维度是 2,将对这些样本进行二分类;图 4-15(b)随机选择了两个簇的中心位置,用叉表示;图 4-15(c)对所有样本进行首次类别划分;图 4-15(d)更新了簇中心的位置;随后图 4-15(e)和图 4-15(f)是在重复(c)和(d)的过程。在图 4-15(f)中,我们能够大致看出,样本已被较清晰地划分。

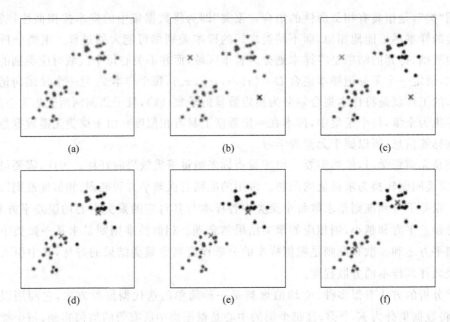

图 4-15  $K$ 均值聚类的实现步骤

聚类方法是用于寻找数据特征的强有力的方法,在使用有监督的机器学习方法并没有取得进展时,可以尝试使用无监督的学习方法。

(4) 随机森林

随机森林(Random Forest,RF)是一种典型的"集成学习"方法。集成学习是在学习过程中获取多个基本分类器,然后对这些分类器进行某种方式的组合,共同解决同一个问题。集成学习的优点在于能够提高分类模型的泛化能力。如果只是使用一个单一基本分类器,那么为了防止模型过拟合,往往只能得到一个正确率不太高的弱分类器。而基于集成学习的思想,我们可以将多个独立得到的弱分类器结合,然后以取多数的策略获得最终判断,来得到一个正确率更高、泛化能力更强的分类器。

举一个简单的例子,假设一组二分类任务样本,容量为 $N$,每次任取 $M$ 个样本($M<N$)训练得到的分类器正确率始终为 $0.6$,若独立训练 3 个分类器,然后基于少数服从多数原则求取最终结果,则该集成学习分类器的正确率为 $C_2^3 \times 0.6^2 \times 0.4 + C_3^3 \times 0.6^3 = 0.648$,若独立训练了 101 个分类器,则该集成学习分类器的正确率可以达到 $0.979$。

随机森林是一个包含多个决策树的集成学习分类器。要生成一个随机森林,首先需要使用集成学习中的 Bagging 算法抽取多组样本,然后并行生成多棵独立的决策树。

Bagging 算法,又称为装袋算法,是一种机器学习领域的团体学习算法,它由 LeoBreiman 在 1996 年提出。算法的基本思想是给定较弱的学习算法和训练集,单个弱学习算法的精度可能不高,因此需要多次使用学习算法以获得预测结果并进行投票,最终提高了所得结果的准确率。

随机森林中的 Bagging 操作非常好理解,即从容量为 $N$ 的样本集合 $Q$ 中,有放回地取 $M$ 次($M<N$),得到一个新样本集合 $Q_1$,然后重复 $L$ 次,即可得到 $L$ 组样本集合 $\{Q_1, Q_2, \cdots, Q_L\}$,然后使用这 $L$ 个样本集合分别生成 $L$ 棵决策树 $\{T_1, T_2, \cdots, T_L\}$。最终生成的随机森林如图 4-16 所示。

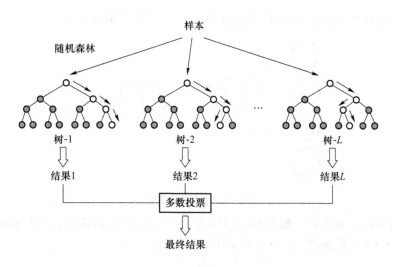

图 4-16　随机森林算法示意图

此外，随机森林中的决策树生成与传统单棵决策树生成也有一点区别。传统决策树进行特征选择时，是从所有属性中选择一个最优属性作为决策标准；而随机森林则是在每一个决策节点的特征选择时，从所有属性中选择部分属性构成子属性集，然后再从子集中选取最优属性。

随机森林生成的单棵决策树的性能或许比传统决策树效果要差，但是经过集成学习的聚合，其决策效果要比传统决策树更好。此外，随机森林在构建过程中使用了样本随机与属性随机这两重随机策略，极大地提高了决策模型的泛化能力。

总结来说，随机森林算法具有以下优点：

- 训练可以高度并行化，对于大数据时代的大样本训练速度有优势；
- 由于可以随机选择决策树节点划分特征，这样在样本特征维度很高时，仍然能高效地训练模型；
- 在训练后，可以给出各个特征对于输出的重要性；
- 由于采用了随机采样，训练出的模型方差小、泛化能力强；
- 对部分特征缺失不敏感。

随机森林算法有以下缺点：

- 在某些噪声比较大的样本集上，随机森林模型容易陷入过拟合；
- 取值划分比较多的特征容易对随机森林的决策产生更大的影响，从而影响拟合的模型的效果。

**2. 深度学习**

2006 年，"深度学习"术语开始出现，所谓的深度学习，就是深层的神经网络。由于借鉴了人脑、数学和统计学的知识，加上得益于如今计算机的快速发展，深度学习显示出了它强大的解决问题的能力和灵活性。

要介绍深度学习，先从简单的神经网络开始。神经网络是实现机器学习任务的一种主要方法，是机器学习一个庞大的分支。在生物神经网络中，神经元是神经系统的基本结构，当受到外界刺激时，神经元会"兴奋"，当兴奋的神经元内的电位超过某个门限值时，它就会被激活，向别的神经元发送化学物质。机器学习中的神经网络则正是基于对生物神经网络的研究和模仿。感知器是最简单的神经网络,由两层神经元组成,其结构如图 4-17 所示。

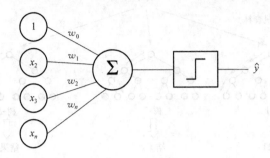

图 4-17  感知器结构

在图 4-17 中,$x_i$ 表示输入层神经元的输入,$y$ 表示感知器的输出,$w_i$ 表示神经元之间的连接权值,$f(\cdot)$ 为激活函数。$f(\cdot)$ 和输出值 $y$ 满足:

$$y = f\left(\sum_{i=1}^{N} w_i x_i - \theta\right) \tag{4-7}$$

$$f(\mu) = \begin{cases} 1, & \mu \geqslant 0 \\ 0, & \mu < 0 \end{cases} \tag{4-8}$$

上述感知器只能处理简单的两分类问题,且数据必须是线性可分的,对于一些线性不可分的问题,上述感知器便无能为力了。以经典的线性不可分的问题——异或问题为例,介绍上述感知器的局限性。

一个线性平面是无法将图 4-18 中异或问题的两类样本分开的,即上述感知器无法完成异或问题的分类任务。能完成异或问题的分类任务的感知器具有如图 4-19 所示的结构。

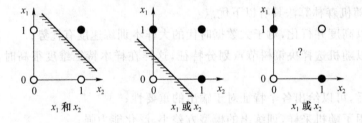

图 4-18  异或问题

图 4-19 是多层感知器的一个例子,也即多层神经网络,其中输入层和输出层之间的一层神经元被称为隐藏层,隐藏层也拥有激活函数 $f(\cdot)$。多层网络的学习能力比单层感知器的学习能力强得多,理论上来说,神经网络的层数越多,模型就越复杂,它能解决复杂问题的能力就越强。

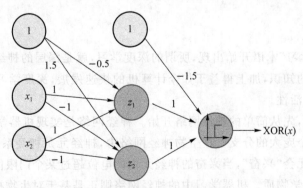

图 4-19  异或问题的解决方案

现在来看如图 4-20 所示的多层神经网络,选择经典的 sigmoid 函数作为激活函数:

$$o(x) = \sigma(w \cdot x) = \frac{1}{1+e^{-w \cdot x}} \tag{4-9}$$

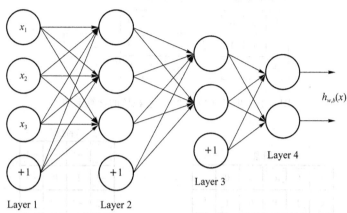

图 4-20　多层感知器结构图

多层神经网络的运行过程为:输入训练样本之后,获得这些样本的特征向量,然后根据权向量得到网络的输入值,根据 sigmoid 函数计算出当前网络层的输出,再将此输出作为下一层网络的输入,依次执行以上操作直到到达整个网络的输出层。

如何确定网络的权向量?需要用特定的训练算法来进行逐步优化,其中最常用的即为反向传播(Back Propagation,BP)算法,其基本思想为:在如前所述的网络中,输入训练样本,通过隐层计算得到输出值,将输出值与标签值作比较。如果有误差,那么将误差反向由输出层向输入层传播,在这个过程中,利用梯度下降算法对神经元权值进行调整。BP 算法是非常经典的神经网络学习算法,在现实任务中使用神经网络时,大多使用 BP 算法进行训练。

近年来,深度学习提供精确识别和预测的能力一直在提高,而且深度学习逐渐被成功地应用于越来越广泛的实际问题中。典型的深度神经网络有卷积神经网络(Convolutional Neural Network,CNN)、深度自编码器(Deep Auto-Encoder,DAE)、深度置信网络(Deep Belief Network,DBN)和循环神经网络(Recurrent Neural Network,RNN)等。

(1) 卷积神经网络

卷积神经网络 CNN 是多层感知机的变种,广泛应用于计算机视觉领域。它是通过模拟生物的视觉机制而构建的。例如,人的视觉皮层细胞具有一个复杂的结构,这些细胞在一个时刻仅对视觉范围中的某个子区域特别敏感,这个区域被称为感受野。CNN 仿照了这种机制,用这种感受野的方式平铺覆盖整张图像,可以更有效地提取图像特征。此外,CNN 还引入了权值共享与降采样的思想,相比于普通的多层感知机(MLP),它有效减少了模型参数的数量,减小了模型过拟合的风险。CNN 在网络结构上一般由卷积层、池化层、全连接层组成。

a. 卷积层

卷积层是 CNN 的核心部分,卷积层在接收输入图片后,先将其转换为一个矩阵,然后用一个被称为卷积核的远小于图像尺寸的方阵,从左到右、从上到下地扫描整幅图片,来提取图片中与卷积核尺寸相同的小块区域的特征。

图像处理中的卷积计算是将图像的某一小块区域与卷积核的相对应位置进行内积计算的过程,如图 4-21 所示。将这个卷积核按从左到右、从上到下,每次滑动 1 个像素的顺序扫描整幅图像,对每一个滑过的子区域做内积运算,将会获得整幅图像的一个特征图,如图 4-22 所示。

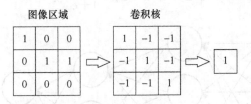

图 4-21 图像区域与 3×3 卷积核的计算示例

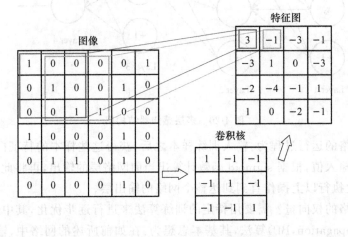

图 4-22 6×6 图像与 3×3 卷积核的计算示例

卷积核的参数是未知参数,会在训练过程中调整。若输入图像是一张彩色 3 通道图像,那卷积核也将变为 3 通道。一个卷积核扫完一张图像后输出的是一个二维矩阵,若使用多个卷积核扫描图像,则会产生多通道的输出。

b. 池化层

池化层也被称为降采样层,一般在卷积层后面使用。池化的含义是聚合,是将一个区域上的每个特征按一定策略聚合起来,得到统计结果。池化的策略是多种多样的,常用的有最大池化、平均池化等。最大池化是取区域中的最大值作为结果,图像识别应用中主要使用这个策略。平均池化是对区域中的像素求平均值,作为结果。例如,将 4×4 的图像分为 4 个 2×2 小区域后,对其进行最大池化,得到的结果如图 4-23 所示。

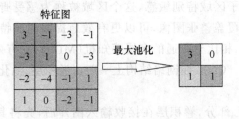

图 4-23 4×4 特征图最大池化示例

池化层能够对输入的特征图像(即卷积层输出的矩阵)进行压缩,主要目的有两个:一是能从特征图中提取主要特征;二是使特征图变小,简化网络计算复杂度。

c. 全连接层

全连接层在结构上就是普通的神经网络,包含输入层、隐藏层和输出层,也可以不包含隐藏层,它的作用是对特征图进行最终的数据处理和分类。将特征图"拉平"成一个一维向量后,即可作为全连接层的输入。而全连接层的输出则根据具体任务设定,例如图像分类任务,全连接层的输出可设定为包含所有样本类别的向量。

总结来说,卷积层、池化层的操作是将原始数据映射到特征空间,而全连接层是将前面得到的特征再映射到样本的标记空间。

卷积神经网络的训练方法与多层感知机没有太大差别,同样使用反向传播算法(BP)进行逐步的优化,并利用梯度下降算法对神经元权值进行调整。只是 CNN 需要调整的参数除了全连接层的权重与偏置参数外,还多了卷积核的参数,虽然参数种类增加了,但是在相同层数规模下,网络参数实际上有所减少。

卷积神经网络发展至今,已出现了各种网络结构,包括 20 世纪 90 年代出现的 LeNet,2012 年提出的 AlexNet,以及后来的 VGGNet、GoogLeNet 等。

VGGNet 介绍

(2) 循环神经网络

上文介绍的多层感知器、卷积神经网络都属于前馈型的神经网络,在图像识别、数据分析等方面都有较好的表现。但如果我们要处理的是一段语音信息,在我们对每一小片时间段的声音信息预处理生成为一段段向量序列后,多层感知器或卷积神经网络就无法获取各个向量间的时序关系。为了能够使用神经网络处理类似语音、句子等信息,研究者们于 20 世纪八九十年代提出了循环神经网络的概念,并持续进行研究和完善。

a. 循环神经网络的结构

循环神经网络 RNN 是一种可以处理时序信息的递归神经网络。RNN 的神经元在多层感知器的神经元的基础上进行了一点改进,如图 4-24 所示。RNN 的隐藏层节点的输出不仅会传输给输出节点,还会传回自己。这可以理解为在 $t$ 时刻 RNN 神经元接收到输入后,产生了输出;然后在 $t+1$ 时刻,该神经元的输入包括了 $t$ 时刻自身的输出以及 $t+1$ 时刻网络的输入两部分。

RNN 网络隐藏层的神经元之间也有时序上的连接。如图 4-25 所示,和多层感知器两层节点之间的结构类似,RNN 网络隐藏层 $t$ 时刻的输出也将经过一次矩阵映射然后作为 $t+1$ 时刻该隐藏层输入的一部分。

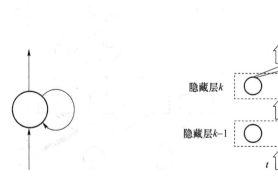

图 4-24　RNN 神经元的结构　　　　　图 4-25　RNN 网络结构

RNN 网络的训练方式依然是使用梯度下降法。但是与多层感知器有一点区别,由于 RNN 每一步的输出不仅依赖当前网络,还依赖以前若干时刻的网络状态,因此多层感知器的 BP 算法不能直接用于 RNN 网络。在 RNN 中使用的训练方法名为 BPTT(Back Propagation Through Time),它会沿时间顺序展开神经网络,重新设定网络中的连接来形成序列,然后再使用反向传播原理计算偏导数。

b. 普通 RNN 的问题

由于 RNN 网络隐藏层之间连接的参数是固定的,每变化一个时间段,计算当前时刻网络输出的函数就会多一层嵌套,网络中按时间顺序在隐藏层中传递的值可能随着输入序列长度的增加呈指数形式增长或衰减。因此在训练网络过程中,当输入序列很长时,会出现所谓梯度消失或梯度爆炸的问题,这将给 RNN 的训练带来很大的麻烦。

梯度爆炸问题是指由于网络嵌套层数过多,经过 BPTT 算法计算出来的梯度随嵌套层数增加呈指数增长,导致梯度过大。针对这个问题有一个简单的解决办法,即设置一个梯度阈值,当梯度超过阈值时就直接截断。但是梯度消失问题却更难检测,也更难处理。解决的办法有合理初始化模型参数,或使用 ReLU 函数代替 sigmoid 作为激活函数,或者使用其他结构的 RNN。目前,最流行的方法是使用一种名为长短期记忆网络(Long short-term Memory, LSTM)的循环神经网络来代替普通的 RNN。

c. LSTM

LSTM 引入"门"的结构来控制对神经元状态的访问与调整,如图 4-26 所示,"cell"表示该神经元中的数值状态,图的左侧是传统的 RNN 神经元,右侧是 LSTM 的神经元,$f_i$、$f_o$ 分别表示输入、输出的激活函数。LSTM 在神经元结构中引入了"输入门""输出门""遗忘门"三个结构,图中的 $g_i$、$g_o$ 与 $g_f$ 分别代表三个门的开关函数。开关函数可以使用 sigmoid 函数实现,当函数值接近 1 时,表示门开;当函数值接近 0 时,表示门关。

此外,LSTM 网络神经元不仅输入是由上一层的输出 $x_t$ 经线性加权得到,三个控制门的输入也同样由 $x_t$ 经线性加权得到。同时,上一时刻的输出 $y_{t-1}$ 会与 $x_t$ 一起参与计算。

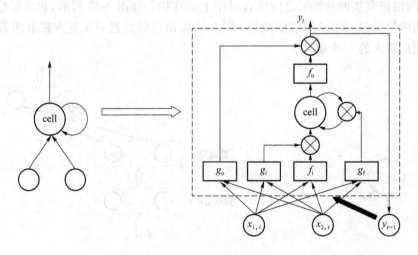

图 4-26 LSTM 神经元的结构

### 4.4.3 机器学习的应用举例

近些年来,机器学习发展迅速,可用于计算机进行训练的数据越来越多,计算机硬件的处理能力也有了很大提升,机器学习技术因此可以建立更加强大的学习模型,在有些方面甚至超越了人类。现如今,人们每天或多或少地在使用基于机器学习的系统,如社交媒体中的图像识别、语音识别以及推荐系统等,如图 4-27 所示。

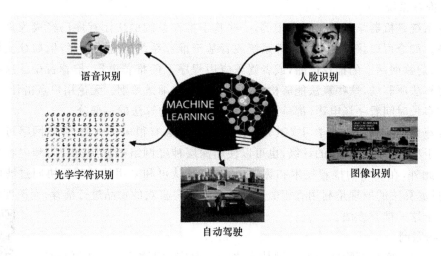

图 4-27 机器学习的应用举例

（1）图像处理

图像处理是机器学习技术的重要应用方向之一,因为很多情况下可以将目标表示成一幅图像,如人脸识别、验证码识别、车辆识别等问题中的目标。以人脸识别为例,随着科技发展和智能手机的普及,人脸识别技术也逐渐进入人们的日常生活,如手机解锁、车站安检、视频监控等。人脸识别技术也是智能视觉中人机交互的基础。

人脸识别是基于人脸图像的模式识别,由于人脸具有高度的动态性(姿势、光照条件、面部表情等),需要解决的问题和面临的挑战较多,因此模式识别、计算机视觉和人工智能领域的研究人员提出了许多基于机器学习技术的解决方案来解决这些问题,从而提高鲁棒性和识别精度。用于人脸识别的传统的机器学习方法有线性判别分析(LDA)和 SVM 等,而深度学习方法中最具代表性的是深度卷积神经网络(DCNN)。由于强大的 DCNN,人脸识别的速度和精度都有了很大的提高,识别正面的人脸不再是一项具有挑战性的任务。近年来,研究人员在尝试解决更具挑战性的人脸识别任务,如识别部分遮挡的人脸和深度传感器捕捉的人脸等。

（2）自然语言处理

广义的自然语言处理(Natural Language Processing,NLP)是指研究和开发一个计算机系统,使其可以像人类一样自然地解释语音和文本。在平常的交流中人类经常会使用一些模糊的表达,会使用俗语、缩写,有时也不会纠正拼写错误。这些不一致性和模糊性使得 NLP 非常困难。但是由于机器学习技术的发展和进步,NLP 在机器翻译、语义理解和问答系统等领域取得了很大进展。

以文本处理为例,计算机想要处理一个文本信息,需要学习三点:语义信息、语法信息和上下文信息。语义信息,语义信息是一个词的特定意义,在不同的情境下一个词可能会有不同的含义,了解相关的定义对于理解一个句子的意思是至关重要的;语法信息,即句子或短语结构也是文本内容的关键要素;上下文信息,计算机必须学会理解单词、短语或句子出现的上下文。分别学习了文本信息的这三个要素,计算机还需要将其综合起来考虑。

近年来,随着 NLP 的发展,出现了一系列基于 NLP 的应用系统。例如,IBM 的 Watson 在电视问答节目中战胜人类冠军;苹果公司的 Siri 智能手机助理被用户广为测试;谷歌、微软、百度等互联网公司纷纷发布个人智能助理。

(3) 推荐系统

推荐系统是机器学习的另一个用例,一些基于推荐系统的应用程序已经成为许多公司的主要业务。如今可以接触到很多推荐系统或者基于推荐系统的应用程序,例如社交媒体上的定向广告、购物网站上的推荐产品,或者娱乐应用程序上的推荐电影、推荐音乐。这些系统由机器学习算法所驱动,这些算法能够检测出人类行为的细微差别。无论用户点击什么广告,或者用户花多长时间看一场电影,都是运行这些推荐系统的算法的一部分。

在推荐系统中利用机器学习尤其是深度学习的方法有很多。例如,神经网络可以被训练来预测基于项目和用户属性的评级,也可以使用深层神经网络根据历史行为和内容预测下一步行动。此外,在如今的推荐技术和算法中,被广泛认可和采用的是基于协同过滤的推荐方法,协同过滤算法的原理是利用有相似兴趣爱好的用户喜欢的物品进行推荐,而深度自编码器就可以用于这一推荐方法。

(4) 物联网

机器学习是实现万物联网的关键技术之一。要实现万物联网,必须要有大量设备作为基础,而这些设备又会产生大量的数据。事实证明,对于机器学习研究人员而言,物联网数据是非常值得挖掘的。从医疗和农业到教育和交通,物联网蓬勃发展的领域非常多样化,如智能交通、智慧医疗、智慧农业、智能家居、智能物流等。而机器学习作为人工智能的关键技术,在这些物联网领域发挥了至关重要的作用。

协同过滤
算法介绍

智能音箱是如今智能家居场景中备受欢迎的物联网设备,也是机器学习技术应用于物联网中一个极具代表性的例子。与以往依靠手机、平板或计算机的交互方式相比,智能音箱进一步解放了用户的双手,成为消费物联网中的一大爆品,如谷歌推出的 Google Home、亚马逊推出的 Echo、小米推出的小爱音箱以及百度推出的小度音箱等,都已经走入人们的日常生活中。智能音箱的功能并不限于播放音乐,还可以查询天气,对其他设备进行控制等。这些功能背后其实是语音助手和机器学习算法的训练。随着机器学习技术的进步,智能音箱也有望在未来具有更多的功能,比如个性化语音识别和推送、结合第三方服务提供更多功能、利用记忆功能将其打造为智能助手以及探索车载、室外等多种场景。

物联网可以极大地方便生活,也让生活趋向智能化。但同时,它也带来了新的安全隐患。不断有物联网漏洞出现,每天有无数的物联网设备遭到黑客、僵尸网络和其他恶意的攻击。但是这一漏洞可以通过机器学习来弥补,从而加强物联网安全。2008 年,顶级学术会议 ACM CCS(Computer and Communications Security)主办了第一届"人工智能网络安全研讨会",并将机器学习和安全领域的结合作为顶级安全会议的专题。此后,关于机器学习应用于网络安全的研究得到了快速发展。同时,随着硬件的快速发展,机器学习提供的分析和预测模型在物联网安全领域的应用变得越来越重要。

总之,在物联网中,机器学习通过各种优化算法和从动态环境交互的传感器和智能设备传回的数据,使物联网设备实现不断地感知、响应和改进,同时也保障着物联网设备和用户数据的安全。随着机器学习技术的不断进步,物联网也将在更多领域提供更好的服务。

## 4.5　雾计算与物联网

随着物联网行业技术标准的不断完善,以及关键技术的持续突破,数据大爆炸的时代已悄然来临。为了即时处理不断生成的海量数据,雾计算和边缘计算将发挥出至关重要的作用。本节从雾计算的发展趋势出发,阐明了雾计算演进的必要性,并通过与云计算相比较,给出了雾计算的优势与劣势所在。此外,本章还对雾计算的架构进行了深入的阐述,并且介绍了雾计算在物联网中的应用前景。

### 4.5.1　雾计算原理与发展历史

近年来,随着移动终端设备的智能化演进,其能够支持的业务类型也越来越丰富。随着移动终端应用程序复杂性的增加,各类型业务对于计算资源的需求也在与日俱增。受限于移动终端设备的有限资源(如较低的处理能力、有限的存储容量和电量等),许多应用业务难以进一步推进。

随着物联网技术的快速发展,将有越来越多的移动终端设备接入网络中。根据国际数据公司(International Data Corporation,IDC)预测,全球智能终端的接入数量将从 2020 年的 500 亿个增长到 2025 年的 1 500 亿个,物联网带来的是未来数据量的爆炸式增长。面对如此庞大的业务处理需求,云计算模式存在以下主要问题:业务流量大造成的网络拥塞、长时间的端到端延迟以及高额的数据处理和通信成本。这些问题主要源自云服务中心的数量较少,移动终端设备距离云服务中心的物理距离较远,同时各云服务中心之间的距离较远。

为了减轻面向物联网的传统云计算模式下过重的业务负载量,思科公司首先提出了雾计算的概念,旨在将云计算扩展到网络的边缘节点,通过在边缘节点中配置硬件和软件资源减少用户接入的中间环节,提供靠近移动终端用户的边缘节点服务平台,以实现部分计算、存储和网络服务等业务在边缘节点响应的目标,进而支持时延和服务质量(QoS)敏感型物联网业务在移动终端设备的运行。

之所以称其为"雾计算",是因为该模式具有某些现实中雾的特征:边缘节点的处理性能各异、数量众多,边缘节点分散在各处,较云服务中心更靠近移动终端用户。与现实中的雾相似,触手可及,分散在地面各处。L. M. Vaquero 教授曾给出雾计算的明确定义:分散在各处的大量的异构设备之间进行通信(无线接入或自治网络),通过各节点和网络之间的相互协作,在没有第三方干预的条件下实现存储和计算等业务。这些业务可用于支持在沙盒环境中运行的基本网络功能或新型服务和应用程序。终端用户可以通过租用部分资源来运行所需的服务获得足够的激励。此外,开放雾联盟(OpenFog Consortium)对于雾计算的定义为:雾计算是一个系统级水平的架构,可以在从云服务中心到各边缘节点之间的任何节点处对计算、存储、控制和网络的资源和服务进行分配。

其他边缘计算的相关技术还有微云计算(Cloudlet)。微云计算是最早提出将计算和缓存等资源从云服务中心迁移到网络边缘的概念,其核心思想是将性能丰富的计算机群配置在用户终端的社区周围。然而,由于微云计算的服务器本身不是移动无线网络的一部分,因此复杂的配置过程令其不具有较强的实用性。

### 4.5.2 雾计算的特征

与传统云计算模式的集中式架构相比,雾计算的节点由于分散在网络边缘,其架构呈现为分布式。在雾计算中,数据的收集、存储和处理等都依赖于网络边缘节点设备,符合"互联网+"时代中提倡的节点高度自治的"去中心化"的要求。雾计算模式具有很多的优势,具体地,其主要特点可以总结如下。

(1) 业务类特点

a. 超低时延。在雾计算的早期提议中,要求其能够在网络边缘支持终端设备所需要的丰富的业务,包括各类具有低时延要求的应用(如在线网络游戏、高清视频下载和增强现实技术等)。用户终端能够实现直接从网络边缘获取所需内容,避免了从核心网中获取内容的繁杂过程中带来的多跳链路的高时延。

b. 位置感知。部分面向物联网的应用需要收集并统计节点的位置信息。例如,车联网的应用涉及车和车之间的互联,以及车与无线接入点等之间的互联,需要基于车辆的位置进行后续的业务部署,因此各节点需要能够支持全球定位系统的运行。

c. 支持高移动性。在传统模式中,移动设备之间互相通信需要通过基站转接,而许多面向物联网的应用程序要求直接在移动设备之间进行通信,因此需要其能够支持移动技术。例如,定位编号分离协议,其核心思想是将网络侧的主机标识的 ID 和位置标识的 ID 分离,通过核心网络和边缘网络节点两部分协作完成。

d. 支持实时互动。在面向物联网的应用程序中至关重要的是节点间信息的实时交互,而不是将信息收集后再在中心节点集中批处理。例如,在智能交通灯指挥系统中,分布在路口的传感器需要对当前时刻的车流量的信息进行采集,并与交通灯进行交互,根据车流状态信息对交通灯的颜色和周期进行实时判决,从而实现交通指挥的智能化。如果将信息传输到云服务中心进行处理,那么在传输过程中延误的时间可能会造成交通阻塞。

e. 联合协作性。由于雾计算中的边缘节点设备的处理性能和资源是有限的,为了支持某些服务的无缝支持,可能需要数量不等的边缘节点设备之间协作完成。例如,在渲染一视频时,单个节点的计算和存储等资源难以支持该业务的处理,可以通过将视频业务分割为多段子视频在多个节点间协同完成渲染工作。

(2) 架构类特点

a. 超大规模网络。由于雾节点的地理位置分布广泛,并且区域内节点密集度高,所以一般的传感器网络,特别是智能电网中往往包含着大量的节点设备。

b. 辽阔的地理位置分布。与集中的云服务中心极为分散的分布不同,在雾计算中需要针对不同的服务和应用进行特定的雾节点部署。此外,因为雾节点分布广泛,当某一区域内的雾节点发生异常时,终端用户能够通过转移到附近区域维持服务。

c. 分布式的资源管理。例如,在对周围环境进行监控时,需要使用大量的传感器,组成了一个大规模的传感器网络。为了实现对环境的实时监控,应用分布式的雾计算模式是有必要的,它能够在网络边缘实现对环境变化的即时感知,避免了传统云计算终端和云服务中心交互过程中因多跳链路时延造成的感知不同步现象的发生。

(3) 设备类特点

a. 异构性。与云计算中集中式的性能强大的服务器不同,雾计算中的服务器主要是由性能参差不齐、分散在各地的边缘节点设备组成,分布在多种类型的场景中,遍及人们生活中接触的各种电子设备。

b. 价格低廉。以成都云计算中心为例,其服务平台的核心是曙光 5000 超级计算机系统,虽然有着强大的计算能力,但是一台的造价就高达 2 亿元人民币。相对而言,边缘节点设备并非以性能著称,而是通过大量节点之间的协作共同提供服务,造价较低。

c. 支持无线接入。

为了更加便于读者了解雾计算和边缘计算,这里将雾计算和传统的云计算的主要差异做了总结,详见表 4-1。

表 4-1　云计算和雾计算的比较

| 特点 | 云计算 | 雾计算 |
|------|--------|--------|
| 计算模型 | 完全集中式 | 分布式和集中式并存 |
| 部署开销 | 高 | 低 |
| 资源优化管理 | 全局优化 | 以局部优化为主 |
| 尺寸 | 云中心庞大 | 雾节点多而小巧 |
| 移动性管理 | 容易 | 复杂 |
| 时延 | 高 | 低 |
| 运营 | 大企业负责 | 小公司协作 |
| 可靠性 | 高 | 低 |
| 维护 | 需求高 | 需求低 |
| 支持应用 | 非实时性 | 实时性和非实时性 |

### 4.5.3　雾计算的架构

雾计算通常将网络的架构分为三层,下面以雾无线接入网络的系统架构为例进行详细介绍,其具体组成如图 4-28 所示。

a. 第一层为终端层。此层由支持物联网的各终端设备组成,包含传感器节点、终端用户的智能手持设备(如智能手机、平板电脑、智能一卡通、智能车和智能手表等)和其他支持的设备。这些终端设备也常常被统称为终端节点。

b. 第二层为雾计算层。此层由分布在各地的网络边缘节点设备组成,主要包含路由器、网关、交换机和无线接入节点等,这些设备被统称为雾节点,它们能够通过信息交互协作共享计算和存储等软硬件设施。

c. 第三层为云计算层。此层由传统的云服务器组成,包括云数据中心和云存储中心等。通常认为此层的计算和存储资源面向任何业务时都是充足的。

需要说明的是,雾无线接入网络是在云无线接入网络上的进一步演进。它继承了传统云无线接入网络的部分特征,包括将传统基站按照功能分离为更靠近终端节点的无线远端射频单元(Remote Radio Head,RRH)和由多个基带处理单元(Building Baseband Unit,BBU)构成的集中云资源池,并且将集中式控制云功能模块下沉到高功率节点(High Power Node,HPN)用于全网的控制信息分发,以实现业务和控制平面的分离。其中,运营商仅需要通过升级 BBU 池就能维护用户的体验,同时能够显著降低额外的开销。此外,将控制平面从云端的BBU 池分离到 HPN 中,为快速移动的用户提供无缝衔接的基本比特速率服务,还能减少用户不必要的切换并且减轻同步控制。

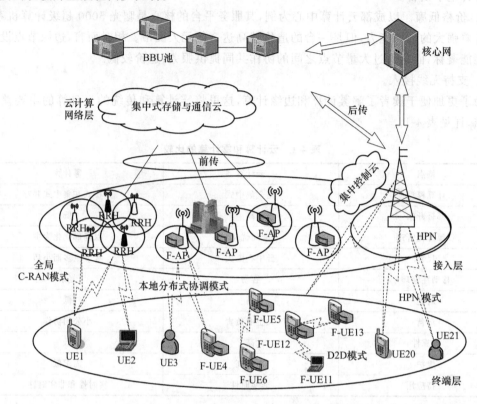

图 4-28　雾无线接入网络的系统架构

在此基础上,雾无线接入网络将传统的 RRH 通过结合存储设备、实时 CRSP 和灵活 CRRM 等功能演进为雾无线接入节点(Fog Access Point,FAP),能够通过前传链路与云端 BBU 池相连。由于具备 CRSP 和 CRRM 功能,应用协同多点传输技术能够有效实现 FAP 之间的联合处理和调度,并抑制层内和层间的信号干扰。此外,邻近的 FAP 之间还可以通过 D2D(Device-to-Device)模式或者中继模式进行通信,进一步提升系统的频谱效率。

传统的云无线接入网络架构的设计初衷是处理大量非实时数据业务,因此没有考虑到 RRH 和 BBU 池之间的非理想的前传链路连接的容量受限和 BBU 池大规模集中协同信号处理时延对于网络中实时业务的服务质量制约,这不仅严重影响了网络整体的频谱效率、等待时延和能量效率等网络性能,而且缺乏对物联网发展的平滑过渡和兼容支撑。在雾无线接入网络架构中,用户终端的部分业务无须通过前传链路与 BBU 池连接通信,而只需要在本地处理或者在邻近的 FAP 中处理即可,通过将更多的功能下沉到边缘节点设备,降低了传统无线接入网络中非理想的前传链路的影响,从而获取了更多的网络性能增益。

## 4.5.4　雾计算的应用

近年来,雾计算与边缘计算被认为是一种能够支持业务在带宽、延时和可靠性等约束下实行的可行性方案,具有巨大的潜力,有很大的可能能满足各种应用程序的多样化需求,开放雾联盟指出雾计算将在智能城市、交通运输、监控、医疗保健和大型制造业等领域发挥巨大的作用。本小节对未来雾计算可能的建树进行简要介绍。

（1）智慧城市

智慧城市是指应用信息技术，协调城市的各种基础设施，以实现城市管理和服务的目标，能够充分有效缓解"大城市病"。目前，在智慧城市的构建中主要存在以下问题亟待解决：

- 大量位置感知和低延迟应用程序，其中大多数需要在智能对象本身执行；
- 在实时性的车辆跟踪期间处理关键和动态任务，如自动驾驶；
- 部分终端用户之间存在着密切的社交关系；
- 智能垃圾管理中包含了多种不同的过程，如垃圾收集、运输、处理和原材料的监管；
- 植物生产和区域气候条件的即时定位方式。

雾计算和边缘计算的出现能够在很大程度上解决上述问题。例如，在智能垃圾管控中，各区域的垃圾状况可以由各区域的雾节点进行管控，无须将信息汇总到云端后再由云端进行决策，减少了通信资源的占用。此外，实时性的车辆追踪也可以通过各区域雾节点之间的信息交互完成。

（2）医疗保健

近年来，随着移动互联网和物联网的飞速发展，医疗行业也正在发生着翻天覆地的变化，以云计算为基础的数字信息化的智能医疗开始了蓬勃的发展，它能够通过将用户的数据上传到云端进行处理分析后将意见发回给用户，如 Fitbit，能够通过追踪用户全天的活动，包括睡眠、运动和体重等信息给出相应的诊断。然而，目前还存在下列问题亟待解决：

- 以云计算为基础的智能医疗设备主要是收集用户的信息，发生紧急情况时难以迅速做出反应；
- 诊断回执的时间过长；
- 缺乏医疗诊断的虚拟机器设备。

雾计算和边缘计算在传输时延和内容感知等方面较云计算有非常大的优势。例如，对于一些突发疾病，雾节点（如智能手机等）能够及时做出判断并拨打急救中心电话，避免了因误时造成的悲剧。因此，目前雾计算和边缘计算被考虑广泛应用到智能医疗中。

（3）智能制造

智能制造是一种通过利用计算机系统的强大的计算能力，在制造过程中完成一系列采集信息、分析数据和判断决策的工业化生产方式，它能够解放人力劳动力资源，并能够高效地生产制造商品。雾计算和边缘计算在智能制造业已经有了很多成熟的产业。例如，沈自所为中石油设计的石油智能管控系统，能够实现对油井生产状况的实时感知，并通过感知结果对抽油机进行实时优化控制。

# 本 章 习 题

**一、选择题**

1. 在物联网体系架构中，应用层相当于人的（　　　）。

    A. 大脑         B. 皮肤         C. 社会分工         D. 神经中枢

2. 下列哪类节点消耗的能量最小？（　　　）

    A. 边缘节点                 B. 处于中间的节点

    C. 能量消耗都一样         D. 靠近基站的节点

3. 边缘节点对采集到的数据进行何种处理会对通信量产生显著影响？（　　　）

    A. 加密　　　　　　B. 压缩和融合　　　　C. 编码　　　　　　D. 不进行处理

4. 以下关于物联网数据特点描述错误的是(　　)。

    A. 海量性　　　　　B. 基础性　　　　　　C. 多态性　　　　　D. 关联性

5. 某超市研究销售纪录数据后发现,买啤酒的人很大概率也会购买尿布,这属于数据挖掘的哪类问题?(　　)

    A. 关联规则发现　　B. 聚类　　　　　　　C. 分类　　　　　　D. 自然语言处理

6. 将原始数据进行集成、变换、维度规约、数值规约是在以下哪个步骤的任务?(　　)

    A. 频繁模式挖掘　　B. 分类和预测　　　　C. 数据预处理　　　D. 数据流挖掘

7. 一监狱人脸识别准入系统用来识别待进入人员的身份,此系统一共包括识别 4 种不同的人员:狱警、罪犯、送餐员、其他,下面哪种学习方法最适合此种应用需求?(　　)

    A. 二分类问题　　　B. 多分类问题　　　　C. 层次聚类问题　　D. 回归问题

## 二、简答题

1. 大数据现象是如何形成的? 它有什么特点?

2. 什么是监督学习? 什么是非监督学习? 请说明它们的区别,并各举一个例子。说明分类和回归问题的区别,并各举一个例子。

3. 简述物联网应用层的主要内容。

4. 简述物联网数据处理的几个过程。

5. 传统 IDC 分为哪几层结构? 云时代下的 IDC 做了怎样的改进?

6. 物联网对海量存储数据的需求有哪些?

7. 试编程实现基于信息熵进行划分选择的决策树算法。

8. 从网上下载或自己编程实现一个能解决异或问题的简单神经网络。

9. 简述互联网数据中心的常见网络架构,并介绍各层的主要功能。

10. 假设数据挖掘的任务是将如下的八个点 $\{ p_1(2,10), p_2(2,5), p_3(8,4), p_4(5,8),$ $p_5(7,5), p_6(6,4), p_7(1,2), p_8(4,9)\}$ 聚类为三个簇。距离函数是欧氏距离。假设初始选择 $p_1, p_4$ 和 $p_7$ 分别为每个簇的中心,用 $k$ 均值算法给出 :

(1) 在第一轮执行后的三个簇中心点分别为多少?

(2) 最终的三个簇分别包含哪些点?

11. 简述云计算网络架构以及每层的功能。

12. 简述什么是雾计算,并指出其相较传统的云计算的优势之处。

13. 已知雾无线接入网络中一用户有待处理任务 120 Mbit,用户设备、边缘设备和云服务器每秒分别能够处理 2 Mbit、5 Mbit 和 10 Mbit 数据。假设用户设备和边缘设备之间通过无线连接,边缘设备和云服务器之间通过有线连接。用户接入链路的带宽为 5 MHz,接收信噪比为 3。当回传链路速率为 30 Mbit/s 时,用户选择哪种模式处理任务最佳? 当回传链路速率为 10 Mbit/s时呢?

14. 为什么随机森林要使用有放回的抽样?

15. 现某公司预对用户是否有房产进行分析,有 7 组样本数据,如下表所示:

| 用户 ID | 年龄 | 性别 | 收入/万元 | 婚姻情况 | 是否有房 |
|---|---|---|---|---|---|
| 1 | ≤35 | 男 | <20 | 否 | 否 |
| 2 | >35 | 女 | ≥20,<40 | 是 | 是 |
| 3 | ≤35 | 男 | <20 | 否 | 否 |
| 4 | ≤35 | 男 | ≥40 | 否 | 是 |
| 5 | >35 | 男 | ≥20,<40 | 是 | 是 |
| 6 | ≤35 | 男 | <20 | 否 | 否 |
| 7 | ≤35 | 女 | ≥20,<40 | 是 | 否 |

试使用基于信息熵划分选择的 ID3 决策树算法，为表中数据生成一棵决策树。（建议使用计算器）

16. LSTM 中有哪些门控结构？为什么 LSTM 效果比 RNN 好？

17. 用一个 3×3 卷积核，对一幅 5×5 的图像进行卷积运算，将获得一幅 3×3 的特征图。请补全下图中图像、卷积核、特征图中的空。

| 2 |  | 3 | 0 | 0 |
|---|---|---|---|---|
| 2 | −3 | 2 | 0 | 0 |
| 0 | −1 | −1 | 2 | 2 |
| 2 | −3 | 4 | 3 | 2 |
| −2 | −2 | −3 | −2 | 2 |

图像

| −1 | 0 | 1 |
|---|---|---|
| 1 |  | 0 |
| −1 | 1 | −1 |

卷积核

| 0 | −5 | 0 |
|---|---|---|
| −10 | 5 | −4 |
| 1 | 5 |  |

特征图

# 第5章 物联网信息安全技术

随着物联网的大规模应用以及无线传感器、RFID 标签、智能手机、平板电脑、可穿戴设备等智能终端的大规模普及，物联网信息安全也越来越重要。由于物联网和互联网关系密切，可以使用互联网在信息安全领域的技术成果，用来提升物联网的信息安全。本章将介绍物联网信息安全中的重要关系、主要技术、安全隐私保护等。

## 5.1 物联网信息安全中的四个重要关系

物联网信息安全涉及四大关系：物联网信息安全与现实社会的关系、物联网信息安全与互联网信息安全的关系、物联网信息安全与密码学的关系、物联网安全与国家信息安全战略的关系。

### 5.1.1 物联网信息安全与现实社会的关系

生活在现实世界中的人类既创造了网络虚拟社会的繁荣，也制造了网络虚拟社会的麻烦。图 5-1 形象地描述了这个规律。现实与虚拟社会的特点如下。

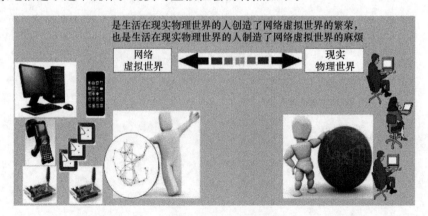

图 5-1 网络虚拟世界与现实世界的关系

a. 物联网和互联网一样，都是高悬在人类头上的一把"双刃剑"。一方面，物联网的应用必将对经济与发展产生重大影响;另一方面,人们不得不对它自身的安全产生疑虑和担心。只要物联网存在,就必然伴随着信息安全问题,物联网中的信息安全威胁将随着物联网发展而不断演变。

b. 透过复杂的技术术语和面对的计算机、智能手机、PDA 的屏幕,人们会发现:网络虚拟世界和现实世界在很多方面都存在着"对应"关系。现实世界中人与人在交往中形成了复杂的社会与经济关系,在网络世界中这些社会与经济关系以数字化的方式延续着。

c. 物联网应用小到涉及每一个家庭,大到关系着一个国家的电力、金融业,甚至可能成为国与国之间军事对抗的工具,物联网覆盖了从信息感知、通信、计算到控制的闭环过程,这种影响的广度与深度是互联网所不能及的。互联网中的信息安全问题大多都会在物联网中出现,但是物联网在信息安全中还有其他独特问题,如控制系统的安全问题与隐私保护问题。物联网会遇到比互联网更加严峻的信息安全的威胁、考验与挑战,因此需特别重视物联网中更加复杂的信息安全问题。

d. 网络安全是信息安全的基础和重要组成。要保证物联网的信息安全,需要破解物联网中的网络安全问题。密码是物联网信息安全的重要工具,但是物联网的信息安全不仅仅是密码学及其应用。

近年来网络安全威胁的总体趋势是:受经济利益驱动,网络攻击的动机已经从初期的恶作剧、显示能力、寻求刺激,逐步向有组织的犯罪方向发展,甚至是有组织的跨国经济犯罪。这种网络犯罪正逐步形成黑色产业链,网络攻击日趋专业化和商业化。网络犯罪活动的范围随着网络的普及,逐渐从经济发达国家与地区向发展中国家和地区发展。网络攻击正在逐渐演变成某些国家或利益集团的重要政治、军事工具,以及恐怖分子的活动工具。光靠单一的技术无法解决物联网信息安全问题,这是一个系统性社会工程,必然涉及技术、政策、道德与法律法规等多方面。

## 5.1.2 物联网信息安全与互联网信息安全的关系

物联网不同于互联网,但它们之间也存在着许多相似之处。例如,技术基础相同,建立不同对象之间的互联,用户的业务也可以脱离它们进行发展,并且分组数据技术承载着互联网和物联网的发展。简单来说,可以将物联网视为建立在互联网上的一种泛在网络,其技术的基础和关键核心仍然是互联网,并且通过各种传感器、有线无线网络与互联网进行融合,以便将物理设备感知的信息实时准确的传递出去。而互联网作为物联网中的一部分,主要体现在 IT 服务方面,强调网络的开放性和传输性,通过连接人和信息来提供标准化服务,对信息的管理控制、信息的真伪等没有太多的要求。

物联网具有互联网所没有的很多新特性,它不仅要考虑不同的硬件之间的融合问题、各种各样场景的应用问题、人与人之间的习惯差异问题,而且需要提供更加深入的内容与服务以及更加差异化、人性化的应用,以满足人们对更好服务体验的追求。

物联网对实时性、信息的安全可靠性等都有很高的要求。物联网主要应用于小型智能物理设备,这就要求采用尽量简单的安全协议,但是像互联网这种安全级别高的协议,不适用于物联网的现状。同时,物联网对传输能力的要求远高于互联网,要求处理的是实时信息。就以上几个方面来说,物联网与互联网是有区别的,二者相互促进。例如,在现实生活中,智能家居使得人们无论身在何方都可以通过一部手机随时管理家里的任何电器,而无人驾驶也使得人们可以通过收发邮件、打电话的形式获知汽车何时到达的消息。

物联网信息安全与互联网信息安全之间有着千丝万缕的联系,具体如下。

a. 从技术发展的角度,RFID 与 WSN 是构建物联网的两个重要的技术基础。从 RFID 的 EPC 信息网络体系上看,它是建立在互联网的基础上的。WSN 是在无线自组织网(Ad Hoc)的基础上发展起来的,Ad Hoc 技术遵循计算机网络中无线局域网内的 IEEE 802.11 标准。WSN 的感知数据在传送到控制中心的过程中,也涉及互联网的传输技术。从这个角度看,互联网所能够遇到的信息安全问题在物联网中都会存在,只是表现形式和被关注的程度有所不同。

b. 作为互联网与物联网在信息安全方面的共性技术,包括对抗网络攻击、网络安全协议、防火墙、入侵检测、网络取证、数据传输加密/解密、身份认证、信任机制、数据隐藏、垃圾邮件过滤、病毒防治等,物联网可以直接拿过来使用。

c. 借鉴互联网信息安全技术,物联网的信息安全从层次上分为感知层安全、网络层安全与应用层安全。

• 感知层安全技术涉及访问控制机制、信任机制、数据加密、入侵检测、容侵容错机制等。

• 网络层安全技术涉及 VPN 与专用网络、安全传输协议、防火墙、入侵检测、入侵保护、网络取证技术等。

• 应用层安全技术涉及数字签名、数字证书、内容审计、访问控制、数据备份与恢复、病毒防治、数据隐藏、业务持续性规划技、隐私保护等。

d. 隐私保护是物联网信息安全的重要组成,人们经常戏言:"在互联网上没有人知道你是一条狗",在物联网中也没有哪个终端知道和自己通信的是人、物,还是机器等。在物联网应用时代,RFID 贴在很多货物上,甚至会被嵌入患者、被监控人员的体内,传感器与光学摄像设备无处不在。因此,什么时候到过一家商场,买过什么东西,自己未必记得,但是这些信息会被记录在数据库中。通过对在一段时间内到过什么地方,给哪些人打过电话,网上购物与信用卡记录等数据的挖掘,姓名、职业、身份证号、出生年月日、经济收入、生活习惯、兴趣爱好、交友圈、宗教信仰、健康状况等涉及隐私的信息都可能被分析出来。因此,确保隐私信息不被别有用心的攻击者利用是物联网重要的安全问题。

### 5.1.3 物联网信息安全与密码学的关系

密码学技术是保证网络与信息安全的基础与核心技术之一,它包括密码编码学以及密码分析学。密码学在物联网中的应用包括消息验证与数字签名、身份认证、公钥基础设施 PKI 以及信息隐藏等。其中,消息验证与数字签名是防止主动攻击的重要技术,主要目的是验证信息的完整性以及消息发送者身份的真实性。利用数字签名可以实现保证信息传输的完整性、对发送端身份进行认证以及防止交易中发生抵赖等功能。身份认证可以通过所知、所有和个人特征这三种基本途径之一或者它们的随机组合来实现,其中,"所知"就是个人所掌握的密码和口令等,"所有"包括个人的身份证、护照、信用卡和钥匙等,"个人特征"则包括人的指纹、声音、笔迹、手型、脸型、血型、视网膜、虹膜、DNA 以及个人动作方面的特征等。

物联网中公钥基础设施 PKI 是利用公钥加密和数字签名技术建立的提供安全服务的基础设施,包括认证中心(CA)和注册认证中心(RA)、实现密钥与证书的管理、密钥的备份与恢复等功能,使得用户可以在多种应用环境下方便地使用加密的数字签名技术,以保证网络上数据的机密性、完整性和不可抵赖性。物联网中信息隐藏技术也可成为信息伪装,大致可分为隐蔽信道、隐写术、匿名通信和版权标志四个方面,它是利用人类感觉器官对数字信号的感觉冗余,将一些秘密信息以伪装的方式隐藏在非秘密信息中,实现在网络环境中的隐蔽通信和隐蔽标识的目的。

物联网在用户身份认证、敏感数据传输的加密上都需要使用密码技术。但是物联网安全涵盖的问题远不止密码学涉及的范围。人们对密码学与信息安全的关系的认识有一个过程,这个问题可以用美国著名的密码学专家 Bruce Schneier 在 *Secrets and Lies*：*Digital Security in a Networked World* 一书的前言中讲述的观点来解释。他的观点可以总结为以下几点:

　　a. 数学是完美的,而现实社会却无法用数学去准确地描述。

　　b. 安全性是一个链条,它的可靠程度取决于这个链中最薄弱的环节。

　　c. 安全性是一个过程,而不是一种产品。

上述认识转变中可以得到启示:密码学是信息安全所必需的一个重要的工具与方法,但物联网安全所涉及的问题要比密码学应用广泛得多。

### 5.1.4　物联网安全与国家信息安全战略的关系

由于计算机网络与互联网已经应用于现代社会的政治、经济、文化、教育、科学研究与社会生活的各个领域,因此"发达国家和大部分发展中国家都是运行在网络之上的"已经不会让人们感到吃惊。物联网在互联网的基础上进一步发展了人与物、物与物之间的交互。社会生活越依赖于物联网,物联网安全就越会成为影响社会稳定、国家安全的重要因素之一。

早年美国总统克林顿签署的《美国国家信息系统保护计划》说道:"在不到一代人的时间内,信息革命和计算机在社会所有方面的应用,已经改变了经济运行方式,改变了维护国家安全的思维,也改变了日常生活的结构。"著名的未来学家托尔勒预言:"谁掌握了信息,谁控制了网络,谁就将拥有世界。"著名的军事预测学者在《下一场世界战争》一书中预言:"在未来的战争中,计算机本身就是武器,前线无处不在,夺取作战空间控制权的不是炮弹和子弹,而是计算机网络里流动的比特和字节。"

在"攻击-防御-新攻击-新防御"的循环中,网络攻击技术与网络安全技术同时演变和发展,这个过程不会停止。但是,网络安全问题似乎已经超出了技术和传统意义上的计算机犯罪的范畴,开始发展成为一种政治与军事的手段。2002 年,James F. Dunnigan 在他的《黑客的战争:下一个战争地带》一书中描述,2001 年阿富汗战争中美国为了配合武装战争,实施了信息战、新闻战和攻击对方银行账户的各种信息战方法。2001 年 11 月,有记录显示有黑客试图攻击美国发电厂的网站,并试图进入美国和欧洲的核电站控制系统。电力控制、通信管理、城市交通控制、航空管制系统、GPS 系统与大型楼宇智能控制系统都是建立在计算机网络之上的,今后都可能成为黑客和网络战(cyberwar)攻击的目标。"cyber"一词来源于希腊语,指的是"控制"。这些以前只会在电影大片中看到的故事,已经变成现实需预防和解决的问题。一些成功的网络战争的关键是计划和弱点。计划包括人力、技术、工具与网络武器等条件的准备。弱点的大小取决于对方对网络的依赖程度,以及网络安全建设的情况。

物联网建立在 RFID 技术、无线传感、自动控制、无线通信和互联网基础之上,物联网的提高将带动整个产业链的稳步提升。但是当前关于物联网信息安全的相应配套制度和法律法规存在很多需要完善的方面,并未建立物联网使用的长效安全机制,因此应该加强对物联网使用的管理,完善相应配套制度和法理法规,推动物联网产业长足良好发展。

在国家的管理以及国与国的竞争中,物联网也发挥着重要的作用。军事、电力、交通、安防等领域都涉及国家安全的重要信息,同时这些领域的运作也都依赖于物联网平台,因此国家公共管理以及关键领域的重要信息也存在着被个人、恶意机构或其他国家非法窃取的可能,进而成为妨碍国家发展和社会安定的重要因素。

## 5.2 物联网信息安全技术

### 5.2.1 信息安全需求

物联网信息安全的一般性指标包括可靠性、保密性、可用性、完整性、可控性和不可抵赖性。

a. 可靠性:可靠性是指系统能够在规定条件下和规定时间内完成规定功能的特性。可靠性主要有三种测度标准:抗毁性、生存性、有效性。其中,抗毁性要求系统在被破坏的情况下仍然能够提供一定程度的服务。生存性要求系统在随机破坏或者网络结构变化时仍然保持可靠性;有效性主要反映在系统部件失效的情况下,满足业务性能要求的程度。可靠性主要表现在硬件、软件、人员、环境等方面。

b. 保密性:保密性是指信息只能被授权用户使用而不被泄露的特性。常用的保密技术包括:防侦收(使攻击者侦收不到有用信息)、防辐射(防止有用信息辐射出去)、信息加密(用加密算法加密信息,即使对手得到加密后的信息也无法读懂)、物理保密(利用限制、隔离、掩蔽、控制等物理措施,保护信息不被泄露)等。

c. 可用性:可用性是指系统服务可以在被授权实体访问并按需求使用的特性。它主要体现在以下两点:一是,在需要时,系统服务要能够允许授权实体使用;二是,在部分受损或者需要降级使用时,系统仍然能够提供有效服务。可用性一般用系统正常服务时间和整体工作时间之比来衡量。

d. 完整性:完整性是指未经授权不能改变信息的特性,即信息在存储或传输的过程中不在偶然或者蓄意地删除、篡改、伪造、乱序、重放等行为的作用下被破坏或丢失。完整性要求保持信息的原样,即信息的正确生成、存储和传输。完整性与保密性不同,保密性要求信息不被泄露给未授权的人,而完整性要求信息不受各种因素的破坏。影响信息完整性的主要因素有设备故障、误码(由传输、处理、存储、精度、干扰等造成)、攻击等。

e. 可控性:可控性是指对信息传播及内容进行控制的特性。例如,在物联网中对标签内容的访问需具有可控性。

f. 不可抵赖性:不可抵赖性是指信息交互过程中所有参与者都不可能否认或者抵赖曾经完成的操作和承诺。利用信息源证据可以防止发送方否认已发送的信息,利用接收证据可以防止接收方否认已经接收的信息。

### 5.2.2 物联网信息安全技术的内容及分类

物联网信息安全技术的目的是保证物联网环境中数据传输、存储、处理与访问的安全性。物联网信息安全主要内容如图 5-2 所示。

物联网中的网络安全技术主要包括以下四个方面。

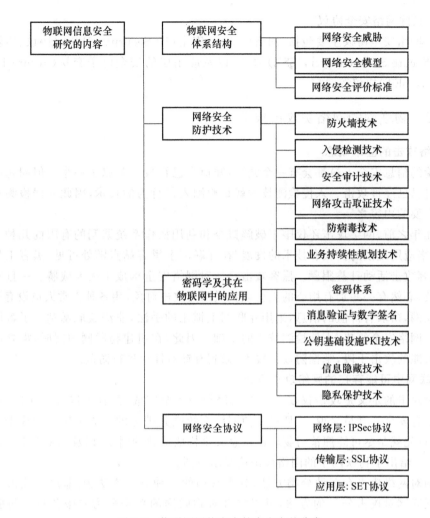

图 5-2 物联网网络安全技术内容的分类

（1）物联网安全体系结构

物联网安全体系结构主要包括：网络安全威胁分析、网络安全模型与确定网络安全体系，以及对系统安全评估的标准和方法。根据对物联网的信息安全构成威胁的因素的分析，确定需要保护的网络信息资源；通过对潜在攻击者、攻击目的与手段、造成的后果的分析与估计，提出层次型的网络安全模型，并提出不同层次网络安全问题的解决方案。物联网安全体系结构的另一个重要组成是系统安全评估的标准和方法，这是评价一个实际物联网网络安全状况的标准，也是不断提出改善物联网信息安全措施的依据。

（2）网络安全防护技术

网络安全防护技术主要包括：防火墙技术、入侵检测与防护技术、安全审计与网络攻击取证技术、防病毒技术，以及业务持续性规划技术等。

（3）密码学及其在物联网中的应用

密码应用技术包括：对称密码体制与公钥密码体制的密码体系，以及在此基础上的消息认证与数字签名技术、信息隐藏技术、公钥基础设施 PKI 技术；信任关系模型与机制；感知信息的分级访问控制机制；隐私保护技术等。

（4）物联网网络安全协议

物联网网络安全协议主要包括：网络层的 IP 安全（IP Security，IPSec）协议、传输层的安全套接层（Secure Socket Layer，SSL）协议，以及应用层的安全电子交易（Secure Electronic Transaction，SET）协议等。

### 5.2.3 物联网的网络防攻击技术

**1. 网络攻击的基本概念**

有经验的信息安全人员都会有一个共识：知道自己被攻击就赢了一半。但问题的关键是怎么知道自己已经被攻击。入侵检测技术就是检测入侵行为的技术，因此入侵检测技术是网络安全中重要的内容之一。

在十几年之前，网络攻击还仅限于破解口令和利用操作系统漏洞的有限的几种方法。然而，随着网络应用规模的扩大和技术的发展，在互联网上黑客站点随处可见，黑客工具可以任意下载，黑客攻击活动日益猖獗。黑客攻击已经对网络安全构成了极大威胁。一旦物联网应用开始普及，必然有一些别有用心的人会以物联网为攻击对象，用各种正常人员没有想到的方法攻击物联网，窃取有价值的信息，采用互联网上惯用的手法，非法获取暴利。了解网络攻击方法是制定网络安全策略、入侵检测技术的基础。因此，在组建物联网的同时，需要前瞻性地预判黑客可能的攻击手段，掌握防攻击技术，做到有针对性地进行防范。

**2. 物联网中可能存在的网络攻击途径**

法律对攻击的定义是攻击仅仅发生在入侵行为完全完成，并且入侵者已在目标网络内。但是对于信息安全管理员来说，一切可能使网络系统受到破坏的行为都应视为攻击。物联网信息安全，首先就是尽可能厘清对物联网信息安全构成威胁的因素，以及网络攻击可能存在的途径。图 5-3 给出了物联网中的网络攻击途径示意图。

互联网对网络攻击有多种分类方法，其中常用的一种分类方法为：非服务攻击与服务攻击。借鉴互联网对攻击分类的方法，可以将针对物联网的攻击分为非服务攻击与服务攻击两类。

（1）非服务攻击

非服务攻击（Application Independent Attack）不针对某项具体应用服务，而是针对网络层及底层通信与设备进行。攻击的行为大致有以下几种基本的形式。

a. 攻击者可能使用各种方法对网络通信设备，如路由器、交换机或移动通信基站、无线局域网的接入点设备或无线路由器发起攻击，造成网络通信设备严重阻塞，导致网络瘫痪。

b. 制造 RFID 标签发送的数据包，占用大量通信线路带宽，造成标签与读写器通信线路出现冲突、拥塞，以致造成通信中断。

c. 对无线传感器网络节点之间、RFID 标签与读写器之间的无线通信进行干扰，使得传感器节点之间、RFID 标签与读写器之间的通信中断，破坏传输网络与接入网络的正常工作。

d. 捕获个别传感器节点，破解通信协议，再放回到传感器网络中，利用植入的恶意软件，有目的地造成网络路由错误、数据传输错误，制造拥塞，耗尽其他节点能量，使得传感器网络不能正常工作，最终崩溃。

e. 攻击 EPC 信息网络系统中的对象名字服务（ONS）体系或服务器，制造错误信息，甚至使得整个 RFID 瘫痪。

f. 物联网的传输网络一般是异构的，互联异构网络的核心设备是网关。攻击者可以采取攻击网关的方法,使得物联网瘫痪。

　　g. 攻击者可以针对物联网感知层(如 RFID)、嵌入式终端设备(如智能手机、PDA)或用户终端设备(个人计算机、笔记本计算机、平板电脑)制造病毒,利用病毒对物联网中的设备实施攻击,或窃取设备中存储、传输的数据,或使设备瘫痪。

　　图 5-3 表示的对路由器的攻击、对通信线路的攻击都属于非服务攻击。

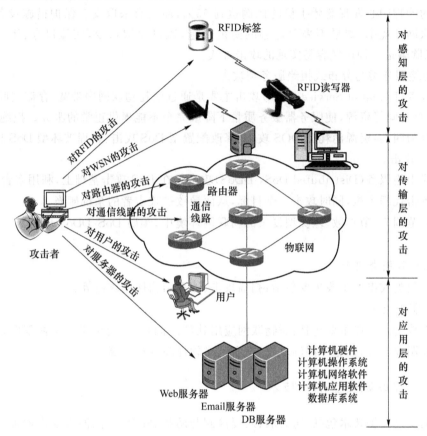

图 5-3　物联网中的网络攻击途径

　　(2) 服务攻击

　　服务攻击(Application Dependent Attack)是指对为网络提供某种服务的服务器发起攻击,造成该网络的"拒绝服务",使网络工作不正常;或者是绕过物联网安全防护体系,非法进入应用系统内部,窃取有价值的信息,或制造错误信息,破坏系统的正常工作。图 5-3 的对服务器的攻击、对用户的攻击都属于服务攻击。在对 WSN 的攻击和对 RFID 的攻击中,攻击者可能不采取破坏系统正常工作的方法,而是通过截取无线传感器网络节点之间、RFID 标签与读写器之间的无线通信内容来获取有价值的信息,这种攻击也属于服务攻击。

　　**3. 物联网中可能存在的攻击手段**

　　虽然网络攻击手段很多并且不断变化,但可以把物联网中可能存在的攻击手段大致分为4 种类型:欺骗类攻击、拒绝服务与分布式拒绝服务类攻击、信息收集类攻击、漏洞类攻击。

　　(1) 欺骗类攻击

　　欺骗类攻击的手段主要包括:口令欺骗、IP 地址欺骗、DNS 或 ONS 欺骗、源路由欺骗。物联网的感知节点之间,以及智能手机、嵌入式移动终端设备大多采用无线通信方法。在无线通信环境中窃取用户口令是比较容易的。有一位无线通信安全问题科研人员曾经做过一个实验。他带着一个装有无线蓝牙通信扫描设备的笔记本计算机,在北京王府井大街一个购物中心做了一个测试。一个小时之内,仪器就测出 3 456 部蓝牙手机,其中有 2682 部蓝牙手机没有设置完全保护机制,可以在未经授权的情况下连接到这些手机,并且仪器还获得了一些用户名、密码等敏感数据。这位科研人员在一个大城市做了这个实验,并对实验结果做了统计,在人员密集的购物中心发现蓝牙手机的比例达到 65%,而没有采取安全保护措施设备、嵌入式设备的物联网环境中,如果不采取足够的防范措施,通过窃取口令,实施口令、用户名欺骗、RFID 标识欺骗是一种比较容易实现的攻击方式。

(2) 拒绝服务类与分布式拒绝服务类攻击

拒绝服务(Denial of Service,DoS)攻击主要是通过消耗物联网中带宽、存储空间、CPU 计算时间、内存空间等资源,使服务器服务质量下降或完全不能提供正常的服务。拒绝服务攻击大致可以分为四类:资源消耗型 DOS 攻击、修改配置型 DoS 攻击、物理破坏型 DoS 攻击、服务利用型 DoS 攻击。

分布式拒绝服务(Distributed DoS,DDoS)攻击是在 DoS 攻击基础上,利用多台分布在不同位置的攻击代理主机,同时攻击一个目标,从而导致被攻击者的系统瘫痪。

在覆盖范围广、节点数多、类型复杂的物联网环境中,预防 DoS/DDoS 攻击是一个富有挑战性问题。

(3) 信息收集类攻击

信息收集类攻击的手段主要包括:扫描攻击、体系结构探测攻击等。

(4) 漏洞类攻击

漏洞类攻击的手段主要包括:对物联网应用软件漏洞攻击、对网络通信协议漏洞攻击、对操作系统漏洞攻击、对数据库漏洞攻击、对嵌入式软件漏洞攻击等。

### 5.2.4 物联网安全防护技术

物联网安全防护技术包括:防火墙、入侵检测与防护、安全审计、网络攻击取证、网络防病毒与业务持续性规划等。

#### 1. 防火墙的基本概念

防火墙(firewall)的概念起源于中世纪的城堡防卫系统,那时人们为了保护城堡的安全,在城堡的周围挖了一条护城河,每一个进入城堡的人都要经过一个吊桥,接受城门守卫的检查。在网络中,人们借鉴了这种思想,设计了一种网络安全防护系统——防火墙。典型的防火墙结构如图 5-4 所示。

防火墙是在网络之间执行控制策略的设备,它包括硬件和软件。设置防火墙的目的是保护内部网络资源不被外部非授权用户使用,防止内部受到外部非法用户的攻击。防火墙通过检查所有进出内部网络的数据包,检查数据包的合法性,判断是否会对网络安全构成威胁,为内部网络建立安全边界。防火墙是构建物联网安全体系的一个重要组成部分。

使用防火墙的好处有:可保护脆弱的服务;可控制对系统的访问;可集中地进行安全管理;可增强保密性;可记录和统计网络利用数据以及非法使用数据情况。防火墙的设计通常有两种基本设计策略:第一,允许任何服务除非被明确禁止;第二,禁止任何服务除非被明确允许。一般采用第二种策略。

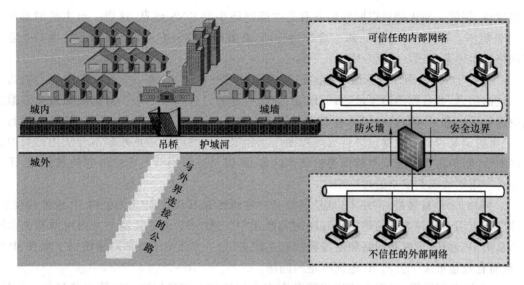

图 5-4 防火墙示意图

防火墙对流经它的网络通信进行扫描，这样能够过滤掉一些攻击，以免其在目标计算机上被执行。防火墙还可以关闭不使用的端口，而且它还能禁止特定端口的流出通信，封锁特洛伊木马。最后，它可以禁止来自特殊站点的访问，从而防止来自不明入侵者的所有通信。防火墙功能有以下几种。

a. 网络安全的屏障：一个防火墙（作为阻塞点、控制点）能极大地提高一个内部网络的安全性，并通过过滤不安全的服务而降低风险。由于只有经过精心选择的应用协议才能通过防火墙，所以网络环境变得更安全。例如，防火墙可以禁止诸如众所周知的不安全的 NFS 协议进出受保护网络，这样外部的攻击者就不可能利用这些脆弱的协议来攻击内部网络。防火墙同时可以保护网络免受基于路由的攻击，如 IP 选项中的源路由攻击和 ICMP 重定向中的重定向路径。防火墙应该可以拒绝所有以上类型攻击的报文并通知防火墙管理员。

b. 强化网络安全策略：通过以防火墙为中心的安全方案配置，能将所有安全软件（如口令、加密、身份认证、审计等）配置在防火墙上。与将网络安全问题分散到各个主机上相比，防火墙的集中安全管理更经济。例如，在网络访问时，一次一密口令系统和其他的身份认证系统完全可以不必分散在各个主机上，而集中在防火墙一身上。

c. 监控审计：如果所有的访问都经过防火墙，那么防火墙就能记录下这些访问并作出日志记录，同时也能提供网络使用情况的统计数据。当发生可疑动作时，防火墙能进行适当的报警，并提供网络是否受到监测和攻击的详细信息。另外，收集一个网络的使用和误用情况也是非常重要的。理由是用户可以清楚防火墙是否能够抵挡攻击者的探测和攻击，并且清楚防火墙的控制是否充足。而网络使用统计对网络需求分析和威胁分析等而言也是非常重要的。

d. 防止内部信息的外泄：通过利用防火墙对内部网络的划分，可实现内部网重点网段的隔离，从而限制了局部重点或敏感网络安全问题对全局网络造成的影响。隐私是内部网络非常关心的问题，一个内部网络中不引人注意的细节可能包含了有关安全的线索而引起外部攻击者的兴趣，甚至因此而暴露了内部网络的某些安全漏洞。使用防火墙就可以隐蔽那些透漏内部细节，如 Finger、DNS 等服务。Finger 显示了主机的所有用户的注册名、真名，最后登录时间和使用 shell 的类型等。但是 Finger 显示的信息非常容易被攻击者所获悉。攻击者可以知道一个系统使用的频繁程度，这个系统是否有用户正在连线上网，这个系统是否在被攻击时引起注意,等等。防火墙可以同样阻塞有关内部网络中的 DNS 信息,这样一台主机的域名和 IP 地址就不会被外界所了解。除安全作用外,防火墙还支持具有 Internet 服务特性的企业内部网络技术体系 VPN(虚拟专用网)。

e. 数据包过滤:网络上的数据都是以包为单位进行传输的,每一个数据包中都会包含一些特定的信息,如数据的源地址、目标地址、源端口号和目标端口号等。防火墙通过读取数据包中的地址信息来判断这些包是否来自可信任的网络,并与预先设定的访问控制规则进行比较,进而确定是否需对数据包进行处理和操作。数据包过滤可以防止外部不合法用户对内部网络的访问,但由于不能检测数据包的具体内容,所以不能识别具有非法内容的数据包,无法实施对应用层协议的安全处理。

f. 网络 IP 地址转换:网络 IP 地址转换是一种将私有 IP 地址转化为公网 IP 地址的技术,它被广泛应用于各种类型的网络和互联网的接入中。网络 IP 地址转换一方面可隐藏内部网络的真实 IP 地址,使内部网络免受黑客的直接攻击,另一方面由于内部网络使用了私有 IP 地址,从而有效地解决了公网 IP 地址不足的问题。

g. 虚拟专用网络:虚拟专用网络将分布在不同地域上的局域网或计算机通过加密通信,虚拟出专用的传输通道,从而将它们从逻辑上连成一个整体,不仅省去了建设专用通信线路的费用,还有效地保证了网络通信的安全。

h. 日志记录与事件通知:进出网络的数据都需经过防火墙,防火墙通过日志对其进行记录,能提供网络使用的详细统计信息。当发生可疑事件时,防火墙更能根据机制进行报警和通知,提供网络是否受到威胁的信息。

为适应越来越多的用户向 Internet 上提供服务时对服务器保护的需要,新一代防火墙采用分别保护的策略对用户上网的对外服务器实施保护,它利用一张网卡将对外服务器作为一个独立网络处理,对外服务器既是内部网的一部分,又与内部网关完全隔离。这就是安全服务器网络(SSN)技术,对 SSN 上的主机既可单独管理,也可设置成通过 FTP、Telnet 等方式从内部网上管理。

SSN 的方法提供的安全性要比传统的"隔离区(DMZ)"的方法好得多,因为 SSN 与外部网之间有防火墙保护,SSN 与内部网之间也有防火墙保护,而 DMZ 只是一种在内、外部网络网关之间存在的一种防火墙方式。换言之,一旦 SSN 受破坏,内部网络仍会处于防火墙的保护之下,而一旦 DMZ 受到破坏,内部网络便暴露于攻击之下。

为了降低防火墙产品在 Telnet、FTP 等服务和远程管理上的安全风险,鉴别功能必不可少,新一代防火墙采用一次性使用的口令字系统来作为用户的鉴别手段,并实现了对邮件的加密。为了满足特定用户的特定需求,新一代防火墙在提供众多服务的同时,还为用户定制提供支持,这类选项有:通用 TCP,出站 UDP、FTP、SMTP 等类,如果某一用户需要建立一个数据库的代理,便可利用这些支持,方便设置。新一代防火墙产品的审计和告警功能十分健全,日志文件包括:一般信息、内核信息、核心信息、接收邮件、邮件路径、发送邮件、已收消息、已发消息、连接需求、已鉴别的访问、告警条件、管理日志、进站代理、FTP 代理、出站代理、邮件服务器、名服务器等。告警功能会守住每一个 TCP 或 UDP 探寻,并能以发出邮件、声响等多种方式报警。此外,新一代防火墙还在网络诊断、数据备份与保全等方面具有特色。

**2. 入侵检测技术的基本概念**

入侵检测是指"通过对行为、安全日志或审计数据或其他网络上可以获得的信息进行操作,检测到对系统的闯入或闯入的企图"。入侵检测技术能够及时发现并报告物联网中未授权或异常的现象,检测物联网中违反安全策略的各种行为。信息收集是入侵检测的第一步,由放置在不同网段的传感器来收集,包括日志文件、网络流量、非正常的目录和文件改变、非正常的程序执行等情况。信息分析是入侵检测的第二步,上述信息被送到检测引擎,通过模式匹配、统计分析和完整性分析等方法进行非法入侵告警。结果处理是入侵检测的第三步,按照告警产生预先定义的响应,采取相应措施,重新配置路由器或防火墙、终止进程、切断连接、改变文件属性等。

1960 年,业界提出了入侵检测系统的概念。入侵检测系统(Intrusion Detection System,IDS)是对计算机的网络资源的恶意使用行为进行识别的系统。IDS 包括系统外部的入侵和内部用户的非授权行为,是为保证计算机系统的安全而设计与配置的一种能够及时发现并报告系统中未授权或异常现象的技术,是一种用于检测计算机网络中违反安全策略行为的技术。同时,上界将网络入侵定义为潜在的、有预谋的、未经授权的服务操作,目的是使网络系统不可靠或无法使用。

1967 年,业界又提出了入侵检测系统框架结构,其功能主要包括:

a. 监控、分析用户和系统的行为;

b. 检查系统的配置和漏洞;

c. 评估重要的系统和数据文件的完整性;

d. 对异常行为进行统计分析,识别攻击类型,并向网络管理人员报警;

e. 对操作系统进行审计、跟踪管理,识别违反授权的用户活动。

IDS 作为一种主动式、动态的防御技术迅速发展起来,它通过动态探查网络内的异常情况,及时发出警报,有效弥补了其他静态防御技术的不足。IDS 正在成为对抗网络攻击的关键技术,也是构成物联网安全体系的重要组成部分。

入侵检测技术的发展趋势可以总结如下。

a. 对分析技术加以改进:采用分析技术和模型,会产生大量的误报和漏报,难以确定真正的入侵行为。采用协议分析和行为分析等新的分析技术后,可提高检测效率和准确性,从而对真正的攻击做出反应。协议分析是目前先进的检测技术,通过对数据包进行结构化协议分析来识别入侵企图和行为,这种技术比模式匹配检测效率更高,并能对一些未知的攻击特征进行识别,具有一定的免疫功能;行为分析技术不仅简单分析单次攻击事件,还根据前后发生的事件确认是否确有攻击发生、攻击行为是否生效,是入侵检测技术发展的趋势。

b. 增进对大流量网络的处理能力:随着网络流量的不断增长,对获得的数据进行实时分析的难度加大,这导致对所在入侵检测系统的要求越来越高。入侵检测产品能否高效处理网络中的数据是衡量入侵检测产品的重要依据。

c. 向高度可集成性发展:集成网络监控和网络管理的相关功能,入侵检测可以检测网络中的数据包,当发现某台设备出现问题时,可立即对该设备进行相应的管理。未来的入侵检测系统将会结合其他网络管理软件,形成入侵检测、网络管理、网络监控三位一体的工具。

**3. 安全审计基本概念**

安全审计是对用户使用网络和计算机所有活动记录分析、审查和发现问题的重要手段,对于系统安全状态的评价、分析攻击源、攻击类型与攻击危害、收集网络犯罪证据是至关重要的技术。

安全审计是提高系统安全性的重要举措。系统活动包括操作系统活动和应用程序进程的活动;用户活动包括用户在操作系统和应用程序中的活动,如用户所使用的资源、使用时间、执行的操作等。安全审计对系统记录和行为进行独立的审查和估计,其主要作用和目的包括 5 个方面:对可能存在的潜在攻击者起到威慑和警示作用,核心是风险评估;测试系统的控制情况,及时进行调整,保证与安全策略和操作规程协调一致;对已出现的破坏事件,做出评估并提供有效的灾难恢复和追究责任的依据;对系统控制、安全策略与规程中的变更进行评价和反馈,以便修订决策和部署;协助系统管理员及时发现网络系统入侵或潜在的系统漏洞及隐患。

网络安全审计从审计级别上可分为 3 种类型:系统级审计、应用级审计和用户级审计。系统级审计主要针对系统的登入情况、用户识别号、登入尝试的日期和具体时间、退出的日期和时间、所使用的设备、登入后运行程序等事件信息进行审查。典型的系统级审计日志还包括部分与安全无关的信息,如系统操作、费用记账和网络性能。这类审计却无法跟踪和记录应用事件,也无法提供足够的细节信息。应用级审计主要针对的是应用程序的活动信息,如打开和关闭数据文件,读取、编辑、删除记录或字段等的特定操作,以及打印报告等。用户级审计主要是审计用户的操作活动信息,如用户直接启动的所有命令,用户所有的鉴别和认证操作,用户所访问的文件和资源等信息。

1996 年,ISO 与 IEC 公布的《信息技术安全评估通用准则》(2.0 版)的 11 项安全功能需求中,明确规定了网络安全审计的功能:安全审计自动响应、安全审计事件生成、安全审计分析、安全审计预览、安全审计事件储存、安全审计事件选择等。因此,一个物联网是否具备完善的审计功能是评价系统安全性的重要标准之一。

安全审计的内容主要有物联网网络设备及防火墙日志审计、操作系统日志审计。目前,防火墙等安全设备具有一定的日志功能,在一般情况下只记录自身的运转情况与简单的违规操作信息。由于一般的网络设备与防火墙对网络流量分析能力不够强,因此这些信息还不能对网络的安全提供分析依据。同时,由于一般网络设备与防火墙采用内存记录日志,因此空间有限,信息经常会被覆盖,没有能力提供足够的分析数据。这种网络设备与防火墙的设计不能够满足安全评测标准的要求。

目前,大多数操作系统都提供日志功能,记录用户登录信息等,但是从大量零散的信息去人工分析安全信息是很困难的,同时日志被修改的可能性是存在的。总之,数据安全性要求高的物联网应用系统如何提高安全审计能力,以保护系统的数据安全是未来需要突破的一个重要内容。

### 4. 网络攻击取证的基本概念

网络攻击取证在网络安全中属于主动防御技术,通过计算机辨析方法,对计算机犯罪的行为进行分析,以确定罪犯与犯罪的电子证据,并以此为重要依据提起诉讼。针对网络入侵与犯罪,计算机取证技术是对受侵犯的计算机与网络设备及系统进行扫描与破解,对入侵的过程进行重构,完成有法律效力的电子证据的获取、保存、分析、出示的全过程,是保护网络系统的重要的技术手段。

与传统意义上的证据一样,电子证据是可信的、准确的、完整的和符合法律法规的,能够被法庭接受的。电子证据有它自己的特点:表现形式的多样性、准确性、易修改性。电子证据可以储存在计算机硬盘、软盘、内存、光盘与磁带中,可以是文本、图形、图像、语音、视频等形式。如果没有人蓄意破坏,那么电子证据是准确的,能够反映事件的过程与某些细节。电子证据不受人的感情与经验等主观因素的影响,但电子证据也是非常容易被修改的。计算机取证也叫作计算机法医学。对于构建能够威慑入侵者的主动网络防御体系有着重要的意义,是一个极具挑战性问题。在信息窃取、金融诈骗、病毒与网络攻击日益严重的情况下,计算机取证技术与相关法律、法规的研究、制定已经迫在眉睫。因此,网络环境中的攻击取证能力的强弱同样是评价物联网安全性的重要标志之一。

网络取证不同于传统的计算机取证,网络取证主要侧重于对网络设施、网络数据流以及使用网络服务的电子终端中网络数据的检测、整理、收集与分析,主要针对攻击网络服务(Web服务等)的网络犯罪。计算机取证属于典型的事后取证,当事件发生后,才会对相关的计算机或电子设备有针对性地进行调查取证工作。而网络取证技术则属于事前或事件发生中的取证。在入侵行为发生前,网络取证技术能够监测、评估异常的数据流与非法访问。因为网络取证中的电子证据具有多样性、易破坏性等特点,网络取证过程中需要考虑以下问题。

a. 依照一定的计划与步骤及时采集证据,防止电子证据的更改或破坏:网络取证针对的是网络多个数据源中的电子数据,能够被新数据覆盖或影响,极易随着网络环境的变更或者人为破坏等因素发生改变,这就要求取证人员迅速依照数据源的稳定性按从弱到强的顺序进行取证。

b. 不要在要被取证的网络或磁盘上直接进行数据采集:依据诺卡德交换原理,当两个对象接触时,物质就会在这两个对象之间产生交换或传送。取证人员与被取证设备的交互(如网络连接的建立)越频繁,系统发生更改的概率越高,电子证据被更改或覆盖的概率越大。这就要求在进行取证时不要任意更改目标机器或者目标网络环境,做好相关的备份工作。

c. 使用的取证工具需得到规范认证:网络取证能够借助 OSSIM 这样的安全分析平台。因为业内水平不一且没有统一的行业标准,对取证结果的可信性产生了一定的影响。这就要求取证人员使用规范的取证工具,四处在网上下载的小工具是没有说服力的。

网络取证的重点是证据链的生成,其过程一般都是层次性的或基于对象的,一般可分为证据的确定、收集、保护、分析和报告等阶段,每个阶段完毕后都会为下一个阶段提供信息,下一个阶段得到的结果又为前一个阶段的取证提供佐证。网络取证的每个阶段都是相互联系的,这就需要这些信息相互关联,主要由关联分析引擎实现。

**5. 物联网防病毒技术**

一提起病毒,大家首先联想到的是互联网中让人头疼的木马、蠕虫、僵尸程序、钓鱼程序与流氓软件。同样,在物联网中也会出现病毒程序。因为物联网中的用户需要使用计算机、智能手机、PDA 与各种嵌入式移动终端设备。在智能手机能够访问互联网的那一天,就意味着智能手机必然要成为病毒制造者下一个攻击的目标。

历史上最早的手机病毒出现在 2000 年,当时的手机病毒最多只能被算作短信炸弹。真正意义上的第一个手机病毒是 2004 年 6 月 20 日出现的"Caribe"。到 2005 年总共出现了 200 多种手机病毒,尽管它的数量不能与互联网上的病毒数量相比,但是手机病毒的增长速度是 PC 病毒的 10 倍,2006 年呈现出快速发展的趋势。据安全厂商 McAfee 的调查报告,2006 年全球手机用户中遭受过手机病毒袭击的比例已达到 63% 左右,较 2003 年上升了 5 倍。从发展趋势上看,手机病毒攻击已经从初期的恶作剧,开始向盗取用户秘密、获取经济利益方向发展。2005 年 11 月出现的 SYMBOS-PBSTEAL. A 是第一个窃取手机信息的病毒,它可以将染病毒的手机的信息传送到一定距离的其他移动设备之中。

2010 年,手机病毒及恶意软件进入空前活跃期。有关部门通过截获大量手机病毒发现了影响较大的 10 种手机病毒:手机僵尸病毒、彩信炸弹、安卓吸费王、安卓短信卧底、给你米后门、终极密盗、安装恶灵、盗密空间、QQ 盗号手、彩秀画皮。它们的主要攻击方式是窃取密码与账号、窥探隐私、偷盗话费,以及下载木马、广告与流氓软件,甚至破坏手机系统。

2015年,猎豹移动发布的《2015年上半年移动安全报告》显示全球近6.1亿台次手机曾中毒,是2014年同期的2.77倍,并且中国受害手机数量为1.49亿台次,位居全球第一。2021年瑞星"云安全"系统共截获病毒样本总量1.19亿个,病毒感染次数2.59亿次。

目前,物联网专业人员在嵌入式操作系统Android,以及iPhone、iPad等智能手机、Pda与平板电脑平台上开发物联网移动终端软件。目前,针对Android与iPhone、iPad的病毒越来越多,已经成为病毒攻击的新重点。从反病毒产品对计算机病毒的作用来讲,防病毒技术可以直观地分为:病毒预防技术、病毒检测技术及病毒清除技术。

a. 病毒预防技术:计算机病毒的预防技术就是通过一定的技术手段防止计算机病毒对系统的传染和破坏。实际上这是一种动态判定技术,即一种行为规则判定技术。也就是说,计算机病毒的预防是采用对病毒的规则进行分类处理,而后在程序运作中凡有类似的规则出现则认定是计算机病毒。具体来说,计算机病毒的预防是通过阻止计算机病毒进入系统内存或阻止计算机病毒对磁盘的操作,尤其是写操作而实现的。病毒预防技术包括:磁盘引导区保护、加密可执行程序、读写控制技术、系统监控技术等。例如,防病毒卡的主要功能是对磁盘提供写保护,监视在计算机和驱动器之间产生的信号,以及可能造成危害的写命令,并且判断磁盘当前所处的状态:哪一个磁盘将要进行写操作,是否正在进行写操作,磁盘是否处于写保护等,来确定病毒是否将要发作。计算机病毒的预防应用包括对已知病毒的预防和对未知病毒的预防两个部分。目前,对已知病毒的预防可以采用特征判定技术或静态判定技术,而对未知病毒的预防采用态判定技术。

b. 病毒检测技术:计算机病毒的检测技术是指通过一定的技术手段判定特定计算机病毒的一种技术。病毒检测技术有两种。一种是根据计算机病毒的关键字、特征程序段内容、病毒特征及传染方式、文件长度的变化,在特征分类的基础上建立的病毒检测技术。另一种是不针对具体病毒程序的自身校验技术。该技术对某个文件或数据段进行检验和计算并保存其结果,以后定期或不定期地以保存的结果对该文件或数据段进行检验,若出现差异,即表示该文件或数据段完整性已遭到破坏,感染上了病毒,从而检测到病毒的存在。

c. 病毒清除技术:计算机病毒的清除技术是计算机病毒检测技术发展的必然结果,是计算机病毒传染程序的一种逆过程。目前,清除病毒大都是在某种病毒出现后,通过对其进行分析而研制出来的具有相应解毒功能的软件。这类软件技术的发展往往是被动的,带有滞后性。而且由于计算机软件所要求的精确性,解毒软件有其局限性,对有些变种病毒的清除无能为力。

在网络环境下,防范病毒问题显得尤其重要。这有两个方面的原因:首先是网络病毒具有更大的破坏力;其次是遭到病毒破坏的网络要进行恢复非常麻烦,而且有时恢复几乎不可能。因此,采用高效的网络防病毒方法和技术是一件非常重要的事情。网络大都采用"客户端-服务器"的工作模式,需要将服务器和工作站相结合来解决防范病毒的问题。在网络上对付病毒有以下四种基本方法:基于网络目录和文件安全性方法,工作站防病毒芯片,Station Lock网络防毒方法,基于服务器的防毒技术。

**6. 业务持续性规划技术**

业务连续性是覆盖整个企业的技术和操作方式的集合,其目的是保证企业信息流在任何时候以及任何需要的状况下都能保持业务连续运行。

突发事件的出现其结果是造成网络与信息系统、硬件与软件的损坏以及密钥系统与数据的丢失,关键业务流程的非计划性中断。造成业务流程的非计划性中断的原因除了洪水、飓风与地震之类的自然灾害、恐怖活动之外,还有网络攻击、病毒与内部人员的破坏以及其他不可抗拒的因素。

对于各种可能发生的情况,需针对可能出现的突发事件,提前做好预防突发事件出现造成重大后果的预案,控制突发事件对关键业务流程所造成的影响。要保证业务连续,前提是做好灾难备份,而且要做应用级的灾难备份。这样当系统因为磁盘损坏或数据丢失、病毒入侵或机器失灵而引起宕机时,将能够保证业务不中断,减少损失。

灾难备份是指为了灾难恢复而对数据、数据处理系统、网络系统、基础设施、技术支持能力和运行管理能力进行备份的过程,它将信息系统从灾难造成的故障或瘫痪状态恢复到可正常运行状态,并将其支持的业务功能从灾难造成的不正常状态恢复到可接受状态。灾难备份只是一种尽可能减少宕机损失的工具或者策略。灾难备份是业务连续性的基础,没有前者,后者就是空中楼阁,但是如果一个灾难备份系统使数据恢复正常的时间过长,那也就不存在所谓的业务连续性了,缩短这个时间,就是业务连续性的目标,消除这个时间,则是业务连续性的终极目标。

物联网应用系统的运行应该达到"电信级"与"准电信级"运营的要求,设计金融、电信、社保、医疗与电网的网络与数据的安全已经成为影响社会稳定的因素,因此在进行物联网设计时需高度重视物联网的安全性,以及对于突发事件的应对能力、业务持续性规划。

大多数的业务连续性策略是以服务器及主机为核心的,整个 IT 系统以及基础通信设施也同样重要,其中包括语音及无线通信、E-mail、办公空间以及基础网络等物理设备。业务连续性是一种预防性机制,它明确一个机构的关键职能以及可能对这些职能构成的威胁,并据此采取相应的技术手段,制订计划和流程,确保这些关键职能在任何环境下都能持续发挥作用。业务连续性包含三个领域:业务状态数据的备份和复制,业务处理能力的冗余和切换,外部接口冗余和切换。

在实际的网络运营环境中,数据备份与恢复功能是非常重要的。数据一旦丢失,可能会给用户造成不可挽回的损失。网络数据可以进行归档与备份。归档与备份是有一定区别的。归档是指在一种特殊介质上进行永久性存储,归档的数据可能包括服务器不再需要的数据,但是由于某种原因需要保存若干年,一般是将这些数据存放在一个非常安全的地方。备份是在磁盘、磁带、光盘等介质上复制重要的数据与软件,将其存放在安全的地方,以备系统遭到攻击或文件丢失等情况发生时,恢复系统的工作环境与数据之用。

网络数据备份是一项基本的网络维护工作。对于网络管理员来说,网络文件备份是日常的网络管理工作任务之一。网络文件备份要解决以下几个基本问题:选择备份设备,选择备份程序,建立备份制度。网络文件备份恢复属于日常网络与信息系统维护的范畴,而业务持续性规划涉及对突发事件对网络与信息系统影响的预防技术。

### 5.2.5 密码学及其在物联网中的应用

密码学是物联网信息安全的一个重要工具,它对物联网运行中保护数据的机密性、完整性与不可抵赖性,以及用户身份认证等方面起着非常重要的作用。

**1. 密码学的基本概念**

密码技术是保证网络与信息安全的基础和核心技术之一,密码学是一门研究如何以隐秘的方式传递信息的学科,包括密码编码学与密码分析学。前者致力于建立难以被敌方或对手攻破的安全密码体制,即"知己";后者则力图破译敌方或对手已有的密码体制,即"知彼"。密码编码学的核心是通过探索密码变化的客观规律,将密码变化的客观规律应用于编制密码,以实现对信息的隐蔽。密码体制的设计是密码学的主要内容。人们利用加密算法和一个秘密的值(密钥)来对信息编码进行隐蔽,而密码分析学试图破译算法和密钥。密码编码学主要从三个方面确保信息的机密性:密钥数量,明文处理的方式,从明文到密文的变换方式。密码分析学是通过密码、密文或密码系统,着力寻求其中的弱点,在不知道密钥和算法的情况下从密文中得到明文是密码分析学的宗旨。两者相互对立,又互相促进地向前发展。

密码体制是指一个系统所采用的基本工作方式以及它的两个基本构成要素,即加密/解密算法和密钥。加密的基本思想是伪装明文以隐藏它的真实内容,即将明文伪装成密文。伪装明文的操作称为加密,加密时所使用的信息变换规则称为加密算法。由密文恢复出原明文的过程称为解密,它所采用的信息变换规则称为解密算法。图 5-5 给出了物联网中数据加密/解密的过程示意图。

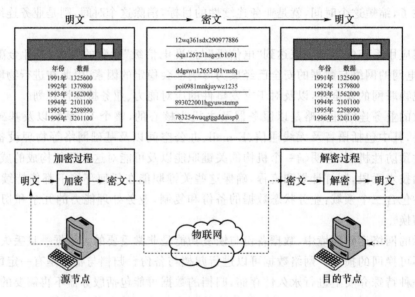

图 5-5　数据加密/解密的过程示意图

**2. 密码学的历史发展**

在距今 2 000 多年前,古人已经有了保密的思想,并将其用在战争中以传递机密的情报。最早的密码形式可以追溯到 4 000 多年前,在古埃及的尼罗河畔,一位书写者在贵族的墓碑上书写铭文时有意使用变形的象形文字,而不用普通的象形文字来写铭文,从而揭开了有文字记载的密码史。公元前 5 世纪,古斯巴达人使用了一种叫作"天书"的器械,这是人类历史上最早使用的密码器械。"天书"是一根用羊皮纸条紧紧缠绕的木棍,书写者自上而下把文字写在羊皮纸条上,然后把羊皮纸条解开送出。这些不连接的文字看起来毫无意义,除非把羊皮纸条重新缠在一根直径和原木棍相同的木棍上,这样,字就一圈圈地被显示出来。人们所熟知的另外一个例子就是古罗马的凯撒大帝曾经在战场上使用了著名的凯撒密码。

随着近代无线电技术的发展,尤其是两次世界大战之后,无线通信开始普及。随着战争的爆发,交战双方发展了密码学。第一次世界大战是世界密码史上的第一个转折点。第二次世界大战的爆发促进了密码科学的飞速发展。密码学是在编码与破译的斗争实践中逐步发展起来。战争使人们对传递信息的保密性的要求更高了。这也促使一批科学家开始具体地研究密码学的基本理论。

1949 年,香农开创性地发表了论文《保密系统的通信原理》,为密码学建立了理论基础,从此密码学成为一门科学。自此以后,越来越多的针对密码学的研究开始出现,密码学开始有了理论的数学基础,其地位已经上升为一门专门的学科。

1976 年,密码学界发生了两件有影响力的事情:一是数据加密算法 DES 的发布;二是 Diffie 和 Hellman 公开提出了公钥密码学的概念。DES 算法的发布是对称密码学的一个里程碑,而公钥密码学概念的出现为密码学开辟了一个新的方向。自此以后,密码学已经从军事领域走出来,成为一个公开的学术研究方向。无论是对称密码学还是公钥密码学,其目的都是解决数据的保密性、完整性和认证性这 3 个主要的问题。数据的保密性是指未经授权的用户不可获得原始数据的内容;数据的完整性是验证数据在传输中未经篡改;数据的认证性是指能够验证当前数据发送方的真实身份。密码学正是研究信息保密性、完整性和认证性的科学,是数学和计算机的交叉学科,也是一门新兴并极具发展前景的学科。

数据加密可在网络 OSI 七层协议的多层上实现,所以从加密技术应用的逻辑位置看,有三种方式。

a. 链路加密:通常,把网络层以下的加密叫链路加密,链路加密主要用于保护通信节点间传输的数据,加解密由置于线路上的密码设备实现。根据传递数据的同步方式,链路加密又可分为同步通信加密和异步通信加密两种。同步通信加密又包括字节同步通信加密和位同步通信加密两种。

b. 节点加密:节点加密是对链路加密的改进,在协议传输层上进行加密,主要是对源节点和目标节点之间传输数据进行加密保护,与链路加密类似。只是加密算法要结合在依附于节点的加密模块中,克服了链路加密在节点处易遭非法存取的缺点。

c. 端对端加密:网络层以上的加密称为端对端加密,端对端是面向网络层主体,对应用层的数据信息进行加密,易于用软件实现,且成本低,但密钥管理问题困难,主要适合大型网络系统中信息在多个发方和收方之间传输的情况。

**3. 密码学的常用算法**

(1) 数据加密标准算法 DES

最早且得到最广泛应用的分组密码算法是数据加密标准(Data Encryption Standard,DES)算法,是由 IBM 公司在 20 世纪 70 年代发展起来的。DES 于 1976 年 11 月被美国政府采用,随后被美国国家标准局承认,并被采纳为联邦信息处理标准。DES 算法采用了 64 位的分组长度和 56 位的密钥长度。它将 64 位的比特输入经过 16 轮迭代变换得到 64 位比特的输出,解密采用相同步骤和相同密钥。

DES 综合运用了置换、代替和代数等多种密码技术。DES 用软件进行解码需要很长时间,而用硬件解码速度非常快。DES 算法的加密步骤和解密步骤是相同的,DES 既可以用于加密,也可用于解密,只是密钥输入顺序不同而已。因此,在制造 DES 芯片时能节约门电路,容易达到标准化和通用性,很适合使用在硬件加密设备中。

DES 正式公布后,世界各国的许多公司都推出了自己实现 DES 的软硬件产品。美国 NBS 至少已认可了 30 多种硬件和软件实现产品。硬件产品既有单片式的,也有单板式的;软件产品既有用于大中型机的,也有用于小型机和微型机的。

(2) 现代散列算法

散列算法(Hash)在密码学算法中处于基础地位。Hash 算法将任意长度的二进制消息转化成固定长度的散列值。Hash 算法是一个不可逆的单向函数。不同的输入可能会得到相同的输出,而不可能从散列值来唯一确定输入值。散列函数广泛应用于密码检验、身份认证、消息认证及数字签名上,因此,散列函数是应用最广泛的密码算法。据统计,Windows XP 操作系统就需要用到散列算法 700 多次。常见的散列算法包括 MD4、MD5、SHA-1、SHA-2、SHA-3。

### (3) RSA 公钥加密算法

RSA 算法由 Rivest、Shamir 和 Adleman 设计,是最著名的公钥加密算法。其安全性是建立在大数因子分解这一已知的著名数论难题的基础上,即将两个大素数相乘在计算上很容易实现,但将该乘积分解为两个大素数因子的计算量则是相当巨大的,以至于在实际计算中不能实现。RSA 既可用于加密,也可用于数字签名。RSA 算法得到了广泛应用,先进的网上银行大多采用 RSA 算法计算签名。

RSA 算法基于下面两个数论上的事实:

a. 已有确定一个整数是不是质数的快速概率算法;

b. 尚未找到确定一个合数的质因子的快速算法。

RSA 算法的工作原理如下:

假定用户 Alice 要发送消息 $m$ 给用户 Bob,则 RSA 算法的加/解密过程如下。

a. 首先,Bob 产生两个大素数 $p$ 和 $q$(保密)。

b. Bob 计算 $n=pq$ 和 $\varphi(n)=(p-1)(q-1)$,将 $\varphi(n)$ 保密。

c. Bob 选择一个随机数 $e$($0<e<\varphi(n)$),要求 $e$ 和 $\varphi(n)$ 互素。

d. Bob 计算得出 $d$,使得 $(d\times e) \bmod \varphi(n)=1$。$d$ 作为私钥,由 Bob 独自保留。

e. Bob 将 $(e,n)$ 作为公钥公开。

f. Alice 通过公开信道查到 $n$ 和 $e$。对 $m$ 加密,加密 $E(m)=m^e \bmod n$。

g. Bob 收到密文 $c$ 后,解密 $D(c)=c^d \bmod n$。

RSA 算法的优点是应用更加广泛,缺点是加密速度慢。

### 4. 对称密码体系与非对称密码体系

加密算法和解密算法的操作通常都是在一组密钥控制下进行的。加密密钥和解密密钥相同的密码体制称为"对称密码体制",加密密钥和解密密钥不相同的密码体制称为"非对称密码体制"或"公钥密码体制",对称密码与非对称密码的比较如图 5-6 所示。

在对称密码体制中,使用最广泛的对称密码算法有:数据加密标准(DES)、扩展的 DES 加密算法(双重和三重 DES)、高级加密标准(AES)。

非对称密码体制是针对私钥密码体制的缺陷而提出的。在公钥加密系统中,加密和解密是相对独立的,加密和解密会使用两种不同的密钥,加密密钥(公开密钥)向公众公开,谁都可以使用,解密密钥(秘密密钥)只有解密人自己知道,非法使用者根据公开的加密密钥无法推算出解密密钥,故其可称为公钥密码体制。公钥加密系统可提供以下功能:机密性、认证、数据完整性、不可抵赖性。公钥密码体制算法中最著名的代表是 RSA 系统,此外还有背包密码、零知识证明、椭圆曲线密码学等。RSA 系统的安全性是基于对极大整数做因数分解的困难,其密钥生成过程如下:

a. 随机找两个质数 $P$ 和 $Q$,$P$ 和 $Q$ 越大,越安全;

b. 计算它们的乘积 $N=PQ$;

c. 计算 $N$ 的欧拉函数 $\varphi(N)$:$\varphi(N)=\varphi(PQ)=\varphi(P-1)\varphi(Q-1)=(P-1)(Q-1)$;

d. 随机选择一个整数 $e$,条件是 $1<e<\varphi(N)$,且 $e$ 与 $\varphi(N)$ 互质;

e. 计算 $e$ 对于 $\varphi(N)$ 的模反元素 $d$,可以使得 $e \times d$ 除以 $\varphi(N)$ 的余数为 $1(1 < d < e$,且 $e \times d \bmod \varphi(N) = 1)$,即:$d = e^{-1}(\bmod \varphi(N))$;

f. 公钥 $(N, e)$;私钥 $(N, d)$。

RSA 系统的具体加解密过程如下:假设 $c$ 为密文,$m$ 为明文,则 $c = m^e \bmod N$,$m = c^d \bmod N$。

【**例 5-1**】 在 RSA 系统中,已知素数 $P = 7$,$Q = 11$,公钥 $e = 13$,试计算私钥 $d$ 并给出明文 $m = 5$ 对应的密文;已知密文 $c = 15$,求其明文。

**解:**

$N = PQ = 77$,则 $\varphi(N) = (P-1)(Q-1) = 60$,即 $13d \bmod 60 = 1$,解得私钥 $d = 37$。

则公钥 $(77, 13)$,可得 $m = 5$ 时密文为 $5^{13} \bmod 77 = 26$;

私钥 $(77, 37)$,可得密文 $c = 15$ 时明文为 $15^{37} \bmod 77 = 71$。

密钥可以看作是密码算法中的可变参数。改变了密钥,实际上也就改变了明文与密文之间等价的数学函数关系。密码算法是相对稳定的,而密钥则是一个变量。现代密码学的一个基本原则是:一切秘密寓于密钥之中。在设计加密系统时,加密算法是可以公开的,真正需要保密的是密钥。

对于同一种加密算法,密钥的位数越长,密钥空间越大,也就是密钥的可能范围越大,破译的困难就越大,安全性越好。一种自然的倾向就是使用最长的可用密钥,这可以使得密钥很难被猜测出。但是密钥越长,进行加密和解密所需要的计算时间也将越长。

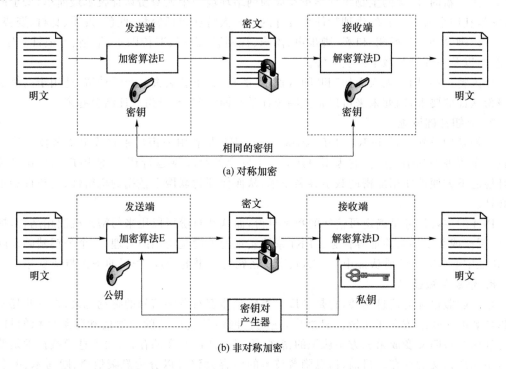

图 5-6  对称密码与非对称密码的比较

**5. 消息验证与数字签名**

2004 年 8 月,第十届全国人大常委会第十一次会议通过了《中华人民共和国电子签名法》,2006 年 4 月 1 日正式实施,它是我国首部"真正意义上的信息化立法",确定了数字签名的法律效力,规范了电子签名的行为,明确了认证机构的法律地位及认证程序,规定了电子签名的安全保证措施。

在物联网环境中,消息验证与数字签名是防止主动攻击的重要技术。消息验证与数字签名的主要目的是:验证信息的完整性,验证消息发送者身份的真实性。实现消息验证需要使用以下技术:消息的加密、消息验证码与散列函数。

利用数字签名可以实现以下功能:保证信息传输过程中的完整性、对发送端身份进行认证、防止交易中的抵赖发生。目前,数字签名技术主要集中在不可否认签名、防失败签名、盲签名和群签名等方面。

**6. 身份认证技术**

物联网身份认证涉及感知层、传输层到应用层的各个领域。身份认证可以通过 3 种基本途径之一或它们的组合来实现。

a. 所知:个人所掌握的密码、口令等。

b. 所有:个人的身份证、护照、信用卡、密钥等。

c. 个人特征:人的指纹、声纹、笔迹、手型、脸型、血型、视网膜、虹膜、DNA,以及个人动作方面的特征等。根据安全要求和用户可接受的程度,以及成本等因素,可以选择适当的组合来设计一个自动身份认证系统。

在安全性要求较高的系统,由口令和证件等提供的安全保障是不完善的。口令可能被泄露,证件可能丢失或被伪造。根据用户的个人特征来进行身份认证是一种可信度高且难于伪造的方法。新的、广义的生物统计学正在成为网络环境中个人身份认证技术最简单、安全的方法,它是利用个人所特有的生理特征来设计的。个人特征包括容貌、肤色、发质、身材、姿势、手印、指纹、脚纹、唇印、颅相、口音、脚步声、体味、视网膜、血型、遗传因子、笔迹、习惯性签字、打字规律,以及在外界刺激下的反应等。

个人特征都具有"因人而异"和"随身携带"的特点,不会丢失且难于伪造,适用于高级别个人身份认证的要求,因此未来可以将生物统计学与网络安全、身份认证结合起来。

**7. 公钥基础设施**

公钥基础设施(Public Key Infrastructure, PKI)是利用公钥加密和数字签名技术建立的提供安全服务的基础设施。它为用户建立一个安全的物联网运行环境,使用户能够在多种应用环境之下方便地使用加密的数字签名技术,从而保证物联网上数据的机密性、完整性和不可抵赖性。

PKI 的主要任务是确定可信任的数字身份,而这些身份可以用来与密码机制相结合,提供认证、授权或数字签名验证等任务。PKI 系统实现的关键是密钥的管理,一个公钥基础设施包括:认证中心(CA)、注册认证中心(RA)、实现密钥与证书的管理、密码的备份与恢复等。

**8. 信息隐藏技术**

信息隐藏也称为信息伪装,它是利用人类感觉器官对数字信号的感觉冗余,将一些秘密信息以伪装的方式隐藏在非秘密信息之中,达到在网络环境中的隐蔽通信和隐蔽标识的目的。信息加密是将明文变成第三方不认识的密文,第三方知道密文的存在,而信息隐藏技术是使第三方不知道密文的存在。目前,信息隐藏技术的内容大致可以分为隐蔽信道、隐写术、匿名通信与版权标志等。

## 5.2.6 物联网的物理层安全技术

物理层安全技术是一种不同于传统加密的物联网信息安全技术,它可以帮助减少身份验证过程所带来的延迟,特别是在移动场景下。此外,物理层安全技术可以作为额外的信息安全保护工具,配合现有的安全机制,提高物联网的安全性。

**1. 物理层安全技术概述**

物理层安全技术通过利用通信介质的内在特征或者基本原理来保障信息安全,简单来说,该技术利用信道条件和干扰环境的差异来提高合法用户接收到的信号功率,同时降低非法用户接收到的信号功率。物联网具有海量机器类型通信设备和由不同运营商控制的子系统,同时还运用了异构无线接入技术。在该系统中,实施需要密钥分发或证书管理的传统加密协议是极具挑战性的。因此,物理层安全技术可以为物联网提供可以替代部分加密方法的信息安全保护方案。

物理层安全技术可用来应对移动物联网中的物理层安全威胁。例如,大规模多输入多输出(MIMO)技术需要收集准确的信道状态信息来选择最佳波束成形方案,在信道训练阶段,导频污染攻击者可能会攻击信道估计过程,他们模仿并发送与合法用户相同的导频信号,从而给通信系统带来安全威胁。除此之外,可以提高频谱效率并促进大规模连接的非正交多址接入(NOMA)技术也容易受到导频污染攻击。

面对上述威胁,物理层安全策略主要有:利用毫米波的高传播损耗特性和方向性对抗欺骗攻击和窃听攻击,或者是利用毫米波 MIMO 系统独特的通信特性在物联网中实现有效的导频污染攻击检测。此外,还可以使用具有带内全双工功能的物联网设备来对抗干扰攻击。除了上述方案,无人机通信系统也有望为物联网提供新的物理层安全保障方案。

物联网具有移动性、资源受限以及异构分层架构等典型特征,部分传统的安全机制不太适合应用在移动物联网,此时就需要利用物理层安全技术来设计新方案以保障信息安全,其主要优势如下。

a. 移动性:在移动物联网的许多应用场景中,设备的移动性是一个突出的特点。例如,与固定基础设施的通信相比,在车联网和无人机通信网络这两种典型的移动物联网应用中,具有不同速度的物联网设备随机加入或离开邻近网络。如果物联网设备快速移动并不断在不同的基站或接入点之间切换,将导致频繁的认证请求。由于基于密码的认证过程需要多次切换来执行密钥分发等任务,当前的密码认证方法难以提供高效而简单的信息安全保障方案,此外,过多的认证请求所带来的延迟会超过服务的延迟标准。相比之下,物理层安全技术有望帮助移动物联网简化握手过程,并减少移动物联网中的认证请求过程所带来的延迟,具体方案有,在认证过程中利用射频指纹技术进行直接识别认证等。

b. 资源受限:在典型的物联网应用(如智能家居、智能医疗和智能城市)中,存在大量低功耗的物联网设备,根据来自传感器的信息,这些设备可以中自主进行通信连接。归功于NOMA、大规模 MIMO 和大规模机器类型通信技术等新兴技术,这些低功耗的物联网设备可以高效地在网络中进行通信。然而,当面对大量这些低功耗的物联网设备时,很难高效地分发和管理密钥。另一个困难是,由于资源受限,物联网设备无法使用复杂的加密技术来实现强大的通信安全保障体系。在这些情况下,这些物联网设备可能更容易遭受恶意攻击。为了解决这些问题,物理层安全技术可以提供有效而简单的解决方案来保障物联网网络的信息安全性。具体方案有:基于无线信道技术的密钥生成可以加快海量物联网设备的密钥分发;基于信息论的安全信道设计可以在无需密码的情况下,提高物联网的安全性能。

c. 异构分层架构:异构分层架构也是移动物联网的一个显著特征。在工业 4.0 时代下,物联网将不同的设备连接起来,并在没有人工干预的情况下,实现异构网络之间的大规模机器类型通信。一般来说,这些物联网设备总是在分层架构的不同层次中以不同的功率和计算能力相互连接。基于物理层特性,不受异构分层架构影响的物理层安全技术有望为提高移动物联网通信场景的安全性提供有效的替补方案。

**2. 物联网中可能存在的物理层安全威胁**

在物联网中,可能存在的物理层安全威胁如图 5-7 所示,主要有窃听、污染、欺骗和干扰 4 种。

物联网中可能存在的其他物理安全威胁

(1) 窃听

窃听的主要目的是截获一些机密信息。由于攻击者是在不发射任何信号的情况下进行窃听攻击的,合法的发射机或接收机很难检测或定位到攻击者。根据攻击者的行为,这类型物理层安全威胁可以分为两种:截获和流量分析。

a. 截获:监听和窃听是物联网设备最常见的隐私攻击。通过探测附近的无线环境,攻击者可以很容易检测到合法授权的通信信道。当信道传输的有关物联网配置的控制信息(即包含着比通过位置服务器访问的更详细的信息)被攻击者截获时,会对网络安全造成威胁。

b. 流量分析:合法通信中的关键信息可以通过加密算法进行加密。在这种情况下,攻击者虽可截获传输的信号,但不能获得重要的内容。然而,流量分析将有助于攻击者跟踪通信模式,发出其他形式的攻击。如果攻击者使用流量分析的方法攻击物联网设备,将有可能会泄露较多的信息,对物联网造成恶意损害。

(2) 污染

此类攻击者旨在污染信道估计阶段,并在下一个通信阶段获得非法通信权限。按信道估计阶段,这类攻击可分为导频污染和反馈污染。

a. 导频污染:在导频污染攻击中,主动攻击者对导频信息有着精确的先验知识。在信道训练阶段,攻击者发送与授权用户相同的导频信号来迷惑接入点或基站。因此,接入点或基站将在其自身和授权用户之间做出错误的信道状态信息估计。该错误的信道状态信息将会依次导致错误的预编码、波束成形或连续干扰消除结果。

b. 反馈污染:现有的传统波束训练的协议,如 IEEE 802.11ad,旨在找到最佳的天线转向。发射机根据传输回来的最佳接收探测帧,选择相应的波束进行数据传输。在这个过程中,攻击者可以注入伪造的反馈信息,导致发射机将波束指向攻击者,而不是目标用户。就算发射机没将波束转向攻击者,只要转向了非预期的方向,也可能导致拒绝服务,并阻止波束训练中关联过程的实现。

(3) 欺骗

此类安全威胁的攻击者试图通过注入一些伪造的身份信息来加入或破坏合法通信过程。在传输阶段,攻击者可以在收发机之间发射具有较高功率的欺骗信号,或者通过监听发射机的活动以在两个合法授权信号之间发送伪造信号。欺骗类攻击主要身份欺骗攻击和 Sybil 攻击两种。

a. 身份欺骗攻击:在物联网中,身份欺骗攻击极易被发起。通过使用虚假身份信息,如授权用户的 MAC 地址或 IP 地址,身份欺骗攻击者会伪造成另一个合法的物联网设备。这样,攻击者就可以非法访问物联网,并发起更高级的攻击,诸如中间人攻击和拒绝服务攻击。

b. Sybil 攻击:在 Sybil 攻击中,攻击者将会冒充其他节点或伪造虚假身份,甚至可以使用一个物理设备生成任意数量的额外节点。在 Sybil 攻击下,物联网可能会生成错误的信息报告,用户将有可能会收到垃圾邮件,自身的隐私也会被泄露。

（4）干扰

干扰攻击者的目标是通过噪声来中断合法用户间的通信。为此,此类攻击者将会在无线信道上连续传输噪声信号,通过降低信噪比来中断合法用户间的通信。这会导致物理层的拒绝服务攻击。一般来说,干扰攻击可以分为三种:导频干扰、主动式干扰以及反应式干扰。

a. 导频干扰:导频干扰攻击可被视为在信道波率、训练阶段可能会遭受的干扰攻击的特例,其目的是在没有准确导频序列的情况下破坏合法通信过程。只有在事先知道导频长度和导频序列码本的情况下,攻击者才能发动导频干扰攻击。这种干扰攻击的成本非常低,因为攻击者不需要攻击整个通信过程,只需要破坏导频信号就会对用户造成信息安全威胁。

b. 主动式干扰:无论合法用户是否发出信号,攻击者都会发送阻塞或干扰信号进行攻击。为了节省在干扰攻击发起前的休眠阶段和攻击阶段之间切换所带来的能量损耗,攻击者会不时地向网络中传输任意比特或分组数据。这种干扰类型可以进一步分为特定频率干扰、扫频干扰、阻塞式干扰和欺骗型干扰。

c. 反应式干扰:此类干扰攻击者可以监听合法信道的通信活动。一旦检测到通信活动,攻击者会立即发出随机信号,干扰用户之间的通信。

物联网中的物理层安全威胁总结如图 5-7 所示。

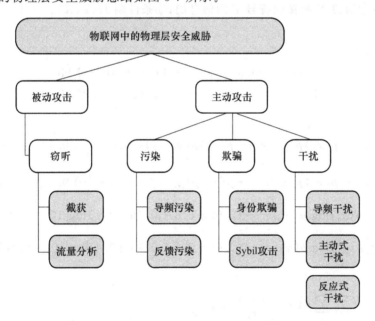

图 5-7  物联网中的物理层安全威胁总结图

**3. 物联网中针对不同的物理层安全威胁的应对策略**

基于上述的物理层安全威胁,下面结合物理层安全技术,概述相应的物理层安全策略。

物联网中针对
物理层安全威胁
的其他应对策略

（1）防止窃听的物理层安全策略

为了防止窃听攻击,物理层安全策略的基本思想是:在合法用户之间确定一个信道安全容量,发送者会向合法接收者提供一个正确的信道安全容量,以确保窃听者不能获得任何信息。一般来说,确定这种信道安全容量的方法有两种,分别是基于人工噪声的物理层安全策略和基于物理层安全技术的信道编码策略。基于人工噪声的物理层安全策略会对窃听者造成干扰,可降低窃听信道的信道容量并提高信道安全容量。基于物理层安全技术的信道编码策略可通过信道编码的纠错功能来实现这个目的,其中,窃听者和合法用户之间的信道下的解码错误率将会高于合法用户之间的信道。此类型的信道编码技术包括 LDPS 码、极坐标码和格码等。

对于移动物联网,物理层安全策略在应对这种被动窃听攻击的潜力将大大提高。在借助大规模 MIMO 技术下,合法用户的接收信号功率可能比窃听者的接收信号功率大几个数量级。由此可见,上述物理层安全策略中所确定的信道安全容量将接近于合法用户的全部传输容量。因此,如果被动窃听攻击者不是非常靠近合法用户,将很难从合法用户间的通信中窃取有用信息。总的来说,这种物理层安全威胁在大规模 MIMO 场景下将得到一定程度的遏制。

在确定信道安全容量时,需要计算相关信息熵。

【例 5-2】 设信源 $X=\{x_1,x_2\}$,其中 $p(x_1)=0.6,p(x_2)=0.4$,通过一干扰信道后,接收符号为 $Y=\{y_1,y_2\}$,信道转移矩阵为 $\begin{bmatrix} \dfrac{5}{6} & \dfrac{1}{6} \\ \dfrac{1}{4} & \dfrac{3}{4} \end{bmatrix}$,试求:①信源 $X$ 中事件 $x_1$ 和事件 $x_2$ 分别包含的自信息量;②信源 $X$ 和接收符号 $Y$ 的信息熵;③条件熵 $H(Y|X)$。

**解:**

①

$$I(x_1)=-\log_2 p(x_1)=-\log_2 0.6=0.737 \text{ bit}$$
$$I(x_2)=-\log_2 p(x_2)=-\log_2 0.4=1.322 \text{ bit}$$

②

$$p(y_1)=p(x_1)p(y_1|x_1)+p(x_2)p(y_1|x_2)=0.6\times\frac{5}{6}+0.4\times\frac{1}{4}=0.6$$

$$p(y_2)=p(x_1)p(y_2|x_1)+p(x_2)p(y_2|x_2)=0.6\times\frac{1}{6}+0.4\times\frac{3}{4}=0.4$$

$$H(X)=-\sum_i p(x_i)\log p(x_i)=-(0.6\log 0.6+0.4\log 0.4)\log_2 10=0.971 \text{ bit/symbol}$$

$$H(Y)=-\sum_j p(y_j)\log p(y_j)=-(0.6\log 0.6+0.4\log 0.4)\log_2 10=0.971 \text{ bit/symbol}$$

③

$$H(Y\mid X)=-\sum_i\sum_j p(x_i)p\left(\frac{y_j}{x_i}\right)\log p\left(\frac{y_j}{x_i}\right)$$

$$=-\left(0.6\times\frac{5}{6}\times\log\frac{5}{6}+0.6\times\frac{1}{6}\times\log\frac{1}{6}+0.4\times\frac{1}{4}\times\log\frac{1}{4}+0.4\times\frac{3}{4}\times\log\frac{3}{4}\right)\times\log_2 10$$

$$=0.715 \text{ bit/symbol}$$

（2）对抗污染的物理层安全策略

一般来说,物理层认证可用于对抗导频污染攻击,相关方案包括导频污染攻击检测和基于射频/硬件的物理层认证。基于射频/硬件的物理层认证是根据不同的无线收发机发射的射频信号在模拟和调制域所具有的独特特征或模式来进行的,这些特征和模式可以用来对抗污染攻击。

在大规模 MIMO 和 NOMA 中,基站或接入点处的波束成形是基于通过导频序列估计得到的信道状态信息来进行的。如果导频信号被攻击者污染,通信系统的安全性能将会大大降低。近年来,虽然已经提出了几种方法来检测这种类型的攻击,但是由于复杂的导频信号设计方法和重传机制,已提出的方法并不是保障移动物联网信息安全的理想解决方案。与此同时,关于如何在移动物联网中实现高效的基于射频/硬件的物理认证并不多。由此可见,污染攻击仍然是移动物联网的一个不小的物理层安全威胁。

（3）对抗欺骗的物理层安全策略

物理层认证是物理层信息安全中对抗欺骗攻击的主要方案。除基于射频/硬件的物理层认证技术外,可基于信道/位置的物理层认知技术来设计检测身份欺骗攻击或 Sybil 攻击的方法,这种方法甚至可以在仅具备接收信号强度等粗略信息的情况下工作。如果攻击者与合法用户处于不同的位置,基于信道/位置的物理层认知技术可以通过检查接收信号强度指纹来有效地检测出攻击者的位置。即使在 Sybil 攻击中,攻击者可以通过使用多个身份信息来伪装成多个物联网设备,基于信道/位置的物理层认知技术也可以有效地检测到这类攻击,并识别出所接收到的不同身份信息是在同一位置发送的。

借助移动物联网无线通信技术,欺骗攻击者的手法越来越高超。例如,通过全双工无线电技术,攻击者可以在传输虚假身份信息的同时,监听合法用户的通信行为。这样,它就可以更智能地设计发动欺骗攻击的时间间隔。然而,合法用户也可以应用 5G 新兴技术来应对这种物理层安全威胁。例如,可以利用大规模 MIMO 中的波束形成技术和毫米波的方向性,来对抗欺骗攻击。

（4）对抗干扰的物理层安全策略

一般来说,可以用来应对干扰攻击的物理层相关安全技术有跳频扩频技术、直接序列扩频技术和超宽带技术。直接序列扩频技术是将要发送的信息用伪随机（PN）序列扩展到一个很宽的频带上去,在接收端用与发端扩展相同的伪随机序列对接收到的扩频信号进行相关处理,恢复出原来的信息。直接序列扩频技术对宽带干扰有很好的抑制作用,因为在接收端解扩时宽带干扰与伪随机（PN）序列相乘后仍然是宽带干扰,且功率谱密度不变,经窄带滤波后,干扰功率下降,信噪比提升。直接序列扩频技术使接收机获得的信噪比的好处可用处理增益衡量,表示为 $G_p = \dfrac{R_c}{R_b}$,其中 $R_c$ 为伪随机序列速率,$R_b$ 为信息码速率。

【例 5-3】 假设 BPSK 信号信息码速率 $R_b = 6$ kbit/s,采用直接序列扩频技术,选取伪随机序列速率为 $R_c = 6$ Mbit/s,求该系统的处理增益。

**解**:$G_p = \dfrac{R_c}{R_b} = \dfrac{6\ 000\ \text{kbti/s}}{6\ \text{kbit/s}} = 1\ 000 = 30$ dB。

同时,这些对抗干扰攻击的安全策略可以分为干扰检测、反应式对抗干扰策略和主动式对抗干扰策略这三种类型。此外,在干扰对抗中,不能单独使用干扰检测技术来应对干扰,但可以使用该技术以快速检测出是否存在干扰攻击,并为接下来的干扰应对策略设计提供有价值的数据。反应式对抗干扰策略仅在感知到发生干扰攻击事件时才做出反应。而对于主动式对抗干扰策略,无论干扰是什么,对抗攻击的行为都会持续进行,因此该策略比反应式对抗干扰策略消耗的能量更多。

在移动物联网的干扰攻击活动中,攻击者经常会采用全双工无线电技术,因为使用该技术能够同时进行干扰信号的发射和合法通信过程的监听。然而,合法用户也可以利用全双工无线电技术来对抗干扰攻击。此外,还可以利用无人机通信系统来降低干扰攻击造成的流量损失。

**4. 物联网中应用物理层安全技术面临的挑战**

随着无线通信的发展与物联网的普及,物联网接入设备的数量将会激增,物联网设备将会在人类的消费活动中发挥重要作用,如果安全问题得不到妥善解决,将会带来严重的安全问题,因此物理层安全技术值得重视。

此外,在物联网中仅使用物理层安全技术来保障信息安全是不够的,还需要与更高层的信息安全技术相结合以提高通信系统的安全性,构建强有力的信息安全保障机制。这会涉及物联网中的不同层通信协议之间的交互,这种跨层协议的交互过程会给物理层安全策略的设计带来一定的挑战。

### 5.2.7 网络安全协议

网络安全协议是营造网络安全环境的基础,是构建安全网络的关键技术。设计并保证网络安全协议的安全性和正确性能够从基础上保证网络安全,避免因网络安全等级不够而导致网络数据信息丢失或文件损坏等信息泄露问题。在计算机网络应用中,可通过计算机通信的安全协议来提高网络信息传输的安全性。

互联网的核心技术 TCP/IP 协议在数据传输安全方面有很多欠缺的地方,如何在互联网环境中保证数据传输安全是非常重要的。人们在网络安全协议方面已经取得了很多有应用价值的成果,其中可以用于物联网网络安全传输的协议主要有:网络层的 IPSec 协议、传输层的 SSL 协议和应用层的 SET 协议。

**1. 网络层的 IPSec 协议**

IPSec(Internet Protocol Security)是 IETF(因特网工程任务组)于 1998 年 11 月公布的 IP 完全标准,其目标是为 IPv4 和 IPv6 提供透明的完全服务。IPSec 在 IP 层上提供数据源的验证、无连接数据完整性、数据机密性、抗传播和有限业务流机密性等安全服务。可以保障主机之间、网络安全网关(如路由器或防火墙)之间或主机与安全网关之间的数据包关系。IPSec 协议关系如图 5-8 所示。

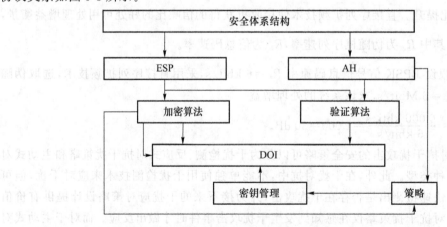

图 5-8 IPSec 协议关系图

Sniffer 知识点拓展

使用 IPSec 可以防范以下几种网络攻击。

a. Sniffer:IPSec 对数据进行加密以对抗 Sniffer,保持数据的机密性。

b. 数据篡改:IPSec 用密钥为每个 IP 包生成一个信息验证码(MAC),密钥为数据的发送方和接收方共享。对数据包的任何篡改接收方都能够检测,保证了数据的完整性。

c. 身份欺骗:IPSec 的身份交换和认证机制不会暴露任何信息,依赖数据完整性服务可以实现数据的来源认证。

　　d. 重放攻击：IPsec 防止了数据包被捕获并重新投放到网上，即目的地会检测并拒绝老的或重复的数据包。

　　e. 拒绝服务攻击：IPSec 依据 IP 地址范围、协议，甚至特定的协议端口号来决定哪些数据流需要保护，哪些数据流可以允许通过，哪些需要拦截。

　　IPsec 是一种开放标准的框架结构，通过使用加密的安全服务以确保在 Internet 协议（IP）网络上进行安全通信。IPSec 对于 IPv4 是可选使用的，对于 IPv6 是强制使用的。IPSec 协议工作在开放系统互连 OSI 模型的第三层，非常适合保护基于 TCP 或 UDP 协议的数据通信。这就意味着，与传输层或更高层的协议相比，IPSec 协议需处理可靠性和分片的问题，这也同时增加了它的复杂性和处理开销。

　　**2. 传输层的 SSL 安全协议**

　　SSL（Secure Socket Layer）协议位于 TCP/IP 协议与应用层协议之间，为数据通信提供安全支持。SSL 协议体系结构如图 5-9 所示，该协议可分为两层。

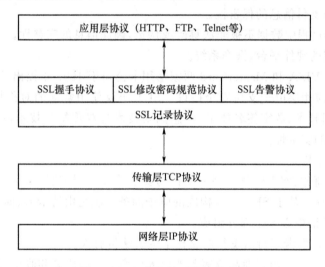

图 5-9　SSL 协议体系结构示意图

　　a. SSL 记录协议（SSL Record Protocol）：它建立在可靠的传输协议（如 TCP）之上，为高层协议提供数据封装、压缩、加密等基本功能的支持。

　　b. SSL 握手协议（SSL Handshake Protocol）：它建立在 SSL 记录协议之上，用于在实际的数据传输开始前，通信双方进行身份认证，协商加密算法和交换加密密钥等。

　　SSL 安全通信协议是 Netscape 公司推出 Web 浏览器时提出的。SSL 协议目前已成为 Internet 上保密通信的工业标准。现行的 Web 浏览器普遍将 HTTP 和 SSL 相结合来实现安全通信。IETF 将 SSL 作了标准化，即 RFC2246，并将其称为 TLS（Transport Layer Security）。从技术上讲，TLS 1.0 与 SSL 3.0 的差别非常微小。

　　在 WAP 的环境下，由于手机及手持设备的处理和存储能力有限，WAP 论坛（WWW.wapforum.org）在 TLS 的基础上做了简化，提出了 WTLS（Wireless Transport Layer Security）协议，以适应无线的特殊环境。

　　SSL 采用公开密钥技术，其目标是保证两个应用间通信的保密性和可靠性，可在服务器和客户机两端同时实现。SSL 能使客户/服务器应用之间的通信不被攻击者窃听，并且始终对服务器进行认证，还可选择对客户进行认证。

SSL 协议要求建立在可靠的传输层协议(如 TCP)之上。SSL 协议的优势在于它与应用层协议独立无关,高层的应用层协议(如 HTTP、FTP、Telnet)能透明地建立于 SSL 协议之上。SSL 协议在应用层协议通信之前就已经完成加密算法、通信密钥的协商和服务器认证工作。

**3. 应用层的 SET 协议**

电子商务已经成为互联网中一类主要的应用,同时也是物联网中一种基本的服务。为了保证互联网与物联网中不同的应用系统能够互联互通,需考虑采用成熟和广泛使用的安全电子交易 SET 协议。同时,SET 协议也为物联网应用层协议的设计提供了一种可以借鉴的思路。

(1) SET 协议的基本概念

基于 Web 的电子商务需要有以下几个方面的安全服务:

a. 鉴别贸易伙伴、持卡人的合法身份,以及交易商家身份的真实性。

b. 确保订购与支付信息的保密性。

c. 保证在交易过程中数据不被非法篡改或伪造,确保信息的完整性。

d. 不依赖特定的硬件平台、操作系统。

SET 协议是由 VISA 和 MasterCard 两家信用卡公司于 1997 年提出的,并且已经成为目前公认的最成熟的应用层电子支付安全协议。SET 协议使用常规的对称加密和非对称加密体系,以及数字信封技术、数字签名技术、信息摘要技术与双重签名技术,以保证信息在 Web 环境中传输和处理的安全性。

(2) SET 系统结构

为了保证电子商务、网上购物与网上支付的安全性,SET 协议定义了体系结构、电子支付协议与证书管理过程。基于 SET 协议构成的电子商务系统是由持卡人、商家、发卡银行、收单银行、支付网关与认证中心 6 个部分组成。

a. 持卡人是指由发卡银行所发行的支付卡的合法持有人。

b. 商家是指向持卡人出售商品或服务的个人或商店。商店需和收单银行建立业务联系,接收电子支付形式。

c. 发卡银行是指向持卡人提供支付卡的金融授权机构。

d. 收单银行是指与商家建立业务联系,可以处理支付卡授权和支付业务的金融授权机构。

e. 支付网关是由收单银行或第三方运作,用来处理商家支付信息的机构。

f. 认证中心是一个可信任的实体,可以为持卡人、商家与支付网关签发数字证书的机构。

(3) SET 协议的基本工作原理

SET 结构的设计思想是:在持卡人、商家与收单银行之间建立一个可靠的金融信息传递关系,解决网上三方支付机制的安全性。

① 机密性

数据的秘密性是指对敏感的个人信息的保护,防止受到攻击与泄露。SET 协议采用对称、非对称密码机制与数字信封技术保护交易中数据交换的秘密性。

② 认证

SET 协议通过 CA 中心,实现对通信实体之间、持卡人身份、商家身份、支付网关身份的认证。

③ 完整性

SET 协议通过数字签名机制,确保系统内部交换信息在传输过程中没有被篡改与伪造。SET 协议保证电子商务各个参与者之间的信息隔离,持卡人的信息经过加密后发送到银行,商家不能看到持卡人的账户与密码等信息;保证商家与持卡人交互的信息在 Internet 上安全传输,不被黑客窃取或篡改;通过 CA 中心第三方机构,实现持卡人与商家、商家与银行之间的相互认证,确保电子商务交易各方身份的真实性。

SET 协议的基本工作原理如图 5-10 所示,该协议规定了加密算法的应用、证书授权过程与格式、信息交互过程与格式、认证信息格式等,使不同软件厂商开发的软件具有兼容性和互操作性,并能够运行在不同的硬件和操作系统平台上。

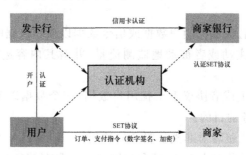

图 5-10  SET 协议基本原理图

## 5.3  蜂窝网络安全与隐私保护

随着移动通信和互联网的迅猛发展,呈现固定和移动宽带化的发展趋势,同时通信网络和业务正发生着根本性的变化。变化体现在两大方面:一是提供的业务从以传统的话音业务为主向提供综合信息服务的方向发展;二是通信的主体从人与人之间的通信扩展到人与物、物与物之间的通信,渗透到人们日常生活的方方面面。而安全性问题始终是移动无线通信难解的心结,如手机病毒、流氓软件、间谍软件、手机隐私保护、垃圾信息、电话骚扰等,这些问题越来越受到人们的重视,特别是引起了生产商与运营商的强烈关注。

本节主要讨论面向物联网的第二代蜂窝移动通信系统(2G),第三代蜂窝移动通信系统(3G),第四代蜂窝移动通信系统(4G)和现在很热门的第五代蜂窝移动通信系统(5G)的安全性问题。

### 5.3.1  蜂窝网络面临的攻击

蜂窝网络面临的攻击有多种,其分类方法也是各式各样,按照攻击的位置分类可以分为对无线链路的威胁、对服务网络的威胁、对移动终端的威胁;按照攻击的类型分类可以分为拦截侦听、伪装、资源篡改、流量分析、拒绝服务、非授权访问服务、DoS 和中断;按照攻击的方法可以分为消息损害、数据损害、服务逻辑的损害。

蜂窝移动通信网是无线网络,不可避免地会遭受所有无线网络可能遭受的攻击。而无线网络所遭受的攻击一方面是其本身在有线中就存在的安全攻击,另一方面是因为其以空气作为传输介质,空气是一个开放的媒介,很容易受到攻击。移动通信网络的构建,应该是在物理基础设施之上构造的重叠网络,在重叠网络上涉及了服务提供商的利益,而重叠网上面临的威胁就是通过多种形式获取重叠网的信息,然后以合法的身份加入重叠网,然后大规模地使用重叠网络资源而不用花费一分钱。对移动终端的威胁莫过于盗取移动终端中的系统密钥,以及银行账号和密码等,攻击者通过一些网络工具监听和分析通信流量来获得这些信息。

攻击类型可以分为以下几类。

a. 拦截侦听:也就是入侵者被动地拦截信息,但是不对信息进行修改和删除,所造成的结果不会影响到信息的接收和发送,但造成了信息的泄漏,如果是保密级别的消息,就会造成很大的损失。

b. 伪装:入侵者伪装成网络单元用户数据、信令数据及控制数据,伪终端欺骗网络获取服务。

c. 资源篡改:修改、插入、删除用户数据或信令数据以破坏数据的完整性。

d. 流量分析:入侵者主动或者被动地监测流量,并对其内容进行分析,获取其中的重要信息。

e. 拒绝服务:在物理上或者协议上干扰用户数据、信令数据以及控制数据在无线链路上的正确传输,达到拒绝服务的目的。

f. 非授权访问服务:入侵者对非授权服务的访问。

g. DoS:这是一个常见的攻击方法,即利用网络无论是存储还是计算能力都有限的情况,使网络超过其工作负荷导致系统瘫痪。

h. 中断:通过破坏网络资源达到中断的目的。

按攻击的方法,攻击可分为消息损害、数据损害、服务逻辑损害三类。消息损害是指通过对信令的损害达到攻击目的;数据损害是指通过损害存储在系统中的数据达到攻击的目的;服务逻辑损害是指通过损害运行在网络上的服务逻辑,即改变以往的服务方式,方便进行攻击。

针对上面移动通信所面临的攻击,随着移动通信系统的不断发展,移动通信业务的不断增多,移动通信网上传输的数据越来越重要,移动通信网系统对安全方面的要求也是越来越高,随着移动通信网的演进,其安全对策越来越精密,所使用的安全技术水平也越来越高。

### 5.3.2 GSM 的信息安全与隐私保护

全球广泛应用的 GSM 很不安全,因为其用户可以被轻易地跟踪,而且采取简单的措施就可以偷听用户的电话。广泛使用的 VoIP 电话尽管能削减通话成本,但是其基本无安全性可言,VoIP 系统是基于开放式标准,其流量不会进行任何加密措施,因此偷听、伪造或者拦截呼叫语音信息是轻而易举的事情。同样,GSM 的安全性也有待提高,很低廉的价格就可以购买到窃听设备并使用免费软件来接入网络以监听网络流量。

**1. GSM 的安全性机制**

GSM 的安全性包含以下几个方面:用户身份认证、用户身份保密、信令数据的保密性,以及用户数据的保密性。GSM 中的每个用户由国际移动用户识别(IMSI 号码)。同在第一代模拟系统中的电子序列码 ESN 和 MIN 一样,用户还有一个自己的认证密码。GSM 的认证和加密的设计是高度机密信息不在射频信道传输。

A8、A3、A5
算法知识拓展

GSM 安全机制的实施包含三个部分,分别是:用户识别单元(SIM)、GSM 手机或者 MS、

GSM 网络。SIM 包含 IMSI、用户私有认证密钥(Ki)、密钥产生算法(A8)、认证算法(A3)、加密算法(A5)和私人识别号(PIN)。GSM 手机包含加密算法(A5),A3、A8 算法也用于 GSM。图 5-11 所示为 GSM 安全算法分布结构,其中:AUC 是认证中心,它作为 GSM 操作和维护子系统的一部分,包含了一组用户识别和认证的数据库;HLR 是归属位置存储器,负责存储 MS 与 AUC 之间认证的数据;VLR 负责管理合适的数据库来保存临时身份 TMSI 和 IMSI 之间的对应关系。AUC、HLR、VLR 都受控于 MSC。

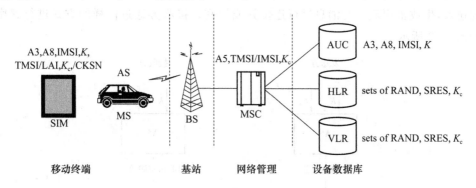

图 5-11    GSM 安全算法分布结构

**2. GAM 系统的鉴权与加密**

(1) 用户身份认证

GSM 进行用户身份认证的目的有三个:一是证实 SIM 卡的合法性;二是禁止网络非授权使用;三是建立会话密钥。其过程如图 5-12 所示。

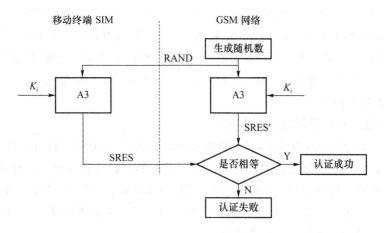

图 5-12    用户身份认证

(2) 用户身份保密

用户身份泄漏的一个主要原因是攻击者在无线网络上监听跟踪 GSM 用户,来获取用户身份,所以为了实现用户身份的保密,GSM 使用了 TMSI 临时身份标识来代替 IMSI,而且 TMSI 由 MSC/VLR 分配,并不断进行更新,这极大地保护了用户身份不被泄露。不过在用户开机或者 VLR 丢失数据的时候,IMSI 会被以明文的形式发送,只有在这个时候用户的身份才可能被泄露。VLR 中保存着 TMSI 和 IMSI 之间的对应关系。

(3) 信令和数据的保密性

为保证无线传输的数据的安全,至今为止采用得最多的方法就是对数据进行加密。在

GSM 中采用的就是对数据加密的算法,其中运用的加密算法是 A5。在对数据进行加密之前,首先要进行密钥的产生,跟上面的认证过程很相似,首先是由 GSM 生成一个 RAND 挑战随机数,接着将 RAND 发送给移动终端 SIM,之后根据同样的 A8 算法,和同样的 $K_i$ 私钥,获得同样的 64 bit 的加密密钥 $K_c$。从上面这个过程可以看到,$K_i$ 的密级是很高的,没有在无线上被传送过,由此产生的加密密钥也才能保证信令和数据的安全。

为了对传输的数据进行加密,GSM 运用 A5 算法,以生成的 64 bit 的 $K_c$ 和 22 bit 当前帧号作为输入,生成密钥流。对消息进行逐位异或加密。接收方通过同样的方式进行解密。其过程如图 5-13 所示。

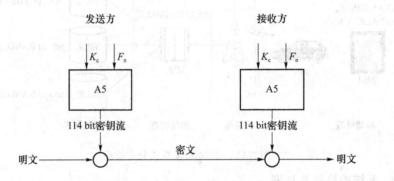

图 5-13　GSM A5 算法原理图

GSM 中的 A3、A5、A8 算法很重要,首先是 A3 和 A8 算法,因为都是对随机数 RAND 进行加密,所以采取的算法往往是一致的,且都是由运营商所决定,算法在 SIM 和 AUC 中实现,运营商往往会选用 COMP128 来实现 A3 算法和 A8 算法。COMP128 实际上是一个散列函数,系统将 128 bit 的 RAND 和 128 bit 的 $K_i$ 输入,经过散列得到一个 128 bit 的应答 SRES 或者 64 bit 的密钥。A5 是一个序列密码算法,其可以在硬件上高效地实现,但是设计没有公开,现在有很多的变种 A5 算法存在,如 A5/1、A5/2 和基于 Kasumi 的 A5/3。

**3. GSM 的安全问题**

GSM 同样也存在以下问题亟待解决:

a. GSM 实现的是单方面认证,只有网络对用户的认证,没有用户对网络的认证。

b. 由于 A3/A8 采用的是 COMP128 的算法,这个算法已经被反向工程和文献透露出来,所以就造成了缺陷的存在。也正是由于这个原因,后来攻击者在没有 SIM 卡的情况下几个小时就能获得 $K_i$,在有 SIM 卡的情况下 IBM 研发者只需要一分钟就能从 SIM 卡中提取出 $K_i$。SIM 卡的易克隆给攻击者带来了可乘之机。

c. 加密算法的漏洞。

d. 其数据传输加密的范围只限在无线,在网内和网间传输链路信息依然使用明文传送,这导致了安全隐患。

e. 用户身份泄露,在用户开机或者 VLR 数据丢失的情况下,用户的 IMSI 会在网络上进行传输。

f. 无法避免 DoS 攻击,只要攻击者多次发送同一个信道请求到基站控制器,当这个信道被占满时,就会导致 DoS 攻击。

g. 没有保证消息的完整性。

h. 重放攻击的漏洞,攻击者可以滥用以前用户和网络之间的信息进行重放攻击。

### 5.3.3 3G 的信息安全与隐私保护

2G 很好地解决了 1G 所面临的容量有限、欺骗漏洞、监听等问题。2G 虽然优化了语音服务,但是并不适合数据通信。随着电子贸易、多媒体通信、其他的互联网服务,以及移动同步性要求的提高,更为先进的 3G 技术成为发展的必然趋势。

**1. UMTS 系统架构**

3G 是针对 2G 的一些不足而提出的,在安全性方面,3G 有一些原则:首先,它会考虑到在操作环境中对实际或者预期改变需要额外增加的功能;其次,它会尽可能地保持与 GSM 的兼容性;再次,它会保留 GSM 中被用户和网络操作者证明了的具有强壮性和有用的功能;最后,它会添加功能以弥补 2G 中的漏洞。为了看到 2G 到 3G 的演变,在说明 3G 安全性方面的时候,以 UMTS 系统为代表。

从图 5-14 中可以看出在 3G 安全体系当中,分了三个层次,从上到下为应用层、服务层和传输层。也定义了五个安全特征组,即图中显示的 I-V:网络接入安全,这个安全组使用户安全地接入 3G 业务,特别是对抗无线接入链路的攻击;网络域安全,这个特征组使网络运营商之间能够安全地交换信令数据,对抗在有线网络上的攻击;用户域安全,这个特征组确保安全接入移动设备;应用域安全,这个特征组使用户和网络运营商之间能够安全交换信息;安全的可知性和可配置性,这个特征组确保一个安全特征组的运行,业务的应用和设置依赖于该安全特征。

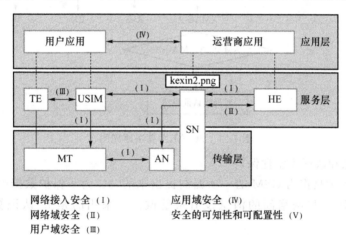

图 5-14 3G 安全性示意图

3G 的安全功能包括:保留下来的 GSM 的被证明的具有强壮性和可用性的功能,其中有基于 SIM 卡的认证,3G 将保留基于共享在 SIM 卡和 AuC 之间的对称密钥的挑战和回复认证机制;保留了空中接口加密,但是不仅仅是用户方实现认证,添加了对网络运营商的双向认证;最后还保留了用户身份隐藏的方法,即使用临时用户标识的方法,减少真实身份的暴露。

以上就是 3G 所保留的 GSM 中的一些机制,同时 3G 为克服 2G 安全漏洞,也对 GSM 的一些功能进行了增强和提升。

**2. 3G 的安全性机制**

(1)认证和密钥协议

3G 中使用 AKA 机制完成 MS 和网络的双向认证,并建立新的加密密钥和完整性密钥。

AKA 安全算法的执行分为两个阶段：第一个阶段是认证向量(AV)从归属环境(HE)到服务网络(SN)的传送；第二个阶段是 SGSN/VLR 和 MS 执行询问应答程序取得相互认证。其认证过程如图 5-15 所示。

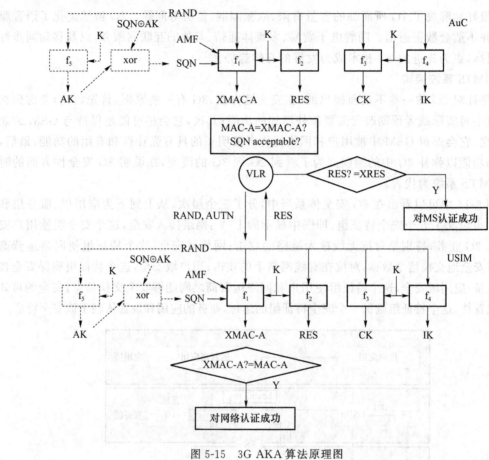

图 5-15　3G AKA 算法原理图

(2) 信令消息和数据完整性保护

数据完整性保护是作为 GSM 的一项漏洞提出来的，3G 为了保护数据的完整性，采用了消息认证来保护用户和网络间的消息没有被篡改。其采用的是 f9 认证算法。其过程如图 5-16 所示。

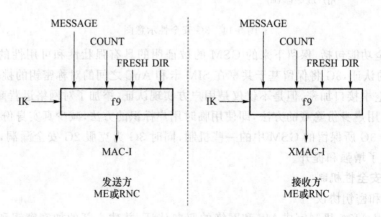

图 5-16　f9 认证算法原理图

发送方把要传送的数据使用完整性 IK 和 f9 算法产生 MAC,接收方将消息进行同样的处理之后得到 XMAC,若是 MAC 与 XMAC 相等,则说明消息是完整的。

（3）加密

在无线链路上的加密,过程仍然跟 GSM 一致,仅有的区别就是使用的算法是 f8 加密算法,其有 5 个输入,分别为:密钥序列号、链路身份指示、上下行链路指示、密码长度、128 bit 的加密密钥 CK。

### 5.3.4 B3G 与 4G 的信息安全与隐私保护

以 LTE 为代表的 4G 继承了 3G 的安全体系设计理念,在结构完善和功能增强方面都有新的进展。本节将对 LTE 系统的信息安全进行介绍。

**1. LTE/SAE 网络架构**

3GPP 于 2004 年 12 月启动了无线接入网长期演进项目(Long Term Evolution,LTE),与之相匹配的是面向全 IP 分组域核心网的演进项目(System Architecture Evolution,SAE),旨在保持其在移动通信领域内的优势,以满足今后用户不断发展的需求。LTE 核心网又称为 EPS(Evolved Packet System,演进型分组系统)。

LTE 网络结构如图 5-17 中虚线框部分所示,由两大部分组成:接入网 E-UTRAN (Evolved Universal Terrestrial Radio Access Network,演化型陆地无线接入网)和核心网 EPC(Evolved Package Core,演化型分组核心网)。由图 5-17 可知,移动台也可以通过 GERAN 或 UTRAN 接入网,接入 UMTS 核心网,通过 S3 接口进入 LTE 网络。另外,非 3GPP 接入网,如 WiMAX、cdma 2000 等可信网络可以直接进入 LTE,而 WLAN 等非可信网络首先接入 ePDG,然后再接入 LTE。因此,从网络侧看,LTE 需要与多个接入网进行互操作;而从终端侧看,可以通过移动 IP 的方式,在不同接入网之间切换。这些复杂情况使 LTE 面临更多的安全威胁,也对 LTE 的安全机制提出了更高的要求。

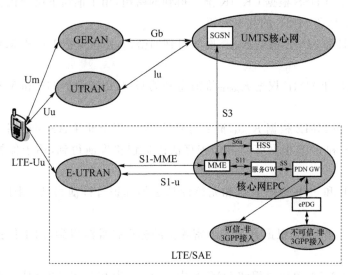

图 5-17 LTE 无线网络架构

在 LTE/SAE 中,由于 eNB 处于一个不完全信任区域,因此 LTE/SAE 的安全包括两个层次:接入层(AS)和非接入层(NAS)的安全。AS 安全是指 UE 与 eNB 之间的安全,主要执行 AS 信令的加密和完整性保护,用户面 UP 的加密性保护。NAS 安全是指 UE 与 MME 之间的安全,主要执行 NAS 信令的加密和完整性保护。

**2. LTE/SAE 的密钥层次架构**

LTE/SAE 的密钥层次架构如图 5-18 所示,由 K 派生出较多层次的密钥,分别实现各层的保密性和完整性保护,提高了通信的安全性。LTE/SAE 的密钥层次架构中包含如下密钥。

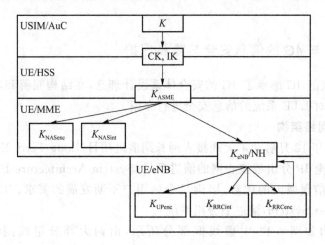

图 5-18 LTE/SAE 密钥层次架构

(1) UE 和 HSS 间共享的密钥

• $K$:存储在 USIM 和认证中心 AuC 的永久密钥。

• CK/IK:AuC 和 USIM 在 AKA 认证过程中生成的密钥对。与 UMTS 相比,CK/IK 不在网络中传输,由通信双方根据参数各自在本地计算获得。

(2) ME 和 ASME 共享的中间密钥

• $K_{ASME}$:UE 和 HSS 根据 CK/IK 推演得到的密钥,用于推演下层密钥。

(3) UE 与 eNB 和 MME 的共享密钥

• $K_{NASint}$:UE 和 MME 根据 $K_{ASME}$ 推演得到的密钥,用于保护 UE 和 MME 间 NAS 流量的完整性。

• $K_{NASenc}$:UE 和 MME 根据 $K_{ASME}$ 推演得到的密钥,用于保护 UE 和 MME 间 NAS 流量的保密性。

• $K_{eNB}$:UE 和 MME 根据 $K_{ASME}$ 推演得到的密钥,用于推导 AS 层密钥。

• $K_{UPenc}$:UE 和 eNB 根据 $K_{eNB}$ 和加密算法的标识符推演得到,用于保护 UE 和 eNB 间 UP 的保密性。

• $K_{RRCint}$:UE 和 eNB 根据 $K_{eNB}$ 和完整性算法的标识符推演得到,用于保护 UE 和 eNB 间 RCC 的完整性。

• $K_{RRCenc}$:UE 和 eNB 根据 $K_{eNB}$ 和加密算法的标识符推演得到,用于保护 UE 和 eNB 间 RCC 的保密性。

LTE/SAE 的 AKA 鉴权过程和 UMTS 中的 AKA 鉴权过程基本相同,采用 Milenage 算法,继承了 UMTS 中五元组鉴权机制的优点,实现了 UE 和网络侧的双向鉴权。

与 UMTS 相比,LTE/SAE 的 AV(Authentication Vector)与 UMTS 的 AV 不同,UMTS AV 包含 CK/IK,而 SAE AV 仅包含 $K_{ASME}$(HSS 和 UE 根据 CK/IK 推演得到的密钥)。

LTE/SAE 使用 AV 中的 AMF 来标识此 AV 是 SAE AV 还是 UMTS AV,UE 利用该标识来判断认证挑战是否符合其接入网络类型,网络侧也可以利用该标识隔离 SAE AV 和 UMTS AV,防止获得 UMTS AV 的攻击者假冒 SAE 网络。

此外,LTE/SAE 中还定义了 UE 在 eNB 和 MME 之间切换间的安全机制、EUTRAN 与 UTRAN、GERAN、non-3GPP 间的切换等安全机制。

### 5.3.5　5G 的信息安全与隐私保护

5G 的目标是提供无处不在的高速、低延迟网络连接,以更好地应用于高清视频和物联网的场景,同时服务于大规模通信以及实时控制的需求。因此,其设计原则是支持更高承载量、支持更高数据速率、减少延迟、支持大规模设备连接,从而实现触觉互联网(Tactile Internet)、增强现实(AR)、虚拟现实(VR)以及智慧车辆互联。

**1. 5G 安全体系结构**

5G 的安全体系结构由 UE、RAN、CN 和应用组成。该体系结构可以简化为应用层、服务层和传输层,图 5-19 为服务层和传输层的简化图。

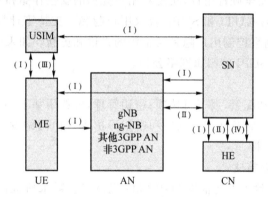

图 5-19　5G 服务层和传输层结构简化图

在整个网络和终端用户组件之中,分别定义了不同的安全特性,这些特性组合在一起,共同创建了一个安全的系统设计方案。

- 网络访问安全性(I):使 UE 能够经过认证,并且安全地访问网络服务的一系列功能或机制。
- 网络域安全(II):使核心网络节点能够安全地交换信令数据和用户平面数据的一系列功能。
- 用户域安全(III):保护用户访问移动设备和移动服务的一系列功能。
- 基于服务的 SB)和域安全性(IV):SBA 域中的一系列功能,包括网元注册、发现和授权,以及对基于服务的接口的保护。
- 安全性的可见与可配置:使用户能够获知安全功能是否正在运行,同时使用户能够对安全功能进行配置。

5G 规范定义了许多网络功能及其接口,允许 RAN、CN 和外部网络之间的数据流传递。

**2. 5G 规范安全需求及实现**

5G 的安全体系结构是在定义了一系列安全要求、功能和实现的基础之上构建的。下面列出了 5G RAN 的主要安全要求和相应的实现。其中包含了一些可能导致安全漏洞的要求和实现。

(1) 通用

缓解低价竞拍(Bidding Down)攻击,相互进行认证;用户设备、访问和服务网络授权,允许未经认证的紧急服务。在身份验证过程中,使用 EAP-AKA 和 5G AKA 方法。

(2) 用户设备与 5G 基站

通过加密,保护用户和信令数据。一旦连接到 5G 基站,就考虑启用用户设备安全功能和服务网络的安全功能。支持零加密,保密性保护可以选择是否启用;用户和信令数据完整性保护和重放保护。一旦连接到 5G 基站,就考虑启用用户设备安全功能和服务网络的安全功能。支持零完整性保护,用户数据的完整性保护可以选择是否启用。RRC 和 NAS 信令保护强制启用,但存在例外,比如未经认证的紧急会话。从密钥体系中导出、分发和协商密钥,支持 128 位和 256 位密钥加密。对于网络实体中的每一个密钥,用户设备负责存储相应的密钥,根密钥存储在 USIM 中。

(3) 用户设备

通过使用防篡改的安全硬件组件,实现对用户凭据的安全存储和安全处理;通过使用临时或隐藏的用户标识符(5G-GUTI 和 SUPI)获取用户隐私。支持零计划方案,在归属网络未提供公钥时使用,该归属网络控制用户隐私及密钥的提供和更新。如果由归属运营商提供,那么 USIM 将存储用于隐藏 SUPI 的归属网络公钥。

(4) 5G 基站

通过证书授权设置和配置,属于可选项;密钥管理,可选用基于 5G PKI 的架构;密钥的安全环境,UP 和 CP 数据存储及处理。认证和密钥导出可以由网络发起,因为操作方决定什么时间存在活动的 NAS 连接。

**3. 5G 的物理层安全策略**

在 5G 信息安全中,除了上述根据 3GPP 5G 规范安全需求所提出的安全保障方案以外,还可以利用物理层安全技术为用户的信息安全加一层"保护膜"。5G 物理层安全技术既有挑战,也有机遇,一方面,应用新兴技术将会给 5G 通信信道带来新的物理层安全威胁,另一方面,这些新兴 5G 技术也为物理层安全策略的设计带来一定的新思路。下面列出几种不同 5G 技术下的物理层安全策略。

(1) 大规模 MIMO

在大规模 MIMO 中,利用物理层安全技术对抗窃听攻击的能力显著提高。在该场景下,主要的物理层安全策略有导频重传方案,该方案旨在信道训练阶段期间对抗干扰攻击。首先,接入点在存在导频干扰攻击的情况下为单个用户确定可实现的大规模 MIMO 上行链路速率。接入点通过估计干扰导频来决定合法用户是否需要重传导频信号。该方案有效的前提在于干扰攻击者已经知道导频长度和导频序列码本,但缺乏准确的导频序列信息。因此,通过重传导频序列,接入点可以找到合适的导频序列,将导频干扰降到一定程度,从而减轻干扰对通信的负面影响。

(2) NOMA

NOMA 通过非正交资源分配,提高了频谱效率,降低了时延。该技术采用叠加编码技术,将多个信号叠加到一个正交资源块上。为了提取每个用户的信息,需在根据对应的信道状态信息,使用连续干扰消除技术消除冗余信号。然而,若导频污染攻击者对导频序列进行篡改,则容易导致连续干扰消除技术失效或机密信息泄露等情况。

（3）毫米波

毫米波是一种重要的 5G 通信技术，具有许多新的特性，如阻塞效应和高方向性等，在这些新特性下，传统的物理层安全技术可以发挥出更大的作用。可以利用毫米波的新特性、到达角定位算法（AOA）和离开角定位算法（AOD），在两个用户之间生成共享密钥。除互易性外，虚拟信道的 AOA 和 AOD 还呈现稀疏性，并且可高效地对抗噪声。

（4）全双工无线电

利用全双工无线电技术，可以同时发送和接收同一频段的数据信号，可为通信系统带来双倍的通信容量。在物理层安全技术中，常采用全双工的方法来对抗中继场景中的干扰攻击。此外，还可以利用该技术所具有的可在同一频带同时发送和接收信号的特性来检测是否存在导频污染攻击。在该场景下，全双工接收机或全双工收发机的部署是基于物理层安全技术的其中一种信息安全保障方案。

（5）无人机通信

无人机具有高移动性和灵活性等优势，可为设计物理层安全方案提供新思路。在该场景下，可利用无人机的高机动性，通过轨迹设计，分别为合法链路和窃听链路建立有利和不利信道。同时，还可利用双无人机系统来保护信息安全。在该系统中，一架无人机主要负责与多个地面用户通信，而另一架无人机则旨在干扰地面窃听者。该策略通过优化无人机轨迹和对用户进行合理通信调度来提高通信系统的安全性。

**4. 5G 的安全挑战和潜在漏洞**

5G 实现了类似于 LTE 系统的安全架构，并在建立信任和安全性方面与之相比有了明显的提升。准 5G 通信系统的所有安全功能都基于对称密钥，这些密钥安全地存储在 SIM 和 HSS 中。基于共享密钥 $K_s$，4G UE 可以认证网络的合法性，同时网络也可以认证 UE。加密保护和完整性保护的密钥是从 $K_s$ 派生的。基于此的对称密钥安全体系结构会导致 UE 在 NAS 附加密码握手之前无法验证交换的任何信息的真实性和有效性。这一点也被广泛认为是造成大多数已知 LTE 协议漏洞被利用的根本原因。

在 5G 安全体系结构中，有效应对了这一预认证消息的挑战，并使得 IMSI 捕获器在 5G 通信环境中失效。通过引入运营商公钥和证书的概念，5G 基于 5G PKI 架构的保护，提供了终端用户和移动运营商建立根信任的工具。借助烧录到 SIM 卡中的公钥和证书，运营商可以使用他们的密钥来生成和签署消息，并且这些消息可以被 UE 验证。此外，5G UE 能对其自身进行识别，而无须完全公开 SUPI。

## 5.4　RFID 安全与隐私保护

RFID 作为物联网的主要感知方式，安全性至关重要。RFID 的应用越来越广泛，但它像计算机网络一样也存在着安全隐患。

### 5.4.1　RFID 安全机制

RFID 电子标签按照供电方式分为无源标签和有源标签两类；按照工作方式分为被动、半主动、主动三类；按照工作频率分为低频 30 kHz、300 kHz、高频 3 MHz、30 MHz、超高频

433 MHz、902 MHz、928 MHz、微波 2.45 GHz、5.8 GHz；按照芯片类型分为存储型、逻辑加密型和 CPU 型。

RFID 电子标签的安全属性与标签分类直接相关。一般来说安全性等级中存储型最低，CPU 型最高，逻辑加密型居中。目前广泛使用的 RFID 电子标签中也以逻辑加密型居多。

(1) 存储型 RFID

存储型 RFID 电子标签没有做特殊的安全设置，标签内有一个厂商固化的不重复、不可更改的唯一序列号，内部存储区可存储一定容量的数据信息，不需要进行安全认证即可读出或改写。虽然所有的 RFID 电子标签在通信链路层都没有采用加密机制，并且芯片本身的安全设计也不是很强大，但在应用方面因为采取了很多加密手段使其可以保证足够的安全性。

存储型 RFID 电子标签的应用主要是通过快速读取 ID 号来达到识别的目的，主要应用于动物识别、跟踪追溯等方面。这种应用要求的是应用系统的完整性，而对于标签存储数据要求不高，多是应用唯一序列号的自动识别功能。如想在芯片内存储数据，对数据做加密后写入芯片即可，这样信息的安全性主要由应用系统密钥体系安全性的强弱来决定。

(2) CPU 型 RFID

CPU 型 RFID 电子标签在安全方面有着很大的优势。从严格意义上来说，此种电子标签不应归属于 RFID 电子标签范畴，而应归属于非接触智能卡。但由于使用 ISO 14443 Type A/B 协议的 CPU 非接触智能卡与应用广泛的 RFID 高频电子标签通信协议相同，所以通常也被归于 RFID 电子标签。

CPU 型 RFID 电子标签的安全设计与逻辑加密型相类似，但安全级别与强度要高得多，CPU 型 RFID 电子标签芯片内部采用了核心处理器，而不像逻辑加密型芯片那样在内部使用逻辑电路。并且芯片安装有专用操作系统，可以根据需求将存储区设计成不同大小的二进制文件、记录文件、密钥文件等。

CPU 型的广义 RFID 电子标签具备极高的安全性，芯片内部采用了安全的体系设计，并且在应用方面设计有密钥文件、认证机制等，比前几种 RFID 电子标签的安全模式有了极大的提高，也保持着目前唯一没有被人破解的记录。这种 RFID 电子标签将会更多地被应用于带有金融交易功能的系统中。

(3) 逻辑加密型 RFID

逻辑加密型 RFID 电子标签具备一定强度的安全设置，内部采用了逻辑加密电路及密钥算法。逻辑加密型 RFID 可设置启用或关闭安全设置，若关闭安全设置，则等同于存储卡。例如，OTP(一次性编程)功能，只要启用了这种安全功能，就可以实现一次写入不可更改的效果，可以确保数据不被篡改。另外，逻辑加密型 RFID 还有一些逻辑加密型电子标签具备密码保护功能，这种方式是逻辑加密型 RFID 电子标签采取的主流安全模式，设置后可以通过验证密钥实现对存储区内数据信息的读取或者改写操作。采用这种方式的 RFID 电子标签密钥一般不会很长，主要是 4B 或者 6B 数字密码。有了安全设置功能，逻辑加密型 RFID 电子标签还可以具备一些身份认证及小额消费的功能，如第二代居民身份证、Mifare(飞利浦技术)公交卡等。

逻辑加密型的 RFID 电子标签应用极其广泛，并且其中还有可能涉及小额消费功能，因此它的安全设计是极其重要的。逻辑加密型的 RFID 电子标签内部存储区一般按块分布，并有密钥控制位设置每数据块的安全属性。下面以 Mifare one(菲利普技术)为例，解释电子标签的密钥认证功能流程，如图 5-20 所示。

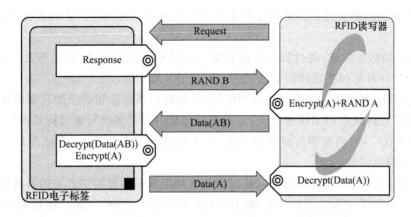

图 5-20 电子标签的密钥认证功能流程图

Mifare 认证的流程可以分成以下几个步骤：

a. 应用程序通过 RFID 读写器向 RFID 电子标签发送认证请求；

b. RFID 电子标签收到请求后向读写器发送一个随机数 B；

c. 读写器收到随机数 B 后向 RFID 电子标签发送使用要验证的密钥加密 B 的数据包，其中包含了读写器生成的另一个随机数 A；

d. RFID 电子标签收到数据包后，使用芯片内部存储的密钥进行解密，解出随机数 B 并校验与之发出的随机数 B 是否一致；

e. 如果是一致的，那么 RFID 使用芯片内部存储的密钥对 A 进行加密并发送给读写器；

f. 读写器收到此数据包后进行解密，解出 A 并与前述的 A 比较是否一致。

如果上述的每一个环节都成功，那么验证成功；否则验证失败。这种验证方式可以说是非常安全的，破解的强度也是非常大的，比如 Mifare 的密钥为 6 B，也就是 48 bit。Mifare 一次典型验证需要 6ms，如果在外部使用暴力破解，所需时间为 $248 \times 6ms/3.6 \times 106$ 小时，结果是一个非常大的数字，常规破解手段将无能为力。

## 5.4.2 RFID 安全性问题

RFID 是一个开放的无线系统，其标签和后端系统之间的通信是非接触和无线的，使它们很易受到窃听。标签本身的计算能力和可编程性，直接受到成本要求的限制。标签越便宜，其计算能力就越弱，就越难以实现对安全威胁的防护。由于 RFID 组件的安全脆弱性、标签中数据的脆弱性、标签和阅读器之间的通信脆弱性、阅读器中的数据的脆弱性、后端系统的脆弱性等，其安全问题日渐显著。

为了防止某些试图侵入 RFID 而进行的非授权访问，或者防止跟踪、窃取甚至恶意篡改电子标签信息，需采取措施来保证数据的有效性和隐私性，确保数据安全性。

### 1. RFID 安全性问题概述

RFID 存在的安全问题分为三类：标签级安全、软件级安全和网络级安全。软件级安全是在数据进入后端系统之后，属于传统应用软件安全的范畴。在这一领域具有比较强的安全基础，有很多手段来保证这一范畴的安全。网络级安全是指 RFID 中标签数据进入系统软件，然后再经由现有的 Internet 网络传输。标签级安全是 RFID 特有的安全问题，下面主要讲一讲这个方面的问题。

RFID 受到的攻击大致来讲可以分为主动攻击和被动攻击两类。主动攻击主要有以下三种手段：

a. 对获得的标签实体，通过物理手段在实验室环境中去除芯片封装，使用微探针获取敏感信号，进而进行目标标签重构的复杂攻击；

b. 通过软件，利用微处理器的通用通信接口，通过扫描标签和响应读写器的探询，寻求安全协议、加密算法以及它们实现的弱点，进行删除标签内容或篡改可重写标签内容的攻击；

c. 通过干扰广播、阻塞信道或其他手段，产生异常的应用环境，使合法处理器产生故障，进行拒绝服务的攻击等。

被动攻击是指通过采用窃听技术，分析微处理器正常工作过程中产生的各种电磁特征，来获得 RFID 标签和识读器之间或其他 RFID 通信设备之间的通信数据。这是因为由于接收到阅读器传来的密码不正确时标签的能耗会上升，功率消耗模式可被加以分析以确定何时标签接收了正确和不正确的密码位。通过识读器等窃听设备，可以跟踪商品流通动态等。例如，美国 Weizmann 学院计算机科学教授 Adi Shamir 和他的一位学生利用定向天线和数字示波器来监控 RFID 标签被读取时的功率消耗，通过监控标签的能耗过程推导出了密码。

**2．标签级安全问题**

标签级安全主要集中在以下四个方面。

(1) 电子标签数据的获取攻击

由于标签本身的成本所限制，标签本身很难具备保证安全的能力，因此会面临许多问题。电子标签通常包含一个带内存的微芯片，电子标签上数据的安全和计算机中数据的安全都同样会受到威胁。非法用户可以利用合法的读写器或者自构一个读写器与电子标签进行通信，可以很容易地获取标签所存储的数据。在这种情况下，未经授权使用者可以像一个合法的读写器一样去读取电子标签上的数据。在可写标签上，数据甚至可能被非法使用者修改甚至删除。

(2) 电子标签和读写器之间的通信侵入

当电子标签向读写器传输数据，或者读写器从电子标签上查询数据时，数据是通过无线电波在空中传播的。在这个通信过程中，数据容易受到攻击。这类无线通信易受攻击的特性包括以下几个方面：

a. 非法读写器截获数据：非法读写器截取标签传输的数据。

b. 第三方堵塞数据传输：非法用户可以利用某种方式去阻塞数据在电子标签和读写器之间的正常传输。最常用的方法是欺骗，通过很多假的标签响应让读写器不能分辨正确的标签响应，使得读写器过载，无法接收正常标签数据，这种方法也叫做拒绝服务攻击。

c. 伪造标签发送数据：伪造的标签向读写器提供虚假数据，欺骗 RFID 接收、处理以及执行错误的电子标签数据。

(3) 侵犯读写器内部的数据

在读写器发送数据、清空数据或是将数据发送给主机系统之前，都会先将信息存储在内存中，并用它来执行某些功能。在这些处理过程中，读写器就像其他计算机系统一样存在安全侵入问题。

(4) 主机系统侵入

电子标签传出的数据，经过读写器到达主机系统后，将面临现存主机系统的 RFID 数据的安全侵入问题。

　　具体来说,RFID 信息系统可能受到的攻击主要有物理攻击、伪造攻击、假冒攻击、复制攻击、重放攻击和服务后抵赖等攻击。

　　a. 物理攻击:对于物理系统的威胁,可以通过系统远离电磁干扰源,加不间断电源(UPS),及时维修故障设备来解决。

　　b. 伪造攻击:指伪造电子标签以产生系统认可的"合法用户标签",采用该手段实现攻击的代价高,周期长。要通过加强系统管理来避免这种攻击的发生。

　　c. 假冒攻击:在射频通信网络中,电子标签与读写器之间不存在任何固定的物理连接,电子标签需通过射频信道传送其身份信息,以便读写器能够正确鉴别它的身份。射频信道中传送的任何信息都可能被窃听。攻击者截获一个合法用户的身份信息时,就可以利用这个身份信息来假冒该合法用户的身份入网,这就是所谓的假冒攻击。主动攻击者可以假冒标签,还可以假冒读写器,以欺骗标签,获取标签身份,从而假冒标签身份。

　　d. 复制攻击:通过复制他人的电子标签信息,多次顶替别人消费。复制攻击实现的代价不高,且不需要其他条件,所以成为最常用的攻击手段。防止复制攻击的关键是将电子标签的数据加密,防止用户标签被复制。

　　e. 重放攻击:指攻击者通过某种方法将用户的某次消费过程或身份验证记录重放或将窃听到的有效信息经过一段时间以后再传给信息的接收者,骗取系统的信任,达到其攻击的目的。此类手段对基于局域网的电子标签信息系统的威胁比较大,需要加强对访问的安全接入,采用传输数据加密等方式防止系统被攻击。

　　f. 信息篡改:指主动攻击者将窃听到的信息进行修改(如删除和/或替代部分或全部信息)之后再将信息传给原本的接收者。这种攻击的目的有两个:一是攻击者恶意破坏合法标签的通信内容,阻止合法标签建立通信连接;二是攻击者将修改的信息传给接收者,企图欺骗接收者相信该修改的信息是由一个合法的用户传递的。

　　g. 服务后抵赖:指交易双方中的一方在交易完成后否认其参与了此交易。这种威胁在电子商务中很常见。

　　此外,射频通信网络也面临着病毒攻击等威胁,这些攻击的目的不仅在于窃取信息和非法访问网络,而且还要阻止网络的正常工作。

### 3. RFID 面临的挑战

　　RFID 中的安全问题在很多方面与计算机系统和网络中的安全问题类似,然而,由于以下两点原因,处理 RFID 中的安全问题更具有挑战性:首先,RFID 中的传输是基于无线通信方式的,使得传输的数据容易被"偷听";其次,在 RFID 中,特别是对于电子标签,计算能力和可编程能力都被标签本身的成本所约束,在一个特定的应用中,标签的成本越低,其计算能力也就越弱,在安全方面可防止被威胁的能力也就越弱。由于目前 RFID 的主要应用领域对隐私性的要求不高,因此对于安全、隐私问题的注意力还比较少。然而,RFID 这种应用面很广的技术,具有巨大的潜在破坏能力。

## 5.4.3　RFID 安全解决方案

　　RFID 的安全和隐私保护与成本之间是相互制约的。例如,根据自动识别(Auto-ID)中心的试验数据,在设计 5 美分标签时,集成电路芯片的成本不应该超过 2 美分,这使集成电路门电路数量只能限制在 7.5 k～15 k 范围内。一个 96 bit 的 EPC 芯片需要 5 k～10 k 的门电路,因此用于安全和隐私保护的门电路数量不能超过 2.5 k～5 k,这样的限制使得现有密码技术难以应用。

优秀的 RFID 安全技术解决方案应该是平衡安全、隐私保护与成本的最佳方案。现有的 RFID 安全技术可以分为两大类：一类是通过物理方法阻止标签与读写器之间通信；另一类是通过逻辑方法增加标签安全机制。

**1. 物理方法**

RFID 安全的物理方法有销毁(Kill)标签、休眠标签、密码保护、法拉第网罩、主动干扰、阻止标签等。

销毁(Kill)标签的原理是使标签丧失功能，从而阻止对标签及其携带物的跟踪。若标签支持 Kill 指令，如 EPC Class 1 Gen 2 标签，当标签接收到读写器发出的 Kill 指令时，便会将自己销毁，使得这个标签之后对于读写器的任何指令都不会有反应，因此可保护标签资料不被读取；但由于这个动作是不可逆的，一旦销毁就等于是浪费了这个标签。也就是说，Kill 命令使标签失去了本身应有的优点，如商品在卖出后，标签上的信息将不再可用，但这样不便于之后用户对产品信息的进一步了解以及相应的售后服务。另外，若 Kill 识别序列号(PIN)一旦泄漏，可能导致恶意者对商品的偷盗。

休眠标签的原理与销毁标签类似，当支持休眠指令的标签接收读取器传来的休眠(Sleep)指令，标签即进入休眠状态，不会回应任何读取器的查询；当标签接收到读取器的唤醒(Wake Up)指令，才会恢复正常。

密码保护的原理是利用密码来控制标签的存取，在标签中记忆对应的密码，读取器查询标签时需同时送出密码，只有标签验证密码成功，才会回应读取器；不过此方法仍存在密码安全性的问题。

法拉第网罩(Faraday Cage)的原理是根据电磁场理论，由传导材料构成的容器如法拉第网罩可以屏蔽无线电波，使得外部的无线电信号不能进入法拉第网罩。将标签放置在由金属网罩或金属箔片组成的容器中，因为金属可阻隔无线电信号之特性，即可避免标签被读取器所读取。反之亦然，把标签放进由传导材料构成的容器可以阻止标签被扫描，即无源标签接收不到信号。

主动干扰无线电信号是另一种屏蔽标签的方法，成本较法拉第网罩更低。标签用户可以通过一个设备主动广播无线电信号，用于阻止或破坏附近的读写器查询受保护的标签的操作。但这种方法可能导致非法干扰，使附近其他合法的 RFID 受到干扰，严重时可能阻断附近其他无线系统。

阻止标签的原理是使用一种特殊设计的标签，称为阻挡标签(Blocker Tag)，此种标签会持续对读取器传送混淆的信息，借此阻止读取器读取受保护的标签。通过采用一个特殊的阻止标签干扰的防碰撞算法，非法读写器读取命令每次总获得相同的应答数据，从而保护标签。但当受保护的标签离开阻挡标签的保护范围时，安全与隐私的问题仍然存在。

**2. 逻辑方法**

在 RFID 安全技术中，常用逻辑方法有哈希(Hash)锁方案、随机 Hash 锁方案、Hash 链方案、匿名 ID 方案以及重加密方案等。

(1) Hash 锁方案

Hash 锁是一种更完善的抵制标签未授权访问的安全与隐私技术，其原理如图 5-21 所示。整个方案只需要采用 Hash 函数，因此成本很低。

可以分为以下两步执行。

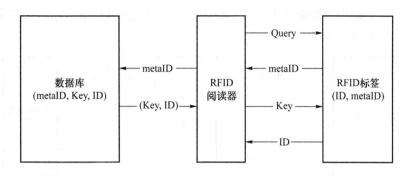

图 5-21 Hash 锁原理图

a. 锁定标签:对于唯一标志号为 ID 的标签,首先阅读器随机产生该标签的 Key,计算 metaID＝Hash(Key),将 metaID 发送给标签;标签将 metaID 存储下来,进入锁定状态。阅读器将(metaID,Key,ID)存储到后台数据库中,并以 metaID 为索引。

b. 解锁标签:阅读器询问标签时,标签回答 metaID;阅读器查询后台数据库,找到对应的 (metaID,Key,ID)记录,然后将该 Key 值发送给标签;标签收到 Key 值后,计算 Hash(Key) 值,并与自身存储的 metaID 值比较,若 Hash(Key)＝metaID,则标签将其 ID 发送给阅读器, 这时标签进入已解锁状态,并为附近的阅读器开放所有的功能。

解密单向 Hash 函数是较困难的,因此该方法可以阻止未授权的阅读器读取标签信息数据,在一定程度上为标签提供隐私保护;该方法只需在标签上实现一个 Hash 函数的计算,以及增加存储 metaID 值,因此其在低成本的标签上容易实现。但是由于每次询问时标签回答的数据是特定的,因此其不能防止位置跟踪攻击。另外,阅读器和标签间传输的数据未经加密,窃听者可以轻易地获得标签 Key 和 ID 值。

(2) 随机 Hash 锁方案

作为 Hash 锁的扩展,随机 Hash 锁解决了标签位置隐私问题。采用随机 Hash 锁方案,读写器每次访问标签的输出信息不同。

随机 Hash 锁原理是标签包含 Hash 函数和随机数发生器,后台服务器数据库存储所有标签 ID。读写器请求访问标签,标签接收到访问请求后,由 Hash 函数计算标签 ID 与随机数 $R$ 的 Hash 值。标签再发送数据给请求的阅读器,同时读写器发送给后台服务器数据库,后台服务器数据库穷举搜索所有标签 ID 和 $R$ 的 Hash 值,判断是否为对应标签 ID,标签接收到读写器发送的 ID 后解锁。

假设标签 ID 和随机数 $R$ 的连接可表示为"ID∥R",将数据库中存储的各个标签的 ID 值设为 $ID_1$,$ID_2$,$ID_k$,…,$ID_n$。

锁定标签:向未锁定标签发送锁定指令,即可锁定该标签。

解锁标签:读写器向标签 ID 发出询问,标签产生一个随机数 $R$,计算 Hash(ID∥R),并将 $(R,Hash(ID∥R))$ 数据传输给读写器;读写器收到数据后,从后台数据库取得所有的标签 ID 值,分别计算各个 Hash(ID∥R) 值,并与收到的 Hash(ID∥R) 比较,若 $Hash(ID_k∥R)$＝Hash(ID∥R),则向标签发送 $ID_k$;若标签收到 $ID_k$＝ID,则标签解锁,如图 5-22 所示。

首先,尽管 Hash 函数可以在低成本情况下完成,但要集成随机数发生器到计算能力有限的低成本被动标签上却很困难。其次,随机 Hash 锁仅解决了标签位置隐私问题,一旦标签的秘密信息被截获,隐私侵犯者可以获得访问控制权,通过信息回溯得到标签历史记录,推断标签持有者的隐私。最后,后台服务器数据库的解码操作通过穷举搜索,当标签数目很多时,系统延时会很长,效率并不高。

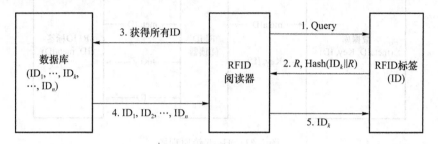

图 5-22　随机 Hash 锁原理图

（3）Hash 链方案

为了解决可跟踪性,标签使用了 Hash 函数在每次读写器访问后自动更新标识符的方案,实现前向安全性。

Hash 链原理是标签在存储器中设置一个随机的初始化标识符 $S_1$,这个标识符也存储到后台数据库。标签包含两个 Hash 函数 $G$ 和 $H$。当读写器请求访问标签时,标签返回当前标签标识符 $a_k = G(S_k)$ 给读写器,标签从电磁场获得能量时自动更新标识符 $S_{k+1} = H(S_k)$。Hash 链工作机制如图 5-23 所示。

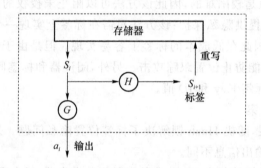

图 5-23　Hash 链原理图

锁定标签:对于标签 ID,读写器随机选取一个数 $S_1$ 发送给标签,并将(ID,$S_1$)存储到后台数据库中,标签存储接收到 $S_1$ 后便进入锁定状态。

解锁标签:在第 $i$ 次事务交换中,读写器向标签发出询问消息,标签输出 $a_i = G_i$,并更新 $S_{i+1} = H(S_i)$,其中 $G$ 和 $H$ 为单向 Hash 函数。读写器收到 $a_i$ 后,搜索数据库中所有的 (ID,$S_1$)数据对,并为每个标签递归计 $a_i = G(H(S_{i-1}))$,比较是否等于 $a_i$,若相等,则返回相应的 ID。

该方法使得隐私侵犯者无法获得标签活动的历史信息,但不适合标签数目较多的情况。与之前的 Hash 方案相比,Hash 链的主要优点是提供了前向安全性。然而,该方案每次识别时都需要进行穷举搜索,比较后台数据库中的每个标签,随着标签规模的扩大,后端服务器的计算负担将急剧增大。因此,Hash 链方案存在着所有标签自动更新标识符方案的通用缺点,即难以大规模扩展。同时,因为需要穷举搜索,所以存在拒绝服务攻击的风险。

（4）匿名 ID 方案

匿名 ID 方案采用匿名 ID,在消息传输过程中,隐私侵犯者即使截获标签信息也不能获得标签的真实 ID。该方案采用公钥加密、私钥加密或者添加随机数生成匿名标签 ID。虽然标签信息只需要采用随机读取存储器(RAM)存储,成本较低,但数据加密装置与高级加密算法都将导致系统的成本增加。因为标签 ID 加密以后仍具有固定输出,因此使得标签的跟踪成为可能,存在标签位置隐私问题。值得注意的是,该方案的实施前提是读写器与后台服务器的通信建立在可信任的通道上。

（5）重加密方案

重加密方案采用公钥加密。标签可以在用户请求下通过第三方数据加密装置定期对标签数据进行重写。因为采用公钥加密,大量的计算负载将超出标签的能力,因此这个过程通常由读写器处理。该方案存在的最大缺陷是标签的数据需经常重写,否则,即使加密标签 ID 固定的输出也将导致标签定位隐私泄漏。与匿名 ID 方案相似,标签数据加密装置与公钥加密将导致系统成本的增加,使得大规模的应用受到限制,且经常重复加密操作也给实际操作带来困难。

### 5.4.4 RFID 隐私保护

**1. RFID 标签安全需求**

通过对 RFID 隐私分类和隐私攻击方法的分析可知,RFID 隐私问题的根源是 RFID 标签的唯一性和标签数据的易获得性。因此,RFID 标签安全需求有如下几方面。

（1）RFID 标签 ID 匿名性

标签匿名性是指标签响应的消息不会暴露出标签身份的任何可用信息,加密是保护标签响应的方法之一,然而尽管标签的数据经过了加密,但如果加密的数据在每轮协议中都固定,攻击者仍然能够通过唯一的标签识别分析出标签的身份,这是因为攻击者可以通过固定的加密数据来确定每一个标签。因此,使标签信息隐蔽是确保标签 ID 匿名的重要方法。

（2）RFID 标签 ID 随机性

即便对标签 ID 信息加密,因为标签 ID 是固定的,则未授权扫描也将侵害标签持有者的定位隐私。如果标签的 ID 为变量,那么标签每次输出都不同,隐私侵犯者不可能通过固定输出获得同一标签信息,从而可以在一定范围内解决 ID 追踪问题和信息推断的隐私威胁问题。

（3）RFID 标签前向安全性

所谓 RFID 标签的前向安全性,是指隐私侵犯者即便获得了标签存储的加密信息,也不能回溯当前信息而获得标签历史数据。也就是说,隐私侵犯者不能通过联系当前数据和历史数据对标签进行分析以获得消费者隐私信息。

（4）RFID 标签访问控制

RFID 标签的访问控制,是指标签可以根据需要确定 RFID 标签数据的权限。通过访问控制,可以避免非未授权 RFID 读写器的扫描,并保证只有经过授权的 RFID 读写器才能获得 RFID 标签及相关隐私数据。访问控制对于实现 RFID 标签隐私保护具有重要的作用。

**2. RFID 隐私保护方法**

根据对 RFID 隐私、隐私攻击方法及技术手段和隐私安全需求的分析,RFID 隐私保护的基本方法如下。

- 改变关联性:改变 RFID 标签与具体目标(如人)的关联性。
- 改变唯一性:改变 RFID 标签输出信息的唯一性。
- 隐藏信息:隐藏 RFID 标签标识符及 RFID 标签中存储的数据。

(1) 改变关联性

所谓改变 RFID 标签与具体目标的关联性,就是取消 RFID 标签与其所属依附物品之间的联系。例如,购买粘贴有 RFID 标签的钱包后,该 RFID 标签和钱包之间就建立了某种联系,而改变它们之间的联系,就是采用技术和非技术手段,取消它们之间已经建立的关联(如将 RFID 标签丢弃)。

改变 RFID 标签与具体目标的关联性的基本方法包括丢弃、销毁和睡眠。

a. 丢弃:丢弃是指将 RFID 标签从物品上取下来后遗弃。例如,购买基于 RFID 标签的衣服后,将附带的 RFID 标签丢弃。丢弃不涉及技术手段,因此简单、易行,但是丢弃的方法存在很多问题:首先,采用 RFID 技术的目的不仅仅是销售,还包含售后、维修等环节,如果丢弃 RFID 标签,那么退货、换货、维修、售后服务等方面都可能面临很多问题;其次,丢弃后的 RFID 标签会面临前面所述的垃圾收集威胁,因此,并不能解决隐私问题;最后,若处理不当,则 RFID 标签的丢弃还会带来环保等问题。

b. 销毁:销毁是指让 RFID 标签进入永久性失效状态。销毁可以是毁坏 RFID 标签的电路,也可以是销毁 RFID 标签的数据。例如,如果破坏了 RFID 标签的电路,那么不仅该标签无法向 RFID 阅读器返回数据,而且即便对其进行物理分析也可能无法获得相关数据。销毁需要借助技术手段,对普通用户而言可能存在一定的困难,一般需要借助于特定的设备来实现,因此实现难度较大。与丢弃相比,由于标签已经无法继续使用,因此不存在垃圾收集威胁。但在标签被销毁后,也会面临售后服务等问题。

c. 睡眠:睡眠是通过技术或非技术手段让标签进入暂时失效状态,当需要时可以重新激活标签。这种方法具有显著的优点:由于可以重新激活,因此避免了售后服务等需要借助于 RFID 标签的问题,而且也不会存在垃圾收集攻击和环保等问题。但与销毁一样,需要借助于专业人员才能实现标签睡眠。

(2) 改变唯一性

改变 RFID 标签输出信息的唯一性是指 RFID 标签在每次响应 RFID 读写器的请求时,返回不同的 RFID 序列号。不论是跟踪攻击还是罗列攻击,很大程度上是由于 RFID 标签每次返回的序列号都相同。因此,解决 RFID 隐私的另外一个方法是改变序列号的唯一性。改变 RFID 标签数据需要技术手段支持,根据所采用技术的不同,主要方法分为基于标签重命名的方法和基于密码学的方法。

a. 基于标签重命名的方法:基于标签重命名的方法是指改变 RFID 标签响应读写器请求的方式,每次返回一个不同的序列号。例如,在购买商品后,可以去掉商品标签的序列号而保留其他信息(如产品类别码),也可以为标签重新写入一个序列号。由于序列号发生了改变,因此攻击者无法通过简单的攻击来破坏隐私性。但是,与销毁等隐私保护方法相似,序列号改变后带来的售后服务等问题需要借助于其他技术手段来解决。

b. 基于密码学的方法:基于密码学的方法是指加解密等方法,确保 RFID 标签序列号不被非法读取。例如,采用对称加密算法和非对称加密算法对 RFID 标签数据以及 RFID 标签和阅读器之间的通信进行加密,使得一般攻击者由于不知道密钥而难以获得数据。同样,在 RFID 标签和阅读器之间进行认证,也可以避免非法读写器获得 RFID 标签数据。

从安全的角度来看,基于密码学的方法可以在根本上解决 RFID 隐私问题,但是由于成本和体积的限制,在普通 RFID 标签上几乎难以实现典型的加密方法(如数据加密标准算法)。因此,基于密码学的方法虽然具有较强的安全性,但给成本等带来巨大的挑战。

（3）隐藏信息

隐藏 RFID 标签是指通过某种保护手段,避免 RFID 标签数据被读写器获得,或者阻扰读写器获取标签数据,隐藏 RFID 标签的基本方法包括基于代理的方法、基于距离测量的方法、基于阻塞的方法等。

a. 基于代理的 RFID 标签隐藏技术:在基于代理的 RFID 标签隐藏技术中,被保护的 RFID 标签与读写器之间的数据交互不是直接进行的,而是借助于一个第三方代理设备(如 RFID 阅读器)。因此,当非法读写器试图获得标签的数据时,实际响应是由这个第三方设备所发送。由于代理设备功能比一般的标签强大,因此可以实现加密、认证等很多在标签上无法实现的功能,从而增强隐私保护。基于代理的方法可以对 RFID 标签的隐私起到很好的保护作用,但是由于需要额外的设备,因此成本高,实现起来较为复杂。

b. 基于距离测量的 RFID 标签隐藏技术:RFID 标签测量自己与读写器之间的距离,依据距离的不同而返回不同的标签数据。一般来说,为了隐藏自己的攻击意图,攻击者与被攻击者之间需要保持一定的距离,而合法用户(如用户自己)获得 RFID 标签数据可以近距离进行。因此,如果标签可以知道自己与读写器之间的距离,则可以认为距离较远的读写器,其具有攻击意图的可能性较大,因此可以返回一些无关紧要的数据,而当收到近距离的读写器的请求时,则返回正常数据。通过这种方法,可以达到隐藏 RFID 标签的目的。基于距离测量的标签隐藏技术对 RFID 标签有很高的要求,而且要实现距离的精确测量也非常困难。此外,如何选择合适的距离作为评判合法读写器和非法读写器的标准,也是一个非常复杂的问题。

c. 基于阻塞的 RFID 标签隐藏技术:妨碍 RFID 读写器对标签 Tag 数据的访问。阻塞的方法可以通过软件实现,也可以通过一个 RFID 设备来实现。此外,通过发送主动干扰信号,也可以阻碍读写器获得 RFID 标签数据。与机遇代理的标签隐藏方法相似,基于阻塞的标签隐藏方法成本高、实现复杂,而且如何识别合法读写器和非法读写器也是一个难题。

丢弃的方法不仅无法保护 RFID 隐私,而且还会带来售后服务和环保等问题,因此实用性很差;销毁的方法虽然可以很好地保护 RFID 隐私,而且成本很低,但是由于存在售后服务等问题,因此实用性差;基于睡眠的方法可以较好地保护 RFID 隐私,成本低,因此实用性强;基于重命名的方法由于改变了序列号的唯一性,因此隐私保护效果好,实用性较强;基于密码学的方法会提高 RFID 标签的成本,因此实用性较差;基于代理的方法、基于距离测量的方法和基于阻塞的方法都需要额外的设备,因此成本高,其实用性取决于应用需求。

# 本 章 习 题

**一、选择题**

1. 以下关于物联网信息安全特点的描述中,错误的是（　　）。
   A. 物联网会遇到比互联网更加严峻的信息安全的威胁、考验与挑战
   B. 近年来网络安全威胁总体是趋利性
   C. 网络罪犯正逐步形成黑色产业链,网络攻击日趋专业化和商业化
   D. 物联网信息安全技术可以保证物联网的安全

2. 以下关于物联网安全体系结构的描述中,错误的是（　　）。
   A. 内容包括网络安全威胁分析、安全模型与体系、系统安全评估标准和方法

    B. 根据对物联网信息安全构成威胁的因素,确定保护的网络信息资源与策略

    C. 对互联网 DDoS 攻击者、目的与手段、造成后果的分析,提出网络安全解决方案

    D. 评价实际物联网网络安全状况,提出改善物联网信息安全措施

3. 以下关于网络安全防护技术包含内容的描述中,错误的是(　　)。

    A. 防火墙　　　　　　B. 防病毒　　　　　　C. 数字签名　　　　D. 入侵检测

4. 以下关于非服务攻击行为特征的描述中,错误的是(　　)。

    A. 攻击路由器、交换机或移动通信基站、接入点或无线路由器、导致网络瘫痪

    B. 攻击 EPC 中的域名服务(DNS)体系或服务,使 RFID 瘫痪

    C. 对无线传感器网络节点之间的无线通信进行干扰,造成通信中断

    D. 攻击网关,使得物联网瘫痪

5. 以下关于物联网欺骗攻击特点的描述中,错误的使(　　)。

    A. 欺骗攻击主要包含口令欺骗、IP 地址欺骗、DNS 或 ONS 欺骗与源路由欺骗等

    B. 物联网感知节点之间,以及智能手机、嵌入式移动终端设备大多采用无线通信

    C. 在无线通信环境中窃取用户口令是一件困难的事

    D. 在物联网环境中需要防范口令与 RFID 标识欺骗

6. 以下关于 DoS/DDoS 攻击特点的描述中,错误的是(　　)。

    A. 通过消耗物联网通信带宽、存储空间、CPU 时间使服务器不能正常工作

    B. DDoS 攻击利用多台攻击代理,同时攻击一个目标,导致被攻击系统瘫痪

    C. DoS 攻击分为资源消耗型、修改配置型、物理破坏型与服务利用型攻击

    D. 与互联网相比,物联网受到 DDoS 攻击的概率较小

7. 以下关于入侵检测系统特征的描述中,错误的是(　　)。

    A. 监测和发现可能存在的攻击行为,采取相应的防护手段

    B. 对异常行为的统计分析,识别攻击类型,并向网络管理人员报警

    C. 重点评估 DBMS 系统和数据的完整性

    D. 检测系统的配置和漏洞

8. 以下关于防火墙特征的描述中,错误的是(　　)。

    A. 保护内部网络资源不被外部非授权用户使用

    B. 在网络之间执行控制策略的软件

    C. 检查所有进出内部网络的数据包的合法性,判断是否会对网络安全构成威胁

    D. 为内部网络建立安全边界

9. 以下关于安全审计特征的描述中,错误的是(　　)。

    A. 网络安全审计的功能是自动响应、事件生成、分析、预览、事件存储、事件选择等

    B. 对用户使用网络和计算机所有活动记录分析、审查和发现问题的重要手段

    C. 安全审计是物联网应用系统保护数据安全的重大组成

    D. 目前大多数操作系统不提供日志功能

10. 以下关于密码体制概念的描述中,错误的是(　　)。

    A. 系统所采用的基本工作方式以及它的两个基本构成要素

    B. 两个基本构成要素是加密算法与解密算法

    C. 加密是将明文伪装成密文,以隐藏它的真实内容

    D. 解密是从密文中恢复出明文的过程

11. 以下关于密钥概念的描述中,错误的是( )。

    A. 密钥可以看作是密码算法中的可变参数

    B. 密码算法是相对稳定的,而密钥则是一个变量

    C. 加密算法与密钥是需要保密的

    D. 对于同一种加密算法,密钥的位数越长,安全性也就越好

12. 以下关于公钥基础设施概念的描述中,错误的是( )。

    A. 为用户建立一个安全的物联网运行环境,使用户能够方便地使用数字签名技术

    B. 保证物联网上数据的机密性、完整性与不可依赖性

    C. PKI 包括认证与注册认证中心、策略管理、密钥与证书管理、密钥备份与恢复等

    D. PKI 系统中的信息需要用户定期维护

13. 以下关于物理层安全技术的描述中,错误的是( )。

    A. 移动性是移动物联网的其中一个典型特征

    B. 密码技术是物理层安全技术的一种

    C. 在物联网中,当前的密码认证方法难以提供高效而简单的信息安全保护方案

    D. 利用毫米波的高传播损耗特性和方向性对抗欺骗攻击和窃听攻击属于物理层安全策略

14. 以下关于物理层安全威胁的描述中,错误的是 ( )。

    A. 污染攻击可分为导频污染和反馈污染

    B. 可能存在的物理层安全威胁主要有窃听、污染、欺骗和干扰

    C. 无论合法用户是否发出信号,攻击者都会发送阻塞或干扰信号进行攻击的行为属于反应式干扰

    D. 截获和流量分析是窃听攻击的两种类型

15. 以下关于物理层安全策略的描述中,错误的是( )。

    A. 物理层认证可用于对抗导频污染攻击

    B. 干扰检测技术不仅可以快速检测出是否存在干扰攻击,还可以在对抗干扰中单独使用

    C. 基于信道/位置的物理层认知技术可用来检测 Sybil 攻击

    D. 直接序列扩频技术可以用来应对干扰攻击

16. 以下关于 IPSec 协议特点的描述中,错误的是( )。

    A. IP 协议本质上是安全的

    B. IPSec 在 IP 层对数据分组进行高强度的加密与验证服务

    C. 各种应用程序都可以共享 IP 层所提供的安全服务与密钥管理

    D. IPSec VPN 通过隧道、密码、密钥管理、用户和设备认证技术来保证安全通信服务

17. GSM 的鉴权与加密包含以下几个方面:用户身份认证,用户身份保密,( ),用户数据的保密性。

    A. 防窃听保密性                    B. 信令数据的保密性

    C. 拦截呼叫语音保密性              D. 信令数据认证

18. 为了实现用户身份的保密,GSM 使用了( )来代替 IMSI。

    A. HLR 归属位置寄存器             B. VLR 拜访位置寄存器

    C. TMSI 临时身份标识             D. AUC 移动鉴权中心

19. 3G 中使用( )机制完成 MS 和网络的双向认证,并建立新的加密密钥和完整性密钥。

    A. COMP128     B. XMAC     C. KASME     D. AKA

20. LTE/SAE 的 AKA 鉴权过程和 UMTS 系统中的 AKA 鉴权过程基本相同,实现了 UE 和( )的双向鉴权。

    A. 网络侧     B. 应用层     C. 物理层     D. 感知层

21. 5G 安全体系包括网络访问安全性、网络域安全、( )、基于服务的体系结构和域安全性。

    A. 基站域安全     B. 应用域安全     C. 用户域安全     D. 接入域安全

22. RFID 电子标签中,安全性等级最高的是( )。

    A. CPU 型     B. 存储型     C. 有源型     D. 逻辑加密型

23. (多选)RFID 信息系统可能受到的攻击主要有( )。

    A. 物理攻击     B. 伪造攻击     C. 假冒攻击     D. 服务后抵赖

24. RFID 安全技术可以分为两大类:一类是通过物理方法阻止标签与读写器之间通信;另一类是通过( )增加标签安全机制。

    A. 网络手段     B. 电子手段     C. 化学方法     D. 逻辑方法

## 二、简答题

1. 简述物联网信息安全的一般性指标。

2. 简述物联网中可能存在的网络攻击途径。

3. 简述物联网中物联网信息安全中的四个重要关系。

4. 物联网安全防护技术都有哪些内容? 简述入侵检测系统的基本概念和主要功能。

5. 什么是密钥? 什么是公钥基础设施(PKI)? PKI 的主要任务有哪些?

6. 物联网身份认证有哪些方法和手段?

7. 根据蜂窝网络的特点,分析其为何容易遭到攻击。

8. 简述对蜂窝网络的攻击类型和攻击手段。

9. 简述物联网可能存在的物理层安全威胁。

10. 简述物联网中为应对不同物理层安全威胁的策略。

11. 简述 GSM 的安全机制,并画出 GSM 的安全算法分布结构。

12. 试以 UMTS 系统为例,说明 3G 的安全体系架构。

13. 简述 LTE/SAE 的密钥层次架构方案,并画出其架构图。

14. 简述 3GPP 5G 规范安全需求及实现。

15. 解决 RFID 安全问题的物理方法有哪些? 请做简单介绍。

## 三、计算题

1. 在 RSA 系统中,假设 $P=5,Q=7$,公钥 $e=5$,试计算私钥 $d$ 并给出明文 $m=2$ 对应的密文。

2. 用 RSA 系统加密时,已知公钥是 $(20,7)$,私钥是 $(20,3)$,试求明文 $m=2$ 时对应的密文。

3. 设信源 $X=\{x_1,x_2\}$,其中 $p(x_1)=0.75,p(x_2)=0.25$,通过一干扰信道后,接收符号为 $Y=\{y_1,y_2\}$,其中 $p(y_1)=0.6,p(y_2)=0.4$,试求:

① 信源 $X$ 中事件 $x_1$ 和事件 $x_2$ 分别包含的自信息量;

② 信源 $X$ 和接收符号 $Y$ 的信息熵;

③ 条件熵 $H(Y|X)$。

第**6**章 物联网应用

前几章对物联网各层的协议及其关键技术进行了阐述,本章将具体地探讨物联网在实际生活和工作中的应用。如果物联网是一幢摩天大楼,那么每层协议及其关键技术就是其中坚实的地基以及精密的骨架;而将整幢建筑的美感与结构完美地展现出来的,则是其华美的外观,也就是在各行各业之中的广泛应用。本章将详细讲述物联网与交通、医疗、农业、家居、物流和军事6个领域的联系,以及物联网在这6个领域的具体应用。

## 6.1 物联网应用概述

物联网已经遍及智能交通、环境保护、政府工作、公共安全、平安家居、智能消防、工业监测、老人护理、个人健康、花卉栽培、水系监测、食品溯源、敌情侦查和情报搜集等领域。如图6-1所示,物联网有效地将所有可触及的物品联结成网络,将感应器嵌入、装载到道路、建筑、汽车、医疗器械、家用电器、货物、军事设备之中,从而将人类群体与这些物件整合成一个崭新的、更加庞大的网络。利用充足的计算能力对整个网络进行严格地、实时地管理与监控。在物联网时代,人们的生活将更加信息化、智能化,对社会状态的把控将更精准与高效。这不仅有助于提高生产力水平以及对资源利用的效率,还可以改善人类与自然之间的关系。

国际电信联盟(ITU)这样描绘物联网时代的"图景":当司机操作失误时,汽车会自动报警;随身携带的公文包会提醒主人忘带了什么东西;衣服会"告诉"洗衣机对颜色和水温的要求;物流系统里的货车装载超重时,汽车会提醒超载以及超载的重量,并在空间还有剩余的情况下告诉你轻重货物怎样搭配;当搬运人员卸货时,一只货物包装可能会大叫:"你扔疼我了",或者说:"亲爱的,请你不要太野蛮,可以吗?";当司机和别人扯闲话时,货车会装作老板的声音怒吼:"笨蛋,该发车了!"。

物联网技术全面应用后,物联网的业务信息流量将远远超过人与人通信场景下的信息流量,物联网也将发展成为一个超大规模的新兴市场。物联网在智能交通、智能医疗、智能农业、智能家居、智能物流和智能军事6个方面均有着代表性的应用案例。下面将就这些方面进行更为直观、具体的阐述。

物联网的
应用拓展

图 6-1　物联网的应用拓扑图

## 6.2　智能交通

随着科技的发展以及时代的进步,人们对交通工具越来越依赖。这虽然带来了不少的便利,却也衍生出了不少问题(如图 6-2 所示):交通拥塞使高速公路变成停车场,造成的损失占 GDP 的 1.5%~4%。美国每年因交通拥塞造成的燃料损失能装满 58 个超大型油轮,损失高达 780 亿美元;同时,交通事故也带来了很大的损失。全球每年约有 120 万人死于道路交通事故,中国仅 2011 年上半年就发生道路交通事故 184 万起,造成 2.6 万人死亡,10.6 万人受伤,直接财产损失高达 4.4 亿元;交通拥塞也增加了燃料消耗和大气污染:2013 年 1 月到 4 月,100 天内北京有 46 天处在雾霾的笼罩之下;较差的交通情况严重影响了人们的生活,浪费了人们的时间,很多车主因堵车和路况不佳导致动怒,产生攻击性驾驶。这些问题都在驱使交通的智能化与高效化,希冀于一种有效的管理模式来解决诸多对交通的不利因素,"智能交通"的概念由此而生。

图 6-2　传统交通存在的诸多问题

### 6.2.1 智能交通的基本概念

智能交通系统(Intelligent Transportation System,ITS)将数据通信传输技术、电子传感技术、控制技术和计算机技术有效地集成到整个地面交通管理系统中。ITS是一种在大范围内、全方位发挥作用的,实时、准确、高效的综合交通运输管理系统。ITS将人、货物、车辆和道路设施有机结合,进一步将信息交互后实现交通管理、电子收费、紧急救援等实用功能,并建立先进的驾驶操作辅助系统、公共交通系统、货运管理系统,具体的系统架构图如图6-3所示。在ITS中,车辆、沿线的基础设施、旅客以及控制中心均有机地互联在一起。在不同的场景下应用相应的、具有针对性的通信技术,使得整个系统之中的每一个节点都可以随时随地地了解到系统任何角落的情况,有效地提高了覆盖率与资源利用率,也优化了节点间的通信效果。

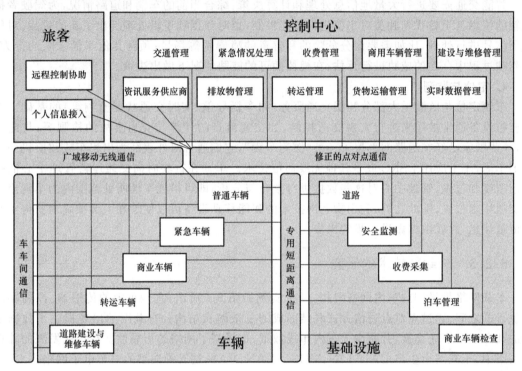

图 6-3 智能交通系统架构图

智能交通
系统架构解释

### 6.2.2 物联网技术与智能交通

智能交通被认为是物联网世界中最有前景的应用之一,诸多的新型物联网技术蕴涵于感知与识别、无线通信、计算决策、定位与监测四个模块之中。

**1. 感知与识别**

智能交通系统中的感知技术被广泛应用于车辆状态检测,道路、天气状况检测和交通情况监测、车辆巡航控制、倒车监控、自动泊车、停车位管理、车辆动态称重等操作当中。车辆通常部署了温度、湿度、氧气、速度、加速度、红外、胎压,质流等多种车载传感器。路面和路旁设施中嵌入了雷达、弱磁、重量、摄像头等各种传感器;同时,在道路中,RFID等电子识别技术被大量应用到各种智能收费系统中。闭路电视技术和车牌号码自动识别技术常用来进行违章车辆的监测识别和对热点区域可疑车辆的持续监控。

**2. 无线通信**

智能交通建立在良好的通信基础之上,如何维持通信系统的鲁棒性也是其重中之重。智能交通系统中的通信分为两大类:短距离通信与长距离通信。短距离通信指小于几百米的用户之间的通信,主要用来进行车辆之间和车辆与路旁设施之间的信息交换。短距离通信主要通过 IEEE 802.11 系列协议来实现。美国智能交通协会以及美国交通部主推 WAVE (Wireless Access in the Vehicular Environment,即 IEEE 802.11p)和 DSRC(Dedicated Short Range Communications)两套标准。这些标准的通信距离可以利用移动 Ad-hoc 网络和 Mesh 网络进行扩展。长距离通信则用来为车辆提供互联网接入,方便车辆进行服务和获取多媒体娱乐信息。长距离通信主要通过基础设施网络来实现,如 GSM、3G、4G 和 5G 等。

**3. 计算决策**

智能交通需要进行大量地信息处理和计算决策:综合当前的车辆和道路情况,为驾驶者提供辅助信息甚至替代驾驶员对车辆进行智能控制,也对数据和逻辑处理提出了新的挑战;对传感器信号进行处理,比如需要区分危险的和善意的障碍物等场景;预测其他车辆未来的行为;对驾驶过程中存在的威胁进行评估;在模棱两可的威胁情况下做出决策。

**4. 定位与监测**

车辆定位与监测是大部分智能交通服务(如车辆导航、实时交通状况监测等)的基础。摄像监控设备通常被用来进行宏观交通控制,如交通流量的计算与交通事故的检测等;与此同时,一些国家已经在道路间部署了一种"探测车辆",它们通常对外表征为出租车或政府机关单位的车辆,车上应用 DSRC 或是其他无线通信技术。车辆在行驶时向交通运营管理中心汇报当前速度和位置,管理中心对这些数据进行整合与分析,即可得到车辆所处范围内的车辆流量与交通堵塞位置;除此之外,利用物联网技术的智能移动设备可以使管理人员准确地获得实时的流量信息,并就数据做进一步的操作。

## 6.2.3 车载网技术的研究

车载网络是早期的车内网络架构,设备实例如图 6-4 所示,它是车内的传感器、控制器以及执行器之间,通过点对点通信方式联结而成的复杂网状结构。车载网的出现提供了数据之间的共享以及快速交换,并减少了车内布线数量,也提高了网络的可靠性。在快速发展的计算机网络中,车载网衍生出 CAN、LIN、MOST、LAN、VAN 这五种典型的汽车电子网络。

图 6-4 车载网设备示例

## 1. CAN

CAN(Controller Area Network,控制器局域网)是德国博世公司在 20 世纪 80 年代初开发的一种串行数据通信协议,它可以完成汽车中众多控制机器与测试仪器之间的数据交换。CAN 是一种多主总线,其通信媒介可以是双绞线、同轴电缆或是光导纤维。

CAN 在通信过程中无主从之分,一个节点可以向任意数量的其他节点发起通信请求,按照节点的信息优先级来决定通信次序。其中高优先级节点的通信周期为 134 $\mu$s;当多个节点同时发起通信时,优先级较低的节点将自动避让优先级较高的节点,这样有效地避免了通信线路的阻塞;CAN 的通信距离最远可达 10 km(同时速率低于 5 kbit/s),速率可达 1 Mbit/s(同时通信距离小于 40 m)。CAN 适用于大数据量短距离通信与小数据量长距离通信,即在实时性要求较高、多主多从通信网络结构以及各节点平等通信的场景中使用。

## 2. LIN

LIN(Local Interconnect Network,局域互联网络)协会创始于 1998 年年末,最初的发起者是宝马、沃尔沃、奥迪、大众、戴姆勒-克莱斯勒、摩托罗拉和 VCT 五家汽车制造商、一家半导体公司和一家软件公司。LIN 协会创办的主要目的是开发一个开放的标准协议——LIN 协议。它主要针对车辆中低成本的内联网络,若在这样的场景下使用 CAN 网络,无论是使用的带宽还是网络的复杂性都有着不必要的浪费。

LIN 协议包括了传输协议的定义、传输媒介、开发软件间的接口以及软件与应用程序间的接口。LIN 协议的出现很好地提升了系统结构的灵活性。同时,无论从硬件还是软件角度看,LIN 协议均为网络中的节点提供了相互操作的功能,因此可以获得更好的电磁兼容特性。

LIN 的出现很好地补充了车内网络的应用面与多重性,同时也为车内网络的分级实现提供了条件。这不仅有助于车辆获得更好的性能,同时也降低了车载网的搭建成本。LIN 协议通过一系列高度自动化的工具链,实现了分布式系统对软件的复杂性、可实现性、可维护性的要求。

## 3. MOST

MOST(Media Oriented Systems Transport,多媒体定向系统传输)在汽车制造商和供应商中备受青睐。MOST 网络以光纤为媒介,拓扑类型一般为环型拓扑。MOST 可以提供高达 25 Mbit/s 的集合带宽,远远高于传统的车载网络。MOST 最多可以同时整合 15 个不同的音频流,主要应用于汽车信息及娱乐等场景。

## 4. VAN

VAN(Vehicle Area Network,车辆局域网)是由标致、雪铁龙、雷诺公司联合开发的一种车载网络,主要应用在车身电器设备的控制中。VAN 的数据总线系统协议只需要中等的通信速率,因而适用于车身功能和车辆舒适性功能的管理。

VAN 数据总线系统协议的研发将汽车内部的各个复杂通信系统联结在一起,同时也将简单的电子器件及支线整合为一条总线,保证了网络传输的有效节奏。

## 5. LAN

LAN(In-Vehicle Local Area Network,车载区域网络系统)的产生与 CAN 有些相似,即为了方便车载各电控单元间进行的各种数据交换,来完成对汽车性能精准、有效的管理与控制以及减少车身的布线。LAN 主要取决于 3 个因素:传输媒介、网络拓扑结构和 MAC。其中,传输媒介和网络拓扑结构是 LAN 主要的技术基础,它们的选择决定了网络传输的数据类型、网络通信速度、网络效率和网络提供的应用种类。

### 6.2.4 物联网技术在民航领域中的应用

去机场搭乘航班从来都不是什么美好的体验:通常,需要提前很长时间就奔赴机场,需要完成冗长、无聊且严格的安检手续,还需要花钱购买飞机上既不健康也不美味的快餐,再加上人潮人海的等候区以及窄小的座椅,等待到最后还有可能赶上航班的延误甚至取消。这种乘机体验绝对不令人满意。但是,随着物联网技术在民航领域的大规模应用,乘机体验正在变得越来越好。这不仅能提高机场的运营管理收入,还能让乘客在旅途中的心情更加舒畅。通过为客户提供个性化的体验,机场可以提高自己的运营的效率,同时也增加了机场的运营收入,有效地降低了运营成本。物联网可以在以下几个过程中(如图 6-5 所示)改善旅行体验,除此之外,在行李的运输与跟踪方面,物联网也起到了极为重要的作用。

**1. 办理登机手续**

随着登机流程办理的在线化和行李托运的便捷化,民航领域的乘机体验正在变得越来越好。但是,物联网技术的应用预示着更加智能化的乘机手续办理方式即将到来:美国捷蓝航空(JetBlue)推出了一种"自动登记"技术并投入使用。在完成机票的预订后,旅客将在 24 小时之内获取本次航班的所有信息。而且信息将以短信的方式发送到旅客手中,不需要旅客下载任何 App 或是接入互联网;同时,基于个性化的信息检索,乘机系统将根据以往的记录为旅客选择合适的座位,并向旅客传达相关的登机牌信息。现有的物联网技术可以让旅客摆脱冗长复杂的登机手续,改善旅途体验。

**2. 机场内定位**

即便解决了登机手续办理的繁杂问题,在机场内部的活动仍是一个不小的麻烦。许多旅客都会因为机场内的拥挤而迷路,甚至是感到愤怒。利用物联网技术可以较完整地解决这一问题。通过蓝牙信标、NFC 磁卡、WiFi 信号和 GPS 定位等模块,机场控制管理系统可以精准地获取旅客所在的位置坐标,并根据机场内的地理信息为旅客提供最适合的个性化服务,如行程的相关信息或附近商家的商品信息等。在全球范围内,这一技术已经有了较为成熟的应用:芬兰的赫尔辛基机场通过为旅客提供 WiFi 与 iBeacons 服务来获取旅客的位置信息,并基于此来为旅客提供相关服务。这不仅有效地避免了排队的拥挤与阻塞,而且为机场内的商家带来了更多商机。美国的迈阿密机场部署了 400 多个信标网络,可以实时地为旅客以及商家提供数据信息和个性化的服务。机场还配备有专属的应用程序,可以为旅客提供查阅机场内信息、机场内导航、提供个性化建议等服务;英国的伯明翰机场开发了一套综合系统,用于估计旅客搭乘航班的起飞时间以及等候时间。机场部署了蓝牙以及 WiFi 设备,一旦旅客通过这些设备接入网络,系统将监测到旅客并自动推送这些信息。这样不仅可以使旅客的心情更加舒畅,也可以更好地协助旅客规划自己的时间;丹麦的比隆机场使用物联网技术打造了一个流量监控系统,该系统可以实时监测机场内外各出入口的旅客流量、队列长度以及拥堵时间。通过对机场各处数据的有效收集,管理人员可以进一步地进行分流引导等操作,提高机场的人员流动效率;同时,机场通过合理的调度,可以让旅客在特许区停留的时间更长,不仅可以提高机场的非航空收入,同时也有效地优化了旅客的机场内体验。只要机场拥有旅客的位置信息,依托于物联网技术,便可以为其提供最为舒适的机场内体验,缓解旅客乘机的压力。

**3. 民航中的安全防护**

物联网技术同样可以运用在民航安全的各个细节之中,为旅客及机场的安全"保驾护航":机场的第一道"关卡"——自动识别安全门便是其代表之一。它配备自动识别系统,可以智能识别旅客携带的护照,减少其等待时间;随着物联网技术的发展,其在安全防护系统之中的应用潜力也将越来越大。试想：当你还未迈出家门时，机场的安保系统便对你的个人履历以及行程信息完成了筛查；在你到达机场后，只需轻轻一扫面部，机场的人脸识别系统便可以完成身份认证，无需再出示任何证件。这不仅为旅客节省了大量的时间，也大大提升了机场的安检效率。

**4. 乘机过程中的体验**

即使飞机已经起飞，物联网技术依然可以为你提供最具个性化的体验。譬如：所有旅客的座椅上都安装了诸多传感器，它们将实时地监测旅客的焦虑、口渴状况以及体温指标；同时，通过对乘客历史数据的分析，可以让机组人员更加了解乘客的饮食喜好以及喜欢入住的酒店。飞行过程中的个人物联网设备也有许多：澳大利亚航空公司与三星公司展开合作，推出了一款机上娱乐项目——使用旗下的三星 Gear 耳机在机上观看 VR 视频；英国航空公司则研制了一款可食用的"数字药片"，它可以实时监测旅客的身体健康，并在通过评估之后，为旅客提供合理的饮食以及运动建议来面对潜在的时差问题。

图 6-5　物联网技术在民航领域的众多应用

## 6.3　智慧医疗

由于医疗资源的不平衡，许多生活在医疗资源相对稀缺地区的患者通常会选择到距离较远的大城市接受治疗，在患者需要一些先进的医疗设备来治疗的严重疾病时，这种情况更易发生。我国在传统医疗方面存在着管理系统不完善、医疗成本高、大城市与小地方医疗资源差距悬殊等问题，这常常导致大医院人满为患，而小医院无人问津。诸多亟待解决的现状之下，智慧医疗的概念应运而生。智慧医疗是对传统医疗系统的一种突破，旨在使患者就诊更加方便快捷，提高医疗资源的利用效率。

### 6.3.1　智慧医疗的基本概念

医疗领域对智慧医疗有着以下几种定义。

a. 智慧医疗是一个医疗信息化生态系统。它以医疗物联网为核心，实现信息高度共享。

b. 智慧医疗旨在建立一种协同工作的合作伙伴关系,为患者提供更好的医疗保健服务,在日常生活中能有效地预测与预防疾病,帮助人们纠正不良生活习惯。

c. 智慧医疗是通过信息化建立健康面对面计划和以个人电子健康档案为核心的数据中心,并按照统一标准实现区域卫生信息互联互通和共享。

基于上述的定义,医疗界对智慧医疗的系统架构进行了具体的设计。

智慧医疗主要由智慧医院系统、区域卫生系统以及家庭健康系统三部分组成(图 6-6 展示了智慧医疗的结构)。

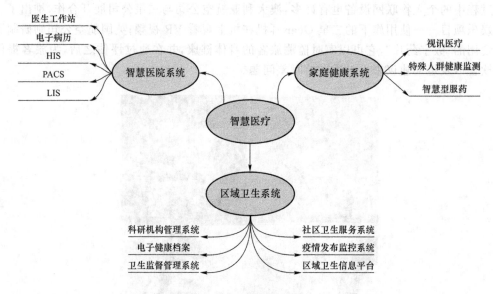

图 6-6　智慧医疗结构图

智慧医院系统包括数字医院和提升应用,数字医院主要由医生工作站、电子病历、医院信息系统(HIS)、医学影像信息存储系统(PACS)、实验室信息管理系统(LIS)等组成。数字医院能将病人诊疗信息集中在一个平台上,做到病人少跑路,数据多跑路。提升应用包括远程图像传输、海量数据处理等,实现医疗水平的提升。

区域卫生系统包括区域卫生平台和公共卫生系统。可以更进一步划分为科研机构管理系统、社区卫生服务系统、电子健康档案、卫生监督管理系统、区域卫生信息平台、疫情发布监控系统。区域卫生系统连接区域内规划的各机构,建立一个全民健康档案系统,打造医疗、医保、新农合系统"三位一体"的运营平台,实现区域内病人双向就诊、预防和控制疾病的发生、区域一卡通等区域协调医疗服务。

家庭健康系统是智慧医疗重要的一环,也是人们日常生活最容易接触到的部分。生活中许多慢性疾病都可以通过预防来避免,家庭健康系统能对你不恰当的习惯发出预警,降低慢性疾病发生的概率。对于患者而言,家庭健康系统能够提醒他按时服药以及服药的剂量是否准确等。

根据智慧医疗的架构及定义,其存在互联性、协作性、预防性、普及性、创新性以及可靠性的特点,它们具体表现如下。

a. 互联性:经过授权,医生能随时查看患者的病史以及以前医生给出的治疗方案。患者也能根据自己意愿随时选择另一位医师或者更换一家医院。

b. 协作性:多家机构之间进行医疗信息互联互通,可以实现信息集中式存放与读取,搭建一个专业的医疗信息网络。

c. 预防性：能够预防和控制重大疾病的发生，快速准确地制订出合理的处理方案。

d. 普及性：支持乡镇医院和社区医院无缝地连接到中心医院，提高小医院的医疗水平以及影响力。医院的检查资料也可以共享，以便安排转诊等医疗服务。

e. 创新性：提升知识和过程处理能力，进一步推动临床创新和研究。

f. 可靠性：医生能从过往的医疗案例和专业文献资料上来找到支持他们诊断方案的依据。

在智慧医疗的大趋势之下，基层医院会不断提高其信息化程度，建立医疗信息系统，共享医疗信息资源。与此同时，随着云计算、大数据、物联网等信息技术不断发展，医院信息化程度不断提升，智慧医疗惠及万众，做到"乡镇级医院解决常见病，县级医院能治疗大病"。

## 6.3.2 智慧医疗环境中的医院信息系统

大型三级甲等医院仍然存在登记困难、等待时间长、付款烦琐、医疗指导的诸多不便。医院信息系统会结合医院信息系统业务的流程进行分析，在智慧医学相关理论、近场无线通信、室内导航等互联网研究基础上运用物联网技术，能够利用信息技术优化治疗过程、改善患者环境、缩短等待时间、提高医疗便利性、降低医院成本、进一步建设现代智慧医院、规范和推动智慧信息技术的发展。

如图 6-7 所示，相比于传统的医院信息系统，智慧医疗环境中的医院信息系统以无线传输的网络连接方式为主。该系统实时记录和监控医生、患者、药物和设备的位置和状态，确保数据收集的准确性和及时性。医院信息系统实现以下医疗信息化管理：掌上医院、药品和消耗品的智能管理、消毒和供应中心的质量追踪、人员和资产定位管理、护理管理、智能健康管理、防范盗窃婴幼儿、患者体温实时监测、移动护理管理等；此外，它还可以集成医疗物联网渠道，实现语音数据、视频数据、软件数据的融合，解决医疗物联网的各种应用需求。

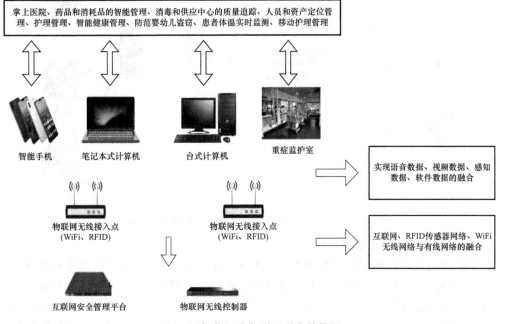

图 6-7 智能医疗物联网平台结构图

### 6.3.3 物联网技术在健康监控中的应用

在全球范围内,医疗模式正逐步转向以患者为中心的方法,患者不仅是医疗系统的被动元素,还是维护自身健康和其他人健康的主动者。随着物联网的广泛部署,将多个异构设备连接到互联网变得更加容易。物联网能够快速执行各种与健康有关的任务,如患者与医生和护理人员之间的沟通、远程提供护理、支持远程诊断、电子病历、药物依从性控制等。

医疗物联网涉及大量智能设备,用于检测健康参数,包括温度、心跳、血压和患者移动性等,广泛适用于患者的健康监测。例如,使用医疗物联网技术实现对必要健康数据实时性监测和记录;借助无线传感网络实现远程医疗监护;通过 RFID 标识码并利用移动设备管理系统,能够不需要有线网络直接进入系统实时完成设备标识、定位、管理、监控,充分利用和共享大型医疗设备,明显降低医疗成本;与此同时,物联网技术的运用能够达到患者、血液以及医护管理信息等高度智能化。

医疗物联网涉及数据传感和传输到中央存储库。无线体域网利用快速增长的物联网设施,通过放置在患者身体上的小型传感器,来监测各种健康参数。然而传感器是微小的设备,功率有限,无法监测物理环境的变化。为了降低医疗服务成本,可以将传感器嵌入衣服或人体,以便持续监测患者及其日常的生活活动。收集器节点能通过物联网获取患者和老年人周围的医疗传感器的实时读数,并转发至医院的医疗服务器上。医生和其他获得授权的用户可以通过访问服务器的数据和有关警报状况来监控患者的病情(图 6-8 为上述过程的示意图)。

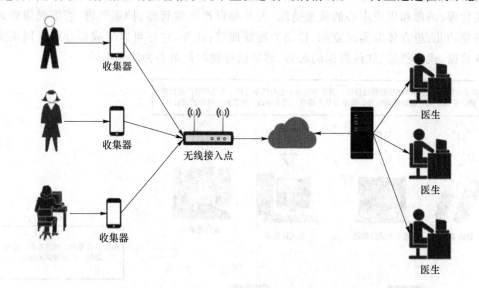

图 6-8 从传感器到医疗存储服务器的数据收集和传输过程

**1. 智能输液监控管理系统**

智能输液监控管理系统使用传感器、RFID 和无线网络技术,为患者、医生和护士之间的数据采集、数据记录、数据传输和数据共享创建高效的信息诊所平台,实现整个输液过程的智能管理。患者终端(PT)配备有数字秤和无线通信模块。PT 周期性地将剩余液体的融合速度和重量发送到位于护士站的中央监测系统(CMS)的接收器。对于远离护士站的患者终端,使用继电器来促进从 PT 到接收器的信息传输。CMS 基于所接收的融合速度和融合液体重量为每个 PT 计算剩余时间。当剩余时间低于阈值时,将向护士发送警报信号。此外,PT 上的传感器可以检测到许多异常情况,如"堵塞""针头脱落",并及时提醒护士采取措施来确保输液安全。

### 2. 智能纺织物管理系统

医院每天都要处理床单、被子、患者制服、医生大衣、护士制服、操作制服等,它们经历仓库进入、仓库出口、损坏声明、污染声明、回收、洗衣和分配的过程,许多医院对此缺乏有效的管理方法,只是单纯依靠人工记录和人工干预,易使纺织物管理变得烦琐、耗时且容易出错。

在智能纺织物管理系统中,每个项目都由 RFID 标签唯一标识。通过使用传感和检测设备,系统能够记录每个项目的当前位置和状态以及相应的操作员信息,随后将记录的信息发送到云服务器或医院网络服务器。系统能够在每个阶段对物品进行实时跟踪,确保所有阶段都得到控制和检查,从而避免不必要的错误。物联网技术大大减少了护士、护理人员、调度员和工作人员的工作量和纠纷,并有效减少了医院中交叉感染事件的发生。

### 3. 患者和资产定位管理系统

病人和资产定位管理系统是物联网技术在医院病房管理中的典型应用。在医院病房管理系统中,所有医疗设备、病人、医生和护士都使用 RFID 标签标识。通过设置电子围栏和边界,系统能够在标签跨越入口和出口或在特殊区域的边界时引发警报。因此,系统能有效地防止医院资产流失、特殊患者失踪以及传染病人意外进入医院走廊事件的发生。此外,该系统能够告知关于患者及其活动路线的最新位置信息。

在紧急情况下,只需按下 ID 标签上的呼叫按钮即可立即通知相应的医生、护士和保安人员。由于物联网标签的双向通信能力,系统可以回溯患者治疗的整个过程。对于医院设备,系统可以监控设备的生命周期历史和相关的患者使用记录,在病房中获得有关病人监护仪、注射泵和除颤器的位置和动态分布的最新信息。患者和资产定位管理系统提高了医院资源管理效率,简化和优化了医疗操作程序,为患者提供了更好的就医体验。

## 6.4 智慧农业

智慧农业又称数字农业或信息农业。它涉及农业信息快速获取、农田种植、土地管理、农药利用、污染控制、农业工程设备及其产业化技术等多种农业高新技术。信息管理作为计算机应用领域的重要分支,是智慧农业的重要组成部分,也是农业生产智能决策的基础。智慧农业利用智能机械采集农业生产必需的数据,能够大幅提升农业生产效率、节省人力成本、节约资源。智慧农业推动农业生产变革,将传统农业向现代化农业改造,对人民的生活有着深远而重大的影响。

### 6.4.1 智慧农业的发展背景

21 世纪,传统农业将转变为节水农业、机械和智能农业,以及高质量、高产量、无污染的农业。农业信息化是必要和有效地实现所有这些目的的方法,也是现代农业的核心技术。农业信息化的实质是通过信息技术实现农业各个方面每个过程的数字化,帮助农民直观地了解作物的需求并采取相应的行动。智慧农业使农业更加智能化,它的主要应用领域有:智能温室、节水灌溉、智能化培育控制、水产养殖环境监控。图 6-9 生动地展示了传统农业与现代农业的区别,图中上面两幅图是传统农业,下面两幅图是现代农业,很明显农业从以人为中心、借助单独的机械生产模式转变成了使用大量智能、自动生产设备的高度信息化的生产模式。

世界各国农业信息化发展特别迅速,尤其是在发达国家。例如,在日本,计算机已经深入农业的方方面面,在作物育种、作物保护和森林和昆虫利用、农业天气报告、农业经营、农产品加工等方面发挥巨大的功效。在美国,农民与大众信息流相关联,家中的农场可以访问政府信息中心、大学、研究所和图书馆的数据库,可以获得价格波动、种子改良新型的最新数据、农业机械和植物病虫害的防治等。计算机可以帮助农场分析何时种植什么样的作物以及哪种耕作方式最好,然后农场可以获得最大的产出和效益。

中国是一个人口众多,土壤资源有限且以传统手工耕作方式为主的农业大国。21世纪初期,我国的农业生产资源愈发紧张,对资源消耗过大的问题愈发严峻,已经严重制约了农业的发展。面对这些挑战,我国政府高度重视并提出了新的农业技术革命:"从传统农业到现代农业,从粗放农业到集约化农业"。从1998年开始,中国正式启动了"数字中国"的概念,这带来了数字农业的可持续发展,促进了农业技术革命。在"数字中国"概念指导下,许多省份都建立了不同类型的数字农业体系,包括小麦专家系统、作物模拟、农药排名、网络苗木生产管理等。

图 6-9　传统农业与智慧农业对比

随着社会的发展,传统的农业形式无法满足人们的需求,因此对农业的改革是势在必行的。物联网技术的发展为农业现代化的发展带来了光明,农业物联网已成为农业信息化的必然趋势。

## 6.4.2　物联网技术在智慧农业中的应用

智慧农业是物联网技术在现代农业领域的应用,它主要有监测功能系统、实时图像与视频监控功能。图6-10是一个基于物联网的农业信息管理系统,可以根据物联网的系统结构将其在智慧农业中的应用分成三部分:数据采集、数据传输、数据分析和处理。各部分具体表现如下。

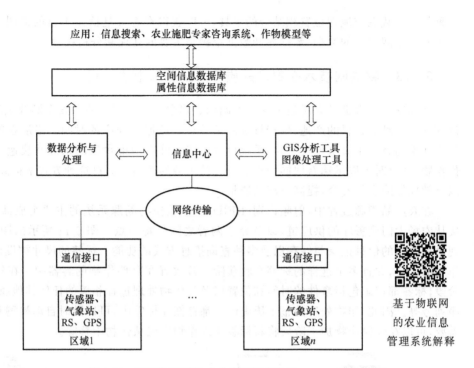

图 6-10 基于物联网的农业信息管理系统

**1. 数据采集**

如今,随着物联网及其应用日益深入的研究,物联网信息的整体感知、可靠传输和智能操作的属性使其开始成为数据采集和传输的主要方法。由于农业生产涉及不同的阶段和过程,如作物生长、作物储存和销售,应该选择不同的收集技术和方法,以获得更准确的信息。

a. 作物生长的阶段:为了收集土壤、肥料、水分、日照、温度等环境因子的数据,可以根据农田的地理属性和作物生长属性来部署不同类型的传感器。传感器具有大规模部署、低维护、可扩展性和适应不同场景等能力。它允许以更精细的粒度部署传感系统和驱动机制,并比以前更加自动化。例如,传感器可基于土壤里收集的信息、环境温度和其他环境因素精确控制土壤中肥料的浓度。使用传感器和自适应算法将反馈结合到系统中将允许更细粒度的分析,并基于当地条件调整作物生长环境。为了获取农田的地理信息,可以使用全球定位系统(GPS)进行地理位置测量。例如,GPS 提供有关农田的纬度、经度和海拔高度的位置数据。此外,通过遥感(RS)技术的机载数据收集系统(如航空照片和卫星遥感)提供定期土地利用、土地覆盖和其他专题信息。

b. 作物储存和销售的阶段:为了跟踪作物状态,应该考虑回溯的能力。例如,可以向数据库查询具有特定属性或特征的作物的位置、储存和销售流程的信息。

**2. 数据传输**

该层的主要功能是确保来自采集层的信息可以通过网络基础设施可靠地传输到互联网中,如移动通信网络、无线传感器网络、卫星通信网络等,首先将 WSN 连接到 Internet 并以标准方式发布数据,以便与其他实体共享、分析这些数据,接着在远程场所做出决策,最后通过传感器在现实世界中实现这些决策。

**3. 数据分析和处理**

对于受空间限制的数据,地理信息系统(GIS)是一种有效的空间分析和自然资源管理工具。GIS 是地理空间信息技术的专门分支,可帮助存储、管理和分析地理参考数据。GIS 也是一种将统计数据与地理位置相结合的工具,可以获得有意义且信息丰富的地图、图表和表格。对于不受空间限制的数据,数据库和数据挖掘是主要的处理和分析技术。

### 6.4.3 物联网技术在农产品质量安全溯源中的应用

食物安全一直都是人民最为关注的问题。建立一套农产品质量安全溯源机制可以快速查询到该农产品原材料的产地、生产批次甚至是每一道加工程序的时间。当潜在的污染行为或是农业生物恐怖主义事件发生时,系统可以精准地确定污染食物的来源并快速寻找安全的替代作物,必要时可以迅速召回同一批次所有被污染的产品。通过这种方式来提高产品质量,可以有效地保障食品安全,提高农产品质量。

在农产品溯源过程中,射频识别(RFID)标签是作物溯源系统的主要组成部分。RFID连接从农场大门到餐厅的供应链,以及介于两者之间的每一点。图 6-11 所示的溯源信息链,实现每个阶段的信息记录与保存以及多种查询信息方式的功能。标签的尺寸被设计成接近单个作物的大小,并且多个这样的标签在收获阶段被放置在存储作物的容器中。在每个作物处理阶段,标签都记录包括事件的时间和位置以及与作物处理过程相关的任何其他属性,如设备的序列号等。因此,作物处理的整个历史记录都存储在标签中,可以随时自动检测和识别。根据需要,可以在任何作物加工阶段将新标签插入作物中或从作物中移除。

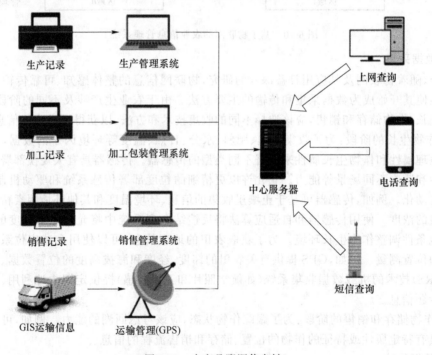

图 6-11　农产品溯源信息链

## 6.5　智能家居

随着国内经济和信息技术的发展,智能化设备越来越受大众青睐。据相关报告推测,我国智能家居市场会有爆发式的增长时期。智能家居作为非常有前途的研究领域可大大提高人们的生活质量。例如,可增加舒适度、提供更高的安全性以及更合理地利用资源,从而节省用户的时间,提高使用效率。此外,智能家居还能提供有力手段来支持老年人和残疾人的特殊需求。

### 6.5.1 智能家居与物联网技术

智能家居可以定义成一个过程或者一个系统。它利用先进的计算机技术、网络通信技术、综合布线技术、将与生活有关的各种子系统有机地结合在一起,通过统筹管理,让家居生活更加舒适、安全、有效。智能家居的核心特性是高效率、低成本。

和传统家居相比,智能家居有着诸多优点:智能化、信息化、人性化、节能化。智能家居不仅能够提供传统家居具备的居住属性功能,还能借助家中其他智能设备以及互联网实现全方位的信息交互,帮助人们优化生活,有效规划时间安排。智能家居强调人的主观能动性,重视人与居住环境的协调,使用户能随心所欲地控制室内居住环境。智能家居取消了家用电器的睡眠模式,能够彻底断电,增加住宅的安全性,为能源费用节省资金。同时智能家居安装方式非常简单,能够按照消费者意愿随心所欲地进行扩展。而传统家居则采用有线的方式,需要专业人员才能维护与扩展,限制极大。

智能家居通过物联网技术将家中的各种设备连接到一起,从而可以提供家庭安全防范、照明系统控制、环境控制、家电控制、智能化控制,能够做到防火防盗、控制灯光的开关和明暗程度、控制窗帘和空调等、能够控制电饭煲等家电、在发生火灾时自动断电等实用功能。智能家居还具有多种控制途径,可以通过语音、遥控器、网络等方式控制家庭设备(图 6-12 为智能家居系统图),既方便又快捷。

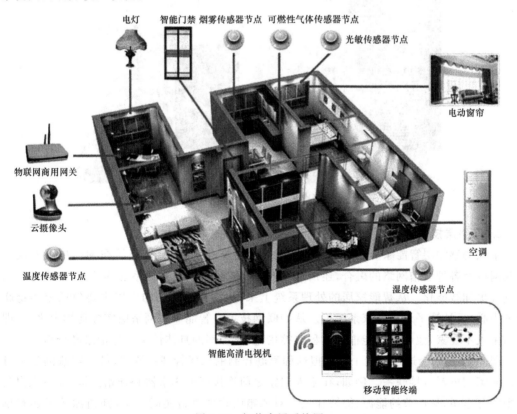

图 6-12 智能家居系统图

### 6.5.2 物联网技术在智能家居中的应用

智能家居的应用中使用了多种不同的物联网技术来实现智能化,体现了"以人为本"的理念。从技术层面上来划分,使用的物联网技术主要可以分为感知层技术、网络层技术、应用层技术。三层相辅相成,协调合作实现家居的智能化。

**1. 感知层技术**

物联网技术在感知层面的应用主要依赖于传感器和 RFID 等各种技术来达到全面感知的目的。物联网能使智能家居收集到明显的智能化特征,对感知的对象实时监控并对收集到的各种环境参数做进一步处理,然后研究数据并调整感知内容。应用感知层技术的智能家居设备有很多,广为人知的有:温湿度传感器、智能电视、智能音箱、智能摄像头、无线燃气泄漏传感等。温湿度传感器能够高效并且准确地测量出室内的温湿度情况,同时能够根据预先设定的温湿度要求,对智能空调进行调控。电视机是家庭必备的家电设备,可以方便地通过手机或者语音来控制智能电视在互联网上搜索影视资源。

智能音箱和智能电视类似,如图 6-13 所示,可以通过手机或语音给智能音箱下达指令。智能摄像头则通过提供各种软件服务对家庭环境进行 24 小时监控。无线燃气泄漏传感可对家庭环境中低浓度可燃气体进行检测,当可燃气体浓度过高时,将通过网关报警并通知授权手机。

图 6-13 智能音箱

**2. 网络层技术**

单独的感知层智能家居设备只是一些简单的智能化应用,智能家居在网络层上不仅包含互联网以及各种通信网络的融合,还借助物联网技术处理整个家居系统的信息,使信息数据处理过程更加智能化。从智能家居的处理系统上来看,物联网技术的应用主要包括家居物联网管理中心、云计算平台和专家系统等。从物联网技术在智能家居网络层实际运用上来看,即便房屋主人不在家,他(她)也能根据远程监控措施,对房间的具体情况进行记录和分析。

图 6-14 是一个通过智能手机模拟远程家庭控制的家居管理系统图,借助物联网技术可以与许多家用电器直接联系。例如,在主人回家之前连接好电热水器和开始煮饭;在主人出门之后则断开电源,从而节约能源;能够让主人对冰箱内物体进行实时观察,知道冰箱里还有哪些食物,从而按需进行备货。

图 6-14 物联网家居管理示意图

**3. 应用层技术**

智能家居应用层的作用是对家庭服务商传达需求,可以根据个人的需求定制适合个人的智能家居。物联网技术在应用层上将信息技术与家具结合在了一起,增加房屋的便捷性。例如,物联网结合传统信息技术打造的红外线智能防护系统,在家庭受到侵害或者在人们熟睡时,安全防护系统对房屋内外的环境监测到异常时就发出警报。物联网技术使安全防护系统性能更好,对保障住宅安全提供有力支持。此外还有家庭医疗应用、智能电网应用、家庭控制应用以及多媒体娱乐应用等。智能家居给家庭服务商提供第三方接口,提供便于人们生活的各种服务。

物联网的出现给智能家居带来了落地并走向每家每户的希望。国内已经有小区对物联网技术在智能家居的应用进行了初步尝试。同时智能家居也会促进物联网技术更进一步发展。智能家居将会成为物联网应用的主要驱动力。

# 6.6 智能物流

物流是以满足顾客需要为目的,从物品的源点到最终消费点,为有效的物品流通、存储,服务及相关信息而进行企划、执行和控制的过程。物流最早起源于 20 世纪 50 年代,发展到今天已经具备了一定的规模。物流的发展一共经历了四个阶段,即粗放型物流(20 世纪 50—70 年代)、系统化物流(20 世纪 70—80 年代)、电子化物流(20 世纪 80 年代—20 世纪末)、物联化物流(21 世纪初至今)。

粗放型物流起源于二战之后的经济回暖,大型的零售企业,如沃尔玛、家乐福等,逐渐地涌现开来,大量生产、大量消费成为那个时代的鲜明特征,但粗放型物流存在着明显的问题:商品的库存量巨大,流动效率较为低下,部门之间缺少足够的配合。基于此,企业开始注重成本和效益,系统化物流应运而生,物流从此开始成为一门综合性科学。系统化物流中囊括了新型物流技术——实时生产系统与集装箱技术以及新型物流业务——航空快递,一些企业如联邦物流以此为基础迅速崛起。

20 世纪 80 年代,计算机逐渐出现并大规模应用在大众的视界当中。物流业也因此而发展进入了一个全新的时期——现代物流,由原有的系统化物流发展成为电子化物流。它融合应用各种软件与物流服务,从而实现了物流的快速、安全、可靠、低费用化,代表性的有 UPS 公司在肯塔基路易斯维的世界港。

虽然电子化物流优点显著,但依然存在着一些缺点:它在互联互通方面做得不充分,标准难以统一、且发展滞后,同时网络与设备的异构、信息共享也存在着缺失;感知不及时、不彻底,缺少实时感知手段,且信息采集手段单一、采集的信息种类有限;它也缺少智慧型计算支持与服务,因此应用程度低,协同性也不足。诸多因素都使电子化物流向新一代物流模式,即物联化物流演进,也就是常说的"智能物流",如图 6-15 所示为其概念模型。

图 6-15　物流已经走进生活

### 6.6.1　智能物流与物联网

信息技术使得物流行业进入现代物流时期,也是推动服务升级的最大动力。智能物流有一系列显著的特点:精准化、智能化、协同化、细粒度、实时性以及可靠性,其中精准化体现在成本的最小化与零浪费,智能化体现在物流管理软件的智能化以及设备与网络的智能化,协同化体现在资金流、物流、信息流的"三流合一"以及其中的协同操作与管理当中。

条形码、电子数据交换、RFID、传感器网络等都应用在智能物流中,这都是现代物流的基础信息化技术,其中 RFID 技术在智能物流系统中有着不可或缺的作用。

### 6.6.2　RFID 技术在智能物流中的应用

RFID 通过射频设备与辅助天线和识别设备进行通信,设备可以从标签中获得产品中的数据,并进行相关的读写操作,它不仅适用于高速移动以及一对多的场景,操作也相对简单,造价较为合理,被广泛运用在物流行业之中,有效地提高了物流作业的效率。

**1. 航空公司的行李分拣问题**

在早期的航空系统中,乘客的行李需要人工分拣,这样势必会产生一系列问题:人工分拣行李的正确率仅能达到 80%,经常会有混分错分的情况发生;行李容易丢失或损坏,严重影响航班的正常运行。使用基于 RFID 技术的航空行李人工辅助系统,每件行李在贴标签环节均会附带上一枚无源 RFID 标签,并将该标签信息及对应旅客个人信息、航班信息、行李信息传输至本地数据中心进行存储,介入到整个行李托运流程中。在完成信息的写入后,整条行李运输线上所有的高频读写设备均可以读取标签中存储的信息,进而可以实时地查看行李的运输状态;同时,在行李的筛查、监测、遗失找回以及在运输途中的定位等场景下,RFID 相较于传统的人工方式具有更加精准、高效与便捷的优势。此外,RFID 标签以及相关的读写设备、射频设备以及天线的价格也低于人工的劳动力,在与软件系统协作下,可以简化行李托运的过程、节省传统的人工劳动力、提高旅客对行李管理的满意度、降低行李的丢失率,更能提高航空公司服务的水平以及品牌价值,对整个行业的影响深远。

　　RFID 行李自动分拣系统的系统架构图如图 6-16 所示。在托运的初始阶段,每一位旅客所携带的行李上就粘贴好了 RFID 标签,标签内写入了旅客的个人信息、始发地、目的地、航班的停机位等行程信息;在行李托运的过程中,需要在一些运输节点上检查行李的状态。当射频设备扫描到 RFID 标签时,便会自动读取存储的信息并写入当前节点的状态,回传至主机端的数据库中。这样便实现了行李流动过程的全程监测以及运输信息的共享。

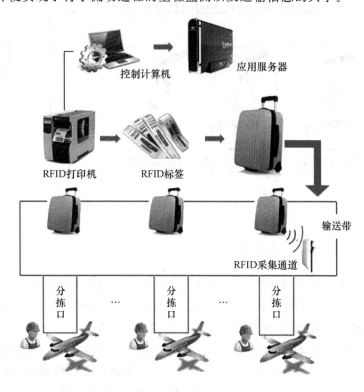

图 6-16　RFID 行李自动分拣系统架构图

**2. 智能仓储物流管理系统**

　　随着 RFID 技术的全面应用,仓储管理技术也有了很大的提升。基于 RFID 的仓储管理系统是一个管理、检验、识别与跟踪货物全方位的信息平台,其配备有货物需求、货物运输、货物进库以及货物配送异常等多个功能模块。利用"RFID＋数据库管理"的运行模式,实现货物信息智能识别、物流操作自动化、货物管理信息化、货物调度智能化的目标。既实现了射频技术与企业体系的有机结合,也保证了 RFID 运用在物流行业的较高效率。

　　RFID 智能仓储物流管理系统的系统架构图如图 6-17 所示,当货物从生产车间送出时,扫描设备便会自动识别 RFID 标签并装货入库;一旦有配送需求,系统将首先从数据库中调出数据,并依照数据合理自动、最优地调配相关的货物;货物被调配后进入出库口,收集设备会一一扫描货物的 RFID 标签完成出货;到达相关的配送物流部门后,检查设备还会重新扫描 RFID

标签,核实货物数量及名称;当系统发现配送出现异常情况时,会自动开启警报提醒工作人员。这样的设计不仅可以有效地提高货物出入库以及配送的效率,还可以帮助工作人员实时地掌握仓储以及配送的整体情况,并进一步完成更合理的调度分配,也实现了货物跨区域性的集中管理,利用分布式的监测与操作功能,使得各项任务完成更加高效,优化了原有的仓储结构,提升了整体效率。

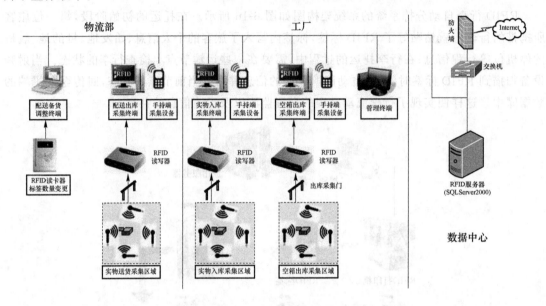

图 6-17　RFID 智能仓储物流管理系统架构图

### 6.6.3　物联网技术与未来商店

未来商店是线下超市发展的新形态,也是零售业与物联网技术融合的产物,它实现了购物的数字化、信息化,将整个购物过程中个体所能接触的所有物件相互联结。国际上将"未来商店"的理念运用到实际中的企业有许多,其中启动最早、系统最完善的是德国的麦德龙(METRO)集团。2003 年 4 月,麦德龙启动了"未来商店"计划,将 RFID 技术投入其整个供应链及特殊商店当中。2004 年 1 月,麦德龙旗下的 100 多家供应商在所属的商品配送中心和零售店全面应用了 RFID 技术,甚至连配送过程中使用的托盘和包装箱上都粘贴有 RFID 标签;同年 11 月,麦德龙的托盘追踪应用投入运行;2007 年 9 月,麦德龙在旗下的百货公司首次开展 RFID 项目,这是零售行业首次在产品级这一粒度全面部署 RFID 技术。图 6-18 展示了麦德龙超市中的智能设备。在麦德龙的购物系统中,商品在配送之前便拥有了 RFID 标签,在运输与摆上货架时,标签能起到实时跟踪与标识正确位置的作用;消费者进入商店后,将随身推动一辆"智能购物车",该购物车能够自动扫描放入商品的 RFID 标签,并实时在车体的液晶屏上显示当前购买的商品总数和总价;商店之中还有一款"智能电子秤",秤中内置电子摄像机,可以自动识别置于其上的商品,并计算出重量和总价;"智能购物车"中存储的数据在结算时自动发送至"智能收银台",将在购物车通过收银台的一瞬间计算出购买物品的总价;此外,商场内还配备有"智能试衣镜",消费者携带衣物站在镜前,镜子将自动识别衣物中的 RFID 标签并展示消费者身着合适尺寸的效果,同时还会为消费者推荐搭配该衣物的其他配饰。

图 6-18 麦德龙商场中随处可见的物联网设备

RFID 技术驱动的"未来商店"让麦德龙集团受益匪浅。全面部署物联网设备之后,仓库的人力开支降低了约 14%,库存的货物到位率提升了约 11%,货物运输途中的丢失率降低了约 18%。在货品运输检查以及入库的阶段,每辆货车平均减少了 15~20 min,货物的缺货率也降低了约 11%。同时,麦德龙在信息化的交易中得到了宝贵的客户消费记录,这也有助于他们进一步实施更具个性化的营销策略。

### 6.6.4 智能物流系统网络体系结构

智能物流系统的网络系统结构如图 6-19 所示,主要包括货物入库管理、仓储盘点及管理、货物加工管理、货物配送与运输管理以及货物销售管理。在不同的需求下,物流系统的设计重点不尽相同,但这些节点是紧密相连、缺一不可的,它们也构成了一个有机的整体。智能物流系统的网络系统结构核心是解决物流的信息化、智能化管理问题,其需要对服务资源信息、生产及加工信息、货物信息、货物流通信息这四种信息流进行智能的、实时的监测与管理。在物流作业过程中,要依托于 RFID 实现商品流通中的信息化交流,并将信息实时地传入服务器与数据库中,实现数据共享,这不仅可以提高物流作业效率,还可以为今后的生产和发展提供决策与支持。

总之,智能物流系统就是要借助于先进的物联网技术、物流管理技术与信息技术,对物流作业中的各个环节实现监测与管理,对物流业务中的数据信息进行采集、存储、管理、分析、决策,并为生产及发展提供了重大决策。

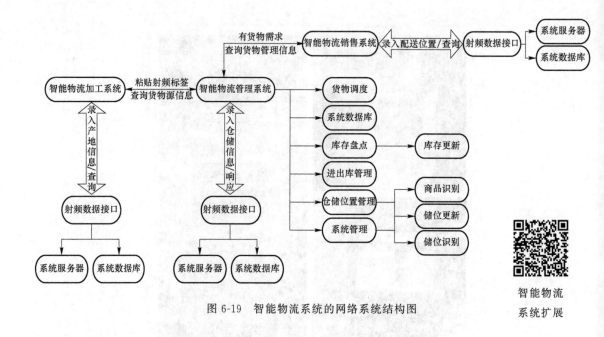

图 6-19　智能物流系统的网络系统结构图

智能物流
系统扩展

## 6.7　物联网军事应用

在科技发展的长河之中,诸多先进技术和发明都会首先在战争中投入使用,以 1991 年拉开"信息化战争"帷幕的海湾战争为例,美军利用高强度的空中袭击、电磁干扰、精确制导导弹以及全天候立体化的完整作战体系,仅仅历时 42 天就结束了这场伤亡比例仅有 1∶150 的战争,让世界为之震撼。互联网技术的出现造就了以网络为中心的战争模式,推进了新一轮的军事改革,被称作"互联网第三次浪潮"的物联网技术,对国家之间的军事发展产生了深远的影响。

### 6.7.1　物联网与现代战争

现代战争是信息化的战争,其具有战争可控性强、战场空间广阔、系统对抗突出的特点,各种网络技术在其中都承载着至关重要的作用,物联网更是在其中发挥越来越重要的作用。物联网技术在现代战争中的作用,人们首先想到的一般是物资管理与运输方面,但实际上,物联网技术早已广泛应用在战争中的各处,真正成为制衡战场的重器。"人海战术"在现代战争中正逐渐消失,人类正在慢慢地退居幕后指挥,取而代之的是诸多装载物联网技术的智能军事设备。现代战争正在演变为军队间"人机物"深度互联的直接对话。

物联网技术的高度智能化、信息化是现代战争中实现无人化战争的基础。通过赋予设备强大的感知与学习能力,使其在作战中更加"聪明"与自主。物联网的终极目的是"万物互联",这也意味着物与物之间的联系将愈加紧密,人为操控在其中的作用将愈渐减少。在现代战争的作战系统,人类逐渐趋向于扮演"掌控者"的角色,即战场上无人,而指挥中心为人。人们将像"打电玩"一般控制着智能军事设备完成各项任务。

### 6.7.2 物联网在陆地战场的应用

无论水上与空中的军事力量如何,在地表之上,陆军是主宰,只有陆军能完成对地面军事目标的管理与控制。目前,全球的陆军都处于发展的十字路口,"陆军是否能在现代战争中发挥主力作用"一直是全球军事的热点问题。事实上,问题是相对的,单兵数字化系统以及单兵无人机等多种单兵装备已经得到了空前的发展,数字智能化单兵已经呼之欲出。当每一个单兵都能够发挥到自己的极限,装备最优秀的武器装备时,陆军的力量将会再一次体现出来,特别是机器人的引入,无人化和有人化融合,陆地和空中甚至太空融合,这是未来陆地战争的主要形态,而其中物联网的作用会越来越凸显。

**1. 可穿戴设备**

智能可穿戴设备是智能、高度集成、便于携带的可穿戴设备。它将高精度传感器、无线通信模块、显示模块以及控制模块集成在一起,通过各类传感器搜集数据,通过无线通信协议接入通信网络,从而在任何时间与位置实现与其他节点的信息交互。物联网技术使得智能可穿戴设备的操作更加快捷、简单,同时也使得操作人员更加容易融入整个作战体系之中。智能可穿戴设备使得士兵拥有更好的交互能力以及动态调整能力,更能有效提升作战效率。装备有智能可穿戴设备的作战人员与作战系统联动,可以进一步实现高精度感知战场的要求,提高系统整体的安全属性并加强了单体的动态自主作战能力。

**2. 后勤管理**

军事后勤管理是陆军发展的重要一环,物联网技术促使军事后勤模块进行新一轮的改革,也使得军事后勤管理的发展潜力日益凸显。世界上许多国家已经将这些理念转化为了现实:在现有的战备物资网络基础上,他们对各类军备物资进行精确的调度与管理,满足对战备后勤"快、准、精"的要求;同时,为战备物资粘贴射频标签,则可以通过相关的读写设备,随时随地得到每个物资的实时信息,精准地掌握物资的当前状态,以便战时做好合理的调度;此外,对物资情况的清晰认识有助于作战时快速做出决策,提高物资分发的效率,使作战续航能力得到提升;战场瞬息万变,良好的物资管理也能帮助指挥者更好地"随势而动",提高军队整体的适应能力。

**3. 敌情侦测**

现代战争力求"局势明晰、调整迅速、击打精确"。能在战争中对实时信息的获取与反应上快人一步,便能步步占得先机。将物联网技术部署在传感器网络之上,则能够在各种条件下得到全面、精确的实时战时信息,进而可以更好地感知战场,"知己知彼,百战不殆"。

美军的"沙地直线"系统便是其中很好的例子,该系统可以利用部署的传感器网络探测任何的高金属含量目标,如敌方的坦克与火炮设备等。在物联网技术的加持下,低成本的传感器覆盖整个战场,可以准确地获取战场中的各处动态,从而以高度的精确性来看穿"战争迷雾"。现代战争之中,用于感知战场的设备应是大量部署、简单而廉价的传感器器件。当分布式探测系统的设备数目成千上万,甚至达到百万级别时,网络组网、信息之间的交互与处理的重要性也骤然上升。

**4. 指挥控制**

作为军队的"大脑",指挥与控制是作战的关键,也是更新换代最为频繁的部分。物联网也促使新一代指挥控制系统的诞生。美陆军的"陆战网"(LandWarNet)便是代表性产物之一。"陆战网"与美海军"部队网"、美空军"星座网"并称全球信息栅格(GIG)的三大军种子网。在

"陆战网"的体系下,各个兵种均按照同一协议标准建设,这将使各兵种之间实现信息互通,并提高整体作战能力以及态势共享能力;"陆战网"包括了美陆军所有的军事设备及作战网络,将众多形态各异的模块融为一体;"陆战网"中大量地运用物联网技术,将原有各设备与网络中的信息重新整合为标准的网络数据链,使得前至前线部队,后至后勤支援完全地联结在一起,大幅提升了陆军的作战效率与指挥效果;部署"陆战网"之后,任何一个陆军士兵都可以在全球任意地点接入军事网络,接收控制中心的指示,并可以对获得的信息进行存储、简单分析与分享。这不仅提升了士兵的单兵感知能力,也有着较好的作战效果。在解决指挥与控制中诸多问题的同时,也满足了美军全球信息栅格的发展需要。

### 6.7.3 物联网在空中战场的应用

随着航空技术的发展,各种战斗机、轰炸机、预警机、干扰机等的移动速度和反应速度决定了空军是战争中最机动灵活的部队。空军的作用已无可撼动,国力的强弱直接取决于空军的战力。同时,空军执行任务的代价很小且能对敌国造成直接且巨大的威慑,成为各个大国优先发展的军事对象。物联网应用在空军无人机作战、无人机情报侦查、无人机应急通信、无人机战场态势感知等场合。

**1. 无人机作战**

无人机是物联网在空军之中的主要应用对象。无人机在作战过程中将依托于物联网络,并将战争提升到另一个层面——无人机集群作战。无人机装备数量庞大,造价合理,可以以合理的代价实现无人机集群的大规模作战。这种作战方式的主要优点是:作战时,敌方若击落集群中的寥寥几架,则效果有限;若将集群全部歼灭,代价又相对较高。这也是集群作战的主要目的,即力求综合效应、集群效应。依托于物联网技术的无人机集群作战,能够充分利用每架无人机的资源,发挥整体作战的威力,对敌打击效果也明显优于各自为战的场景,既节省了资源成本,也提升了战斗效率。

**2. 敌情侦测**

敌情侦测也是物联网在空军应用当中的一个重要部分。美空军已经构建了广泛分布的地面、空中和空间资产构成的敌情侦测体系,该体系以任务为中心构建物联网网络架构,并确定了一套任务集:其中使用的传感器包括广域、光电/红外,以及多光谱等多种形式,同时还增加了信号情报和雷达,以应对多变的防区环境;而对于一些难以捉摸的目标,则结合高光谱感知和光线探测及测距这两种能力进行综合的信息提取。通过物联网与传感器结合的方式,收集情报、监视与侦察和战场数据并进行快速处理和共享,提升了美空军的广域运动成像,以及发现隐藏目标、城市环境中的行人及树下目标的能力与飞行员的决策和作战速度。

### 6.7.4 物联网在太空的应用

如今的军事较量已远不止于视界之中,太空已经成为大国之间博弈的新天地。无论在经济领域、军事领域还是政治领域,太空中的主权都是至关重要的。在原始时代,制霸陆地之上就相当于征服了天下;大航海时代,海上强国才有掠夺殖民地资源的权利。而在如今这个信息科技发达的时代,制天权则是最新的军事制高点,也成为军事竞争的主要目标。和平时期的制天权可以有效地避免交战,维护领土安全;而战时,拥有制天权则相当于占得先机,对战争的进程有着举足轻重的作用。而作为新时代技术之一的物联网,也在太空军事中有着许多亮眼的应用。

**1. 空天飞机**

空天飞机是新一代的航空航天飞机,集飞行器、航天飞机以及运载机的功能于一体。它既可以在大气层内以远高于音速的速度飞行,也可以沿地球轨道完成分配的任务。空天飞机为无人驾驶,完全智能化,可以实现物物之间通信与智能控制;同时,空天飞机也有着极快的飞行速度,最高时速是第四代战斗机的 6~12 倍;同时,由于不需要太多额外的推力,发射一次空天飞机的费用仅为火箭的几十分之一;空天飞机的机动性也很强,可以将航天器送入轨道,发射时的角度也无特别的要求,甚至还可以回收损坏的卫星并进行维修。

**2. 低轨卫星通信**

传统的蜂窝网络无法覆盖超过 80% 的陆地及 95% 以上的海洋;同时,一般的军事网络也无法应对庞大的军事通信需求以及它所带来联网设备的指数级增长。因此,利用低轨卫星星座打造“太空物联网”成为各国物联网技术发展的一大分支。低轨卫星具有广域覆盖、无缝连接、实时传输、低成本的突出优势,尤其是在没有基站覆盖的区域或基站失效的情况下,能够很好地提供军事目标之间的通信平台以及信息传递链路,也能够以合理的成本有效支撑“军民融合”战略的实施。

**3. 侦察卫星**

拥有先进的卫星侦察设备,就可以及时地发现敌军的兵力调动、军事部署等危险动态。而一旦这些行踪暴露,敌军就无法展开有效的军事行动,甚至可以遏止潜在战争的爆发,效果可见一斑。而随着物联网技术的发展,将侦察卫星“集群化”的思想逐渐成为现阶段的发展目标之一。这种类似监控网络的结构通过合理地部署多个侦察卫星,将各个卫星传回的数据进行有效的整合,可以将侦查区域描绘得更细致,更加立体;同时,这样的协作模式相对于单体来讲,传输距离更远,覆盖面也更广。

### 6.7.5　物联网在水下水面的应用

一个强大的军事国家离不开一个强大的海军,水上的军事力量可以支持相关的外交政策以及军事上的战略部署、保护与监督水上经济利益,还可以进行人道主义救援以及灾难的救助、维持和平安全稳定的水上局势。而在物联网技术的渗透下,海军的军事建设无论于水面,还是水下,都“绽放”出了崭新的“花朵”。

**1. 敌情探测**

水下物联网可以有效地构建起敌情侦测系统,通过对各类传感器回传的数据进行分析,准确地识别可能入侵以及需要跟踪的目标。相比于传统的雷达与声呐系统,水下物联网能够在现场完成实时的侦测,在提高了侦测精确度的同时也扩大了侦测系统的覆盖范围。例如,海上的浮标传感器,能够实时监测一定海域中的目标动态;同时,通过水下声呐传感器能够监测潜艇、鱼雷等水下目标的信息;通过在武器系统中安装传感器,还能够提高武器系统的自动化程度与打击精度,并快速地评估毁伤效果。

**2. 海军军舰建设**

随着现代化海军的建设,新一代的海军军舰相继开始服役。与原来的舰体相比,新一代的军舰舱室面积庞大、舰员编制人数较多、后勤系统更为复杂、需要的物资数量也陡然激增。随着物联网技术的到来,海军军舰的信息化建设迎来了新的方向。

a. 新型军舰上的舱室繁多,通道复杂,因此对舰员的定位以及查找较为困难。但利用射频技术以及部署的识别模块,便可以实时地掌握舰员及舰上物品的位置、移动路线以及活动区域的热图。拥有这些数据,管理人员可以有效地跟进布置的任务,实时查看完成情况,并依据当前的数据进行进一步的决策,提高管理效率,甚至可以在存在危险时根据标签的定位拯救舰员的生命。

b. 军舰上的衣被清洗也是一大问题。传统的清洗方式是人工收发并集中清洗。这样的方式会产生诸多问题:一次性的收发登记十分费时费力,同时还会因为人为分拣错误而丢失或错拿。而为衣被置入 RFID 标签后,清洗任务得以有序、高效地执行。同时,舰员还可以实时地查看当前清洗作业的完成情况,并做好应对。

c. 新型军舰上物资种类繁多,规模庞大,其管理工作涉及多个环节,需要舰上多个部门协作处理,工作量巨大,且内容重复率高,效率与精确度较低。使用 RFID 技术,对物资进行智能化、信息化管理,可以快速地实现物资出入库、查询以及调度等操作,还可以进一步提供较为科学合理的建议,全面实现管理可视化,操作便捷化以及内容简单化。

### 6.7.6 物联网在地下的应用

除了上述应用场景之外,物联网还在地表之下有着广阔的发展空间。当防备亦或是保卫自己的故土之时,在地表之上的军事活动往往易于被侦测,将目标转移到地表之下,则会更加隐蔽、更加安全。借助物联网技术,地下军事设备将彰显出更大的威力。

**1. 地面传感器**

地面传感器是一种历史悠久的侦察兵器,我国早在对越自卫反击战中就已经有所应用。地面传感器能够隐藏于地表,实时、独立地对覆盖范围完成侦察操作,具有便携、操作方便、隐蔽性强、受环境影响小等优点,也能够有效地弥补光学器械以及雷达侦测的不足,扩大了侦测区域的范围。因此,地面传感器一直以来活跃在战争的第一线,并已逐渐发展成为集成震动、压力、声控、红外、电磁、扰动模块的多功能传感器。在现代战争中,它们可以从多个维度同时监测战场之中的任何"风吹草动";同时,由于物联网技术的发展,地面传感器已经不再是各自为战的体系,而是升级成以"地面传感器网"为单位的集群作战方式。通过合理地布局地面传感器的位置以及对各个传感器的数据进行收集与协同分析,可以对其所覆盖的地表情况了如指掌。相对于单体的传感器,综合效益更强,战略价值也更高。

**2. 地下军事基地**

随着信息时代的高速发展,隐私保护似乎越来越困难。任何事件都躲不过来自各个方位的传感器的探测。军事领域更是如此,在各国的博弈之中,军事隐私一直是重中之重。为了保护军事成果,建立诸多的地下军事基地是十分必要的。由于距离地表有很长一段距离,地下基地内部的动态很难被敌方的侦察卫星、无人机或是地面上的侦测设备察觉。因此,基地可以在战争前夕或是战争中秘密地完成诸如物资准备等战备工作,随时整装待命。同时,由于地下军事基地特殊的地理属性,敌军若是想对其造成毁灭性的打击,必定要付出更高的代价与大量的钻地导弹。从军事经济的角度看十分划算。随着物联网时代的到来,这些地下军事基地的管理也进入了一个全新的阶段。通过对基地中的物件进行信息标识,可以大大提升调度效率,减小错误发生率,使得基地之中的各项工作开展得更加高效,查找更加快捷。同时,各个基地之间依托于内网(局域网)连接。在发生危险时可以及时地进行救援,相互帮助、相互依靠,使得整个地下军事基地网的安全属性得到进一步提升。

# 本章习题

## 一、选择题

1. 智慧交通系统中,物联网主要应用于哪些方面?(　　　)
   - A. 感知识别、无线通信、计算决策,定位监测
   - B. 感知识别、无线通信、事故处理,定位监测
   - C. 感知识别、智能收费、计算决策,定位监测
   - D. 感知识别、拥塞控制、计算决策,定位监测

2. 车载网系统中,(　　　)只需要中等的通信速率。
   - A. CAN
   - B. MOST
   - C. LAN
   - D. VAN

3. 智慧医疗由哪几部分组成?(　　　)
   - A. 数字医院、区域卫生系统、家庭健康系统
   - B. 数字医院、区域卫生平台、家庭健康系统
   - C. 智慧医院系统、公共卫生系统、家庭健康系统
   - D. 智慧医院系统、区域卫生系统、家庭健康系统

4. 智慧医疗环境中的医院信息系统以什么网络连接方式为主?(　　　)
   - A. 光纤传输
   - B. 移动传输
   - C. 路由传输
   - D. 无线传输

5. 下面选项中哪一项是现代农业的核心技术?(　　　)
   - A. 农业机械化
   - B. 农业电气化与自动化
   - C. 农业信息化
   - D. 无线传感技术

6. 农产品溯源过程中,最主要的是采用哪项技术?(　　　)
   - A. GPS 技术
   - B. 嵌入式系统技术
   - C. RFID 无线射频技术
   - D. ZigBee 技术

7. 下面哪项属于物联网技术在感知层上的应用?(　　　)
   - A. 智能电视
   - B. 家居物联网管理中心
   - C. 红外线智能防护系统
   - D. 家庭控制应用

8. 当前所处的时代是(　　　)的时代。
   - A. 粗放型物流
   - B. 物联化物流
   - C. 电子化物流
   - D. 系统化物流

9. 当前智能物流体系中应用最广泛的技术是(　　　)?
   - A. 条形码
   - B. 传感器网络
   - C. EDI
   - D. RFID

10. 军事物联网中使用的数据交互技术是(　　　)。
    - A. B2B
    - B. B2C
    - C. M2M
    - D. P2P

## 二、简答题

1. 物联网将事物接入网络,这样做的优点有哪些?
2. 什么是智能交通?
3. 物联网技术在智能交通中的应用主要体现在哪些方面?
4. 什么是车载网技术?车载网络系统有哪几种?
5. 谈一谈对智慧医疗的理解以及智慧医疗具有哪些特点。

6. 相比于传统的医院信息系统,智慧医疗环境中的医院信息系统有哪些优势?

7. 物联网在智慧农业中有哪些应用?

8. 简述物联网技术如何在农产品质量安全溯源中发挥作用。

9. 智能家居的定义是什么?核心特性是什么?其具有哪些特点?

10. 智能家居和传统家居的主要区别在哪里?

11. 物流的发展一共经过了几个时期?智能化物流的特点有哪些?

12. 什么是未来商店?

13. 物联网技术为整个物流网络体系带来哪些积极的影响?

14. 为什么现代战争要依托于物联网技术?

# 第 **7** 章　物联网中的移动通信系统

在大规模物联网应用中,需要通信系统具备以下特点:a.技术成本低,能够支持网络节点设备的广泛大量部署,并且获得较高的投资回报率;b.功耗低,从而延长网络节点设备的电池使用寿命;c.覆盖范围广,不仅仅要求在人群密集区域的无缝接入,还需要对于地下、建筑物内以及乡村等边远地区的高质量连接;d.设备连接容量高,需要网络能够有效支持大量节点设备的同时接入。像 4G LTE 等传统移动通信系统传输方案,通常需要消耗大量的功率,并不适用于传输数据量较少的应用,如读取水位或电力使用的仪表等。

移动通信系统的变革会催生颠覆性的创新技术以及开创性的应用,技术与应用这两种力量的碰撞便会产生新一代的无线通信技术。在移动互联网的发展进程中,高频谱效率的无线技术走向 IP 化,第五代移动通信系统(5G)则寻求为海量及超高可靠的链路提供无线连接,最终实现万物互联,加速千行百业的数字化转型。第六代移动通信系统(6G)以 5G 为基石,在人、机、物智能互联方面深度演进,成为社会的神经网络,联接物理世界和数字世界。

人工智能(Artificial Intelligence,AI)将推动移动通信系统的发展,将全面跨越人联、物联的障碍,阔步迈向万物智联。换言之,6G 的目标是将智能带给每个人、每个企业,从而实现万物智联。从无线角度来看,6G 利用无线电波来感知环境与事物。因此,除了传输比特速率,6G 还是一张传感器大网,从物理世界提取实时知识和大数据。提取的这些信息不仅可以增强数据传输能力,还能促进各类 AI 服务的机器学习。巨型星座的低轨卫星通信的发展是 6G 关注的另一个维度,庞大的星座在近地轨道围绕地球运行,组成“空中 6G”。有了这些技术的支持,无线业务与应用覆盖全球、无处不在。

本章首先介绍移动通信系统和物联网的关联,包括移动通信系统的基本概述和蜂窝移动通信系统支持的物联网应用。然后,再对移动通信系统在物联网应用中的一些主要关键技术进行介绍,包括多址接入技术、物联网切片技术以及节能关键技术。

## 7.1　移动通信系统概述

随着通信技术能力的进步,面向移动端的应用创新大量涌现,改变了我们的日常生活。支付宝、微信支付以及 Huawei Pay 等在线支付手段早已成为大众喜闻乐见的支付方式。不管是购买日用百货,还是缴纳停车费,人们无须携带现金就可以轻松完成支付。另一个例子是社交媒体的兴起,社交媒体已然成为一个新闻载体,加速了信息的传播,任何人都可以随时随地通过智能手机与他人分享图片和视频。

越来越多的高速率、大带宽应用不断涌现,这种创新趋势在 6G 中将得到延续。这些应用涉及高清视频,以及增强现实(Augmented Reality,AR)、虚拟现实(Virtual Reality,VR)、混合现实(Mixed Reality,MR)等沉浸式媒体。随着宽带物联网、工业物联网、车联网的标准化,移动网络已经从基于增强移动宽带(enhanced Mobile BroadBand,eMBB)的人联,转向基于超高可靠低时延通信(ultra-Reliable Low-Latency Communication,uRLLC)与海量机器通信(massive Machine Type of Communication,mMTC)的物联。这种转变反过来又促进企业的数字化转型。5G 商用最初聚焦于消费者业务,但 3GPP 5G 标准后续版本(如 R16,R17 等版本)的演进目标是催熟车联网、工业物联网等的垂直应用。为了在众多企业和行业中实现不同级别的自动驾驶和工业 4.0,移动通信领域正在与 5G-ACIA、5GAA 等各大垂直行业联盟紧密合作,致力于加速移动技术的应用。据估计,2025 年后将实现四级自动驾驶,车联网的普及也将极大地提升运输效率。

5G 开启了万物互联的大门,6G 有望演变为一个万物智联的平台。通过这个平台,移动网络可以连接海量智能设备,实现智能互联。6G 将带来更多创新,通过人工智能和机器学习,物理世界和数字世界能够实时连接,人们得以实时捕捉、检索和访问更多信息和知识,步入智能化的全联接世界。同时,感知、分布式计算、先进一体化非地面网络、短距离无线通信等技术也为智能移动通信网络奠定基础。

### 7.1.1　6G 愿景与需求

作为下一代无线通信技术,6G 将从人联、物联过渡到万物智联。随着社会迈向万物智能,6G 将成为人工智能普及的关键因素,将智能带给每个人、每个家庭、每辆车和每个企业。

6G 就像一个遍布通信链路的分布式神经网络,融合物理世界与数字世界。它不再是单纯的比特传输管道,在连接万物的同时,也能够感知万物,从而实现万物智能。因此,6G 将成为使能感知和机器学习的网络,其数据中心将成为神经中枢,而机器学习则通过通信节点遍布全网。这就是未来万物智能数字世界的图景。

6G 将推动所有垂直行业的全面数字化转型。它提供多 T 比特速率、亚毫秒级时延、"七个九"(99.999 99%)可靠性等极致性能。与 5G 相比,6G 将在关键性能指标上取得重大飞跃,部分指标将提升超过一个数量级。6G 将提供速度、可靠性比肩光纤的高性能通用连接,但一切都以无线的方式实现。由于功能和性能的限制,6G 会成为通信平台,支持创建任何业务与应用,最终实现"极致连接"。

6G 的颠覆性技术及重大创新,会与前几代拉开显著差距:

a. 全新设计的 6G 将拥有原生的 AI 能力,其网络架构还将使能大范围机器学习能力,尤其是分布式机器学习。简单地说,6G 面向 AI,对 AI 的支持与生俱来,其众多网元本身就具备 AI 和机器学习的功能。

b. "无线感知"是无线电波的自然属性,利用无线电波的发送与回传来探测(即感知)物理世界,将成为 6G 中关键颠覆性技术。前几代无线系统主要通过无线电波传输信息。然而,为了支持 AI 和机器学习,需要从物理世界采集海量数据,而 6G 就可以作为采集数据的传感器。尤其是利用毫米波、太赫兹等较高频谱,6G 能够实现高分辨率感知。

c. 超低轨卫星星座与地面网络的一体化也是 6G 区别于前几代网络的重要特征。密集部署的小型卫星形成"空中无线网络",实现全球网络覆盖。SpaceX 在先进卫星发射技术上取得的突破,大幅降低了建造卫星星座集群的成本,使卫星技术的运用在经济上可行。这种新型的非地面无线基础设施是对现有地面蜂窝系统的有益补充,其一体化设计将成为 6G 关键使能因素。

d. 6G 使用的网络架构与前几代有很大不同。6G 以数据为中心,衍生出智能与知识。其网络架构设计将利用安全技术、隐私保护、数据治理等方面的进步,实现原生可信。这就要求重构 6G 基础网络,以满足万物智能的需要。另外,6G 会采用新的数据所有权、信任模型,以及可抵御量子计算攻击的安全设计。

e. 由于全网及相关 ICT 基础设施与设备的能耗备受关注,可持续发展是 6G 的核心主题。6G 设计必须满足严格的能耗要求。具体而言,6G 基础设施的总功耗必须远低于前几代,端到端架构要优先考虑高能耗和可持续发展。6G 作为全球性的 ICT 基础设施,其设计必须以社会、环境和经济的可持续发展为终极目标。未来的智能化发展也必须符合人类的共同目标——让我们的星球更宜居。

综上,人联、物联到万物智联的演进是 6G 的驱动力,也是支撑 6G 应用场景、网络设计与技术演进的指导原则。人工智能、物理世界和数字世界的融合,与"极致连接"一起,成为建设万物智能社会的三大新支柱。

为应对 6G 时代的挑战,6G 预计会实现以下六项新能力:

a. 6G 实现"极致连接",应用所有无线频谱,包括太赫兹甚至可见光;

b. 6G 原生支持 AI,为智能设备提供智能连接;

c. 6G 是 AI 的互联,重新定义组网与计算;

d. 6G 是传感器的互联,融合数字世界、物理世界与生物世界;

e. 6G 提供地面与非地面一体化网络,实现真正的全球覆盖,消除数字鸿沟;

f. 6G 架构以产消者为中心,形成开放包容的生态。

6G 的总体愿景可以总结成:增强人际通信,在任何地点都能给用户提供真人视角的极致沉浸式体验;提供新型的机器通信手段,重新定义智能通信,从而实现面向机器的高效接入与连接;超越通信的范畴,全面融合机器学习与 AI;整合感知与计算等新功能,并利用丰富的环境知识来促进机器学习;AI、可信和能耗会作为原生特性,成为不可或缺的一部分。

从技术角度总结 6G 的关键能力需求如下。

① 极高的数据速率与频谱效率

以人为中心的沉浸式通信体验对带宽提出了非常高的要求。360 度 AR/VR 信息与全息信息的传输,可能要求从 Gbit/s 级到 Tbit/s 级不等的极高数据速率,具体取决于图像的分辨率、大小、刷新率等因素。

在 5G 中,峰值速率和用户体验的最低要求分别为 10~20 Gbit/s 和 100 Mbit/s。对于 6G,这两个速率分别应达到 1 Tbit/s 和 10~100 Gbit/s。6G 还有望进一步利用频谱,峰值频谱效率将比 5G 提升 5~10 倍。

② 超高容量、超大规模连接

区域通信容量是指每个地理区域的总流量吞吐率,计算方式为区域连接密度(每单位区域的设备总数)乘以提供给用户的平均速率。ITU-R 对 5G 连接密度的最低要求是每平方千米 100 万台设备。而在未来 10 年及更长的时间内,要支持智联工业 4.0、智慧城市等应用场景,因此 6G 连接密度要提升 10~100 倍,最高达每平方千米 1 亿台设备。如此海量的连接还要适配种类繁多、特征多样(如不同的吞吐率、时延、服务质量等)的业务。6G 容量应达到 5G 的 1 000 倍,才能为海量连接提供高质量服务。

③ 超低时延与抖动、超高可靠性

在自动驾驶、工业自动化等物联网应用场景中,以低时延、低抖动及时传递数据是重中之重。6G 空口的时延可以低至 0.1 ms,抖动控制在 ±0.1 μs。再考虑远程 XR 呈现的业务需求,端到端往返总时延应为 1~10 ms。除了低时延外,物联网应用还要求高可靠性,即信息传输的正确性。ITU-R 要求 5G 中 URLLC 业务的可靠性达到 99.999%。在 6G 中,多样化的垂直行业应用会更加普遍,可靠性要提升 10~100 倍,达到 99.999 99%。

④ 超高定位精度与感知精度、超高分辨率

感知、定位与成像是 6G 的新功能,也是迈向万物智联的过程中标志性的一步,由于频率范围(最高达太赫兹)分辨率的提升,再借助先进的感知技术,6G 有望提供室外场景 50 cm、室内场景 1 cm 的超高定位精度。对于其他感知业务,极限感知精度和分辨率可以分别达到 1 mm 和 1 cm。

⑤ 极广覆盖,超高移动性

为了提供质量更优、覆盖更广的移动互联网业务,6G 空口链路预算应比 5G 增加至少 10 dB。这一点既适用于速率保证的移动宽带业务,也适用于窄带物联网业务。6G 覆盖不能只用链路预算来定义,通过地面与非地面网络的一体化,6G 目标是实现地表与人口的 100% 覆盖,将现今未连接的区域与人群全面纳入网络中。

在移动性方面,6G 可以覆盖时速高达 1 000 km 的飞机,远高于 5G 的 500 km 时速支持(主要针对高速列车)。

⑥ 超高能效、极具经济性

能耗是 6G 的一大挑战,一方面由于 6G 传输的超高频段、超大带宽、超多天线等特点,功放效率的降低和射频链数量的增加是需要解决的两个关键问题。另一方面,6G 融合了通信与计算,又原生支持 AI,会消耗更多能源以完成 AI 训练和推理。这意味着 6G 的每比特能耗要至少降低到 5G 的 1/100,才能达到与 5G 相近的总能耗水平。从设备的角度来看,更高的数据速率要求信号处理的能效相应提高。感知设备还必须有长达 20 年的电池寿命,支持智慧城市、智慧楼宇、智慧家庭、智慧健康等场景下的应用。

⑦ 原生 AI

6G 的原生 AI 支持包括两个方面:"面向网络的 AI"和"面向 AI 的网络"。面型网络的 AI 为空口和网络功能的设计提供了智能框架,支持端到端的动态传输,实现"零接触"的网络运营。

面向 AI 的网络要求网络架构分布程度更高并内嵌移动边缘计算能力,融合本地数据采集、训练、推理与全局训练、推理,以提供更好的隐私保护,并降低时延和带宽消耗。

⑧ 原生可信

6G 强化物理世界与数字世界的连接,成为生活中不可或缺的一部分。可信是所有网络服务的基本要素,涵盖网络安全、隐私、韧性、功能安全、可靠性等主题。

### 7.1.2 典型应用场景

移动通信系统越来越多地采用超高速无线连接、AI、先进传感器等新技术,5G 主要有三大应用场景:增强移动宽带(eMBB)、海量机器类通信(mMTC)、超高可靠低时延通信

（uRLLC）。如图 7-1 所示，eMBB 指 3D/超高清视频等大流量移动宽带业务，mMTC 指大规模物联网业务，uRLLC 指无人驾驶、工业自动化等需要低时延、高可靠连接的业务。

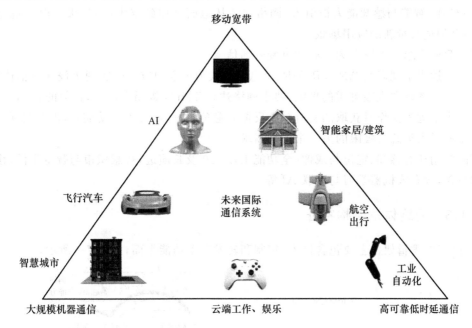

图 7-1　5G 主要应用场景

（1）eMBB

eMBB 场景是指在现有移动宽带业务场景的基础上，对于用户体验等性能的进一步提升，主要还是追求人与人之间极致的通信体验。信道编解码是无线通信领域的核心技术之一，其性能的改进将直接提升网络覆盖及用户传输速率。eMBB 主要面向超高清视频、虚拟现实、增强现实等场景。这类场景首先对于带宽的要求极高，关键的性能指标包括 0.1～1 Gbit/s 的用户体验速率、10 Gbit/s 的峰值速率、每平方千米数十 Tbit/s 的流量密度、每小时 500 km 以上的移动性等。另外，涉及交互类操作的应用对于时延也十分敏感，因此对时延要求在毫秒量级。

（2）uRLLC

uRLLC 的特点是高可靠、低时延、极高的可用性。低时延、高可靠的通信场景的主要应用可以分为三个类别：一是能够节省时间、提高效率、节约资源的应用场景；二是能够让人们远离危险、更安全地运营的场景；三是让生活更加丰富多彩的场景，如智能家居等。因此 uRLLC 主要面向工业应用和控制、交通安全和控制（如无人机控制、智能驾驶控制）、远程制造、远程培训、远程手术等场景和应用。这类场景需要有低时延和高可靠性。在此类场景下，连接时延需要达到 1 ms 级别，而且要支持高速移动情况下的高可靠性连接。

（3）mMTC

mMTC 主要面向智慧城市、智能家居等场景。在这类场景下，数据速率较低且时延不敏感，但是对于连接密度要求较高，同时呈现行业多样性和差异化，如智能家居业务中，终端可能需要适应高温、低温、震动、高速旋转等不同家具电器工作环境的变化。mMTC 将会发展在 6 GHz 以下的频段，其将会应用在大规模物联网上，目前的主流技术是 NB-IoT，其能够在约 180 kHz 的带宽下支持低功耗设备在广域网的蜂窝数据连接。以往普遍的 WiFi、Zigbee、蓝牙等,属于家庭用的小范围技术,回传线路主要都是靠 LTE,近期随着大范围覆盖的 NB-IoT、LoRa 等技术标准的出炉,有望让物联网的发展更为广泛。

在 6G 中,智能与感知能力被引入,网络覆盖从地面延伸到空中,不仅极大改善现有应用体验,还会创造大量新的应用场景。

下面简要介绍一下以人为中心的沉浸式通信。

为了在远程呈现以及 AR、VR、MR、全息等以人为中心的应用中实现沉浸式通信体验,需要将显示分辨率推向人眼可辨的极限,要求网络达到 Tbit/s 级超高速率,目前的 5G 达不到这一水平。为了远程操作时获取的实时触觉反馈并避免头晕、疲劳等晕动症状,极低端到端网络时延又是逼近人类感官极限的另一个关键需求。

新的应用还有感知、定位与成像,全功能工业 4.0 及其演进,智慧城市与智慧生活,移动服务全球覆盖,分布式机器学习与互联 AI 等。

### 7.1.3 网络体系架构特征

5G 网络的逻辑架构主要包含接入、控制和转发三个功能平面,如图 7-2 所示。

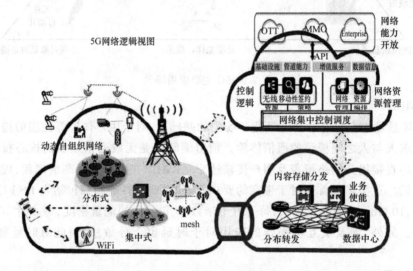

图 7-2 5G 网络的逻辑架构

这三个功能平面构建成的 5G 将是一个可依业务场景灵活部署的融合网络。控制平面负责完成全局的策略控制、会话管理、移动性管理、策略管理、信息管理等,并支持面向业务的网络能力开放功能,实现定制网络与服务,以满足不同新业务的差异化需求,并扩展新的网络服务能力。接入平面将支持用户在多种应用场景和业务需求下的智能无线接入,并实现多种无线接入技术的高效融合,无线组网可基于不同部署条件要求,进行灵活组网,并提供边缘计算能力。转发平面配合接入平面和控制平面,实现业务汇聚转发功能,基于不同新业务的带宽和时延等需求,转发平面在控制平面的路径管理与资源调度下,实现增强移动宽带、海量连接、高可靠和低时延等不同业务数据流的高效转发与传输,保证业务端到端质量要求。

控制平面主要由多个虚拟化网络控制功能模块构成,包括接入控制管理模块、移动性管理模块、策略管理模块、用户信息管理模块、路径管理/SDN 控制器模块、安全模块、切片选择模块、传统网元适配模块、能力开放模块,以及对应的网络资源编排等,在逻辑上是网络的集中控制核心,可以控制接入平面和转发平面。控制平面以虚拟化技术为基础,通过模块化技术重新优化了网络功能之间的关系,实现了网络控制与承载分离、网络切片化和网络组件功能服务化等,在逻辑功能上完成移动通信过程和业务控制,整个架构可以根据业务场景进行定制化裁剪和灵活部署。

接入平面主要包含各种类型基站和无线接入设备。为了满足多样化的无线接入场景和高性能指标要求,接入平面需要增强的基站间协同和灵活的资源调度与共享能力。通过综合利用分布式和集中式组网机制,实现不同层次和动态灵活的接入控制,有效解决小区间干扰,提升移动性管理能力。接入平面通过用户和业务的感知与处理技术,按需定义接入网拓扑和协议栈,提供定制化部署和服务,保证业务性能。接入平面将是一个多拓扑形态、多层次类型、动态变化的网络,可针对各种业务场景选择集中式、分布式和分层式部署,可通过灵活的无线接入技术,实现高速率接入和无缝切换,提供极致的用户体验。

转发平面聚焦于数据流的高速转发与处理。在逻辑上,转发平面包括了单纯高速转发单元以及各种业务使能单元。在网络的转发平面中,业务使能单元与转发单元呈网状部署,一同接收控制平面的路径管理控制,根据控制平面的集中控制,基于用户业务需求,软件定义业务流转发路径,实现转发网元与业务使能网元的灵活选择。转发平面将网关中的会话控制功能分离,网关位置下沉,实现分布式部署。在控制平面的集中调度下,转发平面通过灵活的网关锚点、移动边缘内容与计算等技术实现端到端海量业务流的高容量、低时延、均负载的传输,提升网内分组数据的承载效率与用户业务体验。

### 7.1.4　6G 关键技术

为了实现 6G 的性能需求,实现 5G 到 6G 的飞跃,6G 在网络体系架构和关键技术方面都有非常大的创新,提出了智能空口框架、地面与非地面一体化通信、通感一体化、太赫兹通信等多种关键性技术。

（1）智能空口框架

对网络运营商和设备供应商而言,OPEX 和 CAPEX 都急需优化。从网络运营商的角度来看,最关键的两个方法是:高效利用碎片化的频谱和提高能源效率。此外,设备的续航时间也是决定用户体验的一个重要方面,会影响多样化业务的使用。为了提供更好的 6G 用户体验,如何降低设备能耗至关重要。

人工智能技术,尤其是机器学习的应用有望提升电信系统的性能和效率,因此业内正在研究如何利用 AL/ML 用于信道编码和 MIMO。对于 MAC 层,应充分研究如何使用 AL/ML 在学习和预测方面的能力,用改良的策略和最优解来应对复杂的优化类问题。

（2）地面与非地面一体化通信

传统的地球同步轨道（Geostationary Earth Orbit,GEO）卫星虽然可以很好地向本地服务器广播公共和流行内容（如媒体内容、安全消息、联网汽车软件更新等）,但无法满足时延敏感应用的要求。相对而言,低轨（Low Earth Orbit,LEO）卫星在广覆盖和传播时延/路损之间可以取得更好的平衡。GEO/LEO 卫星覆盖面积大,在数百公里内无须切换小区或波束即可保障移动小区的业务连续性,无论这些小区是在陆地、海洋还是空中。GEO/LEO 卫星也可以用作固定小区的回传,特别是偏远小区的回传。由于路损过大,地面用户可能无法直接接入 LEO 卫星,但随着 LEO 卫星天线技术的发展,不久的将来用户设备将能直接接入 6G 非地面网络。

（3）通感一体化

无线系统向更高频率（如毫米波甚至太赫兹）演进,且有大量可用频谱,通信系统将具备与感知系统相似的能力。为了减少功耗与复杂度,两种系统可以共享一些硬件模块,如天线、功率放大器、振荡器等。此外,相比各自使用指定资源,时间和频谱资源也可以在系统间共享,从而进一步提升系统性能。

随着新技术的出现,一方面会促使移动通信系统朝着高速率、低时延、海量连接的方向不断迈进,另外也会衍生出如感知/成像和定位等其他系统能力,引入大量创新应用,从而提升无线系统的性能。在通感一体化中,感知和通信将成为两个互惠互利的功能。5G中的定位精度性能指标进一步提升,而且还增加了新的指标,如感知精度、感知分辨率等。

(4) 太赫兹通信

半导体技术的最新发展消除了由于缺乏使能太赫兹技术的硬件造成的“太赫兹带隙”,并推动了各种太赫兹应用的发展。在频谱上,太赫兹位于毫米波和红外频率之间。太赫兹信号可以穿透不同深度的介质材料,可用于实现新的成像方法。根据衍射极限理论,太赫兹频谱的空间成像分辨率将远远高于毫米波频谱。太赫兹辐射频率低于紫外线范围,属于非电离辐射。随着对高速率和低时延的需求不断增加,高频率和大带宽在通信系统发展中变得越来越重要。

太赫兹频谱可用于许多成像和感知应用,如材料表征、生物医学成像和生化感知。太赫兹频谱利用了样品对太赫兹辐射照射的响应特性,意味着太赫兹频谱可用于材料表征和安全成像等。由于太赫兹波长较短,太赫兹雷达成像可通过反射信号来实现更精确的手势识别。太赫兹近场成像可以克服根本的成像衍射极限,提供超高分辨率采样图像,在生物分子成像等医疗应用中极具前景。

# 7.2 面向移动通信系统的物联网应用

6G的能力相比于前几代移动网络将有飞跃发展。因为6G带来的可比拟光纤的传输速度,超越工业总线的实时能力和全空间连接特性,能够为多样化的业务发展提供有效的支持。为体现6G对于物联网行业发展的影响,本节选取5个物联网应用场景进行了典型介绍。

## 7.2.1 智慧城市与物联网

随着人类社会的不断发展,城市人口数量不断增多,城市运行的每个环节承载的压力也不断增大。为了解决城市发展的难题,使得城市能够可持续发展,利用技术手段优化城市的运行是一个很好的方法,因此利用信息和通信技术构建智慧城市也是城市发展的必要环节。

智慧城市是指通过运用信息和通信技术手段感测、分析、整合城市运行核心系统的各项关键信息,从而对城市中的各个环节(如民生、环保、公共安全、城市服务、工商业活动等在内)中的各种需求做出智能响应,实现城市的智慧式管理和运行。智慧城市将物联网、云计算、大数据、空间地理信息等新一代信息技术创新应用与城市转型发展进行深度融合,促进城市规划、建设、管理和服务智慧化的新理念和新模式,体现了城市走向绿色、低碳、可持续发展的本质需求。

物联网是智慧城市的神经传输系统,通过物联网可以将各种感知设备、控制设备连接到城市的大脑中,让城市有了自动感知、自动调节的能力。在新型智慧城市的建设之中,6G将通过更广、更快、更强的依据无线传感的信息技术和更高效、更及时的资源运用,为智慧城市的电网/动力、交通、安防等方面提供技术支持,从而带来多方面的社会效益和经济效益。基于6G,

通过物联网设备、移动应用采集城市中的各类数据,形成分布于各个业务系统的数据源,再将数据源中的数据进行交换共享及应用,让数据高效流动起来,从而连接物联网、云计算、大数据等技术。

在智慧城市的建设方面,首先,城市视频监控是一个非常重要的环节。对于一个城市的建设来说,它是一个非常有价值的工具,不仅提高了城市运行中的安全性,而且大大提高了企业和机构的工作效率。视频监控系统常常在一个城市中的繁忙的公共场所(广场、活动中心、学校、医院)、商业领域(银行、购物中心、广场)、交通中心、主要十字路口、高犯罪率区域、机构和住宅区、防洪、关键基础设施(能源网、电信数据中心)等区域十分重要。因此,在成本可以接受的前提下,为了保障一个城市运行的安全性和高效性,视频监控系统的清晰度以及形式都在不断发展。目前主导市场的监控摄像是 4M 像素、6M 像素和 8M 像素的 IP 摄像头,随着高使用速率、高带宽、低时延的 6G 的发展,未来将采用 4K 分辨率的监控摄像为城市提供更高清的数据;并且随着物联网的发展以及 6G 在高移动速度下的性能,一些可穿戴摄像头、车载摄像头也将在智慧城市中越来越普及。

城市监控、交通、移动支付等各个领域给城市收集到了各种各样的数据,为了使城市运行得更加高效,数据之间的传输速率也十分重要。由于 6G 不仅可以满足用户的高体验速率,还可以在人口密集的场所为人们提供高连接数密度,并且保证高流量密度,因此对于整个智慧城市中的数据的传输也提供了重要的支撑。

智慧城市的发展需要物联网技术上的支持,而 6G 在满足这些需求的同时也在不断地深化发展,因此随着 6G 发展的不断完善,未来智慧城市的建设也会不断完整。

## 7.2.2　智慧海洋与物联网

随着中国不断地强大、不断地走向世界,海洋越来越成为影响中国持续发展的基础性依托和制约条件。中国是一个陆地大国,也是一个海洋大国。我国的海岸线长达 1.8 万千米,蓝色国土面积约为 473 万平方千米,拥有 6 500 多个岛屿、70 万平方千米的含油沉积盆地以及约 400 亿吨的海洋石油资源。海洋水产品总量、海水养殖产量、海运集装箱运输能力、港口吞吐总量、海洋卤水化工和海藻化工产量、修造船总量均为世界第一。因此,我国的海洋资源十分丰富,海洋产业也十分多样和庞大,为了能够更好地建设海洋强国,需要通过科学技术的手段,更好地利用海洋资源、更好地使海洋产业的运行效率更高。

智慧海洋的发展,不仅需要考虑海洋资源的利用与保护,还需要考虑海洋工作者的通信需求。由于海洋面积广阔,因此保障海洋工作者在工作过程中的通信畅通十分重要。中电科(浙江)海洋通信技术有限公司开发的海上宽带通信系统,6G 能满足用户的体验速率,保障多种场景下的用户需求,保证了让渔民出海时也能够享受上网和通信服务。

海洋产业的装备智能化,可以使得原有装备经过信息化改造之后,有感知、分析、推理、决策等功能。智能船舶、智能海控方面的海洋工程装备都对可靠性的要求很高,6G 高可靠性的通信特点为智能船舶、智能海控的海洋工程装备的发展提供了坚实的基础。

在智慧海洋的发展中,机器人领域的发展也不可忽略,海洋搜救机器人、海洋维护机器人、施工机器人等的发展都将会推动水下作业的发展。灵活、可移动、高带宽、低时延和高可靠(uRLLC)的 6G 将会使其有更灵活高效的水下操作,为海洋工作提供更多的便利。

通信作为智慧海洋的基础性问题,6G 和物联网的发展都使得下一步智慧海洋走向更深层次,6G 和物联网都将向更高精度、低功耗的方向发展,为智慧海洋的发展提供基础。

### 7.2.3 智慧交通与物联网

随着我国城市化进程的不断深化和城市居民收入水平的不断提高,城市道路的基础设施建设与交通需求之间的矛盾日益突出。经济的发展使得道路上的汽车数量不断增多,随之而来的有交通堵塞、交通事故、能源消耗以及环境污染等一系列的问题。因此,为了既能够使得社会不断的发展,又可以改善不断出现的交通问题,借助现代化科技如通信技术、物联网,实现城市交通调度、运营、管理信息化、现代化、智能化的思想逐渐形成。

在我国现阶段的发展中,智慧交通主要包括互联网、物联网以及车联网,并且能够将三者所包含的领域、内涵融合,并在发展的过程中不断强化彼此关联。智慧交通需要将电子、传感器、信息技术以及系统工程等技术整合,并在动态且开放的交通运输领域中得到较为广泛的应用。在应用的过程中,需要不断地强化驾驶员、交通管理者、道路以及运输工具的协同性,以实现更加准确、安全、高效的交通运行效果。

6G 以万物互联的理念作为基础,为智慧交通提供了稳定的技术支撑。建立智慧交通系统,首先需要依托城市中的交通信息采集系统,对城市中车辆的身份信息、城市的道路建设信息、城市道路停车位信息、交通拥堵数据(包括时间地点)、违法车辆抓拍等信息进行实时精确地采集,然后对采集到的数据进行详细的加工和处理,最终从中提炼出对城市交通有帮助的"价值信息"。智慧交通系统是一个动态且高效的城市交通实时管理和信息服务体系。从长远来看,大量的交通信息数据积累,是一个城市交通走向智慧化的基础,为城市交通的规划、治理、发展提供了重要的参考。

对于交通中的一些单独的业务系统,基于 6G 的物联网技术将其智能化,有助于建立一个城市的综合性交通智能服务体系。例如,智慧停车方面,可以通过车位传感器、视频识别等智能设备实现对开放式停车位的精确管控;又如,结合车辆识别、智能车辆称重、路径识别、移动支付等技术手段,可以建立基于物联网的电子不停车收费系统,大唐移动公司目前在实现电子不停车收费的车载单元上有所研究,这有助于减少收费站的交通堵塞和运营成本。

中国移动公司以快递、外卖等行业用车服务为目标,研究了智慧电动车交通工具。由于传统的电动车管理不够精细化,车辆的位置及状态信息不能实时查看;车辆超速、越界、故障、异常等告警信息无法实时报警。智能电动车搭载智能终端设备采集参数(包括车辆信息、GPS信息、故障信息、电池信息、SIM 卡信息等)数据,将感知参数通过物联网专网网络传输到云平台,管理人员通过车联网管理平台进行数据查询、车辆管理、轨迹查看等。当车辆出现超速、越界、故障、低电等异常时,自动报警,保证行车安全。

如图 7-3 所示,大唐移动公司在智慧交通的发展上提出了三网融合的解决方案,将车内网、车际网、车云网进行融合。车内网是指通过毫米波雷达、高精度定位等传感模块与人工智能相结合,构建单车感知网,实现单车的辅助驾驶、智能驾驶,提高安全系数;通过高清摄像头、显示屏等多媒体设备借助 6G 提供的高带宽承载优势,构建车内信息娱乐网,为车内人员在乘车过程中提供更多的体验选择,如车内视频会议等;车际网通过将车载智能网关、路侧单元、各类传感器、边缘计算节点等设备有机结合,构建车际感知网,可以在 V2V、V2I、V2P 等场景下提供基于低时延、高可靠的互通,实现安全防碰撞、视觉盲区安全预警、救援车辆让行、绿波同行等应用;车云网充分利用 6G 组网带来的低时延、高带宽、大连接等优势,将车联网设备与6G 组网结合,并通过网络切片将车联网相关的业务应用和运算下沉到边缘计算平台 MEC,既为本地数据安全提供保障,又利用边缘云的优势,对数据信息进行层次化处理,降低应用时延。

大唐移动公司将 C-V2X、MEC 等无线通信技术与单车智能驾驶技术相结合,实现了智能网联,通过构建车与人、车与车、车与路、车与云平台之间的互联互通,有效地提升了车辆行驶安全,提高了交通管理水平,促进了城市交通智能化。

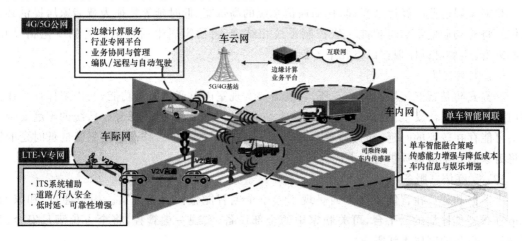

图 7-3 车内网、车际网、车云网融合方案

### 7.2.4 智能制造与物联网

随着科技的不断发展,我国在工业化和制造业的发展上也在不断地进步。进入信息时代后,我国制造业大而不强的特征逐渐显现,因此必须加深新一代信息技术和制造业的融合,发展智能制造,实现工业强国的目标。作为新一代移动通信技术,6G 的迅猛发展正好切合了传统制造企业智能化制造转型对无线网络的应用需求,6G 定义的应用场景不但覆盖高宽带、低延时的传统应用场景,而且还能满足工业环境下的设备互联和远程交互的应用需求,为实现智能制造提供了基础。

工业一直也是物联网的重要的应用领域,具有环境感知能力的各类终端以及移动通信技术等不断融入工业生产中的各个环节,可以大幅度提高生产效率,减少资源消耗和污染,提升产品质量,保障生产安全,改进个性化服务。物联网与 6G 之间在智能制造的发展上是相辅相成的关系:6G 需要适应不同的工业场景,满足物联网的绝大部分连接需求;物联网也需要 6G 提供不同场景下的无线连接方案。

对于最新最尖端的智慧制造应用,灵活、可移动、高带宽、低时延和高可靠(uRLLC)是最基本的要求。智慧制造的目的是通过更灵活高效的生产系统,更快地将高质量的产品推向市场。移动运营商可以帮助制造商和物流中心进行智能制造转型。切片和 MEC 技术可以使得移动运营商能够提供各种增值服务,运营商可以提供远程控制中心和数据流管理工具来管理大量的设备,并且通过无线网络对这些设备进行软件更新。

工业物联网为制造业提供了很多便利的技术,制造业需要合理利用通信技术,对供应链、生产车间以及整个产品的生命周期进行设计,提供端到端的解决方案,努力发展智能制造。

### 7.2.5 智能家居与物联网

随着社会经济结构、信息科技、家庭人口结构的发展变化以及人们对家居环境的舒适性、安全性、效率性要求的提高,传统的只能满足基本需求的家居产品已经无法满足人们的需求,人们对于家居产品智能化的需求大大增加,需要家居产品不仅仅要满足一些基本的需求,更有一些智能化功能的扩展,并且操作简单、方便、安全。物联网的出现是智能家居系统发展及应用的一大助推器。

智能家居行业已经逐渐兴起,移动通信系统的高带宽、低时延等特征为智能家居提供必要条件。将移动通信系统与智能家居控制系统相结合,将给家居生活带来显著的变化和提升。总的来看,主要可以体现在以下几个方面。

(1)家庭安防

家庭安防是智能家居的重要一环,它既需要实现室内财产的防盗功能,又需要保证居住在室内的人们的生命安全。而家庭安全摄像头是家庭安防中重要的一部分。传统的家庭安全摄像头可能存在较大的时延,并且画质不清晰,达不到用户的需求。移动通信系统的低时延的特性将为家庭安全摄像提供时延上的保障。

(2)家庭信息服务

中国移动公司在智能家居方面呈现了一个全宅智能整体解决方案。用户通过"和家亲"App连接智能家居的云平台,可关联家中的全部设备,实现一键管控,将全方位满足安全、智能、舒适、高效的家居生活需求。

(3)家电智能控制

移动通信系统由于其低时延的特性,可以达到毫秒级的时延。而在家庭中,无线连接到互联网的响应速度通常会低100倍,更低的时延以及更高的连接速度将使智能家电设备以更加无缝的方式触发通知以及设备到设备自动化程序,使得家庭联网功能更加顺畅。

随着移动通信系统的不断发展,政策、技术、标准、应用等的不断完善和突破,智能家居与移动通信系统的结合将有更多的可能性,智能家居将会在更大范围、更深层次、更多功能上丰富和便利人们的智能生活,智能家居也将越来越值得期待。

## 7.3 非正交多址接入技术

采用的正交频分多址接入技术能够使得数据业务的传输速率达到每秒百兆以上,然而随着物联网技术的发展,需要网络能够支持大量移动设备的接入以及更快的数据业务传输速率需求。为满足各类应用的独特需求甚至是极致需求,非正交多址接入(NOMA)技术被视为一种有效的解决方法。本节聚焦于业界内的主要非正交多址接入技术,对功率域非正交多址接入技术、多用户共享接入技术、图样分割多址接入技术和稀疏码多址接入技术分别进行详细的介绍。

### 7.3.1 多址接入技术概述

多址接入技术是一种通过将有限的通信资源进行分配,使得更多的用户能够获得资源,从而提高通信效率、获得更高的通信质量的技术。通过在信号的时域、频域、空域、码序列等不同维度对无线资源信号进行划分从而产生不同的多址接入技术。

多址接入技术在现代通信中发挥着重要的作用。从第一代移动通信系统开始,就采用频分多址接入(Frequency Division Multiple Access,FDMA)为通话或通信进行服务。FDMA是对频域资源进行划分,将总带宽分割成多个正交的频道,每个用户占用一个频道。接收端采用不同载频的带通滤波来提取用户的信号,从而消除了相邻信道之间的干扰。在用户信道之间设有保护频隙以防止不同频率信道之间的混叠。FDMA 的最大优点是信道复用率高,是模拟通信中最主要的一种复用方式;主要缺点是设备生产比较复杂,信号容易受到干扰。

时分多址(Time Division Multiple Access,TDMA)技术在第二代通信系统中得到了广泛的应用。TDMA 是先将信道的时间轴划分成不同的帧,再将每个帧划分成多个时隙,不同的用户占用不同的时隙或者子帧来实现用户在时间域上正交的一种手段。TDMA 的优点是频谱效率高,越区切换简单,缺点是存在码间串扰,系统开销大。

码分多址(Code Division Multiple Access,CDMA)与前两种多址方式只从单一维度对资源进行划分以区分用户,它是将时域和频域进行联合划分,也就是说,在时间和频率上,信号可以重叠,但是由于它们的地址码的正交,从而对信号进行了区分。CDMA 的优点是频谱利用率高、话音质量好、保密性好、系统容量大、覆盖范围广、抗干扰能力强;它的缺点是数字信号处理的要求高。CDMA 在 2G 和 3G 中都得到了广泛的应用。

第四代移动通信系统则采用了正交频分多址接入(OFDMA)技术。OFDMA 是 OFDM 技术与 FDMA 技术的结合,它将整个频带划分成多个子载波,向不同的用户分配单独的子载波或者子载波组,然后,用户用这种方式分享给定的带宽。OFDMA 最大的优点是,采用了子载波调制并行传输后,数据流速率明显降低,数据信号的码元周期相应增大,大大减少了频率选择性衰落出现的概率;同时,OFDMA 也很好地解决了多径干扰对通信造成的影响。

上述多址接入技术均是通过对时间或频率等一些资源的划分,将划分后的资源服务于不同的用户,从而为尽可能多的用户进行服务,这些多址接入技术均属于正交多址(Orthogonal Multiple Access,OMA)接入方式。为了能够给更多的用户提供服务,进一步提高系统容量,引入了非正交多址(Non-Orthogonal Multiple Access,NOMA)技术,使得无需对时间或频率资源进行划分便可承载多个用户,大大提高了频谱效率和接入量。

【例 7-1】 一个系统是 16 MHz 带宽,需要留 1 MHz 为保护带宽,剩余带宽用作数据传输。同时,假设子载波间隔为 15 kHz,每个子载波均采用 16QAM 调制,且经填充循环前缀后,1 ms 能发送 20 个 OFDMA 符号,信息传输速率是多少?

解析:由于 16 MHz 是系统带宽,1 MHz 用去做保护间隔,所以剩下 15 MHz 是传输数据,子载波间隔是 15 kHz,所以子载波个数为 15 MHz/15 kHz=1 000 个。

每个子载波采用 16QAM 调制,1 个符号(symbol)是 4 个比特(bit),1 000 个子载波有 1 000×4=4 000 bit。也就是说一个 OFDM 符号传了 4 000 bit 数据,1 ms 能传 20 个 OFDM 符号,所以信息传输速率是 4 000×20 bit/1 ms=80 Mbit/s。

【例 7-2】 一个 OFDMA 系统,数据传输使用 64 个子载波,有效带宽中间插入 DC 子载波,有效带宽以外共有 15 个子载波。无线信道的最大时延拓展为 0.6 μs,一个 OFDMA 符号长度为 10 μs,其中循环前缀长度为 2 μs,一半子载波采用 64QAM 和 1/2 码率的信道编码,另一半子载波采用 8PSK 和 1/3 码率的信道编码,不考虑信号在时间上的开销,则总的信息传输速率是多少 bit/s?

解析:对于前一半子载波,采用 64QAM 调制,一个符号(symbol)是 6 个比特(bit),由于码率是 1/2,所以这 6 bit 中有 6×(1/2)=3 bit 是信息比特。

对于后一半子载波,采用 8PSK 调制,一个符号(symbol)是 3 个比特(bit),由于码率是 1/3,所以这 3 bit 中有 3×(1/3)=1 bit 是信息比特。

64 个子载波有 32×3+32×1=128 bit。花了多少时间来传这 128 bit 呢?花费了 10 μs

的时间,所以信息传输速率是 128 bit/10 $\mu$s=12.8 Mbit/s。

【例 7-3】 一个 OFDMA 系统,数据传输使用 64 个子载波,有效带宽中间插入 DC 子载波,有效带宽以外共有 15 个子载波。无线信道的最大时延拓展为 0.6 $\mu$s,若一个 OFDMA 符号长度为 10 $\mu$s,其中循环前缀长度为 2 $\mu$s,问:

① 子载波间隔是多少 Hz?

② 若每个子载波采用 64QAM 和 2/3 码率的信道编码,不考虑参考信号在时间上的开销,则总的信息传输速率是多少 bit/s?

③ 假设某一时刻系统处于定时同步状态,并且系统不做定时调整。若无线信道的时延扩展刚达到最大值,则当接收机逐渐远离发射机时,最远移动多少米后会出现符号间干扰?

解析:题目中已经说清楚了"其中循环前缀长度为 2 $\mu$s",这说明减去 2 $\mu$s CP 后的一个 OFDMA 符号时间长度为 8 $\mu$s。不包含 CP 的一个 OFDMA 符号时间长度=1/子载波间隔,得到子载波间隔为 125 kHz。

在计算信息传输速率时,一定需要注意三个参数:数据传输子载波个数、每个子载波的调制方式、信道编码速率。这个题中已明确说过"数据传输使用了 64 个子载波",DC 会占子载波。

每个子载波采用 64QAM 调制,一个符号是 6 bit,由于码率是 1/3,所以这 6 bit 中有 2 bit 是信息比特。即 1 个子载波传 2 bit,那么 64 个子载波传 128 bit。花了多少时间来传这128 bit 呢?花费了 8 $\mu$s 的时间,所以信息速率是 128 bit/10 $\mu$s=12.8 Mbit/s。

由于 CP 时间长度为 2 $\mu$s,现在无线信道的最大时延拓展为 0.6 $\mu$s,注意到符号间干扰的来源是这个符号的最晚路径到达比下一个符号的最早路径到达晚一点,便会发生"碰撞"。所以,刚刚好"碰撞"的时间还剩下 2-0.6=1.4 $\mu$s,也即 1.4 $\mu$s×光速=420 m。

### 7.3.2 NOMA 基本原理

NOMA 是典型的仅有功率域应用的非正交多址接入技术。不同于传统的正交传输,NOMA 在发送端采用非正交发送,主动引入干扰信息,然后在接收端通过串行干扰消除(SIC)技术实现正确解调。NOMA 具有频谱利用率高、灵活性高、系统容量大等优点,因此被用作 6G 中的多址接入方案。

NOMA 技术的基本原理如下:考虑下行通信链路,先假设存在两个单天线用户,每个用户与一根发射天线进行通信。基站给用户发射的信号记为 $x_i$,其中 $i=1,2$,给用户 $i$ 的发射功率记为 $p_i$,且满足 $p_i$ 的和为最大发射功率 $P$,设带宽为 1Hz。

在发射端,将 $x_1$ 和 $x_2$ 根据功率大小叠加编码为:

$$x=\sqrt{p_1}x_1+\sqrt{p_2}x_2 \tag{7-1}$$

则用户 $i$ 接收到的信号为:

$$y_i=h_ix+w_i \tag{7-2}$$

其中,$h_i$ 表示基站与用户 $i$ 之间的信道系数,$w_i$ 表示用户 $i$ 接收端的噪声和相邻小区的干扰,其功率为 $N_{0,i}$。

在 NOMA 下行通信链路中,接收端利用 SIC 技术对接收到的信号进行解码。解码的最佳顺序是根据信道增益与噪声的比值的排序来进行解码,即 $|h_i|^2/N_{0,i}$ 的值越小,则越先进行解码。如图 7-4 所示,以两个用户的情况为例,当 $|h_2|^2/N_{0,2}<|h_1|^2/N_{0,1}$ 时,首先解码用户 2 得出 $x_2$,再通过得到的信号 $y_1$ 减去 $x_2$ 的相关部分,则用户 1 解码 $x_1$ 时就去除了 $x_2$ 的干扰,用户 1 便可正确解码。

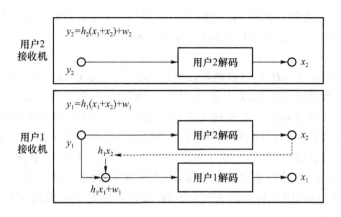

SIC 解码示意图

图 7-4 SIC 解码示意图

可以看出,NOMA 对多个用户的信号功率域进行简单的非正交的线性叠加,并通过串行干扰消除技术在接收端实现用户信号的正确解调。对于同样的频谱资源,NOMA 可支持更多的用户数量以及更高的系统吞吐量,频谱效率也会相应提高。

### 7.3.3 多用户共享接入

多用户共享接入(Multi-User Shared Access,MUSA)技术是一种基于复数域多元序列的新型非正交多址接入技术。其原理可简要概括如下:首先在发送端,每个接入用户随机地从一组复数域多元序列中选取一个序列作为扩展序列,并对各自调制后的符号进行扩展;然后将每个用户的扩展后的符号在相同的时频资源下发送;最后,在接收端,使用 SIC 多用户检测技术解调和分离出每个用户的数据,如图 7-5 所示。

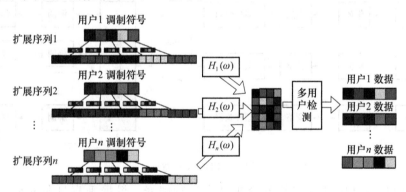

图 7-5 MUSA 示意图

假设有 $M$ 个用户同时接入系统,用户的扩展序列长度记为 $N$。在发送端,每个用户可以随机选取扩展序列,则经过信道后,接收到的信号可以表示为:

$$y = \sum_{m=1}^{M} h_m s_m x_m + n \tag{7-3}$$

其中,$h_m$、$s_m$ 和 $x_m$ 分别表示第 $m$ 个用户的信道增益、扩频序列和调制符号,$n$ 表示均值为 0,方差为 $\sigma^2$ 的高斯白噪声。

在 MUSA 系统中,接收到的信号会有多址干扰、多径干扰、噪声等的影响,其中,多址干扰的影响十分明显,为了消除或减轻多址干扰的影响,需要对 MUSA 系统的扩展序列进行优化,并在接收端进行多用户检测,以更好的恢复出每个用户的发送数据。在 MUSA 中,使用的是基于 MMSE（MMSE 全称）的 SIC 接收机进行的多用户检测，因此，为了能够更方便地使用 MMSE 权重矩阵估计发送信号，可将接收信号表示成如下形式：

$$y = Hx + n \tag{7-4}$$

其中，$y = (y_1, y_2, \cdots, y_N)^H$，$H$ 是信道矩阵，$x = (x_1, x_2, \cdots, x_M)^H$，$n = (n_1, n_2, \cdots, n_N)^H$。

由于使用了复数域多元序列以及基于串行干扰消除的多用户检测技术，使得 MUSA 支持大量用户同时接入。并且对于有数据接入业务需求的用户来说，它们会从睡眠状态转换到激发状态，随机选取扩展序列对其调制符号进行扩展，然后发送数据；而对于没有数据接入业务需求的用户，则继续保持睡眠状态。这个方法避免了每个接入用户都必须先通过资源申请、调度以及确认等复杂的控制过程才能接入系统，大大降低了系统的信令开销以及接入时延。此外，MUSA 可以利用不同用户到达的 SINR、SNR 或者功率大小来提高 SIC 解调的准确度，从而减轻功率上的控制。

### 7.3.4 图样分割多址接入

图样分割多址接入（Pattern Division Multiple Access，PDMA）简称图分多址，是大唐公司提出的一种新型非正交多址接入技术，它基于多用户通信系统的发送端和接收端的联合优化，在发送端，在相同的时频域资源内，通过功率域、空域、码域等多个信号域的单独或联合使用的非正交特征图样区分用户，在接收端基于用户图样的特征结构采用串行干扰消除（SIC）方式来进行多用户检测，做到最优多用户检测接收。

当用户信息进入 PDMA 系统的发射端后，通过多个域叠加在一起，经过特征图样检测、解调、译码等一系列过程，便可以将叠加的信息分离出来，如图 7-6 所示。

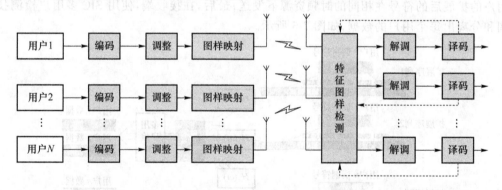

图 7-6 PDMA 示意图

PDMA 的基本原理可以用等效分集度来进行解释。根据垂直贝尔实验室空时结构（V-BLAST）系统的理论，第 $i$ 层干扰抵消能够获得的等效分集度 $N_{div} = N_R - N_T + i$，其中 $N_R$ 表示接收分集度，$N_T$ 表示发送分集度。发送分集度是为了一个信号的多个副本被放在独立的资源上传输，以避免在一个资源上的衰落而造成传输错误。在 PDMA 系统中，先将被传数据映射到一组由时域、频域、空域等任意组合构成的资源上，构成一个 PDMA 图样，这组资源中可被映射的资源数决定了这个 PDMA 图样的发送分集度。因此，多个用户的数据可以通过不同分集度的 PDMA 图样获得用户之间不同的分集度，从而复用到相同的资源组上，进行非正交传输。

相对于正交系统，PDMA 在发送端增加了图样映射模块，在接收端增加了图样检测模块。在发送端，多个用户采用适合干扰抵消接收机算法的特征图样进行区分，PDMA 进行多用户图样设计时，会针对不同信号域特征采用不同的方式：在进行功率域图样设计时，会增加功率和相位旋转因子；在进行空域图样设计时，会在多天线上进行天线映射，并与预编码矩阵进行结合;在进行编码域图样设计时,会基于编码矩阵考虑不同延迟的信道编码等。在接收端,PDMA 对多用户采用低复杂度、高性能的 SIC 算法实现多用户检测。接收端主要分为两个部分,分别是前端检测模块和基于 SIC 的检测模块。前端检测模块主要是对各个信号域的图样进行提取,包括特征图样模式配置解析模块、功率图样提取模块、编码域图样提取模块和空间域图样提取模块。在特征图样模式配置解析模块中,通过信令控制不同的图样提取模块,便可提取出不同用户的图样编码特征。然后在 SIC 检测模块处,采用低复杂度的准最大似然检测算法来实现多用户的正确检测接收。

由于 PDMA 充分利用了多维度处理,因此其具有使用范围大、编译码灵活度高、处理复杂度低等优点,大大提高了频谱效率、增加了接入用户数。

### 7.3.5　稀疏码分多址接入

稀疏码分多址技术(Sparse Code Multiple Access,SCMA)是华为公司提出的一种新型非正交多址接入技术,它将低密度扩频和调制技术进行结合,通过共轭、置换、相位旋转等操作可以得到各种不同的码本集合,从中选出具有最佳性能的码本集合,不同用户采用不同的码本来进行信息传输。用户码本之间的差异使得接收端可以更快地区分码字信息,并依据接收端获得的用户信息、信道的估计数据以及每个符号的边缘概率值,解调出各个用户的原始数据。

SCMA 采用了两个关键技术:低密度扩频技术和高维调制技术。低密度扩频技术是指将频域中的各子载波通过码域的稀疏编码方式进行扩频,使其可以同频承载多个用户信号。由于各子载波间满足正交条件,所以不会产生子载波间干扰,又由于每个子载波扩频采用的稀疏码本的码字稀疏,因此不易产生冲突,同频资源上的用户信号也很难互相干扰,在现有资源条件下实现了更有效的用户资源分配和更高的频谱利用。高维调制技术是指通过幅度和相位的高维调制,增大多用户星座点之间的欧氏距离,提升多用户的抗干扰及解调能力,利用不同的高维调制稀疏码本,可以实现在不正交的情况下对用户进行识别。

假设 SCMA 系统在时域上有 4 个子载波,每个子载波上承载了 3 个由稀疏扩频码区分的用户信号,但是每个子载波扩频使用的稀疏码字跨越了 6 个扩频码,也就是说 3 个稀疏扩频码占用了 6 个密集扩频码的位置。如图 7-7 所示,其中灰色格子表示有稀疏扩频码作用的子载波,白色格子表示没有稀疏扩频码作用的子载波。由于 3 个稀疏码字是在 6 个密集码字中选择的,这 3 个码字的相关性极小,而由这 3 个码字扩频的同频子载波承载的 3 个用户信号之间的干扰同样也很小,因此 SCMA 技术具有很强的抗同频干扰性。并且,系统还可以通过调整码本的稀疏度来改变频谱效率。

SCMA 示意图

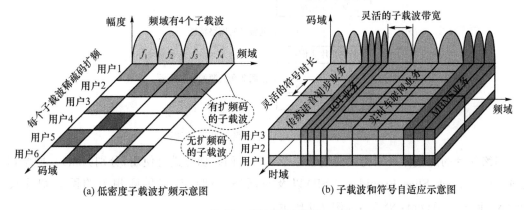

(a) 低密度子载波扩频示意图　　　　　(b) 子载波和符号自适应示意图

图 7-7　SCMA 示意图

SCMA 采用的扩频码可以使接收端复杂度较低,同时 SCMA 可以灵活地调整时频承载资源单元的大小,不仅可以适应系统空口接入众多业务中的各种需求,还能够一定程度上提高系统的频谱容量和多址接入效率。并且,由于稀疏码的可调性,其可帮助系统根据空口场景在用户数与系统性能之间平衡调整。

## 7.4 物联网切片技术

移动通信系统需要满足多样化的设备的各种类型的服务需求,如移动宽带、大规模物联网和任务关键的物联网等。而网络切片技术被认为是 5G 组网关键技术之一,它能够通过将一个硬件基础设施切分出多个虚拟的端到端网络,并且每个网络切片从设备到接入网再到核心网在逻辑上隔离,从而适配不同业务的多样化需求。本节主要介绍基于软件定义网络和网络功能虚拟化的网络切片和编排方法。

### 7.4.1 网络切片的概念与特征

随着网络的不断发展,其应用场景不断增多,用户数量以及数据流量不断增大。在 5G 和 6G 时代,需要为增强移动宽带、海量机器类通信、超高可靠低时延通信等多种业务场景提供服务。各种不同的业务场景,对移动性、可靠性、安全性等性能要求均不同,传统的网络架构已经无法以十分有效的方式服务于这些需求,于是提出了网络切片技术来解决这一问题。

网络切片是指为特定服务或者共享公共基础设施上的一组服务量身定制的一种虚拟的逻辑网络,目的是更有效地利用网络资源。网络切片将传统的物理网络虚拟化为多个虚拟的逻辑网络,将服务需求转化为跨不同类型网络域的资源的规范化描述,每一个网络切片都是一组网络功能及其资源的集合,可以为特定业务场景的差异化需求提供不同的服务,如图 7-8 所示。在网络切片中,切片与切片之间逻辑上是相互隔离的,因此,调整其中一个切片并不会影响到其他的网络切片。根据不同场景下的不同需求,可以对网络切片进行量身定制,这样既可以保障用户的需求,也可以更有效地利用网络资源,使得资源利用达到最优化,同时还增强了网络的安全性和灵活性。

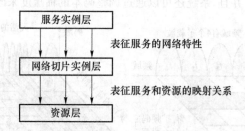

图 7-8 三层网络切片和服务概念示意图

网络切片的完整体系架构主要包含三个实体对网络切片进行使用,分别为租户、网络切片提供商(Network Slice Provider,NSP)以及与网络基础设施提供商相关的网络切片代理(Network Slice Agent,NSA),如图 7-9 所示。

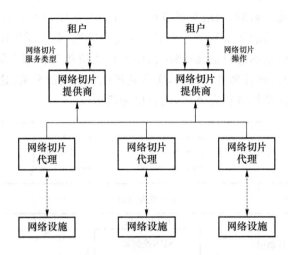

图 7-9　网络切片参考架构

租户是指网络切片的用户。租户使用特定的网络切片类型来创建服务,根据使用的网络切片的类型可以区分满足服务需求的网络资源的类型。因此在为网络切片准备计算资源时,可以使用网络切片的类型作为指导。NSP 主要用于控制和操作服务中的资源,将网络切片作为服务提供给租户。而 NSA 是基础设施提供商中的网络切片实体,NSA 可以提取自身网络的拓扑结构和运行状态,并将 NSP 的信息映射到相应的域中,从而协同 NSP 维护自己的网络切片。在图 7-9 所示架构中,有如下三个重要方面:

a. 网络切片管理对象:网络切片管理对象的关系、范围和角色的描述有助于清晰地定义网络切片的操作,通过这些对象可以提取网络切片的状态。

b. 网络切片接口:网络切片的接口是收集和分发信息的通信路径,每个接口都与定义良好的函数相关联。

c. 网络切片的相关函数:网络切片的相关函数有助于定义网络切片的完整的工作方式。

5G 和 6G 既需要网络功能虚拟化,又需要基础设施虚拟化,因此网络切片需要在不同的网络上采用不同的切片方式,根据业务的不同需求在接入网和核心网处将虚拟功能链实例化,在传输网处进行管道虚拟化,从而链接虚拟功能链。网络切片技术主要基于软件定义网络(Software Defined Network,SDN)和网络功能虚拟化(Network Function Virtualization,NFV)技术来实现。其中:软件定义网络(SDN)可以将现有网络设备的控制平面和转发平面分离,并将控制平面集中实现,从而实现网络的可编程化控制;网络功能虚拟化(NFV)可以将网络的逻辑功能与物理硬件解耦,然后利用软件编程实现虚拟化的网络功能,并且将多种网元硬件归成标准化的通用三大类 IT 设备——高容量服务器、存储器以及数据交换机,实现软件的灵活加载。软件定义网络(SDN)技术和网络功能虚拟化(NFV)技术通过集中控制、资源全局调度、按需编排以及网络可定制等优势,加快了网络业务和应用的部署周期。用户面网关下沉,实现本地路由,降低网络容量的压力,从而满足多业务、多服务的应用场景需求。

### 7.4.2　软件定义网络与网络功能虚拟化

软件定义网络(SDN)和网络功能虚拟化(NFV)是实现网络切片的基础。

**1. 软件定义网络**

软件定义网络(SDN)技术是一种源于 Internet 的新技术。在传统的 Internet 网络架构中,控制和转发是集成在一起的,网络互联节点是封闭的,如路由器、交换机,其转发控制必须在本地完成,使得其控制功能非常复杂。为了解决这个问题,美国斯坦福大学的研究人员提出了软件定义网络的概念,基本思想是:将路由器中的路由决策等控制功能从设备中分离出来,统一交给中心控制器通过软件来进行控制,实现其控制和转发的分离,这样突破了传统网络架构的技术局限性,从而使得控制更为灵活,设备更为简单。

图 7-10  SDN 架构模型

软件定义网络是一种新型网络架构,其架构模型图如图 7-10 所示,主要可以分为应用层、控制层、基础设施层三层结构,层与层之间的信息交互依托之间的标准接口进行实现。其中,应用层与控制层之间的通信接口称为北向接口,控制层与基础设施层之间的通信接口称为南向接口(如典型的 ONF 给出的 OpenFlow 协议)。应用层主要负责运行各种不同的业务和应用以及对应用的编排,用户可以通过北向接口向控制层提供定制化的应用需求;控制层主要负责处理数据转发平面资源的调度和使用,维护网络拓扑信息和状态信息等,同时定义底层通用设备的数据转发规则;基础设施层主要由被抽离了控制功能的通用软件构成,负责按照控制层下发的策略进行转发层面的数据处理、转发和状态收集。

软件定义网络(SDN)控制器是一种网络操作系统,它通过软件进行运行,而不去控制网络硬件,从而更有利于网络自动化的管理。常用的软件定义网络(SDN)控制器有 Ryu、OpenDaylight 和 ONOS 等。其中:Ryu 控制器是一种轻量级的控制器,使用 Python 语言实现,使用者可以轻松地在 Ryu 控制器上实现自己的应用,容易上手;OpenDaylight 控制器是一种模块化的开源 SDN 控制器,由设备商主导开发,可扩展、可升级,并且支持 OpenFlow、NetConf 等多协议;ONOS 控制器是一个电信级的开源软件定义网络(SDN)控制器,由运营商主导开发。

**2. 网络功能虚拟化**

网络功能虚拟化(NFV)的概念是 ETSI 于 2012 年提出的,其思路是借助 IT 的虚拟化技术,利用标准化的通用 IT 设备来实现各种网络设备功能,从而降低设备部署的成本,实现业务的灵活配置。

网络功能虚拟化的本质是实现软硬件的功能解耦,解除网络的逻辑功能与物理硬件之间的依存关系,并利用软件编程将网络功能进行抽象化、虚拟化,使得网络功能不再依赖于专用硬件,实现资源的共享,从而加速新业务的开发与部署。

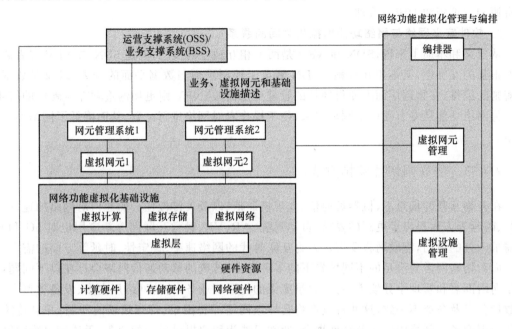

图 7-11　NFV 典型架构

网络功能虚拟化的网络架构如图 7-11 所示,主要可分为以下几个部分:

a. OSS/BSS:OSS 指运营支撑系统(Operation Support System),BSS 指业务支撑系统(Business Support System)。OSS/BSS 是电信运营商的一体化、信息资源共享的支持系统,它主要由网络管理、系统管理、计费、营业、账务和客户服务等部分组成,系统间通过统一的信息总线有机地整合在一起。OSS/BSS 不仅能在帮助运营商制定符合自身特点的运营支撑系统的同时帮助确定系统的发展方向,还能帮助用户制定系统的整合标准,改善和提高用户的服务水平。

b. 网络功能虚拟化基础设施(NFV Infrastructure,NFVI):NFVI 涵盖了计算、存储、网络等一系列的硬件基础设施,然后利用相关的虚拟化控制软件将其抽象化、虚拟化,得到物理资源层(计算、存储、网络)、服务器虚拟化层及其上面的虚拟资源池,从而为上层提供资源支撑,实现底层软硬件的解耦。

c. 虚拟网元(Virtualize Network Function,VNF):VNF 是从专有硬件中独立软件化后得到的虚拟网元,部署在若干虚拟机上,继承了非虚拟化功能和接口,并由 NFVI 来提供资源支持。

d. 网元管理系统(Element Management System,EMS):EMS 是管理特定类型的一个或多个网元的系统,可以实现传统的网元及虚拟化环境下的管理功能。

e. 网络功能虚拟化管理与编排(NFV Management and Orchestration,NFV-MANO):NFV-MANO 主要用于管理和编排 NFVI 的物理和虚拟资源、VNF 和 NFVI 之间的映射关系、OSS/BSS 业务资源流程的实施等。NFV-MANO 中又包含编排器(Orchestrator)、虚拟网元管理器(VNF Manager)和虚拟基础设施管理器(Virtualize Infrastructure Management,VIM),其中编排器在整个 NFV 架构中处于核心控制地位,主要负责网络业务、VNF 与虚拟化资源的总体管理和编排;虚拟网元管理器主要负责 VNF 网元的实例化、扩容与缩容等资源整合与释放及生命周期的相关管理等;虚拟基础设施管理器主要负责实现对整个 NFVI 的硬件资源和虚拟资源的统一管理。

**3. 软件定义网络与网络功能虚拟化之间的联系**

从定义和本质上来说,SDN 和 NFV 是两个相互独立的概念,但是 SDN 与 NFV 二者之间具有很强的互补性,又不相互依赖。SDN 侧重于控制平面与数据平面的分离,以及对数据转发规则的编排,在物理层面上使得硬件的管理更加高效;NFV 则更加侧重软件与硬件的解耦,通过将网络功能从专有硬件上剥离出来,便于操作者对网络进行配置,从而降低了网络的运营成本。

### 7.4.3   物联网切片编排方法

在万物互联的场景下,机器类通信、大规模通信、以及关键性任务的通信对网络的速率、稳定性、时延等方面提出了更高的要求,自动驾驶、AR、VR、触觉互联网等新应用也对 5G 和 6G 的需求十分的迫切,物联网将要满足万物互联时代的网络速率、稳定性、时延等方面的需求。

面对物联网需要满足的不同场景下的多种需求,传统的移动通信网络会存在以下问题:首先是网络部署和管理十分烦琐,对于数量庞大的物联网业务,传统网络厂商多、设备类型多、设备数量多以及命令不一致,这些特点都将会导致网络部署困难、管理烦琐的问题;并且传统的网络物理设备与网络中的业务高度耦合,通常只能为用户提供单一的业务,无法满足物联网中的业务多样化特点;此外,传统的网络架构主要为垂直化的网络架构,仅仅服务于单一的业务类型,对于性能要求各异的物联网业务来说,无法合理地区分业务之间的差异,并且在这种垂直化的网络架构中,网络的控制面与数据面呈现紧耦合的现象,难以满足多样的物联网业务对网络性能的要求。

网络编排是一种策略驱动的可协调软件应用程序或者服务运行所需的硬件和软件组件的网络自动化方法。简单地说,网络中的编排可分为对底层资源的编排以及高层业务的编排,其中资源编排侧重于对设备进行相应的调度,而业务编排则侧重于对工作流程的规范,并且业务编排往往要依赖于资源编排来实现。网络编排的一个重要目标是自动执行网络请求,并且能够最大限度地减少交付应用程序或者服务所需的人工干预。网络编排允许网络工程师通过软件配置文件或者使用控制平面可以理解的语言编写的策略来定义自己的网关、路由器和安全组。编排可以使得工作流程自动化,因此这两项任务可以同时以编程的方式来执行,而不是将设置网络服务和部署应用程序分开执行。

与此同时,运营商可以直接与第三方企业合作,将业务服务器部署到离基带处理单元更近的机房,这些业务可以直接分流给基带处理单元本地网络,数据可以通过本地网络直接进行访问,无须经过核心网,从而降低了端到端的时延,大大减少了数据在链路上的开销。

## 7.5   节能关键技术

在 5G 和 6G 中,为了有效推动未来成倍增长的数据流量,单基站能耗也呈现翻倍增长的趋势。此外,由于移动通信系统采用了更高的频带资源,单基站覆盖的范围将减小,在网络的布局方面需要搭建更加密集的基站,整个网络的能耗也将剧增。为了有效降低网络中的能量消耗,业界提出了一些关键的技术。本节将从架构、规划、资源管理节能技术和物理层节能技术等角度进行详细介绍。

### 7.5.1 体系架构与节能

相比较于 4G 和 5G,6G 的架构实现了全新的变革,架构主要呈现扁平化网络、云化、控制平面与转发平面分离、网络虚拟化以及自组织网络等特点,对性能的提升以及系统能源消耗的减少都十分有意义。

(1)扁平化网络

移动通信系统主要包含两个部分:无线接入网和核心网。无线接入网主要由基站组成,为用户提供无线接入的功能;而核心网主要的功能是提供用户连接、对用户的管理以及对业务完成承载。扁平化就是指将核心网与无线接入网分开,使其各自工作,从而无线接入网就可以打破局限性,并可以融合多种接入技术,使得网络架构更灵活,并且易于拓展。扁平化网络架构的设计宗旨是尽可能地降低网络层级,使得核心网的功能尽可能地向网络边缘靠近。5G 和6G 采用了扁平化的 IP 网络,使得资源管理更加高效,网络体系更安全,并且可以向后兼容,进行灵活扩展。

(2)云化

云化(Cloud Radio Access Network,C-RAN)是中国移动公司在 2009 年根据现在的网络条件和技术进步的趋势,提出的一种新型的无线网络架构。云化(C-RAN)融合了集中化处理(Centralized Processing)、协作式无线电(Collaborative Radio)和实时云计算(Real-time Cloud Infrastructure)技术。云化(C-RAN)网络架构主要由三部分组成:分布式无线网络、集中式基带处理池、实时云型基础设施光纤网络,如图 7-12 所示。

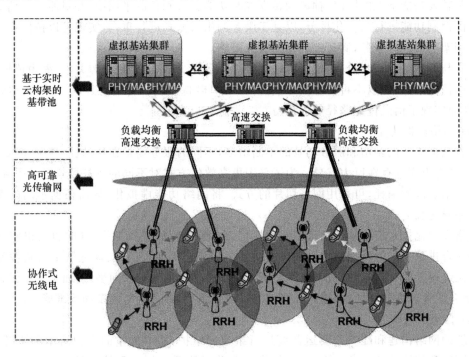

图 7-12 C-RAN 网络架构

其中,分布式无线网络由部署在远端的远端射频头(Remote Radio Head,RRH)和天线组成。RRH 是用户接入网络的一个接口,其主要作用是对用户的无线射频信号进行接收和发送,并且具有射频信号放大、上下行转换、模数和数模转换以及接口自适应等功能。由于在RRH 端不需要进行数据的处理,因此 RRH 的部署成本低廉,大规模密集部署 RRH 既可以提升网络服务质量,又不会提升部署成本。

集中式基带处理池由高性能通用处理器和实时虚拟技术组成。它是云中心的数据处理单元,负责汇总所有 RRH 的基带信息并进行集中处理,分配任务调度。这种集中处理方式不仅为资源聚合和基站联合传送信息确立了基础,同时也减少了机房的部署数量,从而降低了系统的能耗。

光纤网络主要用于连接远端射频头和基带处理单元(Baseband Unit,BBU),它具有高宽带、低延迟的特点。

C-RAN 通过集中部署 BBU,减少了相关的配套设备和维护管理成本,同时因为 RRH 功能比较简单,体积和功耗较小,且不需要频繁地维护,也降低了基站的部署成本,从而实现了资源共享和动态调度,提升了频谱效率,实现了低成本、高宽带和高灵活度的运营。

(3)控制平面与转发平面分离

通过现有网关设备内的控制功能和转发功能分离,可以实现网关设备的简化和下沉部署,从而支持"业务进管道",提供更低的业务时延和更高的流量调度灵活性。通过网关控制承载分离,将会话和连接控制功能从网关中抽离,这样可以使得控制集中化,控制面采用逻辑集中的统一策略控制,实现灵活调度和连接管理;同时,简化后的网关下沉到汇聚层,专注于流量转发与业务流加速处理,从而更充分地利用了管道资源,提升用户的带宽,并逐步推进固定和移动网关功能和设备形态逐渐归一,形成面向多业务的统一承载平台。

网关转发功能下沉的同时,抽离的转发控制功能整合到控制平面中,并对原本与信令面网元绑定的控制功能进行组件化拆分,以基于服务调用的方式进行重构,实现可以按照业务场景构造专用架构的网络服务,满足差异化的服务需求。

控制与转发的进一步分离,使得网络部署更加多样灵活,能实现资源共享、缩短传输时延。在这样的情况下,就可以不再另行增加设备,但是却提高了整个网络的容量,使网络达到最优状态,从而实现了信息传递路径的优化。

(4)网络虚拟化

随着数据流量的剧增和服务场景的不断增多,不同的服务场景在移动性、计费、时延、可靠性、安全性等方面都存在巨大差异。为了采用更高效的方式对不同的业务场景进行服务,从而减少对网络资源的消耗,可采用网络切片的方式,将网络功能虚拟化,从而根据不同的业务需求提供差异化服务。

网络虚拟化技术将传统的物理网络虚拟化为多个虚拟的逻辑网络,同时也可以将多个物理网络整合进更大的逻辑网络中。通过灵活共享和分层无线资源,实现网络平台资源和传输资源的无线接入,从而构建适应不同应用场景需求的虚拟无线接入网络,进而满足差异化运营需求,提升业务部署的灵活性,提高无线网络资源利用率,降低网络建设和运维成本。

(5)自组织网络

传统的网络构建和配置需要运营商进行组建和维护,需要大量的人力成本和资源成本。自组织网络和传统的 Ad Hoc 不同,它是指在移动通信系统授权和控制下,在本地可以将基站、终端以及各种新型的末端节点动态地组成网络,以弥补传统蜂窝架构在组网灵活性方面的不足。

自组织网络技术解决的问题主要是网络维护阶段的自优化和自愈合以及网络部署阶段的自配置和自规划。网络维护阶段自优化的目的是减少工作量,以达到提升网络性能和网络质量的效果,其方法是通过 eNB 和 UE 进行测量,在网络管理方面进行参数的自优化;网络维护阶段的自愈合是指系统对故障的排除、对问题的定位以及自动检测,网络维护阶段的自愈合能够大大降低维护成本,避免对用户体验和网络质量造成影响;网络部署阶段的自配置是指增加网络节点配置,自配置具有容易安装、成本较低等优点;网络部署阶段自规划的目的是进行动态的网络规划和执行工作,自规划要同时满足优化结果、扩展系统容量等方面的需求。通过自组织网络可以实现自由配置、自由通信,减少运营商的参与,既降低了成本,又提高了效率。

## 7.5.2 规划与节能

采用传统的网络部署方式难以满足网络绿色通信的要求,为此,超密集异构网络被提出,并成为移动通信网络实现绿色通信的关键技术,该技术能够满足 1 000 倍流量增长需求。

超密集异构网络是指通过在单位区域内密集部署功率低、覆盖范围小、组网灵活的小基站构成小小区实现网络密集化,并且与原有的宏基站实现共存,组成异构网络。如图 7-13 所示,超密集异构网络通过部署小基站,可以大大缩短基站和用户之间的传输距离,从而提高频谱效率,增大系统容量,减少传输时延。

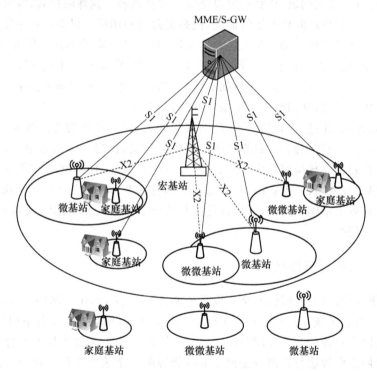

图 7-13 超密集异构网络示意图

在超密集异构网络中,为了达到节能减排的目的,占功耗比重最大的基站是研究如何进行节能的首要目标。小基站是指产品形态、发射功率、覆盖范围等比传统的宏基站小得多的基站。小基站具有小型化、发射功率低、可控性好、智能化和组网灵活等特点。由于传统的宏基站信号存在弱覆盖以及盲区无信号或信号差的情况,无法满足正常的通信需求;并且在机场、火车站、体育场等热点区域容量不足,室内损耗大、信号较差。而宏基站又很难在兼顾成本和部署难度的情况下对这些问题进行有效地改进,因此小基站应运而生。小基站的体积小,部署灵活,解决了宏基站信号存在覆盖盲区的问题,并且小基站的成本低,减少了单纯使用宏基站来满足覆盖需求造成的资源浪费和高成本。

为了满足绿色通信的节能需求,超密集异构网络还可以通过开发利用可再生绿色能源运转的新型基站、提升功率放大器等硬件设备的功放效率、对无线资源进行能效优化、合理规划部署异构网络、基站休眠等方式从而降低网络能耗。其中,基站休眠技术由于其易于实现,并且不需要对硬件进行过多的改变等特点受到广泛关注。

由于通信网络中的负载存在“潮汐效应”,随着时间的变化,在不同的区域里网络流量存在不同的变化规律。比如,网络流量一般会出现“昼高夜低”的现象,而工作区和住宅区会出现“此消彼长”的特性。因此,如果基站一直处于最大功率工作状态,那么就意味着在很长一段时间内基站的利用率会比较低,造成基站容量冗余,带来不必要的能量的浪费。大规模地部署小基站,使得在解决热点区域覆盖问题的同时会大大增加功耗,尤其是在用户流量较小时,会出现很多小基站处于空闲状态的情况。有研究显示,当基站工作在低负载或者处于空闲状态时,消耗的能源超过基站总能耗的50%,严重浪费了资源。

为了降低能耗,减少能耗开销所带来的运营成本,可以通过选择性地使一些基站处于休眠状态来优化无线传输,进行网络规划并部署异构网络。基站休眠算法可以有效地解决由于负载不均衡导致的资源浪费问题,该算法可以使低负载基站转换到休眠模式,等负载比较高的时候再将其唤醒,这样就可以降低系统的能耗,提高资源的利用率。目前对基站休眠算法的研究主要有:对基站休眠模式可以降低系统功耗的论证;对基站休眠的形式的研究,如通过微基站控制、核心网控制、用户设备控制,或者在固定时间进行休眠,从而探索最佳降低系统能耗的方法;还有根据网络状况,决定基站是否休眠的研究;除此之外,还有对如何在保证服务质量的同时,使基站处于休眠状态,从而减少系统能耗的研究;等等。

在网络规划方面,通过采用超密集异构网络的方式,在宏基站的覆盖范围内部署小小区,使得用户与基站之间的距离减小,提高了用户的信道质量,提高了频谱效率,实现了网络性能的提升。并且,在超密集异构网络中,采用部署小基站的方法,使得网络部署更加快速、灵活,解决了宏基站热点吸收、盲点覆盖的问题,降低了部署成本;同时,在保证网络状况和服务质量的同时,当小基站处于空闲状态时,还可以使小基站处于休眠状态,减少了系统的能量消耗,达到了绿色节能的目的。

### 7.5.3 资源管理节能技术

随着超密集异构网络的部署,网络环境将更加复杂,一方面,由于网络部署的数量更多,将存在许多重叠的覆盖区域;另一方面,由于网络的种类更多,网络的性质各不相同,适用的需求各不相同,因此网络资源的合理分配与使用需要不同的无线资源管理技术的合理设计和协作来进行实现,对网络资源进行合理分配也是节约能源的一个重要手段。现如今的资源管理的技术手段主要有功率控制、切换控制、频谱资源分配、接入控制、调度、负载均衡和基站休眠等等。

（1）功率控制

在无线通信网络中,由于信号的传输都是通过无线电磁波在空间中进行传播完成的,因此,信号的发射强度将直接导致信号的接收强度以及处理效果的好坏,故无线通信网络中的功率控制技术是无线资源管理的主要技术之一。

直观来说,在无线通信网络中,信号发射的功率越大,接收到的信号的强度相应地就越强,信噪比也越大,那么信道的质量就越好。这种方法的确可以有效地增大信道容量,降低误码率,但是由于空间中存在各种通信设备,除通信双方外,其余的通信设备发射的信号对通信双方来说都是一种干扰,有时候这种干扰极其严重,从而起到适得其反的作用。因此,功率控制不仅需要考虑对发射功率进行调整,还需要考虑周边的网络环境,以及调整功率对其他通信可能产生的影响。适当的功率控制既能够提高通信质量,又不会对其他通信产生额外的干扰。

功率控制一般是指对接收信号的强度、信噪比、信道容量等指标进行评估考量后,通过调整发射功率,确保满足通信质量要求或者实现网络性能优化的技术手段。根据功率控制的实施是由基站或者移动设备完成的,可以将功率控制分为集中式功率控制和分布式功率控制两种。集中式功率控制是指各端的发射功率都由基站进行统一的控制实施,而分布式功率控制是指由各个移动设备分散执行功率控制的任务。集中式功率控制的方式更适合对所有设备进行统一的管理,而分布式功率控制则更加灵活,可以针对不同的情况进行不同的处理。

功率控制需要在基站和移动设备之间的协作和信息交流。在功率控制中,功率调整的对象既可以是基站,也可以是移动终端。对于基站而言,功率的变化意味着基站覆盖面积的变化,因此,适当的功率控制可以在保证接入基站用户的通信质量的同时,调整基站的负载情况,并且提高能量效率;而对于移动终端而言,由于移动终端的发射功率会对小区内其他的通信用户造成严重的多址干扰,因此需要限制移动设备的发射功率,以使系统总功率的电平最小,此外,对移动设备的功率限制还能有效地减少移动设备的电量损耗,从而延长电池的续航时间。

（2）接入控制

当新的用户首次请求接入网络,或者之前已经接入某个网络,之后由于掉线、网络性能下降等原因出现网络切换状况从而引起新的网络接入请求时,网络接入选择的目的都是给一个多模用户,选择一个最合适的网络接入,一个好的网络接入选择可以在保证用户 QoS 的前提下,优化网络整体性能,并且提高资源的利用率。随着网络种类、可选网络数量、服务类别以及具体应用的丰富,网络接入选择技术需要考虑的因素也更多,接入选择技术也更加复杂。

一般来说,网络接入选择控制技术可以分为三个步骤:信息搜集、信息处理,以及选择决策。其中,信息搜集是网络接入选择算法的准备阶段,同时也是最耗时、最关键的一步,在这一步中,网络接入选择的控制端通过扫描或者接收广播等形式搜集网络接入选择算法所需要使用的参数,这些参数主要是用户特性、基站参数、网络状况等方面,不同的网络接入选择算法所需要搜集的参数不同,因此这时候需要考虑到参数获取的难易度以及算法的复杂度和算法的性能之间的平衡。在信息搜集完毕后,得到的原始参数往往不一定能够直接作为网络接入选择的判断数据,因此需要对这些原始数据进行简单的数据处理。在数据处理完毕后,需要根据搜集并处理过后的数据,结合判决方式,进行最终的网络接入选择判决。网络选择的判决方式有很多种,可以使用一个包含各参数的公式来计算衡量,也可以是参数直接比较大小,还可以使用模糊数学、神经网络以及拍卖理论等方式,其最终的目的都是使用户接入合适的网络。

在高密度重叠覆盖的异构网络中各层网络有着不同的特点,当一个用户进入多层网络重叠覆盖的区域时,采用网络接入选择算法可以判断出选择什么网络才能实现用户体验的最优化,接入哪一个网络才能实现网络整体性能的优化,从而提高资源的利用率,达到资源管理的目的。

（3）频谱资源分配

由于异构移动通信系统中存在不同类型的基站,在基站密集部署的情况下,将会存在更复杂的小区间的干扰,从而造成系统性能的下降。因此,作为移动通信系统的一部分,异构无线网络无可避免地会涉及频谱资源的分配。

作为无线信号的传输介质,频谱资源在移动通信系统中被允许在不同的基站之间进行复用,这种复用方式带来的问题是不同基站在使用同一频段提供的通信服务时,会产生同频干扰。因此,异构无线网络中的频谱资源分配必须考虑到干扰对服务质量的影响。

对于频谱资源分配和干扰管理的研究目前主要集中在异构网络间的频谱划分与分配,具体的解决方法可以分为如下三种:首先是完全正交的频谱分配方案,在这种方案中,系统内的所有频段均以正交的方式互不干扰地划分给子网络,进而由子网络分配给用户。在此方案中,不同子网络的频段相互独立,有效地消除了网络间的干扰。但是这样的资源分配方法仍然无法消除子网络内部的同频干扰,同时,完全正交的方案以减少每个子网络所能利用的带宽为代价,极大地降低了系统的频谱利用率。第二种资源分配方案是共享频谱分配方案,在这种方案中,各个子网络可以自由支配系统内的任意频带以服务接入的终端。此类方案以频谱利用率最大化为目标,充分利用了整体网络中的频谱资源。但是共享方案需要针对性地解决系统中的干扰问题,在现有研究中,采用诸如功率控制或者机会式频谱接入策略等措施以抑制异构无线网络中的同频干扰以及频谱接入冲突。第三种资源分配方案是部分共享频谱分配方案,这个类型的方案介于正交与完全共享之间,是根据区域终端以及服务请求密度来动态地决定频谱分配方案。主要思想可以概括为在网络负载较高的区域采用共享频谱仪分配以提升频谱效率,而在负载较低的地区或者时间段采用正交频谱分配来提升传输可靠性。这种自适应的分配方案可以灵活地根据网络状况实时调整分配策略,其面临的主要干扰问题与共享频谱分配方案相同。

## 7.5.4 物理层节能技术

5G 和 6G 采用了大量的先进技术来提高用户速率、降低时延、减少能耗。物理层节能技术主要包括以下几种。

（1）毫米波通信

毫米波频段位于 $30\sim300\,\mathrm{GHz}$ 范围,$20\sim30\,\mathrm{GHz}$ 频段的传播特性相对较好。由于传统 $6\,\mathrm{GHz}$ 以下的频谱已经被现有的移动通信系统大量占用,因此,使用毫米波通信技术便可以充分利用频率在 $30\sim300\,\mathrm{GHz}$ 的高频电磁波,频谱资源十分丰富,并且使得移动通信系统具有了提高数据传输速率的潜力。

6G 采用毫米波通信技术进行传输,除具有波束窄、可用带宽宽、天线增益高、定向性好、通信质量高、传播可靠稳定等特点外,毫米波通信设备采用的天线尺寸以及天线间隔也更小,可以将几十根天线放置在 1cm 之内,并且随着半导体技术和工艺的发展与成熟,采用小尺寸的大规模天线阵列在可以获得更高的天线增益的同时,也可以降低部署的成本和功耗。

（2）信道编码技术

在数据信道上,5G 采用可并行解码的低密度奇偶校验码（Low Density Parity Check Code,LDPC）,而在控制信道上主要采用的是 Polar 码。

LDPC 码是一种特殊的线性分组码,与一般线性分组码不同的是,LDPC 码的码长非常大,而且其校验矩阵 **H** 中的非零元素很少,是稀疏矩阵。与 4G 中广泛使用的 Turbo 码相比,LDPC 码不需要使用复杂的交织器,降低了系统的复杂度和时延;同时译码算法仅为线性复杂度,可以由硬件并行实现,译码器的功耗更小,数据吞吐量更高,非常适合 6G 高速率、低时延的应用场景。

Polar码是华为提出的一种新型编码方式,主要基于信道极化现象和串行译码方式提升信息比特的可靠性。Polar码的优势是计算量小,小规模的芯片就可以实现,在长信号以及数据传输上更能体现出优势,并且其商业化后设备成本较低,可以大大降低部署所需的成本。

（3）大规模多天线技术

对于大规模多天线技术来说,基站天线数目趋于无穷大,多用户信道之间将逐渐趋于正交,此时噪声以及互不相关的小区之间的干扰也将趋于消失,而用户的发送功率可以任意低,减少了发射所需的功耗。

为了获得更加稳定的性能增益,大规模多天线技术在传输过程中,采用了数字模拟混合预编码的方法进行预编码,如图7-14所示。在数字预编码中,基带链的数量等于射频链的数量,也就是说,数字基带信号处理链的数量与射频链和发送天线的数量相等,并且在信道估计时,需要每个子载波上的每个信道系数的CSI,这意味着需要大量的信道估计和反馈的开销、能耗和硬件成本,以及占用大量的空间。而在模拟波束赋形中,对于输入的$M$个数据流,仅使用$M$个基带信号处理链和一个射频链,每个波束对应一个模拟移相器。但是模拟波束赋形方法发送的信号无法像数字预编码一样进行完全相干的对准,整个系统带宽上使用相同的相移,这使得其天线增益没有数字预编码大,且在用户之间也存在着一些残留干扰。

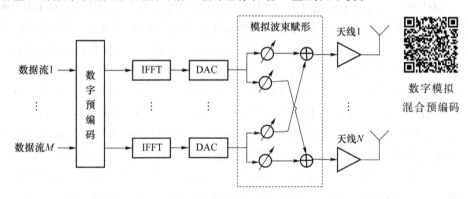

图 7-14  数字模拟混合预编码

大规模多天线技术中采用数字模拟预编码方法,将模拟波束赋形与数字预编码的方法进行混合。在数字模拟预编码中,输入的$M$个数据流首先在数字基带中执行规模较小的数字预编码,以减小处理模拟波束之间的残留干扰,并提取附加的波束赋形的增益;然后使用多个模拟波束赋形器将信号映射到大规模天线端口。因此,数字模拟混合预编码技术既结合了数字预编码的准确性和灵活性,又有模拟预编码的低成本与低功耗的特点,不仅显著降低了经济成本、硬件数量的要求和传输的复杂性,而且其性能与数字预编码也大致相当。

（4）D2D通信

D2D通信（Device-to-device Communication）是一种基于蜂窝系统的近距离数据直接传输技术,无需基站转发即可实现通信终端之间的直接通信,如图7-15所示。D2D通信过程的建立、维持和结束受控于基站,是用户向移动网请求资源、移动网络分配资源和维持直接通信业务、移动网络最终收回资源的过程。从数据和信令的角度来看,用户与基站之间维持着信令链路,由基站维持用户数据链路、进行无线资源分配以及进行计费、鉴权、识别、移动性管理等传统移动通信网所具备的基本职责。与传统移动通信网不同的在于,用户之间的数据链路不需要基站进行中转转发了,而是直接在用户之间建立数据通道。

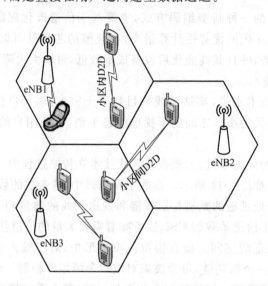

图 7-15　D2D 通信系统示意图

与传统的无线技术和蓝牙技术相比,D2D 通信的优点在于:①它会对 D2D 通信用户的信息内容进行密钥加密,以此来确保信息传输工作的安全性和可靠性,因此无需依赖人工配对即可完成连接,节省了人工成本;②D2D 通信技术在允许的频段,也设置免干扰的可靠稳定环境;③D2D 通信技术能够以设置比特率的形式来对高速数据业务优化开展,并且 D2D 通信技术能够更好地服务于在一定环境中的本地所需,同时,也能避免因频繁切换引发的能耗浪费问题;④D2D 通信技术的通信数据传输还可以不借助中继站完成,继而可以降低对基站的需求;⑤它还可以降低通信时间的产生,减少通信延迟的出现,实现通信质量的提高;⑥D2D 通信技术的发射装置可以在极小的功率设置之下,完成高频率的信息传输速率。

由于在 D2D 网络中一般不需要中间设备,两个用户可以直接进行通信,终端用户的数据传输不需要经过基站,因此可以节约大量的无线资源,同时可以减轻基站的负担,成本相对较低。此外,D2D 通过复用蜂窝小区用户的频谱资源实现了由中心控制下的终端直通,提升了频谱利用率和系统的吞吐量,减轻了移动通信系统的负担,降低了终端通信时延,节省了移动终端的能量消耗,保证了网络 QoS 和用户体验质量。

# 本 章 习 题

1. 6G 的物联网需求有哪些?

2. 6G 的典型物联网应用场景有哪些?

3. 针对物联网,简述 5G 和 6G 的逻辑架构及其特征。

4. 针对物联网,简述 5G 和 6G 中的关键技术。

5. 简述智慧城市的由来与演进。

6. 简述智慧城市的主要目标与系统架构。

7. 针对物联网,简述多址接入技术的发展过程。

8. 如题图 7-1 所示,在雾无线接入网络中,一个小区内存在三个用户有接入基站的需求,三个用户距离基站的距离分别为 $d_1$、$d_2$ 和 $d_3$,三者之间的关系为 $d_3 < d_1 < d_2$,若应用 NOMA 技术进行传输,试问基站对三个用户的传输功率应该如何分配? 用户解调应该如何排序? 简要说明理由。

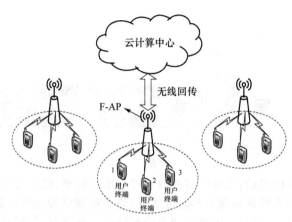

题图 7-1

9. 针对物联网,简述网络切片技术的概念与特征。

10. 针对物联网,简述软件定义网络的基本思想与架构。

11. 针对物联网,简述网络功能虚拟化的主要思想和网络架构。

12. 针对物联网,简述移动通信系统网络体系架构对于节能的意义。

13. 简述小基站对于节能的意义。

14. 简述资源管理对于节能的意义。

15. 在信噪比受限的 CDMA 系统中,若已知 $E_b/N_0 = 6$ dB,相邻小区干扰 $\beta = 60\%$,语音激活因子 $\nu = 50\%$,功控精度 $\alpha = 0.8$,射频宽带为 1.25 MHz,传输速率为 9.6 kbit/s,而一个全向小区用户数量 $M$ 可采用下列公式:$M = \dfrac{G}{E_b/N_0} \times \dfrac{1}{1 \times \beta} \times \alpha \times \dfrac{1}{\nu}$,其中 $G$ 为扩频增益,试问 $M$ 为多少?

16. 在用户数为 $K = 2, 4, 8, 16$ 的条件下,求理想功率控制下的信道容量 $C_G$ 和没有功率控制的平均容量 $C_{NPC}$。

# 第**8**章 工业互联网与移动车联网

随着全球产业变革的兴起,工业经济向数字经济加速转型,信息化与数字化的融合需要形成适应时代发展需求的系统化新理论和新方法,制造业重新成为全球经济发展的焦点,国际产业格局面临着重大调整,工业强国围绕制造业的智能化发展展开了激烈的竞争,各国纷纷结合自身国家的产业发展优势进行了理论标准的制定并加强了战略总体布局。美国在实施先进制造战略的同时,大力发展工业互联网。德国依靠雄厚的自动化基础,推进工业4.0的发展。中国也将工业互联网作为战略布局的关键,加快建设和推广工业互联网平台。欧盟、日本、韩国等也纷纷提出制造业发展计划。工业互联网是互联网以及新一代信息技术与传统工业深度融合的结果,通过智能机器之间的连接和人机连接,结合软件和信息技术,重构工业体系,激发生产力,实现工业智能化发展。

与此同时,随着社会经济的不断发展,我国汽车数量急剧增加,城市交通面临着拥堵严重、运行效率低、交通安全形势严峻等问题,车联网是战略性新兴产业中物联网和智能化汽车两大领域的交集。以物联网为基础的车联网通过互联网、信息处理、分布式数据库、无线通信、智能传感器等技术的综合运用,实现车与车、车与道路、车与人的信息交流共享,可以智能管理控制人、车和道路,拓展信息交互方式,提高出行效率,改善道路交通拥堵状况,从而实现智能交通。

车联网是物联网技术在交通系统领域的典型应用,是信息社会和汽车社会融合的结果。当物联网中互联的对象是车辆以及一些道路基础设施时,物联网就成为了车联网。车联网因其服务对象和应用需求明确、运用技术和领域相对集中、实施和评价标准较为统一、社会应用和管理需求较为确定,引起了业界的普遍关注,被认为是物联网中能够率先突破应用领域的重要分支,成为目前研究的重点和热点。车联网的研究过程需要借鉴物联网的研究成果和研究思路,同时,车联网的研究成果也将丰富发展物联网的研究工作。

本章第8.1～8.3节首先对工业互联网进行一些基本介绍,接着对工业互联网的体系架构和工业互联网的关键技术之一信息物理系统(Cyber Physical Systems,CPS)进行详细的介绍;第8.4～8.7节首先介绍车联网的原理和系统架构,随后介绍车联网的相关标准,接着指出车联网的几个关键技术,最后介绍车联网的典型应用。

## 8.1 工业互联网的发展与原理

工业互联网是将人、数据、机器连接起来的开放性、全球化的网络,它是全球工业系统与高级计算、分析、传感技术以及互联网的深度融合。工业互联网汇集了两大革命的成果及优势:

一是工业革命,随着工业革命的发展,出现了无数的设备、机器、机组和工作站;二是更为强大的互联网革命,在它的影响下,计算、信息与通信系统应运而生并不断发展。伴随着工业互联网的发展,智能机器、高级分析和工作人员三种元素逐渐融合。

### 8.1.1 历史背景与发展

美国通用电气公司(General Electric Company,GE)于 2012 年提出关于产业设备与 IT 融合的概念,"工业互联网"的概念也首次被定义:基于开放性、全球化的网络,将设备、人和数据分析连接起来,通过对大数据的利用与分析,升级航空、医疗装备等工业领域的智能化,降低能耗,提升效率。随后在 2013 年 6 月,GE 提出了工业互联网革命,为大量的工业、航空、医疗装备提供运维服务,借助互联网、大数据等关键技术来提高服务质量,实现产业增值。伊梅尔特在其演讲中称,一个开放的、全球化的网络,将人、数据和机器连接起来。工业互联网的目标是升级那些关键的工业领域。如今在全世界范围内有数百万种机器设备,从简单的电动摩托到高尖端的 MRI(核磁共振成像)机器,从交通运输工具到发电厂,有数万种复杂机械的集群。

德国政府于 2013 年在汉诺威博览会上发布了《实施"工业 4.0"战略建议书》,正式提出工业 4.0,驱动新一轮工业革命,通过智能化的生产创造价值,工业 4.0 的核心特征是互联,代表了"互联网+制造业"的智能生产,孕育了大量的新型商业模式。

2015 年,中国政府工作报告提出"互联网+"和《中国制造 2025》战略,促进信息化与工业化的深度融合,加快发展先进制造业,推动互联网、大数据、人工智能和实体经济的深度融合。

在传统的工业制造中,数据的获取、计算分析和决策优化相互分离,围绕数据分析的结果难以实时、准确地控制物理设备的运行过程。传统制造系统存在如下问题:

a. 感知深度不足,传统仪表自动化系统仅能感知过程变量,信息维度低,难以反映物理过程深层次的动态特性;

b. 互联广度不足,跨领域信息难以直接互联互通,无法准确描述各个领域间复杂的关系,导致决策全局性很差;

c. 分析的综合预见性不足,企业对工业运行数据的挖掘深度不足,导致决策不够准确。

因此,制造业需要以互联网为代表的新一代信息技术与制造系统的深度融合来满足发展需求。工业互联网将世界上的各种物理设备、机器和网络系统,与先进的传感器、关键技术、软件应用程序相连接,为工厂、企业和经济发展提供了新的机遇,因此工业互联网逐渐成为全球各制造业强国竞争的焦点。

当前工业互联网已经成为各国政府、制造业企业、运营商、互联网公司等各类领域的研究重点内容。美国、德国、中国、日本等工业强国都开始重视 CPS 技术在未来工业互联网发展的核心地位,在信息化、网络化、智能化等方面投入了大量人力、物力,并取得了相应的进展。美国通用电气公司(GE)通过连接物理世界与数字,推动工业转型,依托其工业链、产品和技术实力,提出了"工业互联网"的概念,并与微软、苹果等企业联合进行战略布局。2014 年美国五家行业领先企业 AT&T、思科(Cisco)、通用电气(GE)、IBM 和英特尔(Intel)成立了工业互联网联盟(Indµstrial Internet Consortium,IIC),以期打破技术壁垒,促进物理世界与数字世界的融合,通过将物理世界连接至网络空间,工业互联网将会重塑人类与技术的交互方式,将创新的工业互联网产品和系统转化为智能制造、医疗、交通运输以及其他领域的新就业机会。

我国工业互联网在框架、标准、测试、安全等方面取得了初步进展,2016 年 2 月 1 日成立了中国"工业互联网产业联盟"(Alliance of Industrial Internet,AII),发布了《工业互联网标准体系框架》《工业互联网体系架构》等文件,积极推进工业互联网标准化工作的进行。2017年中国国务院10月30日审议通过《深化"互联网＋先进制造业"发展工业互联网的指导意见》,并提出"三步走"目标,到2025年构建工业互联网生态体系,到2035年工业互联网重点领域实现国际领先,到21世纪中叶,工业互联网综合实力进入世界前列。2021年5月27日,采矿行业"5G＋工业互联网"现场工作会在山西召开,工业和信息化部党组成员、副部长刘烈宏出席会议并讲话。会议系统总结创新成效,着力推进采矿等重点行业利用"5G＋工业互联网"加快数字化转型。会上发布了《"5G＋工业互联网"十个典型应用场景和五个重点行业实践》。当前,工业互联网平台体系加快构建,已延伸至45个国民经济大类,产业规模突破万亿元。

国际上重点发展三种具有不同侧重点的工业互联网平台:一是资产优化平台,重点在于设备资产的管理与运营,为生产与决策提供智能化服务,如GE的Predix;二是资源配置平台,这类平台的重点在于资源的组织和调度,包括软硬件资源分享平台、按需定制平台(C2B)、系统制造平台等具体类型,如西门子的MindSphere;三是通用性平台,这类平台提供云计算和大数据、物联网等基础性、通用性服务,如微软的Azure、SAP的HANA等。我国在工业互联网平台、工业大数据分析、新型网络的安全部署等方面形成了一批验证示范平台和优秀应用案例,例如以航天云网为代表的协同制造平台、以树根互联为代表的产品全生命周期管理服务平台和以海尔为代表的用户制定化平台等典型平台。在网络安全方面,华为联合GE发布了基于工业云的预测性维护解决方案,此方案融合了华为边缘云计算物联网(EC-IoT)方案和GE的工业互联网云平台Predix。未来工业互联网与人工智能的结合将会成为工业互联网的重要发展方向,而工业互联网也是人工智能技术应用于工业的重要载体。

## 8.1.2 工业互联网的定义

工业互联网由机器、设备、集群和网络组成,能够在更深的层面与连接能力、大数据、数字分析相结合,从而更有效地发挥出各机器的潜能,提高生产力。工业互联网利用互联网、云计算、大数据、物联网等信息通信技术,改造传统制造业企业的原有产品及研发生产方式,与"工业4.0"的内涵一致。

事实上,国内一直都有关于工业互联网的概念,并非仅仅是国外概念的引进。上海可鲁系统软件有限公司于2004年最早提出了关于工业互联网的概念,研究如何将工业设备通过互联网进行互联互通,可鲁公司关于工业互联网的解释是,从技术的层面,工业互联网属于一个交叉性学科的综合应用,涉及三个领域的问题。一是工业信息安全,二是网络通信技术,三是广域自动化。只有将这三个技术融合在一起,才能构建出一个工业互联网的基础架构。可以从两个角度理解工业互联网:其一是依托公众网络连接专用网络、局域网,目前许多企业拥有局域网络,如铁路交通、电网、石油传输管线;其二是以生产自动化为基础,实现企业的全面信息化,然后转变为工业互联网。

### 1. 工业互联网的本质

工业互联网是连接工业全系统、全产业链、全价值链,支撑工业智能化发展的关键基础设施,是新一代信息技术与制造业深度融合所形成的新兴业态和应用模式,是互联网从消费领域向生产领域、从虚拟经济向实体经济拓展的核心载体。

工业互联网的本质内涵是"人-机-物"深度融合的智能网络空间,如图8-1所示。其主要特征包括人的行为、工业过程与信息系统的三元融合,实时反映工业过程的时空变化,信息空间与物理空间的同步演进,实现工业过程的自动感知、自分析、自优化、自执行等智能控制。

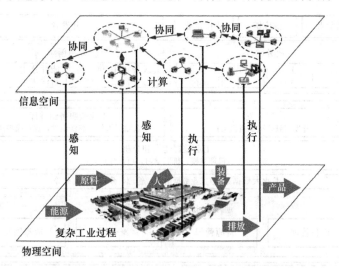

图 8-1 工业互联网的本质-智能网络空间

在此空间中,人、机器、物理空间对工业过程中的数据处理的参与过程如图 8-2 所示。从本质上来看,工业互联网是以机器、原材料、控制系统、信息系统、产品及人之间的网络互联为基础,通过对工业数据的全面深度感知、实时传输交换、快速计算处理和高级建模分析,实现智能控制、运营优化等生产组织方式变革。对于工业互联网的理解重点包括网络、数据和安全三方面。其中,网络是基础,通过互联网、物联网等技术实现工业系统的互联互通,促进工业数据的传输和集成;数据是网络的核心,通过工业数据的感知、采集、处理、传输和应用,形成基于数据的智能化处理过程,从而实现机器自动化生产,推动工业智能化发展;最后,安全是保障,通过构建工业互联网的安全防护体系,保证工业智能化的实现。

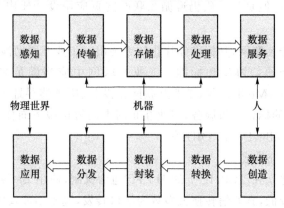

图 8-2 人、机、物对数据处理的参与过程

## 2. 工业互联网的特征

图 8-3 是工业互联网联盟提出的工业互联网平台功能架构图,工业互联网在底层边缘层强调设备的接入,从这个意义上说,工业互联网与工业物联网的本质更加拟合,可以交换使用。与互联网平台架构体系相比,工业互联网平台体系增加了包含传感器等设备接入、协议解析、边缘数据处理的边缘层,从标准构建上增加了将物理世界映射到信息空间的过程,对比互联

网,其本质上是完全线上的电子信息的交互与分享。因此,工业互联网与互联网的不同点主要表现在接入标准、业务模式、网络拓扑、数据特性等方面。

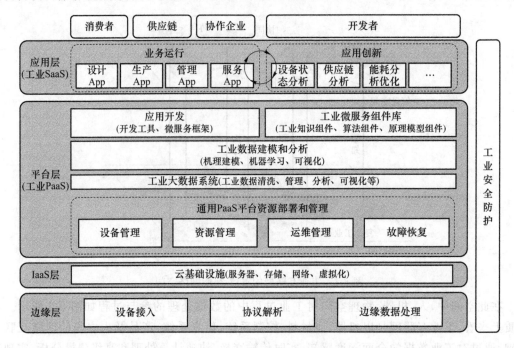

图 8-3　工业互联网平台功能架构图

（1）接入标准

对于互联网应用,应用层接入协议为 HTTP、HTTPS,借助底层协议 TCP/IP,用户通过浏览器接入使用互联网,同时利用 DNS 标识解析服务,可以搜索、定位到指定网站,进而获取相应的信息。随着移动互联网的发展,手机 App 可以形成另一种接入接口,但是其本质仍遵循互联网网页应用设计架构 MVC 原理,行业标准化程度高。

TCP/IP、
HTTP 协议

工业互联网相比于互联网,其标准碎片化较为突出。工业互联网涉及 IT 网络和 OT 网络的融合,需要融合多个通信协议和标准。工业互联网中应当满足多种应用协议并存,如 MQTT、CoAP、Profibus、Modbus 等,工业互联网在设备、服务器寻址等方面没有类似于互联网中的 DNS 这类统一的标识解析服务,工业互联网中的解析服务同样标准碎片化,例如分别由不同组织发起的 Handle、Ecode、OID 等。

（2）网络拓扑和系统构成

传统互联网采用建立在 TCP/IP 上的 HTTP 通信机制,使用 B/S 或 C/S 模式,对网络拓扑的敏感性和依赖性较低,其通信转换大多数为端口转发,基本不涉及协议转换。工业互联网需要应用基于网关的多协议转换。由于系统的上下层通信依赖于网关,工业互联网对网络拓扑的设计更为敏感,同时需要面对指数级增长的海量数据传输需求,由于网络传输带宽有限,边缘计算在工业互联网中具有更为重要的作用。

（3）数据特征

与传统互联网相比,工业互联网具有完全不同的数据特性。表 8-1 对比了工业互联网与传统互联网的数据特征。

表 8-1　工业互联网与传统互联网的数据特征对比

| 数据特征 | 互联网 | 工业互联网 |
|---|---|---|
| 数据流向 | Web 1.0:流向终端(用户)<br>Web 2.0:均衡 | 设备流向服务器 |
| 数据多源性 | 中 | 高 |
| 并发连接 | 不定 | 多 |
| 连接时间 | 短 | 长 |
| 带宽需求 | 高 | 高(视频)、低(数据) |
| 数据持续性 | 短 | 长 |
| 数据实时性 | 低 | 高 |
| 数据量 | 高 | 极高 |
| 时延容忍度 | 中 | 低 |
| 数据关联性 | 低 | 高 |

不同的数据特征会直接影响到系统架构设计的侧重点,通过表 8-1 的对比可以看出,互联网的架构无法直接应用于工业互联网。例如,工业互联网的接入并发较多,需采用异步通信接入,相比于传统互联网,工业互联网接入的数据维度和类型更多,需要系统架构支持数据融合,以便深度挖掘数据间的关联性,支持上层的系统应用。

(4)业务模式

工业互联网技术的更新迭代同时发生在服务器和边缘设备两端,由于涉及物理设备的投入,因此技术换代不仅包括上层应用软件的升级,还涉及硬件及固定设备的升级,所以需要更高的更新成本以及安全稳定性保障。工业互联网技术具有很高的更新频率,相比于传统互联网,工业互联网在技术升级方面会面临更高的成本和风险,设计周期普遍较长。

### 8.1.3　工业互联网的体系架构

工业互联网的核心是基于全面互联形成数据驱动的智能,工业互联网的基础和支撑体系主要由网络体系、数据体系和安全体系三个方面组成。

网络体系是工业系统互联和工业数据传输交换的支撑基础,工业互联网的网络体系包括网络互联体系、标识解析体系和应用支撑体系,通过网络体系可以实现生产系统的各个单元之间、生产系统与商业系统各个主体之间数据的无缝传输,从而构建物理设备的有线与无线连接、新型的机器通信,完成数据的实时感知、网络基础设施和物理设备以及人之间的协同交互。

数据体系是工业智能化的核心,包括数据的采集交换、集成处理、建模分析、决策优化和反馈控制等功能模块,数据体系架构通过海量数据的采集交换、异构数据的集成处理、机器数据的云计算、边缘计算、大数据分析等技术,实现对生产现场、运行状况、市场用户需求的精确计算和复杂分析,从而形成工业运行的智能决策和对机器设备运行的控制指令,驱动从机器设备、运营管理到商业产业的智能和优化。

安全体系是网络与数据在工业生产中应用的安全保障,安全体系包含设备安全、网络安全、控制安全、数据安全、应用安全等,可以通过涵盖整个工业系统的安全管理体系,降低工业数据被未经授权访问的风险,避免网络和系统应用软件受到外部攻击或内部攻击,保障数据存储、传输和处理的安全,实现对工业生产系统和商业系统的全面安全防护。图 8-4 所示的工业互联网体系架构图中,基于工业互联网的网络、数据和安全体系,构建的面向工业智能化发展的优化闭环体系主要包括以下三个:

a. 面向机器设备运行优化的闭环,核心是基于对机器操作数据、生产环境数据的实时感知和计算处理,实现机器设备的动态优化控制,构建智能机器生产过程。

b. 面向生产运营优化的闭环,核心是基于信息系统数据、制造执行系统数据、控制系统数据的集成处理和大数据分析,实现生产运营管理的动态优化调整,形成不同应用场景下的智能生产模式。

c. 面向企业协同、用户交互和产品服务优化的闭环,核心是基于供应链数据、用户需求数据、产品服务数据进行整体优化。

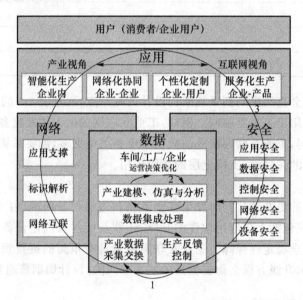

图 8-4　工业互联网体系架构

**1. 工业互联网的网络体系**

工业制造的智能化、网络化和数字化需求不断增加,为了满足工业互联网发展的需求,促使网络新的变革,形成了工业互联网网络体系架构,如图 8-5 所示。

现有互联网体系架构包含互联体系、DNS 体系、应用服务体系,类似地,工业互联网网络体系架构主要由三个体系构成,分别是网络互联体系、地址与标识解析体系、应用支撑体系。网络互联体系是以工厂网络 IP 化改造为基础的工业网络体系,包括工厂外部网络和工厂内部网络。工厂外部网络用于连接企业之间、企业与智能产品、企业与用户等主体;工厂内部网络包括 IT 网络和工厂 OT(工业生产与控制)网络,用于连接智能机器、工业控制系统、工作人员等主体。地址与标识体系是由网络地址资源、标识、解析系统构成的关键基础资源体系。工业互联网标识解析系统,通过将工业互联网标识解释为对象的地址或其对应信息服务器的地址,从而找到该对象或者其相关信息。应用支撑体系包含工业云平台和工厂云平台,并且提供各种资源的服务化表达和应用协议,完成对工业互联网业务应用的交互和支撑。

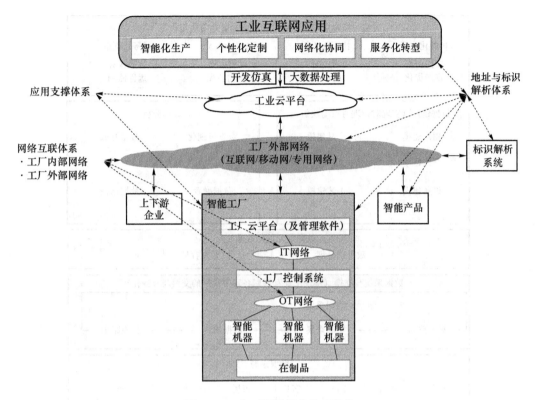

图 8-5 工业互联网网络体系架构

### 2. 工业互联网的数据体系

工业大数据是指在工业领域信息化应用中所产生的数据,是工业互联网的核心。工业大数据基于网络互联和大数据技术,主要分为现场设备数据、生产管理数据和外部数据。现场设备数据主要来源于工业生产过程中机器、设备等的运行数据、生产环境数据,通过传感器、仪器仪表、工业控制系统来采集产生。生产管理数据是指传统信息管理系统中产生的数据,如SCM、CRM、MES、ERP 等。外部数据则是指来源于工厂外部(如市场、客户、供应链)等外部环境的信息和数据。

工业大数据主要具有以下五个特征。第一是数据量极大,在工业生产过程中,大量设备和机器工作产生的海量数据和互联网的传输处理数据不断增加,大型企业的数据量增长到 PB级甚至是 EB 级。第二是数据分布广泛,工业数据分布于机器设备、生产系统、互联网等不同环节。第三是数据处理速度的需求不同,不同场景对时延的容忍度不同,例如生产现场要求实时分析达到毫秒级别,管理和决策需要支持交互式或者批量数据分析。第四是数据结构复杂,传输数据既包括结构化和半结构化数据的传感数据,也包括非结构化数据。第五是对数据分析的置信度要求极高,建模过程中需要物理模型与数据模型相结合,来构建数据体系架构。

工业互联网数据体系架构如图 8-6 所示,从功能的角度来看,数据体系主要由数据驱动下的决策与控制、数据分析、数据建模、数据预处理与存储、数据采集与交换五个部分组成。

工业大数据的作用主要表现为状态描述、诊断分析、预测预警、辅助决策等方面,在工业互联网的不同场景中发挥着核心作用。随着工业互联网的发展,工业数据分析也向智能化方向发展,主要的发展方向如下。

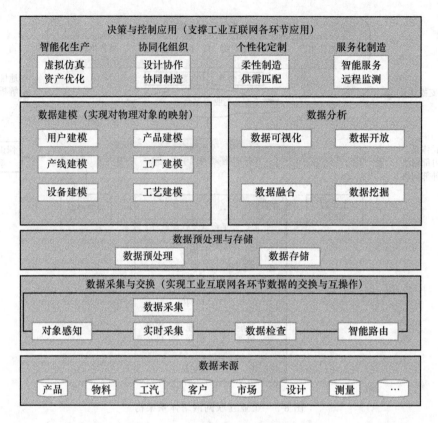

图 8-6　工业互联网数据体系架构

a. 跨层次跨环节的数据整合：当前的工业数据分散在研发设计、生产管理、企业管理等不同环节，需要对数据进行整合，对数据进行全局分析。

b. 数据的边缘智能处理：通过部署网络边缘节点，计算、存储和控制等功能的融合，实现数据的边缘处理和分析，以满足工业生产的实时分析、实施管理等，同时可以与工业云平台进行互补。

c. 基于云平台数据的集成管理：基于大数据平台来支撑工业数据的数据建模、数据抽查，是工业大数据平台构建的主流方向。

d. 深度数据分析挖掘：未来的发展趋势将更多基于知识的方法与数据驱动融合，满足工业数据分析对高可靠度的要求。

e. 数据可视化：建立机器设备、生产流程、生产周期等数字化模型并进行可视化处理，使生产管理者、系统开发者和用户能够更加直观地了解生产过程和产品信息。

**3. 工业互联网的安全体系**

工业互联网的安全体系需要保障工业互联网应用的安全运行以及稳定的服务，从工业生产的角度来看，安全体系需要保证生产过程的连续性和稳定性，以及工业设备、智能系统的安全；从互联网的角度来看，安全体系的重点主要是保障网络安全、工业数据安全、工业互联网应用的安全运行，防止数据泄露和外界的非法访问和攻击。

工业互联网的安全体系框架主要由设备安全、网络安全、控制安全、应用安全和数据安全五部分组成，如图 8-7 所示。其中，设备安全是指工业智能设备和机器的安全，如嵌入式操作系统安全、相关应用软件安全、功能安全和芯片安全等；网络安全包括工厂内部的有线网络安全、无线网络安全,以及工厂外部的公共网络安全;控制安全是指生产控制安全,包括控制协议安全、控制平台安全、控制软件安全等;应用安全是指工业互联网的应用软件安全以及平台安全;数据安全是指工厂内部的生产管理数据、操作数据,以及工厂外部数据等的安全。

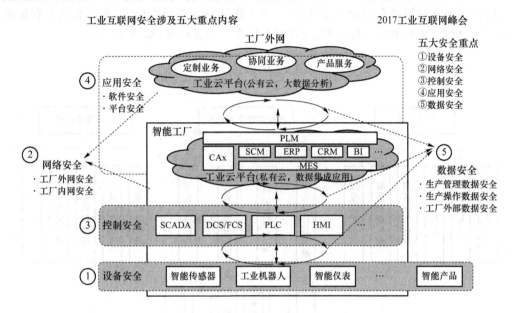

图 8-7　工业互联网安全体系

工业互联网的发展、工业系统的数据和系统更加开放化,导致了新的安全问题,工业互联网需要通过更加强大的安全防护措施,保证设备、网络和数据应用的安全性。首先,对工业互联网各单元之间应该采取以下几项有效的安全隔离和控制措施:

a. 在工业信息系统与工业控制系统之间部署防火墙;

b. 工厂外部对工厂内部云平台的访问应该部署防火墙,并且需要部署网络入侵防护系统,对主流的应用层协议以及内容进行识别,自动监测并定位各种业务层的攻击和威胁;

c. 工厂外部接入工厂内部的智能设备终端、信息系统等,需要经过安装远端防护软件的安全接入网关;

d. 对工厂内部接入云平台、工业控制系统、工业信息系统的设备进行接入控制、接入认证和访问授权;

e. 采用基于大数据的安全防护技术,在工业云平台上部署大数据安全系统,对未知或者已知的威胁和攻击进行防御,并且可以实现安全情况的智能感知。

另外,工业互联网应当同时强化网络传输数据和智能设备的安全防护。通过外部网络传输的数据,应采用 MPLS VPN 等专用网络,IPSec VPN 或者 SSL VPN 等加密隧道传输机制,防止网络传输数据被泄露或者篡改。同时安全体系需要对智能产品和终端进行安全防护,例如可以利用安全操作系统、SDK、安全芯片等技术防止设备被攻击或者泄密。

安全体系网络、
传输机制

**4. 工业互联网平台标准体系**

工业互联网平台是面向制造业数字化、网络化、智能化需求,构建基于海量数据采集、汇聚、分析的服务体系,支撑制造资源泛在连接、弹性供给、高效配置的工业云平台,包括边缘、平台(工业 PaaS)、应用三大核心层级。工业互联网平台的本质是在传统云平台的基础上应用物联网、大数据和人工智能等新兴技术,构建更精准、实时高效的数据采集体系,建立包括存储、集成、访问、分析、管理功能的云平台,实现工业技术、知识模型化、软件化,以工业 App 的形式为制造企业提供各类创新应用。

结合《工业互联网平台白皮书》给出的工业互联网平台功能架构,工业互联网平台标准体系包括总体标准、平台共性支撑标准、应用服务标准三大类标准,如图 8-8 所示。

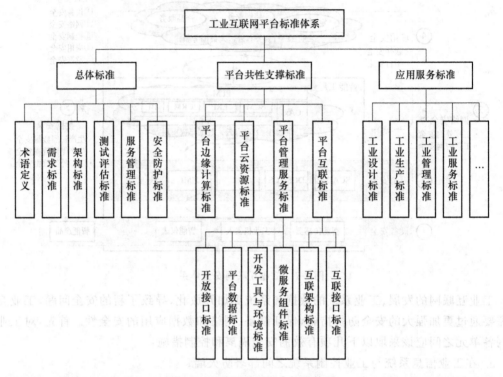

图 8-8　工业互联网平台标准体系

工业互联网平台的总体标准主要规范了平台的总体性、通用性、指导性标准,包括术语定义、需求标准、架构标准、测试评估标准、服务管理标准、安全防护标准等。

a. 术语定义用于统一工业互联网平台的主要概念,为工业互联网平台相关标准中的术语定义提供依据和支撑。

b. 需求标准基于工业互联网平台应用场景,提取工业互联网平台功能、性能、服务等需求,以指导平台架构设计。

c. 架构标准用来明确工业互联网平台的范畴、各部分的层级关系和内在联系,包括工业互联网平台通用分层模型、总体架构、核心功能、不同层级和核心功能之间的关系,以及工业互联网平台共性能力要求等。

d. 测试与评估标准用于对工业互联网平台技术、产品的测试进行规范,对平台的运行部署和服务评估,包括测试方法、可信服务、应用成熟度的评估评测等。

e. 服务管理标准用于规范工业互联网平台建设及运行、工业互联网平台企业服务行为,包括工业互联网平台运行管理、服务管理等方面的标准,以及企业的管理机制。

f. 安全防护标准主要规范工业互联网平台的安全防护要求,包括工业数据安全、工业云安全、工业应用安全、平台安全管理等标准。

平台共性支撑标准主要规范了工业互联网平台的关键共性支撑技术,包括平台边缘连接标准、平台云资源标准、平台数据标准、平台管理服务标准、平台互联标准等：

• 平台边缘计算标准主要规范与边缘计算相关的需求、架构、边缘节点、接口等方面的标准。

• 平台云资源标准主要规范与工业互联网平台云基础设施相关的技术，包括虚拟化的计算、存储和网络资源，以及基础框架（如 Hadoop、OpenStack、Cloud Foundry）、存储框架（如分布式文件系统 HDFS）、计算框架（如 MapReduce、SPARK）、消息系统等方面的标准。

• 平台管理服务标准主要规范与工业互联网平台自身管理服务相关的标准，包括开放接口标准、平台数据标准、开发工具与环境标准、微服务组件标准等。

• 平台互联标准主要规范不同类型或者不同领域平台间共享合作所需要的标准，包括互通架构、互通接口等方面的标准。

平台的应用服务标准主要规范了工业生产运行过程中的生产、管理和服务等环节的关键应用服务，如研发设计、生产制造、供应链和物流、产品运维等，包括服务功能、接口、配置等要求。接下来介绍几个典型的国内外工业互联网平台及其应用案例。

（1）树根互联的根云平台

树根互联技术有限公司由三一重工物联网团队创业组建，是独立开放的工业互联网平台企业。该公司在 2017 年年初发布了根云（RootCloud）平台，根云平台基于大数据和人工智能，将机器设备、数据、流程、人等因素进行融合和创新，为生产优化、资产性能管理和智慧运营提供平台支持。根云平台总体结构如图 8-9 所示。

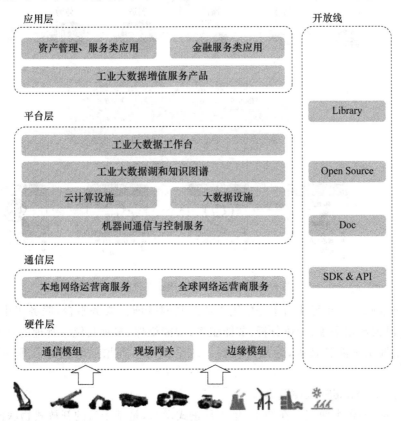

图 8-9　根云平台总体结构

根云平台主要有三大功能。一是智能物联，通过传感器、控制器等感知设备和物联网络，采集、编译各类设备数据。二是大数据和云计算,面向海量设备数据,提供数据清洗、数据治理、隐私安全管理等服务以及稳定可靠的云计算能力,并依托工业经验知识构建工业大数据工作台。三是 SaaS 应用和解决方案,为企业提供端到端的解决方案和即插即用的 SaaS 应用,并为应用开发者提供开发组件,方便其快速构建工业互联网应用。

目前,根云平台已接入能源设备、纺织设备、专用车辆、港口机械、农业机械及工程机械等各类高价值设备。其中优秀的应用案例包括与久隆财险合作实现"工业互联网+大数据+保险"的完整创值闭环,将物联网技术与基于物联数据的大数据分析在 UBI 保险等领域进行了合作研究与应用。基于工业互联网平台的大数据能力,建立保险大数据解决方案,实现对海量数据(互联网与物/车联网)的储存、快速信息提取(包括对非结构化数据的信息提取)及大数据分析,生成设备的综合状态评估,以及设备企业的运营状况及信用风险等模型,为保险业务提供更加精准的服务。

(2) 海尔的 COSMOPlat 平台

海尔集团基于家电制造业的多年实践经验,推出工业互联网平台 COSMOPlat,平台架构如图 8-10 所示,该平台是集项目管理、数据挖掘和分析、售后运维、客户服务于一体的综合性云平台,形成以用户为中心的大规模定制化生产模式,实现需求实时响应、全程实时可视和资源无缝对接。

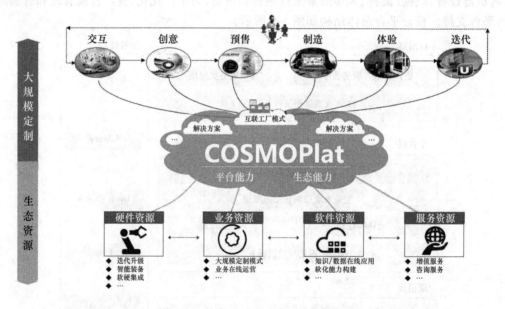

图 8-10  海尔 COSMOPlat 平台架构

海尔中央空调公司在行业内率先应用工业互联网智能云服务平台,服务于中央空调工程用户,是一个以大数据采集、专业分析、节能服务、智能维保、多项目统一管理的开发性平台,帮助用户精确掌握实际能耗数据,为用户提供系统全面的节能增效和能源管理一体化的解决方案。

(3) 西门子的 MindSphere 平台

MindSphere 平台由西门子在 2016 年 4 月正式发布,是基于云的开放式物联网操作系统,可以将传感器、控制器以及各种信息系统收集的工业现场设备数据,通过安全通道实时传输到云端,并在云端为企业提供大数据分析挖掘、工业 App 开发以及智能应用增值等服务。

MindSphere 平台目前已在北美和欧洲的 100 多家企业试用,并在 2017 年汉诺威展上与埃森哲、Evosoft、SAP、微软、亚马逊和 Bluvision 等合作伙伴一起展示了多种微服务和工业 App。MindSphere 平台架构如图 8-11 所示。

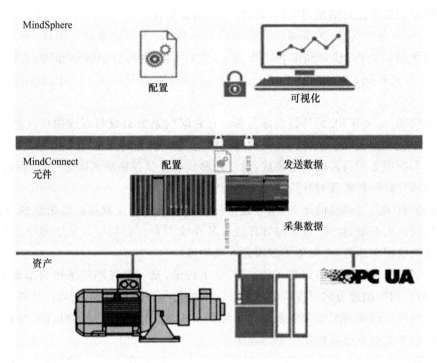

图 8-11 MindSphere 平台架构

平台应用的优秀案例包括格林科技利用西门子 S7 采集机床产品中的数据,上传至 MindSphere 平台,实现了失效报警等功能;IOT 解决方案供应商 Bluvision 在可口可乐荷兰 Dongen 工厂中的小型电机上安装了传感器,并将数据上传至 MindSphere 平台,基于对电机震动情况的数据分析实现故障预警。西门子与阿里云也将展开合作,西门子使用阿里云基础设施推出其物联网操作系统 MindSphere。

## 8.2 信息物理系统

工业互联网的迅速发展及其与制造业领域的融合,促使具有先进制造业的国家积极探索信息化与工业化深度融合的发展战略。信息物理系统是一个集计算进程和物理进程于一体的智能系统,在环境感知的基础上,深度融合计算、通信和控制能力,可以实现大型工程系统的实时感知、动态控制和信息服务。信息物理系统(Cyber Physical Systems,CPS)作为支撑信息化和工业化深度融合的综合技术体系,在国内外受到高度重视和推广。

### 8.2.1 CPS 的定义

CPS 作为计算进程和物理进程的统一体,是集计算、通信与控制于一体的下一代智能系统。CPS 通过人机交互接口实现计算进程与物理进程的交互,使用网络化空间以远程的、可靠的、实时的、安全的、协作的方式操控一个物理实体。

CPS通过集成先进的感知、计算、通信、控制等信息技术和自动控制技术,构建了物理空间与信息空间中人、机、物、环境、信息等要素相互映射、适时交互、高效协同的复杂系统,实现了系统内资源配置和运行的按需响应、快速迭代、动态优化。

由于CPS融合了信息、工业等不同领域的众多技术,本身的复杂度很高,再加上不同领域的研究者的研究方向、认知角度各不相同,导致对CPS的理解也各不相同,目前业界尚未对CPS完全达成共识,对CPS的定义也尚未统一,以下列举一些具有代表性和参考性的定义。

美国NSF的定义:CPS是计算资源与物理资源间的紧密集成与深度协作,CPS是通过计算核心(嵌入式系统)实现感知、控制、集成的物理、生物和工程系统。Lee E提出,CPS是一系列计算进程和物理进程组件的紧密集成,通过计算核心来监控物理实体的运行,而物理实体又借助于网络和计算组件实现对环境的感知和控制。

德国国家科学与工程院的定义:CPS是指使用传感器直接获取物理数据和执行器作用于物理过程的嵌入式系统、物流、协调与管理过程及在线服务。它们通过数字网络连接,使用来自世界各地的数据和服务,并配备了多模态人机界面。

中国科学院何积丰院士的定义:CPS从广义上理解,是一个在环境感知的基础上,深度融合了计算、通信和控制能力的可控可信可扩展的网络化物理设备系统,它通过计算进程和物理进程相互影响的反馈循环实现深度融合和实时交互来增加或者扩展新的功能,以安全、可靠、高效和实时的方式监测或者控制一个物理实体。

CPS的基本组成单元包括传感器、控制执行单元、计算处理单元。CPS单元体系如图8-12所示,传感器采集物理空间的信息,计算单元将采集到的数据进行分析,控制单元根据最优决策对物理系统进行控制,这些最小单元可以组成单元级CPS,实现感知、计算、控制、通信等功能,同时单元级CPS具备可交互、可延展性,通过工业网络互联组成系统级CPS。

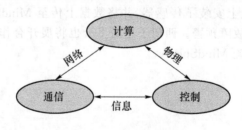

图 8-12　CPS 单元体系

## 8.2.2　CPS 的本质

CPS的本质是要构建信息空间与物理空间数据自动流动的闭环体系,在"状态感知、实时分析、科学决策、精准执行"的闭环赋能体系中实现资源优化配置。利用物理设备联网,使其具有控制属性,实现系统对物理资源的自主控制、实时操作。

如图8-13所示,状态感知通过传感器、物联网等数据采集技术,获取生产制造过程中的物理信息,将这些隐形数据传递到信息空间变为显性数据;实时分析利用大数据、机器学习等数据处理技术将感知到的数据转化为认知的有效信息;科学决策根据积累的经验、评估和预测,对信息进行处理,形成最优决策来对物理设备进行控制;形成最优决策后,需要将决策转化为物理设备可以执行的命令,达到对优化决策精准实现的目标。

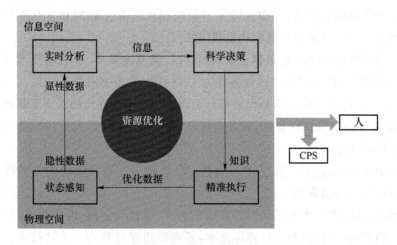

图 8-13 CPS 的本质

CPS 作为具有显著创新潜力和社会影响的新兴技术,得到了国内外的广泛关注。CPS 的标准化工作是完善其技术体系和应用方案的必要手段。国内外 CPS 的标准化工作已经逐渐开展。2008 年,美国电子电气工程师协会(IEEE)成立 CPS 技术委员会(TC-CPS),各国专家在 CPS Week 和国家会议中讨论 CPS 的技术、应用和挑战等。2014 年 6 月,美国国家标准与技术研究院(NIST)成立 CPS 公共工作组(CPS PWG),与相关高校和企业专家联合,共同开展 CPS 标准研究。国内机构也重点关注了 CPS 的标准化工作。2016 年 1 月,中国国家物联网基础标准工作组编写了《信息物理系统标准化白皮书》,分析了 CPS 的起源、现状、技术、应用及其对标准的需求,为 CPS 的标准化工作提供了素材。2020 年 8 月 28 日,中国电子技术标准化研究院在北京召开了新一代信息技术标准论坛——CPS 分论坛,会议发布了《信息物理系统(CPS)建设指南 2020》。

目前,国内外对 CPS 标准的研究还处于起步阶段,CPS 将信息技术与传统的工业技术融合,CPS 互联互通、异构集成、应用复杂等特点给标准化工作带来了诸多挑战,如统筹 CPS 设计和实现等方面的标准化、统一 CPS 标准化语言、规范 CPS 应用模式,以及构建 CPS 安全环境等。未来标准化的工作要立足实际情况,考虑 CPS 的特点,关注其发展规律,以更好地促进 CPS 在理论、实践、产业等方面的发展。

### 8.2.3 CPS 与工业互联网的关系

CPS 与未来的信息化应用场景有着很高的契合度,因此普遍认为 CPS 是工业互联网的核心技术。

从本质内容来看,工业互联网与 CPS 的本质都是基于传感器、信息网络、处理器、执行器等将现实物理世界映射为虚拟数字模型,通过大数据分析、云计算等关键技术将最优决策反馈到物理空间,提高物理设备的运行效率及网络安全水平。

从技术来看,CPS 与工业互联网有所差异,工业互联网强调对云平台、互联网和大数据技术的应用,而 CPS 特别强调对嵌入式计算和分布式控制系统的应用。

从应用领域来看,工业互联网重点强调了对工业生产系统的实时感知、互联和精准控制,实现生产过程和产品服务的优化,CPS 除了可以应用于工业互联网和工业生产系统领域,还可以应用于交通、医疗、能源等其他生产生活领域。

CPS 在工业领域的应用思想依赖于嵌入式系统、物联网技术、互联网技术、闭环控制理论等的实例化。德国"工业 4.0"将生产设备作为 CPS 作用的重要对象。例如,设备可以感知产品的类别,根据决策控制对参数和操作进行自主调整。在 GE 提出的工业互联网概念中,产品的 CPS 化是最典型的应用。例如,飞机发动机可以采集运行数据发送到网络端,云网络对数据进行分析并反馈优化决策。

在关键技术方面,以边缘计算(MEC)为例,MEC 作为工业互联网的关键技术之一,将物理空间与网络虚拟空间结合在一起。

在工业制造领域,实现工业互联网的智能化生产、个性化定制、网络化协同、服务化转型,不仅需要利用物联网、大数据与云计算等技术,还需要边缘计算这一关键技术。融合了网络、计算、存储和应用核心能力的边缘计算可以看作是 CPS 的核心,作为边缘计算的具体表现形式,工业 CPS 在底层通过工业服务适配器,将现场设备封装成 Web 服务;在基础设施层,通过工业无线和工业 SDN 网络将现场设备以扁平互联的方式联接到工业数据平台中;在数据平台中,根据产线的工艺和工序模型,通过服务组合对现场设备进行动态管理和组合,并与 MES 等系统对接。

工业互联网通常被理解为 CPS 的通用概念的应用,其中来自所有工业视角的信息被密切收集,从物理空间监控并与网络空间同步。目前制造业企业、运营商都在致力于构建以工业数据为核心,基于工业互联网平台和 CPS 的智能制造新生态。以中国电信集团公司为例,其近年来积极向工业领域拓展,支持研发行业 CPS 开发工具、知识库、组件库等通用开发平台,推动工业软件、工业大数据、工业网络、工控安全系统、智能机器等集成应用,增强行业 CPS 的解决方案研发能力。中国电信 CPS 平台以生产线数据采集与设备接口层为基础,以建模、存储、仿真、分析的大数据云计算为引擎,实现各层级、各环节数据互联互通,打通从生产到企业运营的全流程。

如图 8-14 所示,平台架构包括通信层、应用开发平台层和应用展现层。在通信层,通过使用工业 PON 或移动通信方式,将采集到的数据传输到云平台。在应用开发层,基于数据集成与大数据存储,通过先进的业务计算模型和科学分析方法,优化业务逻辑,生成平台应用功能。同时提供拖拽式开发界面,实现应用快速构建。在应用展现层,支持 PC、手机、大屏、看板等不同界面展现,并通过接口与企业其他业务系统进行交互。

中国电信平台在工业中的实际应用案例之一是中建钢构基于 CPS 平台的个性化定制与协同制造,现已初步实现数据汇聚、大数据存储、数据安全保障、工业数据清理和分析以及工业数据展现和应用的能力,预计平台全面上线后,中建钢构可实现生产效率提高 20% 以上,运营成本降低 20% 以上,产品交付周期缩短 20% 以上,产品不良率降低 20% 以上,单位产值能耗降低 10% 以上。

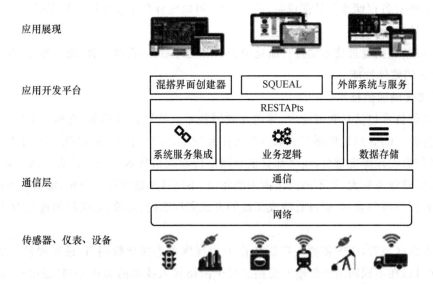

图 8-14　中国电信 CPS 平台架构图

## 8.2.4　CPS 的关键技术

CPS 融合了计算、通信和控制,涉及信息科学、工程、物理等多个领域的内容,对相关技术的需求大,在充分利用已有技术的同时,对关键技术也提出了新要求。CPS 体系关键技术包括智能感知技术、网络传输通信技术、控制技术、海量数据处理技术和安全性技术等,以下对几种关键技术进行简单介绍。

**1. 智能感知技术**

CPS 主要应用传感器技术和 RFID 等技术作为其智能感知技术。传感器是能感受规定的被测量参数并按照一定的规律转换成可用信号的器件或装置。传感器作为 CPS 的基本单元,负责实时感知和识别 CPS 中人、机、物的状态改变,并将其转换为电信号或其他信号传送给其他元器件,以对环境的变化做出反应。RFID 技术为 CPS 的实现提供了一个万物相连的网络通信环境,随着 CPS 的日渐成熟,RFID 等技术将更好地实现对产品及相关资源的精准监测和控制。

**2. 数据处理技术**

CPS 将物理实体与信息实体结合,需要管理、计算、分析的数据具有数量庞大、种类繁多的特点,并且对系统的计算和响应速度要求较高,因此海量数据信息处理技术是 CPS 的关键技术之一。传统的计算平台难以满足 CPS 的要求,云计算、边缘计算和大数据技术可以对 CPS 中的海量数据进行更为有效的管理和处理。

由于云计算基础设施可以支持实时获取、存储和处理大量异构数据,以及虚拟化资源和备份保护,云计算技术可以为 CPS 解决一些问题。例如在医疗保健系统中,运用云计算技术存储和分析医疗数据,为患者提供更好的医疗服务。

对于 CPS,可以在边缘侧解决部分数据,进行实时数据分析和数据管理,具有安全、高效和易于管理的优点,而云端计算仍然可以访问边缘计算的数据,边缘计算可以更好支撑云端服务。边缘计算强化了 CPS 的自嵌计算能力,为了支持物理过程和计算过程的实时交互,要求

CPS设备也要具备存储器和外部设备,因此CPS可以充分利用边缘计算的实时性、高效性、安全性以及自适应等特点。

总之,海量数据处理技术通过智能化地分析和处理数据,提高计算、通信和控制的速度,进而提升CPS的整体性能。

**3. 网络传输通信技术**

网络通信技术包括互联网技术、移动互联网技术及物联网技术等,它承载CPS中的所有数据流的传输。CPS通过传感器获取物理实体和周围环境的信息,通过执行器与物理世界进行交互,将信息物理深度融合,这些都要依靠网络传输通信技术。CPS作为异构互联的系统,结构复杂,承载业务量大,且不同网络占用的频段、不同链路速度存在差异,要实现不同网络和子系统的数据资源的兼容,通过有线或无线的方式实现准确、高效、低能耗的通信对于CPS至关重要。

从技术角度来看,CPS需要一些设备作为边缘网关连接异构网络,还需要统一的通信机制,使数据可以在不同网络中传输和交换。对于网络接入技术的实现,主要通过有线技术,如现场总线技术和工业以太网技术,以及无线技术,如基于IEEE 802.15.4的WirelessHART与ISA100.11a技术、WiFi、ZigBee等无线局域网技术,以及移动宽带技术LTE、eLTE,低功率广域无线技术NB-IoT、LTE-M、LoRa等。

**4. 控制技术**

CPS将控制、计算和通信紧密结合,无线传感器、执行器网络和计算机网络都面临着数量庞大且种类多样的控制对象,传统的、单一的、独立的控制器不再适用于CPS。控制技术在生产、管理、军事等各个领域发挥重要作用,一直以来受到了学术界和工业界的重视,控制技术包括比例积分微分控制、自适应控制、模糊控制等。而CPS将通信技术和网络技术与传统物理系统的控制结合,对已有的控制技术在应用时的鲁棒性和可靠性等方面带来了挑战。

由于CPS是物理空间和信息空间的结合,因此CPS采用虚实融合控制,包括嵌入控制、虚体控制、集控控制和目标控制四个层次。嵌入控制针对物理实体进行控制,而虚体控制在信息空间进行控制计算,针对信息虚体进行控制。集控控制指将多个物理实体或信息物体进行集成和控制。在生产中,产品数字孪生的工程数据提供实体的控制参数、控制文件或控制指示,即为目标控制,通过比对实际生产的测量结果或追溯信息收集到的产品数据来判断生产是否达成目的。

**5. 安全性技术**

CPS作为物理系统和信息系统的紧密结合,包含复杂的信息交互过程,CPS的安全性一旦被破坏,可能造成难以预估的后果。世界各国对CPS的安全问题给予了高度关注,2006年,美国NSF将CPS安全列为重要的研究领域。2013年,欧洲网络与信息安全局发布了《工业控制系统网络安全白皮书》。我国政府也高度重视CPS的安全问题,2013年,工业控制信息安全领域被列为国家信息安全专项重点支持的四大领域之一。

传统的物理系统大多采用功能专用信道通信,处于相对隔离的运行环境中,攻击者对系统实施攻击较为困难,而CPS将物理系统和信息系统结合,使攻击者有机会利用信息系统与物理系统之间的紧密关系,采用物理攻击技术或网络攻击技术破坏CPS的可用性。CPS的攻击过程一般由两部分组成。首先探测、入侵、控制信息网络,然后利用业务流程实施攻击。由于

CPS融合了信息系统和物理系统,因此对于CPS的安全防御,不仅要考虑信息系统的网络安全和物理系统的工程安全,还要将二者结合,综合考虑新的安全防御方案。目前各国的研究者对提升CPS安全防御进行了研究,提出运用关联信息系统和物理系统的数据以监测异常事件、协调变参防御和物理系统水印等方法来提升CPS的安全防御能力。

### 8.2.5　CPS的应用场景

CPS注重物理资源与计算资源的紧密结合与协调,主要应用于一些智能系统中,如设备互联、物联传感、机器人、智能导航等,涉及的领域十分广泛,典型的应用场景包括生产制造业、智能交通运输、智能城市建设、远程医疗健康、航空航天、智能电网等众多领域。尤其在制造业领域,美国、德国等工业强国率先将CPS作为工业化发展战略的重要举措,我国为了推动信息化和工业化的深度融合,积极研究CPS及相关技术,在实践中推动智能制造业的发展。

**1. 生产制造业**

制造业的发展水平可以体现一个国家生产力水平和科技水平的高低,信息技术的飞速发展促进了制造业向智能制造的转型升级。各制造业强国针对制造业的发展趋势,提出了不同的战略规划来提高其在工业领域的核心竞争力,而CPS在智能制造领域发挥着重要作用。德国提出了"工业4.0",其核心是通过CPS将制造业智能化;美国倡导工业互联网,在《实现21世纪智能制造》的报告中,提出通过融合CPS、物联网、自动化、大数据和云计算实现数据的协同、可持续生产等目标。

未来随着传统生产制造向智能制造的转型,制造产业将具备自主性、可持续生产、数字化车间等特征,以CPS为核心的一系列关键技术将会推进制造业的发展,推动信息化与工业化的融合。智能制造应用框架如图8-15所示。

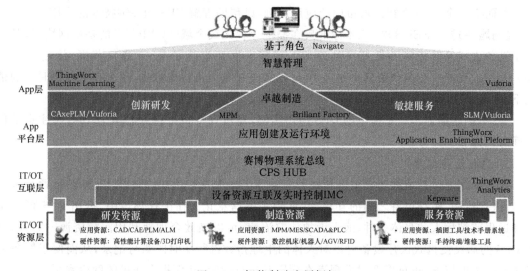

图8-15　智能制造应用框架

**2. 智慧城市建设**

智慧城市将信息技术运用于城市建设中,实现信息化、工业化和城镇化的融合,提高城市管理和服务效率,改善居民生活质量。运用CPS与智能设备交互,充分利用信息和通信技术感知、分析、控制城市核心系统的各项关键信息,从而对于包括民生、环保、公共安全、城市服务、工商业活动等不同需求作出智能响应,实现泛在互联和融合应用。智慧城市平台框架如图 8-16 所示。

图 8-16  智慧城市平台框架

智慧城市可以视为大型的 CPS,利用传感器监测感知物理设备信息,通过决策控制动态改变复杂的城市环境,现今信息技术的发展允许采用分布式计算和众包,使得用户可以共享信息,建立集体智慧,集体智慧以合作驱动操作为目标,是 CPS 和智慧城市成功的关键之一。面对城市化日趋严重的挑战,需要运用 CPS 建立智慧城市改善城市生活。

下面举一个 CPS 在智慧城市中的应用实例,以帮助理解 CPS 的关键技术的应用。

**【例题 8-1】**  IEEE 802.15.4 标准旨在提供一种无线个域网(WPAN)的基本网络层,其专注于设备之间的低成本和低速率的通信。其基本框架设计了 10 m 通信范围,传输速率为 250 kbit/s,现需要在两台距离不超过 10 m 的智慧设备之间传输数据,那么在不考虑时延的情况下,传输 500kB 的文件需要多长时间?

**答:**本例题描述了一个简单的 CPS 应用实例,经过计算可以得到答案为 16s,需注意单位之间的换算。

### 3. 远程医疗健康

智慧医疗通过打造健康档案区域医疗信息平台,利用先进的 CPS 技术,实现患者与医务人员、医疗机构、医疗设备之间的互动,并逐步实现信息化。在医疗环境中,运用 CPS 可以实时和远程监控病人的身体条件,病人无须住院治疗,可以高效合理地利用医疗资源。另外,基于 CPS 的居民便携式医疗设备可以对人体的生理指数进行实时监测与记录,从而便于医务人员了解病人的情况,也可以及时发现潜在病因并进行治疗,从而提高居民的健康水平。

CPS 在医疗领域的应用可以帮助医院实现对人的智能化医疗和对医疗设备的智能化管理,支持医院内部医疗、设备、人员、药品等信息的数字化采集、处理、传输、控制和共享等,促进医疗服务系统向智能化、现代化的方向发展。图 8-17 分别展示了目前提出的智慧医疗系统和医疗信息云平台。

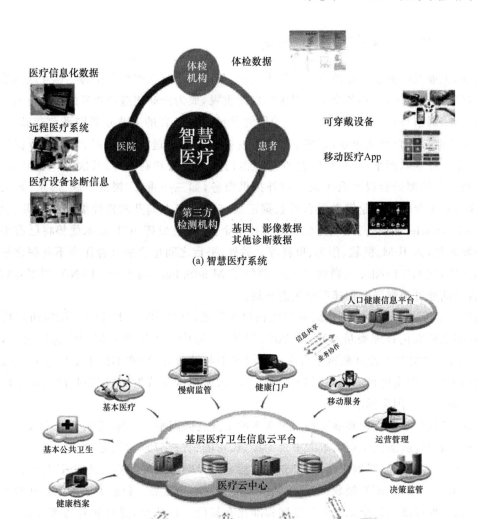

(a) 智慧医疗系统

(b) 医疗信息云平台

图 8-17  智慧医疗

## 8.3  工业互联网展望

随着互联网的发展以及影响力的不断增强,各国各界开始重视互联网对产业领域的影响,并且密切关注工业领域与信息领域的深度融合带来的价值。当前,工业互联网的发展水平尚不完善,工业互联网平台尚处于发展初期,缺乏统一的工业互联网平台标准,同时边缘计算、人工智能等新技术新理念的引入,全球在工业领域的竞争也愈加激烈,对工业互联网平台标准化也提出了新的挑战;并且随着工业互联网的不断演进、工业融合创新的发展,工厂环境更加开放,数据开放、流动和共享,智能组网等也使得工业互联网面临着众多的安全挑战。

### 8.3.1 工业互联网平台的标准化

目前,工业互联网在全球范围不断深入发展,其中工业互联网平台作为工业互联网实施与生态构建的关键载体,得到各个工业强国的广泛重视,成为全球制造产业界的布局重点。各国的制造企业、通信行业、互联网公司等纷纷研究并推出了各自的工业互联网平台产品。例如,首先是装备制造和自动化企业,这些企业通过发挥其工业制造技术、产品、经验和数据等积累优势,构建工业互联网平台,典型代表如 GE、西门子、ABB、和利时等;其次是生产制造企业,将自身数字化转型经验以平台为载体对外提供服务,如三一重工/树根互联、海尔、航天科工等;再次还有工业软件企业借助平台的数据汇聚与处理能力提升软件性能拓展服务边界,如PTC、SAP、Oracle、用友等;最后是信息通信技术企业,通过发挥 ICT 技术优势将已有平台向制造领域延伸,如 IBM、微软、华为、思科等。另外,平台之间也会展开合作来不断深化平台的发展和应用,如 GE Predix 与微软 Azure、西门子 MindSphere 与 SAP HANA,树根互联与腾讯,平台之间通过强强联合加速产业生态布局。

国内工业互联网平台标准化的制定也在快速发展,2022 年 10 月 14 日,国家市场监督管理总局(国家标准化管理委员会)发布 2022 年第 13 号中华人民共和国国家标准公告,批准GB/T 41870—2022《工业互联网平台企业应用水平与绩效评价》和 GB/T 23031.1—2022《工业互联网平台应用实施指南第 1 部分:总则》两项国家标准正式发布,这是我国工业互联网平台领域发布的首批国家标准。

然而,各国的不同企业和联盟提出了众多的工业互联网平台产品,业界尚未形成公认的工业互联网平台标准,面向工业需求的平台的接口、功能、数据管理与服务、性能、安全等方面的要求尚不明确。工业互联网平台是 IT 与 OT 技术跨界融合的关键基础设施,其技术标准的制定需要相关行业领域、ICT 领域、工业领域协作进行并创新发展。目前关于工业互联网平台的接口协议、数据标准也是全球工业互联网标准化布局的关注焦点,并且随着边缘计算、人工智能等创新领域的引入,开源理念也在工业互联网平台得以延伸。

### 8.3.2 工业互联网面临的安全挑战

在工业领域开放、互联、智能的发展形势下,工业互联网也面临着严峻的安全挑战,随着互联网与工业融合创新的不断推动,大量产业设备和基础设施与公共互联网进行连接,若受到了网络攻击,会造成巨大的损失甚至危害公众生活。在工业领域,信息化和自动化的程度越高的行业,开放程度也相对较高,因此会面临更大的安全风险。控制环境的开放化使得外部互联网威胁有机会渗透到工厂控制环境,设备智能化也使得生产装备和产品直接暴露在网络攻击之中,病毒和黑客也会以设备为跳板来攻击企业网络,数据的开放、流动和共享使数据和隐私保护面临着前所未有的挑战,随着信息技术的发展,网络 IP 化、无线化和信息组网灵活化也会给工厂网络带来更大的安全风险。

工业互联网主要面临着网络安全漏洞剧增、外国设备引入威胁、工业网络病毒、攻击趋易等重大威胁。例如,国家工业信息安全发展中心监测到目前我国 3 000 多个暴露在互联网上的工业控制系统,95%以上有漏洞,可以轻易被远程控制,其中大约 20%的重要工控系统可以被远程控制入侵并且完全接管。从全球发展趋势来看,工业控制系统日益成为黑客攻击的重点目标,导致全球重大工业信息安全事件频发:2010年伊朗核设施遭受"震网病毒"攻击;2016年美国东海岸大面积断网;以Havex为代表的新一代APT攻击将工业控制网络安全的对抗带入了一个新时代。根据统计,目前发生在工控领域的安全事件与涉及的工业行业,数量的增长趋势十分明显,如图8-18所示。

图 8-18　工控系统漏洞统计

随着工业化互联网的不断发展以及技术创新,将主要面临以下几个方面的安全问题。

a. 设备安全问题。智能化生产制造中,生产设备和产品将集成通用嵌入式操作系统及应用软件,使得大量设备直接暴露在网络攻击和病毒威胁中,智能设备和智能产品面临的主要安全挑战包括芯片安全、应用软件安全、嵌入式操作系统和功能安全等。

b. 网络安全问题。目前工厂网络正在向IP化、扁平化、无线化和灵活组网的方向发展,使得网络层面临很多安全挑战,现有TCP/IP协议的攻击方法和手段十分成熟,可以直接攻击工厂网络;网络灵活组网使得网络拓扑的变化更加复杂,传统静态防护策略和安全域划分方法面临着灵活化和动态化的挑战。来自工业网络、无线网络、商业网络等方面的安全挑战主要包括网络数据传输过程中常见的网络威胁、网络传输链路上的软硬件安全问题、应用无线网络技术导致的网络防护边界模糊等。无线技术的应用需要满足工厂实时性和可靠性的需求,因此极易受到非法入侵、信息泄露和拒绝服务等攻击。

c. 控制安全问题。现有的控制协议和控制软件等主要是基于IT技术与OT技术相对隔离以及OT环境相对可信两方面设计的,由于工厂控制对实时性和可靠性的要求很高,就会减少认证、授权和加密等需要附加开销的信息安全功能,配置维护和管理不严格,导致信息安全防护能力不足,而IT技术与OT技术的融合使得网络攻击有机会从IT层渗透到OT层,从工厂外部渗透到工厂内部。

d. 应用安全问题。应用层的安全是指支撑工业互联网业务运行的应用软件和工业互联网平台及服务的安全,应用软件将会一直面临木马病毒、漏洞等传统安全挑战,而工业云平台及服务也面临着虚拟化中的违规接入、多租户风险、跳板入侵、内部入侵等安全挑战。

e. 数据安全问题。工业化与信息化的融合使得工业互联网中需要海量数据传输,并且工业数据的种类众多、结构复杂,并在工厂内外开放共享,由此会存在数据的丢失、泄露、篡改等安全威胁,数据层的安全挑战主要包括内部生产管理数据、生产操作数据以及工厂外部数据等多种数据安全问题,数据保护的需求多样,数据流动方向和路径复杂,导致对工业数据的保护难度增加。

f. APT 攻击问题。高级持续性威胁(Advanced Persistent Threat,APT)相对于其他攻击形式更加高级和先进,以 Havex 为代表的新一代 APT 攻击将工业控制网络安全问题的对抗带入了一个新的时代,入侵者通过伪装合法身份,利用合法指令进行非法操作,比如修改控制系统配置或者程序、修改加工设备的重要加工参数,非法上传生产数据工艺流程数据、生产过程的数据,还会非法使用功控网络传输数据、病毒。更加危险的情况是,新型的威胁和攻击主要是针对国家重要的基础设施和产业进行的,包括电力、能源、国防等关系到国家利益和公共利益的网络基础设施,在应对安全挑战的过程中需要重视。

## 8.4  移动车联网的发展与原理

从信息感知技术的角度,车联网是指装在车辆上的电子标签通过无线射频等识别技术,实现在信息网络平台上对所有车辆的属性信息和静、动态信息进行有效提取和利用,并利用不同的功能需求对所有车辆的运行状态进行有效的管理和提供综合服务。

站在车辆组网和通信技术的角度,车联网是由安装无线通信终端的移动车辆组成,车辆能够接入异构或同构的网络中,用于完成车与车之间、车与路边设施之间的通信。

从智能交通技术的角度看,车联网是指将先进的信息感知技术、传输技术、信息控制技术以及信息处理技术等运用于交通系统而建立的实时、准确、高效的综合交通运输信息处理系统。

尽管描述不同,上述的车联网的内涵相同,即车联网利用先进的信息技术和网络技术,将车辆、道路、行人和路边设施集成为一个有机的整体,实现车与车之间、车与路之间、车与人之间以及车与基础设施之间的信息交换,以提供车辆安全、交通控制、信息服务和互联网接入等服务,最终提高交通效率、减少交通事故、提升道路的通行能力(如图 8-19 所示)。

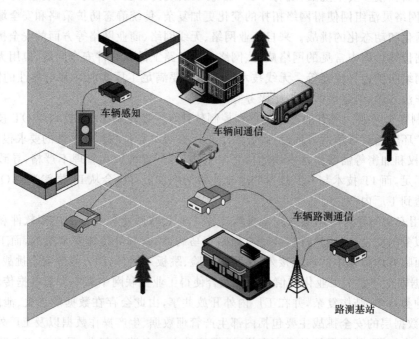

图 8-19  车联网示意图

### 8.4.1　车联网的特点

与其他车辆控制系统相比较,车联网可以实现全面感知、互联互通以及智能化的信息处理和应用,因此移动车联网具有巨大的优势。车联网具有以下一些特点和优势。

a. 网络结构呈现动态拓扑。由于车联网中的网络节点以车辆为主,因此车联网有高动态的特性,网络结构呈现动态拓扑。高速移动的车辆节点使得车联网的拓扑结构快速变化,接入方式也因环境改变而动态变化。

b. 能量和存储空间充足。车联网中的通信节点是车辆,具有足够的存储空间和数据处理能力,以及不间断的续航能力。

c. 车辆的移动轨迹可预测。获取车辆的速度和道路地图,可对车辆在一段时间内的运行状态进行预测。

d. 应用场景多样。可提供车辆安全、道路维护、交通监控、生活娱乐、移动互联网接入等服务。

e. 通信的实时性和可靠性要求高。由于车辆的运行速度快,要求节点之间通信的实时性和可靠性高。

车联网有如下几条功能需求。

a. 无线通信能力:单跳无线通信范围;使用的无线频道;可用带宽和比特率;无线通信信道的鲁棒性;无线信号传播困难的补偿水平。例如,使用路侧单元(Road Side Unit,RSU)来满足车辆与基础设施间的信息交换。

b. 网络通信功能:传播方式(单播,广播,组播,特殊区域的广播);数据聚合;拥塞控制;消息的优先级;实现信道和连通性管理方法;支持 IPv6 或 IPv4 寻址;与接入互联网的移动节点相关的移动性管理。

c. 车辆绝对定位功能:全球导航卫星系统(GNSS),全球定位系统(GPS);组合的定位功能,如由全球导航卫星系统和本地地图提供的信息相结合的组合定位。

d. 车辆的安全通信功能:尊重匿名和隐私;完整性和保密性;抗外部攻击;接收到数据的真实性;数据和系统完整性。

e. 车辆的其他功能:车辆提供传感器和雷达接口;车辆导航功能。

### 8.4.2　车联网的通信类型

车联网的通信类型可以根据通信对象的不同进行划分,包括车与车通信、车与路通信、车与人通信、车与服务平台通信、车内通信五种类型。

车与车通信主要指通过车载终端进行车辆间的通信。车载终端可以实现获取周围车辆的车速、车辆位置、行车情况等信息,车辆间也构成互动平台,实时传递文字、语音、图片、视频等信息。车与车通信主要应用于避免和减缓交通事故,对车辆进行有效的监督管理。基于公共网络的车与车通信,还应用于车辆间的语音、视频通话等。车与车通信示例如图 8-20 所示。

车与路通信指车辆区域设备与道路区域设备(如红绿灯、交通摄像头、路测单元等)进行通信,如图 8-21 所示。道路区域设备获取附近区域的车辆信息并发布各种实时信息。车与路通信主要应用于实时信息服务、车辆监控管理、不停车收费等。

车与人通信是指使用手机、笔记本计算机等个人设备的人与车辆区域的设备进行通信,如图 8-22 所示,车与人通信主要应用于智能钥匙、信息服务、车辆信息管理等。

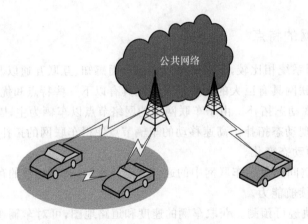

图 8-20　车与车通信示例

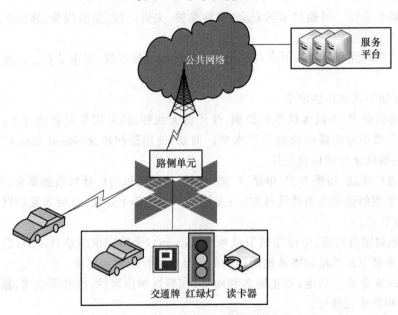

图 8-21　车与路通信示例

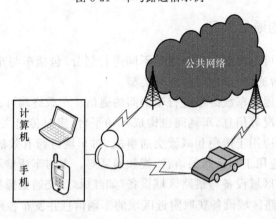

图 8-22　车与人通信示例

车与服务平台通信是指车载终端通过公共网络与远程的服务平台建立连接,服务平台与
车辆之间进行数据交互、存储和处理,提供车辆交通、娱乐、商业服务和车辆管理等业务。车与

服务平台通信主要应用于车辆导航、车辆远程监控、紧急救援、信息娱乐服务等。车与服务平台通信示例如图 8-23 所示。

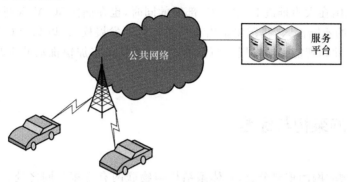

图 8-23　车与服务平台通信示例

车内通信指车载终端与车内传感器和电子控制装置之间连接形成车身通信网络,获得车辆数据并可根据指令对车辆进行控制。车内通信主要应用于车辆检测、车辆系统控制、协助驾驶等。车内通信的范围覆盖整个车辆内部,即在一个相对静止的环境内进行通信,车内通信包含 CAN、LIN、FlexRay、MOST 等。

### 8.4.3　车联网的发展

车联网(领域)中最早被提出和发展的是 DSRC(Dedicated Short Range Communication,专用短程通信)技术,该技术已在美国、欧洲、日本等地区进行了广泛应用。1999 年,美国 FCC(Federal Communications Commission,联邦通信委员会)在 5.9 GHz 区域为 V2X 留出 75 MHz 的带宽(5 850~5 925 MHz),用于实现车辆在高速状态下的短程通信,以保障公共交通安全。2016 年 9 月 1 日,美国交通部在三个地点启动了连接车辆试点部署项目的设计、建造和测试,包括怀俄明州、纽约市和坦帕。另外,美国交通部于 2016 年提出了一项提议,该提议要求未来生产的所有轻型汽车以及卡车配备 V2V 通信设备(DSRC 技术)。目前,其已将重心转向 C-V2X,放弃了 DSRC。

欧洲在车联网技术上同时考虑 ETSI-ITS-G5(基于 IEEE 802.11p/DSRC)和蜂窝 V2X(4G 和 5G),称为 C-ITS(Cooperative Intelligent Transport System)。欧洲政府也将 5.9 GHz 的频谱(5 855~5 925 MHz)分配给 C-ITS,目前已经开展过许多大型项目的实施与部署,如 COOPERS、CVIS 和 Nordic Way Project。

日本的 VICS(Vehicle Information and Communication System,道路交通信息通信系统)于 1996 年开始提供车联网信息服务,2003 年便已基本覆盖全日本。但 DSRC 技术也存在明显不足,如覆盖距离短、接入冲突、数据包路由复杂等。随着 LTE 技术的普及,另一种车联网标准应运而生,该标准克服了 DSRC 技术的不足,在蜂窝网技术的基础上加以改进,实现了车车、车路、车人之间的直接或间接通信。

中国的车联网发展起步较晚,并以 LTE-V2X 为主要技术手段,不管从国家政策角度看,还是从市场需求角度看,中国车联网发展都具有强大的驱动力。国内的车联网试验主要基于 LTE-V2X 技术。2015 年工信部发布国内首个"智能网联汽车试点示范区"项目,在上海安亭镇建设了国内首个智能网联汽车研发和试验基地。随后工业和信息化部又先后在杭州、北京、重庆、长春等地建立车联网试验基地,基于 LTE-V2X 和 5G 技术,支撑开展智能驾驶、智慧交通的相关示范应用。C-V2X 技术包括较为成熟的 LTE-V2X 与最新的 5G-V2X,后者在前者的基础上面向智能驾驶场景,特别是对于实时性、可靠性、吞吐量等方面的网联自动驾驶场景进行了补充、优化与增强。中国率先确定了以 C-V2X 为主的发展战略,其研究及部署进度引领全球。当前,我国在大力推进 LTE-V2X 部署的同时,也在面向 5G-V2X 进行研究。随着 C-V2X 车联网技术的不断深入,我国将走出自身特色的发展模式,以基于 C-V2X 的车路协同模式,支持自动驾驶和智能交通发展。而目前,美国也宣布将加快推动 C-V2X 车联网技术的部署。

## 8.5 车联网的架构与标准

车联网车路云
协同架构

  车联网作为物联网的重要分支,其体系结构与物联网有许多共同之处。将车联网的架构层次性地划分为感知层、网络层和应用层,如图 8-24 所示。感知层负责车辆与交通信息的感知和采集;网络层负责信息的传输;应用层实现人机交互。

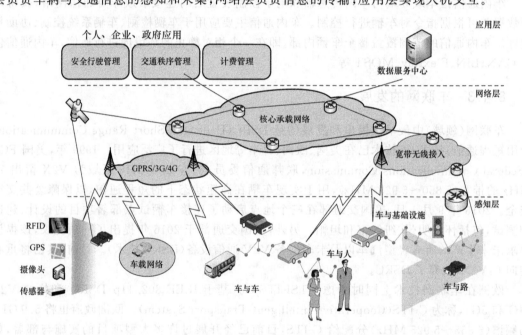

图 8-24　车联网体系架构

  感知层负责车辆与交通信息的感知与采集,通过无线射频识别、无线传感器网络、导航定位等技术,实时感知和采集车辆运行状况、交通运控转台、道路周边环境、天气变化情况,以及车与车、车与人、车与道路等基础设施之间的位置等信息,从而为车辆提供全面的终端信息服务。

  网络层负责整合感知层获取的数据,为应用层提供信息传输服务。网络层中包括核心承载网络和接入网络。承载网络包括电信网、互联网(包括下一代互联网)、广电网、交通专网等。接入网络包括 2G/3G/4G、WLAN、WiMAX、RFID、通信卫星等。另外,网络层能够使用云计算、虚拟化等技术,充分利用网络资源,进而为终端应用提供稳定的应用支撑。

  应用层负责实现人机交互通信功能,通过车载信息系统,获取交通信息、汽车状况和互联网信息,实现智能交通管理、车辆安全控制、交通信息发布等功能,为个人、企业、政府提供应用服务。车联网的应用层可分为两个子层:下子层是应用程序层,负责数据处理和车联网各种具体的服务;上子层是人机交互界面,定义与用户交互的方式和内容。

车联网通信目前还没有统一的标准,各个国家或产业联盟根据自身的发展,对车联网的通信提出了相关需求。美国提出的车联网通信技术需求主要包括:网络接入时间短,传输时延低,传输可靠性高,信息安全性和个人隐私得到保护,低干扰,具有足够的通信带宽等。欧盟、日本等车联网研究组织也提出了车联网相关标准。本节介绍车联网中比较有影响的通信标准:IEEE 802.11p 标准、IEEE 1609 标准、LTE-V2X。

### 8.5.1　IEEE 802.11p 标准

IEEE 组织于 2004 年成立了车辆无线接入(Wireless Access in the Vehicular Environment,WAVE)工作组,负责研究美国 ASTM 制定的 5.9 GHz 频段的 DSRC 标准,并对其进行升级完善,设计制定全球通用的车联网通信标准。2010 年 7 月,IEEE 的 WAVE 工作组正式发布了 IEEE 802.11p 车联网通信标准。

IEEE 802.11p 是对无线局域网 IEEE 802.1 标准的扩展和补充,适用于车辆与车辆(V2V)和车辆与道路基础设施(V2I)之间的通信,引入了先进的数据传输、移动互联、通信安全和身份认证等机制。从技术上来看,进行了多项针对车联网这样的特殊环境的改进,如支持更先进的热点切换,更好地支持移动环境,增强了安全性,加强了身份认证等。

IEEE 802.11p 协议是针对车辆无线通信网络的物理层(PHY)和介质传输控制层(MAC)的协议。物理层采用 IEEE 802.11a 标准使用的正交频分复用(OFDM)技术,其特点是信道利用率高,并且有较强的抗干扰能力。但其物理层参数在 IEEE 802.11a 的基础上进行了一些调整。例如,信道带宽由 20 MHz 调整为 10 MHz,信息传输速率相应地降低至 3~27 Mbit/s 之间,通过改变调制方式和编码率可以获得不同的传输速率,分别为 3 Mbit/s、4.5 Mbit/s、6 Mbit/s、9 Mbit/s、12 Mbit/s、24 Mbit/s、27 Mbit/s。另外,两倍的警戒间隔减少了多路径传输引起的码间干扰,严格的频谱控制缓解了通信拥塞,提高了广播性能。

物理层工作频率在 5.850~5.925 GHz 之间。5.855~5.925 GHz 频段区间分为 7 个 10 MHz 的信道,1 个控制信道(CCH),主要负责信道的配置和信号的错误校正以及传输协议控制报文和实时要求高的报文。6 个服务信道(SCH),用来传输一般的应用层资料封装包。在 5.850~5.855 GHz 低频段之间留下 5 MHz(GCH)保护带作为安全空白区。信道分配情况如图 8-25 所示,信道 CH178 为只用于安全通信的控制信道。其他 6 个均为服务信道,其中除信道 CH172 和信道 CH184 作特殊服务外,其余服务信道可用于安全和非安全通信服务。

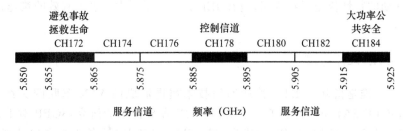

图 8-25　信道分布图

MAC 层协议仍采用 IEEE 802.11 标准的 CSMA/CA(Carrier Sense Multiple Access with Collision Avoidance)协议,但对实体管理、介质访问控制方式和接入优先级等方面做了升级改善。

### 8.5.2  IEEE 1609 标准

IEEE 1609 标准是为了完善 DSRC 的应用层而提出的,是以 IEEE 802.11p 标准为基础的高层系列标准,IEEE 1609 整体框架如图 8-26 所示,目前共有 4 个标准。

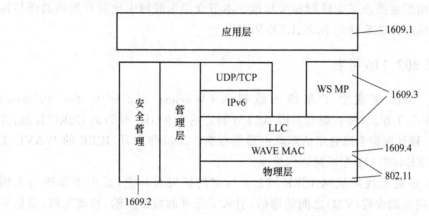

图 8-26　IEEE 1609 整体框架

IEEE 1609.1 标准提供资源管理方式,规定了多个远程应用和资源管理间的控制互换流程,让具有控制能力的节点对一个区域内的所有节点实现远程控制,并为 DSRC 设备提供了可扩展性和管理机制。此模块位于应用层。

IEEE 1609.2 标准定义了安全消息帧格式及对其的处理过程。IEEE 1609.2 标准主要承担应用和管理信息安全服务,即为车联网应用和信息管理提供安全保障机制,如防范信道窃听、电子欺诈和入侵攻击等。

IEEE 1609.3 标准提供网络层的通信协议及管理机制,缩小信息在网络设备的传输时延。此模块位于 OSI 的网络模型的网络层与传输层,以便提供 WAVE/DSRC 的网络服务。IEEE 1609.3 标准可以提供两个车辆设备之间的通信,或者车辆设备与路旁设备(Road Device)之间的通信。

IEEE 1609.4 标准在 IEEE 802.11p 的上层,实现多信道配合运作,增强 IEEE 802.11 介质访问控制层(MAC)功能。例如,控制信道的检测以及规范服务信道和控制信道之间的切换,起到管理信道的作用,减少信道间的干扰。

IEEE 1609 系列标准提供了车联网中能够有效使用无线网络的存储方式。在 IEEE 802.11p 中针对车辆移动的特性修正了物理层,也在 IEEE 1609 系列中提供了有效的快速传递信息的通信协议。

### 8.5.3  LTE-V2X 标准

LTE-V2X 标准是指基于 LTE 移动通信技术演进形成的 V2X 车联网无线通信技术。2015 年 2 月,3GPP SA1 小组开启了关于 LTE-V2X 业务需求的研究,3GPP 对 LTE-V2X 的标准化工作正式启动。此后,3GPP 分别在 SA2、SA3 以及 RAN 各小组立项开展 LTE-V2X 标准化研究,并于 2017 年 3 月完成 V2X 第一阶段标准的制定。

**1. LTE-V2X 标准的进展**

目前,3GPP 已经完成 R14 版本 LTE-V2X 相关标准化工作,主要包括业务需求、系统架构、空口技术和安全研究四个方面。

在业务需求方面,目前已经定义了包含车与车、车与路、车与人、车与云平台的 27 个用例和 LTE-V2X 支持的业务要求,并给出了 7 种典型场景的性能要求。在系统架构方面,目前已经确定了在 PC5 接口的 Prose 和 Uu 接口的 LTE 蜂窝通信的架构基础上增强支持 V2X 业务,并明确增强架构至少要支持采用 PC5 传输的 V2X 业务和采用 LTE-Uu 的 V2X 业务。在空口技术方面,目前已经明确了 PC5 接口的信道结构、同步过程、资源分配、同载波和相邻载波间的 PC5 和 Uu 接口共存、无线资源控制(RRC)信令和相关的射频指标及性能要求等,并且研究了如何通过增强 Uu 传输与 PC5 传输来支持基于 LTE 的 V2X 业务。在安全方面,目前已经完成了支持 V2X 业务的 LTE 架构增强的安全方面研究。

**2. LTE-eV2X 标准的进展**

LTE-eV2X 是指支持 V2X 高级业务场景的增强型技术研究阶段(R15)。在保持与 R14 后向兼容性的前提下,进一步提升 V2X 直通模式的可靠性、数据速率和时延性能,以部分满足 V2X 高级业务需求。标准 TS22.886 中已经定义了 25 个用例共计 5 大类增强的 V2X 业务需求,包括基本需求、车辆编队行驶、半/全自动驾驶、传感器信息交互和远程驾驶。目前正在进行的"3GPP V2X 第二阶段标准研究"主要包括了载波聚合、发送分集、高阶调制、资源池共享及减少时延、缩短传输间隔等增强技术。

# 8.6 车联网的关键技术

车联网的关键技术包括智能感知技术、异构无线网络融合技术、智能化信息处理技术、通信技术和安全性技术等,这些关键技术的发展水平直接影响和制约车联网功能的实现和推进。

## 8.6.1 智能感知技术

智能感知技术是车联网中的关键技术之一,包括对车辆的感知和对整个道路的感知,获得相应的状态信息。大量的感知节点已应用于地面交通,如何将这些多元的感知节点进行有效的利用是关键的问题,涉及节点的选择、功能定位、布局、特征的提取与分析和多元信息的融合。车内和车外感知的重点也有所不同,道路感知关注路面是否结冰,而车辆感知可能更关注车辆的位置和当前的行驶速度等。

车联网智能感知技术主要包括传感器技术、RFID 技术、卫星定位感知技术等,主要用于车况及控制系统感知、道路环境感知、车与物的感知、车辆位置的感知、智慧驾驶辅助系统感知等。

(1)车况及控制系统感知

车况与控制系统感知技术是利用车用传感器把汽车运行中的各种工况信息,如车速、各种介质的温度、发动机运转情况等,转化为电信号传输给计算机,以便发动机处于最佳工作状态。车用传感器是汽车计算机系统的输入装置,也是车联网最终端的神经末梢。

(2)道路环境感知

道路环境感知是车辆与外部进行感知的主要技术,也是车辆与智能交通融合的关键技术。道路环境感知主要有路面感知、交通状况感知、交通信号感知、行人感知、智能交通感知等。

路面感知主要是借助于嵌入路面的电磁感应器等实现部署的基础设施感知路面状况,借助于各种传感器感知路况及周边情况,为车联网提供基础数据和感知手段;交通状况感知主要借助于视频感知、RFID、技术和传感器技术等手段,感知行车速度、交通状况等信息,作为车联网智能控制的基础;交通信号感知是无人驾驶的重要技术,可通过视频、传感器等综合感知技术,判断交通信号,实现自然道路自动驾驶;行人感知也是汽车安全驾驶和自动驾驶的基础,感知手段也需要采用综合的技术手段;智能交通感知是车联网技术和智能交通技术的融合与集成,从而实现不停车收费(Electronic Toll Collection,ETC)、智能停车场管理等车联网应用。

如图 8-27 所示,实现汽车与交通信号的信息交换是典型的道路环境感知技术。将无线数字模块植入到当前的道路交通信号系统中,数字模块可向途经汽车发放数字化交通灯信息、指示信息、路况信息,并接受联网汽车的信息查询及导航需求,再将有关信息反馈给联网汽车;将无线数字模块植入到联网汽车中,联网汽车可接受来自交通信号系统的数字化信息,并将信息于联网汽车内显示,同时将信息与车内的自动/半自动驾驶系统相连接,作为汽车自动驾驶的控制信号。联网汽车的数字传输模块包含联网汽车的身份代码(ID)信息,即"数字车牌"信息,这是车联网对汽车进行通信、监测、收费及管理的依据。

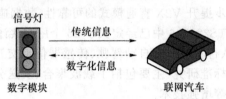

图 8-27　汽车与交通信号系统之间的信息交换

（3）车与物的感知

车联网重在应用,车联网的应用首先在于车与物的联网。借助 RFID、传感器等技术手段,可以感知车内物品的信息与状况,借助车联网系统把这些信息传输到物联网系统可以对车联网系统中的物品进行实时联网监控、可视化管理、在线调度,从而实现智慧物流的运作。

车与车外的建筑、物品及前后车辆的感知,是行车安全、防止碰撞和无人驾驶的基础,主要采用的技术有 RFID、激光、红外、视频、电磁等感应技术。

行驶中的车辆的互联互动是重要的车与物感知技术,如图 8-28 所示。将无线数字传输模块植入到联网汽车中去,数字模块可以向周边联网汽车提供数字化灯号信息及状态信息,并且数字化信息与其传统灯号信息是同步发送的;联网汽车中的无线数字传输模块可同步接收来自其他联网汽车的数字化信息并在汽车内进行显示,同时将信息与车内的自动/半自动驾驶系统相连及互动,为联网汽车的安全驾驶提供依据;根据接收到的由其他联网汽车发送的数字信息,联网汽车就会知道周边联网汽车的状况,包括位置、距离、相对速度及加速度等,并在紧急刹车的情况下,可令随后的联网汽车同步减速,有效防止汽车追尾事故的发生;联网汽车还可随时通过数字化网络与周边任意联网汽车进行通话。在有需要的时候,还可向附近的联网汽车进行广播,告知紧急情况。

图 8-28　车辆行驶中的互联互动

（4）车辆位置的感知

车联网位置感知技术主要采用卫星定位技术,位置感知是车联网最重要的感知技术之一,是车辆行车监控、在线调度、智能交通和辅助驾驶的基础技术。目前全球最重要的位置感知技术体系主要应用 GPS 系统,中国北斗卫星系统发展很快,将成为最重要的位置感知技术体系。

（5）智慧驾驶辅助系统感知

智慧驾驶辅助系统感知是感知技术的综合运用，既需要行人感知、路况感知、驾驶行为感知、车道感知、位置感知、交通标志感知、驾驶员视觉增强的高技术，也需要智能控制系统的辅助驾驶，是感知技术的集成应用。高级的智慧驾驶系统还可以实现无人驾驶、智能停车，把人类车联网的未来幻想变为现实。

### 8.6.2 异构无线网络融合技术

异构无线网络
融合技术

异构化已经成为无线网络发展的必然趋势，具体体现在接入网络的异构性、业务的异构性、终端的异构性以及商业模式的异构性。当前异构网络正朝着融合多种接入技术，与终端及周围网络相互协作的方向发展，而异构网络融合的本质就是对异构无线网络进行资源整合，通过网络间的异构互通与相互协调实现整体性能的提升。在车联网中，多种网络同时运行，异构网络共存造成的资源利用不合理和用户体验较差的问题在车辆流动性大、运动速度快的车联网中尤为突出，给车联网的异构无线网络融合带来了新的挑战。

车联网包含不同的无线通信技术，包括 WLAN、超宽带通信、蜂窝通信、LTE 以及卫星通信等网络。车联网的信息需要通过不同的网络传递，以达到信息共享的目的。不同的网络的通信方式和特点不同，适用于不同的场景。由于车辆具有动态的特点，车辆在移动过程中会/可能发生水平切换和垂直切换，需要进行移动性管理。因此，车联网中要重视异构无线网络融合技术，以实现无缝的信息交换和无缝的切换要求。

为了实现车联网中异构无线网络的融合，网络之间的切换必不可少，可将切换分为水平切换和垂直切换，如图 8-29 所示。

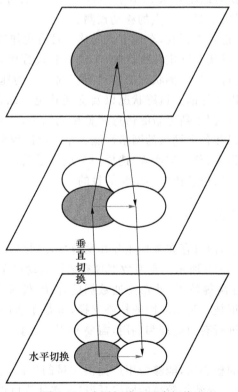

图 8-29　水平切换和垂直切换

水平切换是指采用相同技术的网络之间的切换。车辆在移动过程中实时检测接入网络的信号强度,当接收到的信号强度低于某一预先设定好的门限值时,要执行网络切换,并且更改连接的路由。在网络控制切换时,由网络确定切换;在车载移动终端控制切换时,则由车载移动终端根据接收到的信号强度来确定是否执行切换。在执行切换时,应先与新的目标基站建立连接后再释放原有的连接,以防止信息传送中断。

垂直切换发生在不同技术的网络间,一般分为主动切换和被动切换。主动切换是根据车载移动终端的需求策略决定是否进行网络切换,而被动切换则是由与网络接口有关的物理事件触发,不是车载移动终端确定的,不考虑车辆对网络的要求。垂直切换还可分为上行垂直切换和下行垂直切换。上行垂直切换是车载移动终端从覆盖范围小的区域切换到覆盖范围大的区域;下行垂直切换则与之相反。垂直切换的过程包括三个步骤:①切换触发事件判决;②切换判决策略;③切换执行。也就是说,切换触发事件发生后,根据切换判决策略来决定是否执行切换。基于车联网的异构无线网络中,常用的切换触发事件包括:接收到的当前使用的网络信号强度明显下降、当前使用的网络拥塞严重、新网络有更好的无线链路质量、新网络有更大的带宽等。

与一般异构网络相比,车联网中车辆移动速度快,这就会造成车辆接入公共网络时频繁切换的情况,如何选择接入的公共网络来降低切换频率以及如何设计切换算法保证通信的连续性是车联网中移动性管理技术的重点和难点。可以看到车联网中的一些特点,充分利用进而改进切换控制技术。例如,通过车辆的移动预测进行有效的移动性管理。

车联网通过人车路之间的信息交互,能够获取车辆行驶状态、前方道路状况等,这些信息能够辅助预测车辆的行驶轨迹。移动预测信息能够减少实际切换的工作量、减少切换时延、改善网络流量控制等。在一般的异构网络中,由于各个节点的运动几乎没有规律可遵循,精确的移动预测难以实现,只能被动地跟踪移动节点的位置变化,通过回归分析、人工神经网络、Markov 预测模型等统计学方法进行节点的移动预测。

车联网中,车辆总是在道路上行驶,车辆节点的移动具有规律性,通过输入目的地,在电子地图中规划路径后,车辆可以按照既定路线行驶,车辆行驶过程中,通过卫星定位系统可以实时获取本车的位置信息,通过采集车辆状态的传感器获取车辆的速度、加速度信息,通过车与车、车与路之间的通信,可以获知前方道路状况以及交通状况。综合考虑以上因素,可以主动计算出车辆的行驶轨迹,并根据不断更新的信息调整预测结果,实现精确的移动预测,进而提前获知前方的网络覆盖情况和各个网络的网络性能。车辆可以根据业务需求、网络状况(包括网络带宽、网络时延、信号强度、负载均衡等)选择一个最合适的网络,实现车联网中网络持续连接、车辆之间持续数据共享、信息传输不中断的目的。

### 8.6.3 智能化信息处理技术

车联网中包含众多节点,而且存在多种业务并发运行,因此车联网涉及的交通数据类型体系和数量都非常庞大,如图 8-30 所示。交通数据具有数据波动严重、信息实时处理性高、数据共享性高、可用性及稳定性高等特点,使得交通数据的存储、处理及管理面临着很高的要求。海量感知信息的计算和处理技术是车联网的核心支撑,也是车联网大规模应用所面临的重大挑战之一。要对这些数据进行有效处理和利用,需要利用云计算、雾计算、数据挖掘等智能化信息处理技术。

云数据中心位于网络的核心层,能够为用户提供大量的资源,但是距离终端用户较远,用户消息需要若干条才能到达,导致了较高的网络延迟,而雾计算可以弥补这个缺点。雾计算通过在网络边缘收集、处理和分析数据,为车联网提供了有力的技术支持。在一些十字路口等交通流量较大、容易造成交通拥堵的地方,或者高速公路等事故频发区布置雾设备,雾设备与道路边的路侧单元采用远距离光纤传输方式,根据周围的交通情况,对接收到的信息进行快速的处理和转发,方便信息的调度,同时可以记录车辆的位置信息,对通过路侧单元收集到的交通信息进行临时存储,并将存储信息上传到云服务器,实现数据和信息的共享。

数据挖掘、人工智能等技术可以在海量的数据中提取出有效信息,同时过滤掉无用信息,并且从丰富的交通数据中,挖掘出数据背后隐藏的潜在信息。例如,利用交通信息采集设备采集到的交通数据,提取出有用信息,结合交通流量的相关影响因素,进行数据的统计和分析,找出规律性,建立交通流量预测模型。

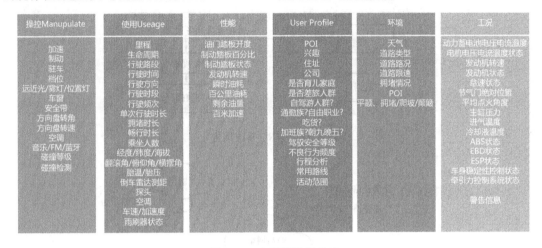

图 8-30　车联网数据类型

## 8.6.4　通信技术

车联网通信的主流技术包括技术和基于蜂窝移动通信系统的 C-V2X(Cellular Vehicle to Everything)技术。其中,以 LTE 蜂窝网络作为基础的 C-V2X 称为 LTE-V2X,未来基于 5G New Radio(新空口)蜂窝网络的 C-V2X 称为 5G NR-V2X。

### 1. IEEE 802.11p/DSRC

DSRC 是一种无线通信技术,可以实现在特定小范围内(通常为数十米)对高速运动下的移动目标的识别和双向通信。它提供高速的数据传输,并且保证系统的可靠性,是专门用户车辆通信的技术,例如车辆的车与路和车与车的双向通信,实时传输图像、语音和数据信息,将行驶的车辆和道路有机连接。

DSRC 系统结构主要由三部分组成,分别是 OBU(On Board Unit)、RSU(Road-Side Unit)、专用通信链路,其系统架构如图 8-31 所示。OBU 是放在行驶的车辆上的嵌入式处理单元,它通过专用的通信链路依据通信协议的规定与 RSU 进行信息交互。RSU 是安装在指定地点(如车道旁边、车道上方等)固定的通信设备,它可以与不同 OBU 进行实时高效的通信,实现信息的交互,其有效覆盖区域为 3~30 m。专用通信链路是 OBU 和 RSU 保持信息交互的通道,它由两部分组成:下行链路和上行链路。RSU 到 OBU 的通信应用下行链路,主要实现 RSU 向 OBU 写入信息的功能。上行链路是从 OBU 到 RSU 的通信,主要实现 RSU 读取 OBU 的信息,完成车辆的自主识别功能。

**2. LTE-V2X**

LTE-V2X 系统的空中接口分为两种:一种是 Uu 接口,需要基站作为控制中心,车辆与基础设施、其他车辆之间需要通过将数据在基站进行中转来实现通信;另一种是 PC5 接口,可以实现车辆间数据的直接传输(如图 8-32 所示)。

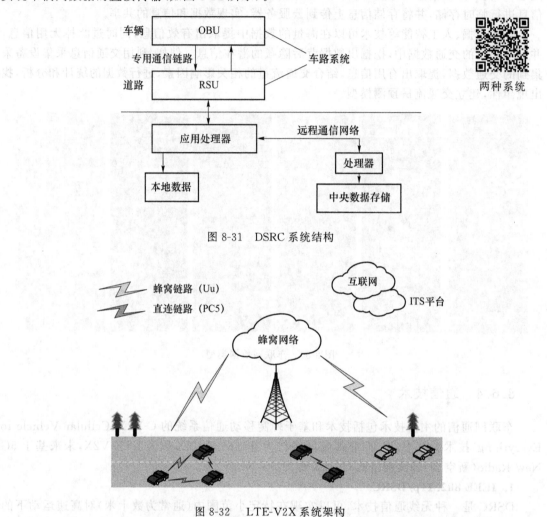

图 8-31 DSRC 系统结构

图 8-32 LTE-V2X 系统架构

LTE-V2X 的工作场景有两种:一种是基于蜂窝网络覆盖的场景,此时既可以由蜂窝网络的 Uu 接口提供服务,实现大带宽、大覆盖通信,也可以通过 PC5 接口提供服务,实现车辆与周边环境节点低时延、高可靠的直接通信;另一种是独立于蜂窝网络的工作场景,在无网络部署的区域通过 PC5 接口提供车联网道路服务,满足行车安全需求。在有蜂窝网络覆盖的场景下,数据传输可以在 Uu 接口和 PC5 接口之间进行灵活的无缝切换。

LTE-V2X 的 Uu 接口在 LTE 的 Uu 接口基础上进行了针对性的增强,例如优化了 LTE 广播多播技术来有效支持车联网这种广播范围小且区域灵活可变的业务,对控制信道进行裁剪以便进一步降低延迟。

LTE-V2X 的 PC5 接口在 3GPP Release 12 LTE-D2D 基础上进行了多方面的增强设计,从而支持车辆之间的车辆动态信息(如位置、速度、行驶方向等)的快速交换和高效的无线资源分配机制,此外,还对物理层结构进行了增强以便支持更高的移动速度(500 km/h),具体的基于 Uu 接口的通信和基于 PC5 接口的通信对比如表 8-2 所示。

表 8-2　基于 Uu 接口的通信和基于 PC5 接口的通信对比

| 比照参数 | 基于 Uu 接口的通信 | 基于 PC5 接口的通信 |
| --- | --- | --- |
| 基本描述 | 通过蜂窝网络转发实现 V2X 通信 | 通过车联网专用频段直接实现 V2X 通信 |
| 频谱 | 使用 LTE 频段 | 欧美在 5.9 GHz 分配车联网频谱,我国分配 5 905～5 925 MHz 作为车联网试验频段 |
| 无线侧 | 基站侧可充分利用资源,资源利用率较高;覆盖范围广;车辆终端必须在网络覆盖范围之内,且处于连接态;满足部分低时延场景 | 时延较低;车辆终端可在网络覆盖范围,也可不在覆盖范围内;资源利用率低,容易出现资源占用冲突等问题 |
| 核心网 | 采用单播或多播两种方式;单播的通信效率低,应用的场景有限,且要求车载终端都处于连接态;多播需要在现网中进行配置,成本较高 | 添加 V2X Control Function 逻辑单元,用于为车载终端提供参数进行 V2X 通信 |
| 终端 | 基于手机终端或车载终端,以实现 Telematics 业务为主 | 目前已有支持 PC5 通信的测试终端,如大唐、华为 |
| 产业化 | 目前基于 3G/4G 网络主要实现 Telematics 业务 | 在全国各试验基地均开展关于 V2X 的测试。例如,中国联通与福特、一汽在上海开展交叉路口 V2P 防碰撞业务示范,中国移动在云栖小镇建立 LTE-V2X 示范区并在 G20 峰会演示等 |

作为车联网的 V2X 无线通信技术,虽然 IEEE 802.11p 具有先发优势,但是 LTE-V2X 与 IEEE 802.11p 相比,具有以下技术优势,如表 8-3 所示。

表 8-3　LTE-V2X 与 IEEE 802.11p 的技术比较

| 比照参数 | | DSRC | LTE-V2X | LTE-V2X 的技术优势 |
| --- | --- | --- | --- | --- |
| 物理层处理 | 信道编码 | 卷积码 | Turbo 码 | Turbo 码的编码增益可在相同传输距离下获得更高的可靠性,或在相同可靠性下传输距离更远 |
| | 重传 | 不考虑重传 | 通过 HARQ 机制进行多次重传 | 重传合并增益可提高可靠性 |
| | 波形 | OFDM | SC-FDMA | PAPR 影响更小,在相同功放情况下有更大的发射功率 |
| | 信道估计 | 信道估计算法需改进以支持高速场景 | 4 列 DMRS | 4 列 DMRS 参考信号有效支持高速场景 |
| | 接收分集 | 不是必须的 | 两个接收天线考虑接收分集处理 | 充分利用接收分集增益 |
| 资源分配机制 | 资源复用 | TDM | TDM/FDM | 采用 TDM 和 FDM,考虑了节点密度、业务量和低时延高可靠传输需求 |
| | 资源选择机制 | CSMA/CA | 感知＋SPS | 充分考虑业务周期性,可充分利用感知结果避免产生资源冲突 |
| | 资源感知 | 通过固定门限以及检测前导码来判断信道是否被占用 | 通过功率和能量测量感知资源占用情况 | 考虑业务优先级对资源选择的影响,并且功率和能量测量提供资源感知结果供资源选择使用 |
| 同步 | 同步方式 | 非同步方式 | 同步方式 | 采用同步方式降低信道接入开销,提高频谱利用率 |

除了表 8-2 所述的技术优势外,LTE-V2X 还具有以下性能及网络部署方面的优势。

(1) 更好的远距离数据传输可达性

IEEE 802.11p 网络采用多跳中继进行远距离数据传输,可能会受中继节点的影响,可靠性不高。而 LTE-V2X 可利用 LTE 基站与云端服务器连接,进行如高清影音等类型的高数据速率传输,具有更好的信息可达性。

(2) 更高的非视距(NLOS)传输可靠性

LTE-V2X 可利用蜂窝基站转发的方式支持 NLOS 场景,由于基站可高架,天线高度更高,可提高 NLOS 场景的信息传输可靠性。

(3) 网络建设和维护的优势

尽管 IEEE 802.11p 可利用现有的 WiFi 基础进行产业布局,但由于 WiFi 接入点未达到蜂窝网络的广覆盖和高业务质量,不仅新建路侧设备 RSU(Roadside Unit)需要大量投资进行部署,而且 V2X 通信安全相关设备、安全机制维护需要新投入资金。而 LTE-V2X 可以利用现有 LTE 网络中的基站设备和安全设备等进行升级扩展,支持 LTE-V2X 实现车路通信和安全机制,可以利用已有 LTE 商用网络,支持安全证书的更新以及路侧设备的日常维护。

**3. 5G NR-V2X**

相对于目前的车联网通信技术,5G 系统的关键能力指标都有极大提升。5G 网络传输时延可达毫秒级,满足车联网的严苛要求,保证车辆在高速行驶中的安全;5G 峰值速率可达 10~20 Gbit/s,连接数密度可达每平方千米 100 万个,可满足未来车联网环境的车辆与人、交通基础设施之间的通信需求。图 8-33 对比了 LTE-V2X 与 5G-V2X 所支持的业务场景下的参数指标典型值,由图可知,5G-V2X 所支持的时延更低,可靠性更高,而对其他参数指标(如移动速度、通信范围、数据速率等)的要求也更加严格。

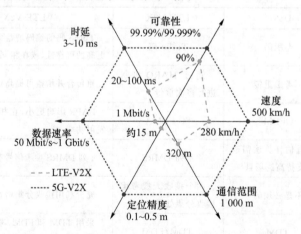

图 8-33  LTE-V2X 与 5G-V2X 需求参数对比

### 8.6.5  安全性技术

车联网不仅涉及到信息安全,还涉及国家安全、公共安全、知识产权保护、个人隐私保护等。伴随车联网智能化和网联化进程的不断推进,车联网安全事件不断涌现,诸多核心安全问题亟待解决,并将长期伴随车联网发展。在车联网安全的技术方案中,除涉及网络安全的部分外,还会涉及许多传统网络安全技术(包括安全程度加强的一些技术)带来的一些很难解决的问题,如终端安全问题、隐私保护问题、RFID 标签和无线传感网络节点方位问题等。车联网的安全架构如图 8-34 所示。

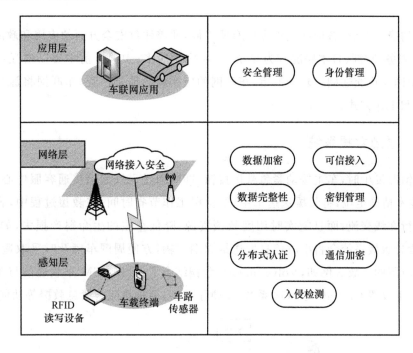

图 8-34 车联网安全架构

第 1 层是感知层的无线交互安全,即终端网络的分布式认证、通信加密和入侵检测。

a. 分布式认证提供终端、RFID 读写设备、传感器节点和网关之间的初级认证功能。

b. 通信加密包括感知层的所有设备,终端之间的无线通信加密算法协商、加密密钥协商、数据加密。

c. 入侵检测主要检测拒绝式服务攻击、Sybil 攻击、Wormhole 虫洞攻击和 Node Replocation 冒充攻击等,防止传感器节点设备被偷窃、攻击截获或者恶意破坏。

第 2 层是网络层的接入安全,主要指为读写设备、终端、网关节点等提供网络接入安全服务。接入安全包括以下几个方面的安全特性。

a. 用户隐私防护,包括用户标识的保密、用户位置的保密以及用户的不可追踪。

b. 数据加密,包括加密算法协商、加密密钥协商、数据加密和信令数据加密。

c. 数据完整性,包括完整性算法协商、数据完整性、数据源认证及数据不可否认性。

d. 接入认证,包括用户与网络的双向接入认证、跨域认证等。

第 3 层是应用层安全,主要包括访问控制和安全管理。访问控制主要用于控制哪些车联网的资源可以被合法地访问,资源包括无线传感网络的信息资源、处理资源、通信资源和物理资源。用户在要求网络资源服务之前,必须要确认拥有访问资源的身份权限,同时确保为其服务的资源是完全可信的。安全管理包括配置管理、积累安全审计追踪和安全预警报告,确保车联网网络和系统的可用性,为管理部门的管理工作提供帮助。

## 8.7　车联网的应用

车联网的应用广泛,各地区侧重点也有所不同,北美注重安全方面的应用和政府导向的服务,如 E911 服务;欧洲、日本路况较为复杂,导航应用居多;中国目前主要以增强用户的行车体验为主,中国城市交通问题较为严重,车联网的应用将会非常广泛,车联网将深刻影响人们未来的生活和工作方式。

### 8.7.1　紧急救援系统

在紧急情况发生时,车主按动紧急救援按钮,即可通过无线通信接通客服中心,客服人员通过 GPS 技术精确定位,将救援送达车主,给救援工作节省时间;在救援过程中,客服人员可以与车主进行在线交流,而且能实时调度救援资源,降低车主的生命财产损失,如图 8-35 所示。同时,紧急救援系统会将事故信息发送给周围车辆,方便周围车辆及时采取避让措施,防止发生更大范围的事故。例如,Volve on Call 紫铜结合了 GPS、GSM 车载通信与车载备用天线,在中控台上设置 On Call 与 SOS 系统,提供了防盗、事故排除与紧急救援等功能。

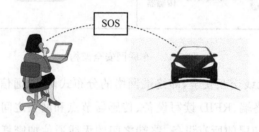

图 8-35　紧急救援系统

### 8.7.2　协助驾驶

车联网系统可以应用于协助驾驶,对交通进行监控和管理,进而有效提高道路的通行能力,尽可能避免交通拥堵。调查显示,北京高峰拥堵延时指数为 2.06,平均车速为 22.61 km/h,在高峰期要花 2 倍时间才能到达目的地。现在的二三线城市的交通拥堵现象也屡见不鲜,如图 8-36 所示。车联网系统可以把从车辆和路边设施收集到的信息提前告知司机,并根据司机需求和实时交通信息推荐最短路径、时间最优路径,优化司机的行驶路线,避免大量车辆聚集到一起造成交通严重拥堵。

另外,道路交通往往存在一些盲区,如十字路口或高速公路的出入口。车联网协助驾驶系统能够告知司机盲区附近车辆间的状态、位置信息,协助司机安全、及时地通过这些地段,避免突发事故的发生。如果司机没有对车辆预警系统发出的警告做出任何响应,协助驾驶系统中的防碰撞系统可以采取转向控制、制动等措施操纵车辆返回安全状态。

图 8-36 拥堵的交通

### 8.7.3 智能交通管理

交通的安全、效率、能源和污染排放是备受关注的问题,各种各样的智能交通在某种程度上缓解了一些问题,车联网及信息互联是智能交通管理发展的大趋势。车联网建立起实时、准确、高效的综合运输和管理系统,便于交通管理中心对道路、车主等的智能管理。车联网技术在智能交通管理方面的应用主要体现在以下几个方面:

a. 动态及静态交通管理方面,如智能收费系统〔如图 8-37(a)所示〕、智能停车场管理、智能车辆调度、智能信号灯管理、车辆监控;

b. 公共安全管理方面,如智能超速报警系统〔如图 8-37(b)所示〕、智能预警系统、疲劳驾驶检测系统;

c. 公共服务方面,如智能交通查询系统、智能交通收费系统。

(a) 智能收费          (b) 检测超速驾车

图 8-37 智能交通管理应用

### 8.7.4 车载社交网络

车载社交网络是目前车联网发展的一个重要的方向。车辆搭载信息显示屏使人可以和汽车进行互动,如图 8-38 所示。屏幕可以显示 GPS 导航路线、车辆安全监测数据等信息,也具有影音播放等功能,驾驶者也可以与车友共享网络游戏。车载社交网络的实现可以减缓驾驶者的紧张和劳累,使驾驶者享受路途中的社交无线网络。

　　隐私保护是车载社交网络重点的研究内容之一。车载社交网络中产生的很多数据都属于高度敏感的隐私数据,如用户的行车轨迹、停车位置、同行人员等。由于车联网的拓扑结构的变化性,数据缓存、多跳是必然的数据传递手段,在缓存、多跳的过程中,容易产生数据泄露的风险。因此,要在保证用户社交信息安全的前提下进行数据采集、分享和使用。

图 8-38　车载信息显示屏

# 本章习题

**一、选择题**

1. (单选题)工业 4.0 是(　　　)政府《高技术战略 2020》确定的十大未来项目之一,已经成为国家战略。

A. 德国　　　　　　　　B. 日本　　　　　　　　C. 美国　　　　　　　　D. 中国

2. (单选题)制造业(　　　)化是工业互联网的重要发展方向。

A. 服务　　　　　　　　B. 产业　　　　　　　　C. 智能　　　　　　　　D. 信息

3. (单选题)工业互联网是将人、数据和机器连接起来的开放、全球化网络,其概念最早由(　　　)提出。

A. GE　　　　　　　　B. IBM　　　　　　　　C. 思科　　　　　　　　D. 英特尔

4. (多选题)"中国制造 2025"和德国工业 4.0 的相同点有(　　　)。

A. 都是在新一轮科技革命和产业变革背景下针对制造业发展提出的重要战略

B. 中国在两化融合、信息化推动工业互联网等各方面具有优势

C. 中国制造业具有强大的技术基础,所以它直接实施工业 4.0

D. 都是基于信息技术与制造技术的深度融合

5. (单选题)IEEE 802.11p 中规定,信道(　　　)为只用于安全通信的控制信道。

A. CH174　　　　　　　B. CH176　　　　　　　C. CH178　　　　　　　D. CH180

6. (多选题)车联网的应用包括(　　　)。

A. 紧急救援系统　　　　B. 协助驾驶　　　　　　C. 智能交通管理　　　　D. 车载社交网络

**二、填空题**

1. 工业互联网的网络体系框架主要由三个体系构成,分别是＿＿＿＿＿、＿＿＿＿＿、

_____。

2. 工业互联网的安全体系框架主要由_____、_____、_____、_____和_____五部分组成。

3. 工业互联网平台是面向制造业数字化、网络化、智能化需求,构建基于海量数据采集、汇聚、分析的服务体系,包括_____、_____、_____三大核心层级。

4. CPS 主要应用_____和_____等技术作为其智能感知技术。

5. 车联网的架构由_____、_____、_____构成。

6. 车联网网络层包括_____网络和_____网络。

7. DSRC 结构系统由_____、_____、_____三部分组成。

8. 车联网感知层的无线交互安全包括终端网络的_____、_____和_____。

### 三、判断题

1. 工业互联网综合利用物联网、信息通信、云计算、大数据等互联网相关技术推动各类工业资源与能力的开放接入,其中贯彻工业互联网的核心技术是大数据。(　　)

2. CPS 是工业互联网的重要使能,CPS 能够有效运用工业互联网,实现物理实体世界与虚拟信息世界的感控闭环与双向交互。(　　)

3. 车联网的特点之一是能量和存储空间不充足。(　　)

### 四、简答题

1. 简述工业互联网的本质。

2. 工业互联网与传统互联网相比,有哪些不同点?

3. 工业互联网的基础体系由哪些方面组成?

4. 简述信息物理系统的定义有哪些。

5. 信息物理系统应用的关键技术有哪些?

6. 工业互联网主要应用在哪些领域?试举出几个应用场景。

7. 以典型的智能工厂项目功控网络数据存储为例,一个传感器每秒产生 8 000 个数据包,网络中超 1 万个传感器,每秒产生 800 MB 的传感数据,试计算每月产生的传感数据。由此可以看出工业互联网需要处理庞大的工业数据量。

8. FF(Foundation Fieldbμs)由现场总线基金会开发,可作为工厂等工业系统的基础网络。FF 的两种实现已用于工业环境,FF H1 和高速以太网(HSE)。它们使用不同的物理介质并具有不同的数据速率。H1 采用 31.25 kbit/s 的传输速率,通信距离最长可达 1 900 m。HSE 具有更高的 1 Mbit/s 传输速率,最高可达 2.5 Mbit/s,通信距离分别为 750 m 和 500 m。信号传播速率为 200 m/μs,试计算三种传输速率和相应传输距离下,一个 10 bit 的数据包从开始发送到接收结束的最长时间是多少 μs?(从开始发送到接收结束需要的最长时间＝发送时延＋传播时延)。

9. 工业控制网络具有实现互连设备间、系统间的信息传递与沟通的互操作性,可以与红外线、电力线同轴电缆等多设备合作适应不同的现场环境,更高的带宽是高性能工业控制网络的要求,一个快速以太网交换机的端口速率为 100 Mbit/s,若该端口可以支持全双工传输数据,那么该端口实际的传输带宽是多大?

10. 车联网系统有哪些功能需求?

11. 车联网有哪些特点?

12. IEEE 1609 标准主要有哪些?请简要介绍。

13. 在道路环境感知中,车辆与交通信号系统如何实现信息交换?

14. 简述水平切换和垂直切换。

15. 车联网与云计算如何结合?

16. LTE-V2X 有哪两种空中接口? 简要介绍这两种接口。

17. 相比 LTE-V2X,5G-LTE 有哪些更高的要求?

18. 5G-V2X 数据传输速率约为 50 Mbit/s~1 Gbit/s,LTE-V2X 中数据传输速率约为 1 Mbit/s。分别计算利用 5G-V2X 网络和 LTE-V2X 网络传输 500 Mbit 大小的数据至少需要多长时间?

19. LTE-V2X 中车辆与车辆间进行直接数据传输用哪个接口? 设数据传输速率约为 1 Mbit/s,若不考虑时延,两辆车之间传输 100 Mbit 大小的数据需要多长时间?

# 第**9**章 空间信息安全与区块链

人类社会正在向信息社会迈进,作为信息技术重要组成部分的空间信息技术,是当代科学技术中发展最快的尖端技术之一,已成为 21 世纪高新科技的主流。空间信息网络是以空间平台(如同步卫星,中、低轨道卫星,平流层气球,飞机等)为载体,结合地面网络节点,实时获取、传输和处理空间信息的网络系统。空间信息网络通过组网互联,实时采集、传输和处理海量数据,实现卫星遥感、卫星导航和卫星通信的一体化集成应用与协同服务。空间信息网络安全是全球共同关注的热点话题,受到广泛关注,本章主要介绍其基本概念和区块链技术。

## 9.1 空间信息安全概述

在过去的几十年中,以遥感、地理信息系统和卫星定位系统技术为代表的地理空间信息技术已在国家经济建设的诸多领域发挥了重要的作用。联合国报告表明,人类社会经济生活中 85% 以上的信息与空间信息有关,尤其是全局性、战略性的重大问题,其信息化的大部分内容或者直接与地理空间信息相关联,或者间接利用这些信息解决重大问题。空间信息网络研究高动态条件下空间信息的快速获取、实时传输、协同处理和智能服务问题,将人类科学、生产、军事活动拓展至外层空间。空间信息网络将极大地拓展科学研究空间和时间尺度,作为国家重要基础设施,空间信息网络在服务远洋航行、应急救援、导航定位、航空运输、航天测控等重大应用的同时,还可支持对地观测高动态、宽带实时传输,以及深空探测的超远程、大时延可靠传输,从而将人类科学、文化、生产活动拓展至空间、远洋乃至深空,是全球范围的研究热点。

太空领域蕴含着国家重大战略利益,已成为国家安全的战略"高边疆",是现代信息化作战敌我双方抢占、保护的重点。空间信息网络作为信息时代国家在太空领域的战略性公共基础设施和科技强国的重要技术标志,其地位的重要性不言而喻,已成为各国发展的重点。加快构建国家空间信息网络,是提升信息服务能力、服务国家重大战略构想和保障军事力量"走出去"的迫切需要,是实践创新驱动发展、推动产业转型升级、建设网络强国的关键行动,必将为"确保国家战略安全、引领国家利益拓展、推动军民深度融合、促进经济社会发展"提供有力的战略支撑。

因此,对于空间信息网络的研究是当今世界重要的国际科学前沿和战略制高点,空间信息安全在国际竞争和国民经济发展中发挥着重要作用。随着信息与知识经济时代的到来,尤其是在"数字地球"的概念提出以后,随着各种各样的数字化工程的建设与发展,我国国民经济各部门都表现出对空间信息与数字技术人才的强劲需求。

### 9.1.1　历史发展与挑战

信息网络安全随着通信技术和信息技术的发展,大致经历了通信保密年代、计算机系统安全年代、信息系统网络安全年代、网络空间信息安全年代。

在通信保密年代,网络信息安全面临的主要威胁是攻击者对通信内容的窃取:有线通信容易被搭线窃听、无线通信由于电磁波在空间传播易被监听。保密成为通信安全阶段的核心安全需求。这一阶段主要通过密码技术对通信的内容进行加密,保证数据的保密性和完整性,而破译成为攻击者对这种安全措施的反制。

计算机安全的主要目的是采取措施和控制以确保信息系统资产(包括硬件、软件、固件和通信、存储和处理的信息)的保密性、完整性和可用性。典型的代表措施是通过操作系统的访问控制手段来防止非授权用户的访问。

信息系统安全是通信安全和计算机安全的综合,信息安全需求已经全面覆盖了信息资产的生成、处理、传输和存储等各阶段,确保信息系统的保密性、完整性和可用性。信息系统安全也曾被称为网络安全,主要是保护信息在存储、处理和传输过程中免受非授权的访问,防止授权用户的拒绝服务,同时检测、记录和对抗此类威胁。为了抵御这些威胁,人们开始使用防火墙、防病毒、PKI、VPN等安全产品。

网络空间信息安全则是在上述发展基础上,包含了各种网络技术。网络空间信息安全不仅包括网络信息的存储安全,还涉及信息的产生、传输和使用过程的安全。从狭义上来说,网络空间信息安全是指网络系统的硬件、软件及其系统中的数据受到保护,不因偶然的或者恶意的原因而遭受到破坏、更改、泄露,系统连续可靠地运行,网络服务不中断。从广义上来说,凡是涉及网络上信息的保密性、完整性、可用性、真实性和可控性的相关技术和理论都是网络安全的研究领域。所以广义的计算机网络安全还包括信息设备的物理安全性,如场地环境保护、防火措施、静电防护、防水防潮措施、电源保护、空调设备、计算机辐射等。

**1. 国际发展**

自20世纪90年代起,世界各国普遍重视并大力发展空间信息网络,西方国家相继实施一系列研究计划。1996年美国NASA将其主要卫星测控通信网合并,建立了NASA综合业务网(NASA Integrated Services Network,NISN)。1998年NAS喷气推进实验室(JPL)启动星际互联网项目,主要研究在地球以外通过互联网实现端到端通信的方案,旨在为深空探测任务提供通信、导航服务。2000年JPL开展下一代空间互联网(Next Generation Space Internet,NGSI)项目研究,下设4个工作组,分别研究动态利用空间链路、多协议标签交换协议、移动IP和安全问题,利用通用通信协议〔IP协议、CCSDS(Consultative Committee for Space Data System)建议〕实现对地观测卫星与地面网络的互联,提出一套基于CCSDS的空间互联网有关建议。2002年美国国防部与NASA等联合启动转型通信研究,改进其全球军事卫星通信体系结构,实现空天宽带数据传输。2004年NASA提出的星际互联网(Interplanetary Internet,IPN)体系架构和国际组织空间数据系统咨询委员会(CCSDS)协议体系,是最具代表性的空间信息网络体系架构。同年,美国集合包括宇航局、大气与海洋局、国家科学基金、海陆空三军、国务院以及白宫在内的18家单位联合编制美国集成对地观测系统(IEOS)战略计划,美国国防部已在2007年将作为IEOS计划之一的太空互联网路由器(Internet Routing in

Space,IRIS)计划列入财政预算,同时启动自然灾害预警系统研究发展计划。2006 年 NASA 的空间通信体系工作组(Space Communication Architecture Working Group,SCAWG)给出了 2005—2030 年 NASA 空间通信与导航体系结构及相关关键技术建议,以指导未来空间通信与导航能力及技术发展。

目前,美国、俄罗斯以及欧盟等国已规划研发一系列针对不同需求的代表性系统:美国天基监测系统(SBSS)、天机雷达(SBR)系统、天基红外系统(SBIRS),欧盟数据中继卫星星座(EDRSS),以及俄罗斯的全球预警探测系统等。

此外,各航天大国高度重视天基信息系统,通过一系列国家战略推进系统建设及发展。美国制定了"国家天基信息系统战略",通过开发和部署覆盖全球的实用型天基信息系统,扩大在本领域的技术领先地位;欧盟为提升空间领域竞争力,先后颁布实施了"欧洲太空战略""2018 年欧盟能力发展计划"等天基网络系统规划,确定了包括"重点发展天基信息和通信服务"在内的行动方针;俄罗斯在《2030 年及未来俄罗斯航天发展战略(草案)》中提出,发展空间技术是国家战略目标,建立数量和质量均能满足国际竞争需求的航天装备系统;日本以《宇宙基本法》为契机,加速推进空间科学、载人航天活动、天基太阳能发电、小型实验卫星等研究项目,逐步完善天基信息系统建设。

**2. 我国发展**

我国始终把发展航天事业作为国家整体发展战略的重要组成部分,随着我国对空间资源开发和利用的不断深入,空间信息网络的相关研究受到高度重视。我国自"九五"提出了天基综合信息网,在"十一五""十二五""十三五"以及接下来的发展中投入了相应的人力、物力和财力进行空间科学技术的研究开发。在国家自然科学基金项目、国家 863 计划等科技部项目中部署了空间信息系统的研究和关键技术攻关工作;在系统层面上,2018 年 12 月 22 日,"虹云工程"首星发射成功,标志着我国低轨宽带通信卫星系统建设迈出实质性的一步;截至 2019 年 9 月,北斗卫星导航系统在轨卫星已达 39 颗,正式向全球提供 RNSS 服务,2020 年 6 月 23 日,"北斗三号"最后一颗全球组网卫星在西昌卫星发射中心点火升空,同年 7 月 31 日,"北斗三号"全球卫星导航系统正式开通。在一系列重大研究计划以及科技工程的推动下,已建成的"风云"卫星系统实现了对台风、雨涝等灾害的检测,提升了气象预报和气候变化检测能力;"遥感""天绘"等卫星系列在国土资源普查、地图测绘等领域发挥了重大作用;"北斗""天链"等重大工程项目的实施也为我国空间信息网络的建设奠定了一定的基础,此外还有"海洋""资源"等卫星系统以及"环境与灾害监测预报小卫星星座"。

近年来,我国相关部门发布了《国家民用空间基础设施中长期发展规划(2015—2025 年)》《关于加快推进"一带一路"空间信息走廊建设与应用的指导意见》等若干政策文件,从国家政策角度来引导天基信息系统服务经济社会的发展方向和实施路径。这既为相关系统的建设与产业推广应用提供了政策层面的基本保障,也为推动空间资源规模化、业务化和产业化提供了先决条件。

**3. 关键挑战**

由于空间信息系统的重要性日益提高,各种针对空间信息系统的可能性攻击手段不断出现。卫星节点暴露且信道开放,异构网络互联且网络拓扑高度动态变化,高链路误码率对网络性能造成负面影响,长时延和间歇性降低网络反馈的及时性,星上资源受限影响计算能力,这些都是空间互联网星座系统安全性受限的因素。国外的空间互联网星座系统在国内落地应用后,将带来一系列的安全问题。我国的空间互联网在全球运营后也将面临泄露敏感数据、威胁重要基础设施和关键设备、窃取宽带资源等安全风险。在物理安全、运行安全、数据安全等层面开展空间网络安全架构研究。空间互联网星座系统在设计之初就应充分考虑网络安全的要求,各个分层、各个系统的业务需求要与安全需求相互融合,安全能力要嵌入各个分层、各个系统的方方面面;有效阻断外来恶意攻击,有效遏制内部人员的违规和恶意行为。

反卫星技术在世界范围内发展较快,各国的卫星都有可能会受到敌国的地基雷达、射频干扰机或激光系统的干扰或毁坏,在发展攻击性太空武器、寻求太空威慑能力的同时,也要尽全力保护本国的空间信息系统不要成为敌国攻击和威胁的目标,更要坚决防止敌国利用本国的卫星系统提高其打击能力。因此必须采取防护措施,使敌国对本国的空间信息系统"难以发现""难以击中""难以摧毁"。主要的安全防护手段包括抗核辐射加固、轨道机动和高轨道静默备份、卫星威胁预警和攻击报告系统以及信息对抗措施等。

(1)抗核辐射加固

抗核辐射加固是为使卫星在核辐射情况下不至于因为电磁脉冲毁坏太阳能电池或卫星内部的电子元器件和设备,造成卫星失效,如对红外器件、光电敏感器和光学镜头等进行加固。

(2)轨道机动和高轨道静默备份

轨道机动是卫星在紧急情况下的轨道机动能力,即改变自己的运行轨道,完成预定任务或摆脱敌方攻击的能力。高轨道静默备份是设置静默备份卫星,在停机状态下置于7万多千米的深空轨道,使敌方无法察觉,一旦在轨卫星遭到反卫星武器的袭击,隐身卫星迅速开机,机动到静止轨道参与组网。

(3)卫星威胁预警和攻击报告系统

卫星威胁预警和攻击报告系统是美国菲利普实验室研制的一种防止美国太空设施受到各种技术攻击的系统,主要功能包括:利用各种轨道的卫星探测识别对方的干扰信号;提供破坏信号告警;提供威胁预警。

(4)信息对抗措施

信息对抗措施针对的是以软杀伤为代表的空间信息对抗措施,主要包括采用伪噪声调频频谱展宽技术、选用更高或新的通信频段、采用自适应天线技术、星上处理技术或改进信号体制等。

## 9.1.2 空间信息安全的内涵

当前,空间信息开发利用、防护和安全问题已经引起了各国的高度关注,空间信息优势是未来信息化战争中的制高点。空间信息安全防护主要包括物理安全、网络安全、通信安全、数据安全以及边缘安全等五个技术层面。随着空间技术发展,空间攻防对抗成为未来作战的主要方式,要让空间信息系统在未来作战中发挥作用,不被敌方摧毁,这一系统必须具备攻防对抗的能力。空间信息系统攻防对抗能力包括天地空间目标现实能力、支持天地作战目标探测需求的能力、优秀的空间卫星能力等,还包括实施天地电子干扰能力、天地动能攻击能力、较强的导航干扰能力、目标信号通信能力。

在自主生产能力方面,空间信息系统是以空间信息网络为基础的网络化结构。数字化、网络化、智能化已成为空间信息技术的特点,而关于空间信息安全的最新进展较少。因此,本节从当前空间信息技术特点出发,介绍以网络为基础的信息安全内涵。

### 1. 传统信息安全

ISO在《ISO/IEC 27000:2014》中定义的传统的信息安全强调信息(数据)本身的安全属

性,主要包含以下三点。

① 信息的秘密性:数据不被未授权者知晓。

② 信息的完整性:数据是正确的、真实的、未被篡改的、完整无缺的。

③ 信息的可用性:数据随时可以使用。

**2. 空间信息安全**

（1）物理安全

基于卫星的空间信息网络在物理层面面临的威胁主要包括物理损毁、信号干扰等,卫星物理损毁主要是指网络中的卫星、地面站等重要基础设施遭受物理破坏。在太空环境中,卫星时刻可能受到诸如太阳黑子爆发等不可控的自然因素的影响,这种突发性自然活动将对卫星平台等造成严重的威胁和破坏,影响网络的正常运转。不仅如此,基于卫星信息网络在未来战争中的重要性,卫星、地面站等重要设施还可能遭受武器攻击。特别是在军事领域,卫星等设施极有可能成为敌方的首要打击对象。

卫星信号干扰主要是指传输链路信号遭受人为或自然的电磁干扰。由于通信卫星处于高度复杂的外太空电磁环境中,所以卫星平台极易受到恶意电磁信号、大气层电磁信号及宇宙射线等各类电磁信号的干扰,导致正常的数据传输过程受到影响,甚至发生中断。目前,信号干扰技术主要有欺骗干扰和压制干扰两类。

（2）网络安全

卫星网络在运行层面的网络接入、网络切换、控制访问等过程中面临的威胁主要包括欺骗攻击和恶意程序攻击等。

欺骗攻击主要指在卫星互联网中,卫星节点具有动态接入的特点,因此真实网络节点存在被顶替冒充的可能,从而使非法网络节点有机会接入信息网络,导致系统产生异常状况,甚至引起网络瘫痪。

恶意程序攻击是指利用卫星互联网中可能存在的脆弱点、安全漏洞、无效配置等自身结构缺陷,在网络系统中植入病毒、木马等各类恶意代码,使系统被远程操控,最终造成信息网络被破坏。

此外,卫星互联网还应具备接入认证能力,以及抗网络攻击、入侵的能力。

（3）通信安全

卫星互联网安全通信传输的构建,需从端到端加密、链路加密和安全的路由协议等层面实现。

① 端到端加密

在数据发送端,将信源的明文信息通过加密算法和加密密钥变换成密文,生成的密文可以通过通信信道直接传输到接收端;在数据接收端,再使用解密算法和密钥,将密文解密为明文。

② 链路加密

在数据接收端和发送端之间,每段通信链路的两端节点都采用密钥进行加密和解密处理。根据实际情况,不同通信链路使用的加密/解密算法可以不同也可以相同,以满足不同客户端的用户业务需求。

③ 安全的路由协议

在数据发送端和接收端之间建立相对安全的路由协议,该协议可以采用静态配置与动态调整相结合的配置策略。依据该路由协议可自动对链路路由进行快速调整,及时检测出通信网络中的主动或被动的恶意攻击,并迅速采取相应的处置措施,从而实现对网络内、外攻击的快速诊断与防范应对。

（4）数据安全

数据安全主要保障数据在传输、处理等过程中的机密性和完整性的技术需求。卫星互联网在数据路由、传输等过程中面临的主要威胁包括路由伪造/篡改、数据窃取等。

在路由过程中，传输数据主要面临篡改攻击、伪造攻击等威胁。一方面，外部攻击者会冒充合法计算节点加入网络，打乱原有合法节点间的数据传输过程，造成传输失常或数据泄露；另一方面，攻击者会伪造路由消息，在网络中恶意篡改路由，导致无效路由的产生，从而导致数据传输时延、传输开销大幅增加等问题，严重降低网络的安全性能。

卫星互联网与传统地面网络类似，在数据传输过程中也会面临半连接攻击、中间人攻击等各类攻击威胁。此外，由于低轨道卫星网络具有高时延、大方差及间歇链路等特性，会进一步降低数据传输的可靠性，严重影响数据传输效率。

卫星互联网技术发展将大量采用边缘计算模式，将计算过程推至靠近用户数据产生的地方，可有效避免数据在产生端和云端的交替传输，极大降低隐私数据泄露的可能性。但是，边缘计算相较于云计算中心，由于计算设备通常处于靠近用户侧或传输路径，因此具有被更高级别攻击者入侵的可能性。

**3. 信息系统安全**

在介绍空间信息安全时，借助信息论的基本知识，信息不能脱离它的载体而孤立存在。因此，从信息系统的角度来全面考虑信息安全，并把信息系统安全划分为 4 个层次：设备安全、数据安全、内容安全、行为安全，也就是信息流转的各个协议层环节。

（1）设备安全

信息系统设备的安全是信息系统安全的首要问题，并且是信息系统安全的物质基础，因此任意对信息设备的任何损坏都将危害信息系统的安全。设备安全的内涵包含以下三点。

- 设备的稳定性即设备在一定时间内不出故障的概率。
- 设备的可靠性即设备能在一定时间内正常执行任务的概率。
- 设备的可用性即设备随时可以正常使用的概率。

系统层的安全主要包括网络空间中信息系统自身所需要获得的网络安全、计算机安全、软件安全、操作系统安全、数据库安全等与系统运行相关的安全保障。

（2）数据安全

采取措施确保数据免受未授权的泄露、篡改和毁坏。

- 数据的秘密性指的是数据不被未授权者知晓的属性。
- 数据的完整性指的是数据是正确的、真实的、未被篡改的、完整无缺的属性。
- 数据的可用性指的是数据是随时可以使用的属性。

（3）内容安全

内容安全是信息安全在政治、法律、道德层次上的要求。

- 信息内容在政治上是健康的。
- 信息内容符合国家法律法规。
- 信息内容符合中华民族优良的道德规范。

除此之外，广义的内容安全还包括信息内容保密、知识产权保护、信息隐藏和隐私保护等诸多方面，以及全球性泛在系统涉及的互联网治理问题，包括由于信息对抗、缺乏舆论管控和网络攻防等带来的问题，以及滥用信息通信技术而波及的政治安全、经济安全、文化安全、社会安全、国防安全等问题。

（4）行为安全

数据安全是一种静态安全，行为安全是一种动态安全，行为安全可以概括为以下三点。

· 行为的秘密性。行为的过程和结果不能危害数据的秘密性，必要时行为的过程和结果也应是秘密的。

· 行为的完整性。行为的过程和结果不能危害数据的完整性，行为的过程和结果是预期的。

· 行为的可控性。当行为的过程出现偏离预期时，能够发现、控制或纠正。

具体而言，行为安全主要包括在信息应用过程中所涉及的内容安全、支付安全、控制安全、物联网安全以及信息通信系统、运行数据、系统应用中所存在的所有与信息系统应用相关的全问题。

对于任何网络而言，其信息系统的四要素都是通过各类型的数据直接或间接发挥作用。因此，该四要素对于网络空间安全体系是网状映射，如资源的安全可能涉及设备层面的配置信息管理、系统层面的运行参数管理、数据层面的数据完整性验证以及应用层面的签名加密。行为安全也涉及各个层面的安全问题，包括对硬件设备的安全运行操作、对网络设施系统的安全配置管理、对数据资源的安全存储处理及对应用系统的安全开发维护。主体安全同样也涉及各个层面的安全问题，包括对硬件设备的使用权利、对信息系统的操作权利、对数据的共享权利、对应用的操控权利。

**4. 空间信息系统安全**

从不同的方面来看，信息安全有着十分多元的定义。从信息流的角度看，信息安全是指保护信息及信息系统在信息存储、处理、传输过程中不被非法访问或修改，而且对合法用户不发生拒绝服务的相关理论、技术和规范；从信息属性的角度看，信息安全就是关注信息本身的安全，而不管是否应用了计算机或其他信息系统作为信息处理的手段；从信息资产价值的角度分析，信息安全的任务是保护信息安全财产，以防止偶然的或未授权者对信息的恶意泄露、修改和破坏，从而导致信息的不可靠或无法处理等。

信息管理是保障空间信息系统安全的重要部分。信息管理主要包括信息的获取、存储、传输、处理和销毁等环节，不同环节有着不同的安全需求。

（1）信息获取

对信息获取来说，最重要的是保证获取信息的真实性和完整性。通常采用的方法是对获取信息的设备，包括软件和硬件进行物理安全防护。其次是提高系统硬件和软件的可靠性、抗干扰能力和容错能力，并要保证软件系统的完整性，防止恶意代码的渗透与运行。为了验证来源信息的真实性，可采用多信息源信息融合的方法，提高伪造或干扰信息的过滤筛选能力。

（2）信息存储

对信息存储来说，最重要的是保证存储信息的机密性和完整性。不同安全等级的存储信息对机密性的要求不同。对密级较高的存储信息来说，必须综合运用身份认证、访问控制和数据加密等安全防护技术，才能有效保证其机密性。为了保证存储在系统中的敏感信息的完整性，必须综合运用数字签名、防病毒、访问控制、入侵检测和备份恢复等手段。

（3）信息传输

对信息传输来说，最重要的是保证传输信息及信息流的机密性和完整性。可根据传输方式的不同，采取不同级别、不同粒度的加密措施。对点到点的数据传输来说，可采用物理加密或链路加密技术；对端到端的数据传输来说，可采用端到端加密技术。另外，为了保证传输信息的完整性,必须对信息来源的真实性进行鉴别,对信息在传输过程中可能遭受的截断、篡改、伪造、乱序、重放等攻击加以鉴别和保护。

空间网络通信协议应针对任务进行分层设计,应能面向应用设置不同的安全及可靠传输级别。除了异构兼容性、自治交互等共性外,空间目标图像传输与指控命令等其他信息传输任务不同,具有数据量大、要求传输率高、允许一定误码率等特点。因此,有必要针对空间信息传输这一重要信息交换任务特别优化空间网络通信协议的设计,重点从抗干扰和防窃取等主动性安全防御角度出发,引入定制的纠错和加密机制作为研究的关键技术点。

(4) 信息处理

对信息处理来说,最重要的是保证信息的可用性和可审计性。为了保证信息的可用性,必须对提供信息的物理设备与链路实施物理保护,能够对关键数据实施冗余备份与恢复;为了保障提供信息的软件系统和服务的可靠性,必须采用负载均衡和服务的冗余备份、容错技术;为了降低拒绝服务攻击的影响范围,必须采用各种网络隔离措施,如划分逻辑网段、控制路由等,实施深度防御;为了确保信息只能被合法的用户访问,必须对访问信息的用户实施高强度的身份认证,并记录访问日志,以便进行审计跟踪。

(5) 信息销毁

对信息销毁来说,最重要的是保证信息的机密性。为此,必须采用安全的数据删除技术,防止被删信息的非授权恢复。

## 9.1.3 网络安全面临的主要问题

近年来,全球网络安全形势愈来愈严峻,针对网络载体、资源、主体和操作的各类安全事件频发。作为空间信息安全的重要组成部分,本节将列举全球网络安全事件,介绍网络空间安全面临的主要问题,分析网络系统、服务协议、防火墙、数据库等方面存在的安全风险。

**1. 网络安全事件**

(1) 基础设施频受攻击

网络空间基础设施遭受误操作配置或恶意攻击都可能致使局部甚至大面积网络不可用。早在 2009 年,美国国土安全部的报告就称,2005 年有 4 095 起针对美国政府和私营企业的网络攻击,2008 年这一数字已增长至 72 000 起,这些攻击在近几年更是成倍增加,使关键基础设施安全和敏感信息保护面临严峻威胁,造成巨大损失。

2016 年年底,北美发生针对域名服务商 DYN 的 DDoS 攻击,造成包括 Airbnb、Amazon、BBC、CNN 等大量知名网站短时无法访问。2017 年 8 月,由于 Google 不慎操作造成 BGP 路由前缀被劫持,导致日本大范围断网约 1 h。

(2) 用户隐私保护缺乏

网络空间存储、传输大量用户身份信息以及敏感数据,极易发生信息的泄露和滥用。据统计,2010 年美国有 810 万人遭受身份盗用或网络欺诈,造成 370 亿美元的损失。2011 年 12 月 21 日,中国最大开发者技术社区 CSDN 的 600 万用户数据被泄露,其中包含极为敏感的用户名和明文密码;2011 年 12 月 22 日,垂直游戏网站多玩网被传泄露 800 万用户数据;2011 年 12 月 25 日,号称"最有影响力华人论坛"的天涯社区 4 000 万用户数据分组被泄露传播;大量知名网站相继被卷入用户数据泄露风波,其中不乏主流大型互联网公司。据统计,2016 年我国网络空间通过不同渠道泄露的个人信息达 65 亿条次,即平均每个人的个人信息至少被泄露了 5 次。

（3）网络数据易遭窃取及篡改

互联网诞生于相对封闭可信的科研、军事应用，对于数据传输和管理并没有完整有效的安全保障，极易被监听、窃取和篡改。用户的通话数据、信息记录、邮件信息都可被监听和收集，且频繁发生于每个网络用户。2013 年斯诺登曝光美国棱镜计划的风波引发了全球性的数据安全恐慌，也将全球性的网络空间治理推到风口浪尖。

（4）应用不可信

网络应用是用户进入网络空间的入口，但当前层出不穷的网络应用安全保障体系参差不齐，有些应用漏洞极易遭受恶意入侵及伪造攻击。以网络钓鱼为例，据 Trusteer 报告，美国金融机构每周会遭受 16 次网络钓鱼攻击，每年造成 240 万～940 万美元的损失。中国反钓鱼网站联盟的报告也显示，网络钓鱼情况愈演愈烈，2016 年钓鱼总量高达 10 万例，且不断向移动互联网等新型网络环境蔓延，造成巨大损失。

同时，随着整个社会的信息化、智能化程度的不断提高，空间信息安全中产生的漏洞剧增，并呈现出多元化的趋势。根据中国互联网信息中心发布的报告，截至 2017 年年底，我国互联网用户规模高达 7.72 亿，高居世界第一，但据《2017 年度互联网安全报告》显示，全年机器感染病毒次数高达 30 亿次，6.3 亿台机器感染病毒或木马，计算机病毒数量仍将持续上升。并且，随着人工智能、物联网技术的发展，越来越多的设备开始智能化，传统网络中存在的安全隐患同样存在于新的智能设备中。如果对智能设备安全设计不够充分，那么将导致用户的生命财产遭受严重威胁，甚至造成整个社会的动荡。比如，现在为人类服务的一些智能机器人，如果程序被人破译、篡改，那么将造成严重的后果。

**2. 网络安全主要威胁的种类**

网络安全面临的主要威胁受人为因素、系统和运行环境的影响，包括网络系统问题和网络数据（信息）的威胁和隐患。网络安全威胁主要表现为：非法授权访问、窃听、黑客入侵、假冒合法用户、病毒破坏、干扰系统正常运行、篡改或破坏数据等。威胁性攻击大致可分为主动攻击和被动攻击两大类。网络安全的主要威胁种类如表 9-1 所示。

表 9-1　网络安全的主要威胁种类

| 威胁类型 | 主要威胁 |
|---|---|
| 非授权访问 | 通过口令、密码和系统漏洞等手段获取系统访问权 |
| 窃听 | 窃听网络传输信息 |
| 篡改 | 攻击者对合法用户之间的通信信息篡改后，发送给他人 |
| 伪造 | 将伪造的信息发送给他人 |
| 窃取 | 盗取系统重要的软件或硬件、信息和资料 |
| 修改 | 数据在网络系统传输中被截获、删除、修改、替换或破坏 |
| 病毒木马 | 利用木马病毒及恶意软件进行破坏或恶意控制他人系统 |
| 行为否认 | 通信实体否认已经发生的行为 |
| 拒绝服务攻击 | 黑客以某种方式使系统响应减慢或瘫痪，阻止用户获得服务 |
| 截获 | 黑客从有关设备发出的无线射频或其他电磁辐射中获取信息 |
| 人为疏忽 | 已授权人为了利益或由于疏忽将信息泄露给未授权人 |
| 信息泄露 | 信息被泄露或暴露给非授权用户 |
| 物理破坏 | 对终端、部件或网络进行破坏，或绕过物理控制非法入侵 |

| 威胁类型 | 主要威胁 |
|---|---|
| 讹传 | 攻击者获得某些非正常信息后,发送给他人 |
| 旁路控制 | 利用系统的缺陷或安全脆弱性的非正常控制 |
| 服务欺骗 | 欺骗合法用户或系统,骗取他人信任以便牟取私利 |
| 冒名顶替 | 假冒他人或系统用户进行活动 |
| 资源耗尽 | 故意超负荷使用某一资源,导致其他用户服务中断 |
| 消息重发 | 重发某次截获的备份合法数据,达到信任并非法侵权目的 |
| 陷阱门 | 协调陷阱"机关"系统或部件,骗取特定数据以违反安全策略 |
| 媒体废弃物 | 利用媒体废弃物得到可利用信息,以便非法使用 |
| 信息战 | 为了国家或集团利益,通过网络严重干扰破坏或恐怖袭击 |

### 3. 网络安全威胁的风险分析

网络遭受威胁的途径种类各异且变化多端。目前,大量网络系统的功能、网络资源和应用服务等已经成为黑客攻击的主要目标。网络的主要应用,如电子商务、网上银行、即时通信、邮件、网游、下载文件等都存在大量安全隐患。网络安全的风险及脆弱性涉及网络设计、结构、层次、范畴和管理机制等方面。

(1) 网络系统安全威胁

互联网创建初期只用于计算和科学研究,其设计及技术基础并不安全。现代互联网的快速发展和广泛应用,使其具有开放性、国际性和自由性等特点。网络系统面临威胁的主要因素包括 7 个方面,如表 9-2 所示。

表 9-2  网络系统面临威胁的七个主要因素

| 因素 | 原因 |
|---|---|
| 网络开放隐患多 | 计算机和手机网络的开放端口及网络协议等极易受到网络侵入和攻击 |
| 网络共享风险大 | 网络资源共享增加开放端口,为黑客借机破坏提供了极大便利 |
| 系统结构复杂有漏洞 | 主机系统和网络协议的结构复杂,以及一些软件设计和实现过程中难以避免的疏忽及漏洞隐患 |
| 身份认证难 | 身份认证常用的静态口令极易被破译,通过越权访问可借用管理员的网络检测信道,窃取用户密码等 |
| 边界难确定 | 网络升级与维护的可扩展性致使其边界难以确定,网络资源共享访问也使其安全边界容易被破坏 |
| 传输路径隐患多 | 一个报文从发送端到目的端需要经过多个中间结点,起止端的安全保密性无法解决中间结点的安全问题 |
| 信息聚集易受攻击 | 网络聚集大量敏感信息后,很容易受到分析性等方式的攻击 |

(2) 网络服务协议安全威胁

常用的互联网服务安全包括:Web 浏览服务安全、文件传输(FTP)服务安全、Email 服务安全、远程登录(Telnet)安全、DNS 域名安全和设备实体安全。网络的运行机制依赖网络协议,不同结点间的信息交换以约定机制通过协议数据单元实现。TCP/IP 协议在设计初期只注重异构网的互联,并没考虑安全问题,Internet 的广泛应用使其安全威胁对系统安全产生极大风险。互联网基础协议 TCP/IP、FTP、Email、RPC(远程进程调用)和 NFS(网络文件系统)等不仅公开,而且存在安全漏洞。此外,网络管理人员难有足够时间和精力专注于全程网络安全监控,而且操作系统的复杂性,难以检测并解决所有的安全漏洞和隐患,致使连接网络的终端受到入侵威胁。

(3) 防火墙的局限性

防火墙能够较好地阻止外网基于 IP 包头的攻击和非信任地址的访问,却无法阻止基于数据内容的黑客攻击和病毒入侵,也无法控制内网之间的攻击行为。其安全局限性需要入侵检测系统、入侵防御系统、统一威胁管理(Unified Threat Management,UTM)等技术进行弥补,应对各种网络攻击,以扩展系统管理员的防范能力(包括安全审计、监视、进攻识别和响应)。

(4) 网络数据库的安全风险

数据库技术是信息资源管理和数据处理的核心技术,也是各种应用系统处理业务数据的关键,是信息化建设的重要组成部分。数据库安全不仅包括数据库系统本身的安全,还包括最核心和关键的数据(信息)安全,需要确保数据的安全可靠和正确有效,确保数据的安全性、完整性和并发控制。数据库存在的风险因素包括:非法用户窃取信息资源,授权用户超出权限进行数据访问、更改和破坏等。

(5) 网络安全管理问题

网络安全是一项系统工程,需要各方面协同管理。安全管理产生的漏洞和疏忽属于人为因素,如果缺乏完善的相关法律法规、管理技术规范和安全管理组织及人员,缺少安全检查、测试和实时有效地安全监控,将对网络安全造成巨大威胁。网络安全管理面临的风险因素主要包括:网络安全相关的法律法规不健全,管理体制、保障体系、机制等不够科学完善及时有效等;管理人员管理疏忽、操作失误及能力水平不达标等;通信线路与传输环节存在安全问题。

## 9.2　空间信息安全技术

随着信息技术及其在工业领域应用的不断发展,信息安全也面临着前所未有的挑战。网络环境下的信息安全技术是保证信息安全的关键。以数据加密为主的密码学技术研究信息保密性、完整性和认证性,网络安全防护技术及安全协议用于应对人为因素、系统和运行环境带来的影响,可信网络与网络安全评估准则是信息安全保障体系重要组成部分。本节还将介绍包括硬件、软件、数据等在内的信息系统以及新形势下智能移动终端、可穿戴设备的安全保护技术,围绕着信息、信息处理过程、信息系统和计算机网络而进行的信息对抗技术。

### 9.2.1　网络安全

网络安全的目标是指在网络的信息传输、存储与处理的整个过程中,提高物理上逻辑上的防护、监控、反应恢复和对抗的要求。网络安全的主要目标是通过各种技术与管理等手段,实现网络信息的保密性、完整性、可用性、可控性和可审查性,其中保密性、完整性、可用性是网络安全的基本要求。网络安全面临的主要威胁受人为因素、系统和运行环境的影响,包括网络系统问题和网络数据(信息)的威胁和隐患。

网络安全指利用网络技术、管理和控制等措施,保证网络系统和信息的保密性、完整性、可用性、可控性和可审查性。即保证网络系统的硬件、软件及系统中的数据资源得到完整、准确、连续运行且服务不受干扰破坏和非授权使用。ISO/IEC 27032 的网络安全定义则是指对网络的设计、实施和运营等过程中的信息及其相关系统的安全保护。网络安全包括两大方面：一是网络系统的安全；二是网络信息(数据)的安全。网络安全的最终目标和关键是保护网络信息的安全。网络信息安全的特征反映了网络安全的具体目标要求。

下面介绍网络安全技术、可信网络及网络安全评估准则。

**1. 网络协议**

网络协议是实现网络通信和数据交换建立的规则、标准或约定的集合，是一种特殊的软件。网络体系层次结构模型主要有两种：开放系统互连参考模型 OSI 模型和 TCP/IP 模型。国际标准化组织 ISO 的 OSI 模型共有七层，由低到高依次是物理层、数据链路层、网络层、传输层、会话层、表示层和应用层。起初期望为网络体系与协议发展提供一种国际标准，由于其过于庞杂，使 TCP/IP 协议成为 Internet 的基础协议和实际应用的"网络标准"。

TCP/IP 模型与 OSI 参考模型不同，由低到高依次由网络接口层、网络层、传输层和应用层四部分组成，其四层体系对应 OSI 参考模型七层体系，如表 9-3 所示。

**表 9-3　OSI 模型和 TCP/IP 模型及其协议对应关系**

| OSI 七层模型 | TCP/IP 四层模型 |
| --- | --- |
| 应用层 | 应用层 |
| 表示层 | |
| 会话层 | |
| 传输层 | 传输层 |
| 网络层 | 网际层 |
| 数据链路层 | 网络接口层 |
| 物理层 | |

各种网络依靠其协议实现通信与数据交换，网络协议是网络实现连接与交互极为重要的组成部分，在设计之初只注重异构网互联，忽略安全性问题，网络各层协议是一个开放体系，这种开放性及缺陷将网络系统处于安全风险和隐患的环境。

网络协议的安全风险可归结为 3 个方面：

① 网络协议(软件)自身的设计缺陷和实现中存在的一些安全漏洞，容易受到不法者攻击；

② 网络协议根本没有进行有效认证机制和验证通信双方真实性的功能；

③ 网络协议缺乏保密机制，没有保护网上数据机密性的功能。

**2. TCP/IP 层安全性**

(1) 物理层安全

TCP/IP 模型的网络接口层对应着 OSI 模型的物理层和数据链路层。物理层安全是指网络设施和线路安全性，导致网络系统出现安全风险，如设备问题、意外故障、信息探测与窃听等。由于以太网上存在交换设备并采用广播方式，可能在某个广播域中侦听、窃取并分析信息。为此，保护链路上的设施安全极为重要，物理层的安全措施相对较少，最好采用"隔离技术"将每两个网络保证在逻辑上连通，同时从物理上隔断，并加强实体安全管理与维护。

(2) 网络层安全

网络层的主要功能用于数据包的网络传输，其中 IP 协议是整个 TCP/IP 协议体系结构的重要基础,TCP/IP 中所有协议的数据都以 IP 数据包形式传输。

TCP/IP 协议族常用的是 IPv4 和 IPv6。IPv4 在设计之初忽略了网络安全问题,IP 包本身不具有任何安全特性,从而导致在网络上传输的数据包很容易泄露或受到攻击,IP 欺骗和 ICMP 攻击都是针对 IP 层的攻击手段,如伪造 IP 包地址、拦截、窃取、篡改、重播等。因此,通信双方无法保证收到 IP 数据包的真实性。IPv6 简化了 IPv4 中的 IP 头结构,并增加了对安全性的设计。IPv4 采用 32 位地址长度,全球只有约 43 亿个地址,而 IPv6 采用 128 位地址长度,极大地扩展了 IP 地址空间。

IPv6 对报头重新设计,由一个简化长度固定的基本报头和多个可选的扩展报头组成。既可加快路由速度,又能灵活地支持多种应用,便于扩展新应用。IPv6 用内嵌安全机制要求强制实现 IP 安全协议(IPSec),提供支持数据源发认证、完整性和保密性能力,同时可抗重放攻击。

(3)传输层安全

TCP/IP 传输层主要包括传输控制协议(TCP)和用户数据报协议(UDP),其安全措施主要取决于具体的协议。传输层的安全主要包括:传输与控制安全、数据交换与认证安全、数据保密性与完整性等。TCP 是面向连接的协议,用于多数互联网服务:HTTP、FTP 和 SMTP。为了保证传输层的安全设计了安全套接层协议(SSL),现为传输层协议(TLS),包括 SSL 握手协议和记录协议。

SSL 协议用于数据认证和数据加密过程,利用多种有效密钥交换算法和机制。SSL 对应用程序提供的信息分段、压缩、认证和加密,提供了身份验证、完整性检验和保密性服务,密钥管理的安全服务可为各种传输协议重复使用。

(4)应用层安全

在应用层中,利用 TCP/IP 运行和管理的程序有多种。网络安全性问题主要出现在常用应用系统(协议)中,包括 HTTP、FTP、SMTP、DNS、Telnet 等。

超文本传输协议(HTTP)是互联网上应用最广泛的协议。使用 80 端口建立连接,进行浏览、数据传输和对外服务。其客户端使用浏览器访问并接受从服务器返回的 Web 网页。未经过检验程序或链接不会被下载。

文件传输协议(FTP)是建立在 TCP/IP 连接上的文件发送与接收协议。由服务器和客户端组成,每个 TCP/IP 主机都有内置的 FTP 客户端,且多数服务器都有 FTP 程序。FTP 通常使用 20 和 21 两个端口,由 21 端口建立连接,使连接端口在整个 FTP 会话中保持开放,用于在客户端和服务器之间发送控制信息和客户端命令。在 FTP 主动模式下,常用 20 端口数据传输,在客户端和服务器之间每传输一个文件都要建立一个数据连接。

黑客常利用简单邮件传输协议(SMTP)对 Email 服务器干扰和破坏。例如,发送大量垃圾邮件或数据包,致使服务器不能正常处理合法用户的请求,导致拒绝服务。绝大部分的计算机病毒基本都是通过邮件或其附件传播。因此,SMTP 服务器通常需增加过滤、扫描及设置拒绝指定邮件等功能。

网络通过域名系统(DNS)在解析域名请求时使用其 53 端口。黑客可进行区域传输或利用攻击 DNS 服务器窃取区域文件,并从中窃取区域中所有系统的 IP 地址和主机名。通常采用防火墙保护 DNS 服务器并阻止各种区域传输,还可通过配置系统限制接收特定主机的区域传输。

远程登录协议(Telnet)的功能是进行远程终端登录访问,曾用于管理 UNIX 设备。允许远程用户登录是产生 Telnet 安全问题的主要原因,另外,Telnet 以明文方式发送所有用户名和密码,给非法者以可乘之机,只要利用一个 Telnet 会话即可远程作案,现已成为防范重点。

**3. 入侵检测**

入侵检测的概念首先是由詹姆斯·安德森于 1980 年提出。入侵是指在信息系统中进行非授权的访问或活动,不仅指非系统用户非授权登录系统和使用系统资源,还包括系统内的用户滥用权利对系统造成的破坏,如非法盗用他人的账户、非法获得系统管理员权限、修改或删除系统文件等。入侵检测是指通过对行为、安全日志、审计数据或其他网络上可获得的信息,检查测试对系统的闯入或企图的过程,所要检测的内容包括:试图闯入、成功闯入、冒充其他用户、违反安全策略、合法用户账户信息的泄露、独占资源以及恶意使用。

为对入侵行为进行检测、监控和分析,需要一套软硬件组合系统,该系统称为入侵检测系统,如图 9-1 所示。入侵检测系统是可对入侵自动检测、监控和分析的系统,是一种自动监测信息系统内外入侵的安全系统,通过从网络或系统中的若干关键点收集信息,并对其进行分析,从中发现违反安全策略的行为或遭到袭击的迹象。

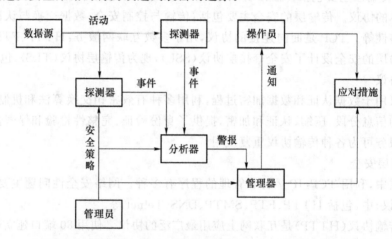

图 9-1 入侵检测系统

数据源为入侵检测系统提供最初的数据来源,包括网络包、系统日志和应用程序日志等。数据源相当于为系统提供了一个测试集,或者说标准,系统可以利用这些数据来检测入侵。

探测器负责从数据源中提取出与安全相关的数据和活动,如不希望的网络连接或系统日志中用户的越权访问等,并将这些数据传送给分析器做进一步分析。

分析器对探测器传来的数据进行分析,如果发现未授权或不期望的活动,就产生警报并将其报告给管理器。

管理器是入侵检测系统的管理部件,其主要功能有配置探测器、分析器,通知操作员发生了入侵,采取应对措施等。管理器接收到分析器的警报后,便通知操作员并向其报告情况。同时管理器还可以主动采取应对措施,如结束进程、切断连接、改变文件和网络的访问权等。

管理员负责系统部署以及制定安全策略,策略规定了网络中允许发生的活动和可以访问的外部主机,这些策略将被部署到探测器、分析器和管理器上,对各类网络流量进行过滤。

依据不同的标准,可以将入侵检测系统划分成不同的类别,主要的入侵检测系统为基于网络的入侵检测系统和基于主机的入侵检测系统,以及将两者结合的分布式入侵检测系统。

基于网络的入侵检测系统的数据源为网络中的数据包,该系统通常通过在网络层监听并分析网络包来检测入侵,可以检测到非授权访问、盗用数据资源等入侵行为。同时,区别于路由器、防火墙等物理设备,"基于网络"说明该检测系统不需要对主机设备进行配置,它只是在网络中进行检测,即使系统出现故障,也并不会影响到业务的正常运行。当然该系统也存在一些缺点。首先,因为该系统是在网络层监听和分析网络包,它无法处理网络层之上的情况,而有些大的网络包通常会被分成小包来传递,如果大包中存在木马病毒,那么病毒的攻击特征也会随分包而分拆成诸多小块,进而通过网络层的检测,在传送至上层后再次组合拼包,此时基于网络的入侵检测系统已经无法检测到危险的存在。同样,在数据加密越来越普遍的情况下,SSH、SSL等工作在传输层的加密技术,使得基于网络的入侵检测系统无法检测到加密后的入侵网络包。并且,由于该系统是基于网络进行检测,当网络流量增大时,需要进行检测和分析的数据包增多,可能会导致系统性能下降,或者造成数据包的丢失,导致漏报或者误报。

基于主机的入侵检测系统的数据源是操作系统事件日志或应用程序事件日志,因为它使用的是操作系统提供的信息,而经过加密的数据包在到达操作系统后,都已经被解密,所以基于主机的入侵检测系统能很好地处理包加密的问题。并且,基于主机的入侵检测系统还可以综合多个数据源进行进一步的分析,利用数据挖掘技术来发现入侵。但是它也存在缺点。首先是配置和维护上的问题,该系统需要对每一台受监测的主机都装上检测系统,系统的安装和维护将产生一定的成本,因此,从经济性的角度来讲,基于主机的入侵检测系统不如基于网络的入侵检测系统。此外,原始数据的集中、分析和归档处理都需要占用系统资源,这会在一定程度上降低系统性能。更值得注意的是,该系统下的入侵检测多是事后检测,当发现入侵时,系统多数已经遭到了破坏。

分布式入侵检测系统是将基于主机和基于网络的检测方法集成到一起,即混合型入侵检测系统。系统一般由多个部件组成,分布在网络的各个部分,完成相应的功能,分别进行数据采集、分析等。通过中心的控制部件进行数据汇总、分析、产生入侵报警等。在这种结构下,不仅可以检测到针对单独主机的入侵,同时也可以检测到针对整个网络上的主机入侵。

目前常用的入侵检测方法有特征检测方法和异常检测方法。特征检测方法是对已知的攻击或入侵方式做出确定性的描述,形成相应的事件模式,这就相当于是建立了一个数据库,当发生入侵事件时,将入侵事件与数据库进行比对,即可确定入侵的事件类型。由于数据库的存在提供了比对的标准,所以特征检测方法的优点是误报较少,但是数据库也局限了该检测的能力范围,如果出现的攻击是未知的,那么用特征检测方法将不能发现此威胁。

异常检测的假设是入侵者的活动异常于正常主体的活动。根据这一理念建立主体正常活动的"活动简档",将当前主体的活动状况与"活动简档"相比较,当违反其统计模型时,认为该活动可能是"入侵"行为。异常检测的难题在于如何建立"活动简档"及如何设计统计模型,从而不将正常的操作作为"入侵"或忽略真正的"入侵"行为。常用的入侵检测的5种统计模型有:操作模型、方差、多元模型、马尔柯夫过程模型和时间序列分析。

① 操作模型。利用常规操作特征规律与假设异常情况进行比对,可通过将测量结果与一些固定指标相比较,固定指标可以根据经验值或一段时间内的统计平均得到,在短时间内的多次失败的登录极可能是口令尝试攻击。

② 方差。主要通过检测计算参数的统计方差,设定其检测的置信区间,当测量值超过置信区间的范围时,表明有可能是异常。

③ 多元模型。操作模型的扩展,通过同时分析多个参数实现检测。

④ 马尔柯夫过程模型。将每种类型的事件定义为系统状态,用状态转移矩阵来表示状态的变化,当一个事件发生时,或状态矩阵该转移的概率较小时,则可能是异常事件。

⑤ 时间序列分析。是将事件计数与资源耗用根据时间排成序列,如果一个新事件在该时间发生的概率较低,则该事件可能是入侵。

**4. 入侵防御**

随着网络安全问题复杂化,仅限于入侵检测预报思路的入侵检测系统已满足不了安全管理上的需求,因此诞生了入侵防御系统。入侵防御系统指监视网络或其设备的网络信息传输行为,及时中断、调整或隔离异常或具有破坏性的网络信息传输行为的系统,专门深入网络数据内部查找攻击代码特征,过滤有害数据流,丢弃有害数据包,并进行记载,以便事后分析。

入侵防御系统按其用途可以划分为基于主机的入侵防御系统、网络入侵防御系统和分布式入侵防御系统 3 种类型。异常检测原理是入侵防御系统知道正常数据及数据之间关系的通常的模式,对照识别异常。有些入侵防御系统结合协议异常、传输异常和特征检查,对通过网关或防火墙进入网络内部的有害代码实行有效阻止。在遇到动态代码(ActiveX、Java Applet 和各种指令语言 Script Language 等)时,先将它们放在沙盘内,观察其行为动向,若发现可疑情况,则停止传输,禁止执行。建立在核心基础上的防护机制有:用户程序通过系统指令享用资源(如存储区、输入输出设备和中央处理器等);采用入侵防御系统 IPS 截获有害的系统请求。最后是对 Library、Registry、重要文件和重要的文件夹进行防御和保护。

**5. 可信安全评估准则**

国务院《国家中长期科技发展规划纲要(2006—2020 年)》提出"以发展高可信网络为重点,开发网络安全技术及相关产品,建立网络安全技术保障体系",将可信计算列为发展重点,可信计算标准系列逐步制定,核心技术设备形成体系。可信计算产业联盟 2014 年成立。

可信计算是网络空间战略最核心技术之一,要坚持"五可一有"的可信计算网络安全防护体系,"五可"是"可知""可编""可重构""可信""可用"。"可知"是对全部开源系统及代码完全掌握其细节;"可编"是完全理解开源代码并可自主编写;"可重构"是面向具体应用场景和安全需求,对基于开源技术的代码进行重构,形成定制化的新体系结构;"可信"是通过可信计算技术增强自主操作系统免疫性,防范自主系统中的漏洞影响系统安全性;"可用"是做好应用程序与操作系统的适配工作,确保自主操作系统能替代国外产品。"一有"是对最终的自主操作系统拥有自主知识产权,并处理好所用开源技术的知识产权问题。

网络安全标准是保障网络安全技术和产品,在设计、研发、建设、实施、使用、测评和管理维护过程中,解决一致性、可靠性、可控性、先进性和符合性的技术规范和依据,也是政府宏观管理重要手段,信息安全保障体系重要组成部分。下面介绍一些国内外的网络安全评估标准。

1983 年由美国国防部制定的可信计算系统评价准则(Trusted Computer Standards Evaluation Criteria,TCSEC),即网络安全橙皮书,主要利用计算机安全级别评价计算机系统的安全性。TCSEC 将安全分为安全政策、可说明性、安全保障和文档 4 个类别。这 4 个类别又被分为 7 个安全级别,从低到高依次为 D、C1、C2、B1、B2、B3 和 A 级。网络系统安全级别分类如表 9-4 所示。

表 9-4 网络系统安全级别分类

| 类别 | 级别 | 名称 | 主要特征 |
|---|---|---|---|
| D | D | 低级保护 | 没有安全保护 |
| C | C1 | 自主安全保护 | 自主存储控制 |
| | C2 | 受控存储控制 | 单独的可查性,安全标识 |
| B | B1 | 标识的安全保护 | 强制存取控制,安全标识 |
| | B2 | 结构化保护 | 面向安全的体系结构,较好的抗渗透能力 |
| | B3 | 安全区域 | 存取监控、高抗渗透能力 |
| A | A | 验证设计 | 形式化的最高级描述和验证 |

美国联邦准则 FC 标准参照了加拿大的评价标准 CTCPEC 与橙皮书(TCSEC),目的是提供 TCSEC 的升级版本,同时保护已有建设和投资。FC 是一个过渡标准,之后结合 ITSEC 发展为联合公共准则。

信息技术安全评估标准(Information Technology Security Evaluation Criteria,ITSEC),俗称"欧洲的白皮书",将保密作为安全增强功能,仅限于阐述技术安全要求,并未将保密措施直接与计算机功能相结合。ITSEC 是欧洲的英国、法国、德国和荷兰四国在借鉴橙皮书的基础上,于 1989 年联合提出的。橙皮书将保密作为安全重点,而 ITSEC 则将首次提出的完整性、可用性与保密性作为同等重要的因素,并将可信计算机概念提高到可信信息技术的高度。ITSEC 定义了从 E0 级(不满足品质)到 E6 级(形式化验证)7 个安全等级。对每个系统安全功能可分别定义。ITSEC 预定义了 10 种功能,前 5 种与橙皮书中的 C1~B3 级基本类似。

通用评估准则(Common Criteria for IT Security Evaluation,CC)由美国等国家与 ISO 联合提出,并结合 FC 及 ITSEC 的主要特征,强调将网络信息安全的功能与保障分离,将功能需求分为 9 类 63 族(项),将保障分为 7 类 29 族。CC 的先进性体现在其结构的开放性、表达方式的通用性、结构及表达方式的内在完备性和实用性四个方面。CC 于 1996 年发布第一版,充分结合并替代了 ITSEC、TCSEC、CTCPEC 等国际上重要的信息安全评估标准而成为通用评估准则。CC 主要确定评估信息技术产品和系统安全性的基本准则,提出国际上公认的表述信息技术安全性的结构,将安全要求分为规范产品和系统安全行为的功能要求,以及解决正确有效的实施这些功能的保证要求。中国测评中心主要采用 CC 进行测评。

国际标准 ISO 7498-2—1989《信息处理系统·开放系统互连、基本模型第 2 部分安全体系结构》,给出网络安全服务与有关机制的基本描述,确定在参考模型内部可提供的服务与机制。从体系结构描述 ISO 基本参考模型之间的网络安全通信所提供的网络安全服务和机制及其在安全体系结构中的关系,建立了开放互连系统的安全体系结构框架,并在身份认证、访问控制、数据加密、数据完整性和防止抵赖方面,提供 5 种可选择网络安全服务,如表 9-5 所示。

表 9-5 ISO 提供的安全服务

| 服务 | 用途 |
|---|---|
| 身份认证 | 证明用户及服务器身份的过程 |
| 访问控制 | 用户身份一经过验证就发生了访问控制,这个过程决定了用户可以使用、浏览或改变哪些系统资源 |
| 数据加密 | 这项服务通常使用加密技术保护数据免于未授权的泄露,可避免被动威胁 |

| 服务 | 用途 |
|------|------|
| 数据完整性 | 这项服务通过检验或维护信息的一致性,避免主动威胁 |
| 防止抵赖 | 否认是指否认参加全部或部分事务的能力,抗否认服务提供关于服务、过程或部分信息的起源证明或发送证明 |

中国的信息安全标准化建设,主要按照国务院授权,在国家质量监督检验检疫总局管理下,由国家标准化管理委员会统一管理全国标准化工作,该委员会下设有 255 个专业技术委员会。中国标准化工作实行统一管理与分工负责相结合的管理体制,有 88 个国务院有关行政主管部门和国务院授权的有关行业协会分工管理本部门、本行业的标准化工作,有 31 个省、自治区、直辖市政府有关行政主管部门分工管理本行政区域内、本行业的标准化工作。1984 年成立的全国信息技术安全标准化技术委员会(CITS),在国家标准化管理委员会及工业和信息化部的共同领导下负责全国 IT 领域和与 ISO/IEC JTC1 对应的标准化工作,下设 24 个分技术委员会和特别工作组,为国内最大的标准化技术委员会,是一个具有广泛代表性、权威性和军民结合的信息安全标准化组织。工作范围是负责信息和通信安全的通用框架、方法、技术和机制的标准化,主要从事国内外对应的标准化工作。

2016 年 8 月中央网络安全和信息化领导小组、国家质量监督检验检疫总局和国家标准化管理委员会制定了《关于加强国家网络安全标准化工作的若干意见》,对于网络安全标准化起到了极为重要的作用。我国信息安全标准化工作起步晚、发展快,积极借鉴国际标准原则,制定了一系列符合中国国情的信息安全标准和行业标准。

### 9.2.2　信息系统安全技术

计算机信息系统由硬件、软件、数据、人、物理环境及其基础设施组成,保证信息系统的安全,就是在受到偶然或恶意破坏、更改、泄露的情况下,保证系统连续可靠正常地运行,信息服务不中断。可信计算是一种基于可信机制的计算方式,能够提高系统整体的安全性。新形势下,信息系统中的智能终端、可穿戴设备等组成部分的安全状况也变得复杂,使得移动互联网以及物联网产业的安全风险有所增加。

#### 1. 硬件系统安全

硬件系统的安全问题可以分为两种:一种是物理安全;另一种是设置安全。

物理安全是指防止意外事件或人为破坏具体的物理设备,如服务器、交换机、路由器、机柜、线路等。机房和机柜的钥匙一定要管理好,不要让无关人员随意进入机房,尤其是网络中心机房,防止人为的蓄意破坏。

设置安全是指在设备上进行必要的设置(如服务器、交换机的密码等),防止黑客取得硬件设备的远程控制权。例如,许多网管往往没有在服务器或可网管的交换机上设置必要的密码,懂网络设备管理技术的人可以通过网络来取得服务器或交换机的控制权,这是非常危险的。因为路由器属于接入设备,必然要暴露在互联网黑客攻击的视野之中,因此需要采取更为严格的安全管理措施,如口令加密、加载严格的访问列表等。

#### 2. 软件系统安全

软件系统安全问题是阻碍计算机软件技术发展的一个重要因素。现阶段威胁计算机软件发展的主要因素有计算机网络病毒、黑客蓄意攻击等。

病毒与计算机软件一样都是由指令以及程序代码组成。所以,病毒可以被插入到计算机软件之中,影响软件的运行或者窃取软件中的重要信息,甚至可以破坏计算机的文件以及各种数据,导致计算机无法正常进行工作。计算机病毒有着极强的潜伏性、感染性以及破坏性。现有的病毒种类有木马病毒、蠕虫病毒、脚本病毒等,病毒往往伴随着计算机软件进入计算机中,在不经意间对计算机展开破坏。

计算机软件在方便人们生活的同时也方便了黑客的蓄意攻击。综合来看,黑客蓄意攻击的几个主要步骤有:对计算机系统进行全面扫描,分析系统安全指数;根据指令对系统程序进行攻击进而得到各种系统权限;放开木马后门,删除进入痕迹。由此可以看出,黑客的攻击对计算机软件以及系统造成的破坏是十分严重的。

对于普通用户而言,计算机防火墙是保护其免受网络安全威胁的主要方法。所以,在未来一定要进一步地完善计算机的防火墙。相关软件公司要不断地完善自身的本地数据库,合理调整计算机访问权限,对于未知程序进行智能阻挡。软件的开发者与设计者也要根据计算机网络运行的实际情况去合理优化完善计算机的应用程序。

对于病毒,由于其具有较强的隐蔽性,必须使用专业工具对系统进行查毒,主要是指针对包括特定的内存、文件、引导区、网络在内的一系列属性,能够准确地查出病毒名称。常见的杀毒软件基本都含有查毒功能,如360/瑞星免费在线查毒、金山毒霸查毒、卡巴斯基查毒等。查毒软件使用的最主要的病毒查杀方式为病毒标记法。此种方式首先将新病毒加以分析,编成病毒码,加入资料库中,然后通过检测文件、扇区和内存,利用标记,也就是病毒常用代码的特征,查找已知病毒与病毒资料库中的数据并进行对比分析,即可判断是否中毒。

针对攻击的网络攻击的防范策略,要做到在主观上重视,客观上积极采取措施。制定规章制度和管理制度,普及网络安全教育,使用户掌握有关的安全知识和策略。在管理上应当明确安全对象,建立强有力的安全保障体系,按照安全等级保护条例对网络实施保护与监督。认真制定有针对性的防攻措施,采用科学的方法和行之有效的技术手段,有的放矢,在网络中层层设防,使每一层都成为一道关卡,从而让攻击者无隙可钻、无计可施。在技术上要注重研发新方法,同时还必须做到未雨绸缪,预防为主,将重要的数据备份(如系统日志)、关闭不用的主机服务端口、终止可疑进程和避免使用危险进程、查询防火墙日志、修改防火墙安全策略等。具体的措施有:

① 加强网络安全防范法律法规等宣传和教育,提高安全防范意识;

② 加固网络系统,及时下载、安装系统补丁程序;

③ 尽量避免从 Internet 下载不知名的软件、游戏程序;

④ 不要打开不明邮件及文件,不要运行陌生人的程序;

⑤ 不运行黑客程序,黑客程序运行时会发送用户的个人信息;

⑥ 若发现 BBS 广告,先看源地址及代码,可能是骗取密码的陷阱;

⑦ 设置安全密码,用字母数字混排,常用的密码设置不同,常更换;

⑧ 使用防病毒/黑客等防火墙软件,以阻挡外部网络侵入;

⑨ 隐藏自己的 IP 地址;

⑩ 做好端口防范,安装监视程序,关闭不用端口;

⑪ 加强 IE 浏览器对网页的安全防护;

⑫ 上网前备份注册表;

⑬ 加强网络安全管理。

**3. 访问控制**

访问控制指系统对用户身份及其所属的预先定义的策略组限制其使用数据资源能力的手段。访问控制通常用于系统管理员控制用户对服务器、目录、文件等网络资源的访问。访问控制是系统保密性、完整性、可用性和合法使用性的重要基础,是网络安全防范和资源保护的关键策略之一,也是主体依据某些控制策略或权限对客体本身或其资源进行的不同授权访问。

(1) 访问控制的定义

访问控制的主要目的是限制访问主体对客体的访问,从而保障数据资源在合法范围内得以有效使用和管理。为了达到上述目的,访问控制需要完成两个任务:识别和确认访问系统的用户;决定该用户可以对某一系统资源进行何种类型的访问。

访问控制包括三个要素:主体、客体和控制策略。

① 主体:是指提出访问资源的具体请求的实体。主体是某一操作动作的发起者,但不一定是动作的执行者,可以是某一用户,也可以是用户启动的进程、服务和设备等。

② 客体:是指被访问资源的实体。所有可以被操作的信息、资源、对象都可以是客体。客体可以是信息、文件、记录等的集合体,也可以是网络上硬件设施、无线通信中的终端,甚至可以包含另外一个客体。

③ 控制策略。是主体对客体的相关访问规则集合,即属性集合。访问策略体现了一种授权行为,也是客体对主体某些操作行为的默认。

访问控制的主要功能包括:保证合法用户访问受权保护的网络资源,防止非法的主体进入受保护的网络资源,或防止合法用户对受保护的网络资源进行非授权的访问。访问控制首先需要对用户身份的合法性进行验证,同时利用控制策略进行选用和管理工作。当用户身份和访问权限验证之后,还需要对越权操作进行监控。因此,访问控制的内容包括:认证、控制策略和安全审计。

① 认证:包括主体对客体的识别及客体对主体的检验确认。

② 控制策略:通过合理地设定控制规则集合,确保用户对信息资源在授权范围内的合法使用。既要确保授权用户的合理使用,又要防止非法用户侵权进入系统,使重要信息资源泄露。同时对合法用户,也不能越权行使权限以外的功能及访问范围。

③ 安全审计:系统可以自动根据用户的访问权限,对计算机网络环境下的有关活动或行为进行系统的、独立的检查验证,并做出相应评价与审计。

(2) 访问控制的类型

访问控制可以分为两个层次:物理访问控制和逻辑访问控制。物理访问控制如符合标准规定的用户、设备、门、锁和安全环境等方面的要求,而逻辑访问控制则是在数据、应用、系统、网络和权限等层面实现的。对银行、证券等重要金融机构的网站,信息安全重点关注的是二者兼顾,物理访问控制则主要由其他类型的安全部门负责。

访问控制的类型有 3 种模式:自主访问控制、强制访问控制和基于角色访问控制。

自主访问控制(Discretionary Access Control,DAC)是一种接入控制服务,通过执行基于系统实体身份及其到系统资源的接入授权。包括在文件,文件夹和共享资源中设置许可。用户有权对自身所创建的文件、数据表等访问对象进行访问,并可将其访问权授予其他用户或收回其访问权限。允许访问对象的属主制定针对该对象访问的控制策略,通常,可通过访问控制列表来限定针对客体可执行的操作。

① 每个客体有一个所有者,可按照各自意愿将客体访问控制权限授予其他主体。

② 各客体都拥有一个限定主体对其访问权限的访问控制列表(ACL)。

③ 每次访问时都以基于访问控制列表检查用户标志,实现对其访问权限控制。

④ 自主访问控制的有效性依赖于资源的所有者对安全政策的正确理解和有效落实。

自主访问控制提供了适合多种系统环境的灵活方便的数据访问方式,是应用最广泛的访问控制策略。然而,它所提供的安全性可被非法用户绕过,授权用户在获得访问某资源的权限后,可能传送给其他用户。主要是在自由访问策略中,用户获得文件访问后,若不限制对该文件信息的操作,即没有限制数据信息的分发。所以 DAC 提供的安全性相对较低,无法对系统资源提供严格保护。

强制访问控制是系统强制主体服从访问控制策略。是由系统对用户所创建的对象,按照规定的规则控制用户权限及操作对象的访问。主要特征是对所有主体及其所控制的进程、文件、段、设备等客体实施强制访问控制。在强制访问控制中,每个用户及文件都被赋予一定的安全级别,只有系统管理员才可确定用户和组的访问权限,用户不能改变自身或任何客体的安全级别。系统通过比较用户和访问文件的安全级别,决定用户是否可以访问该文件。此外,强制访问控制不允许通过进程生成共享文件,以通过共享文件将信息在进程中传递。强制访问控制可通过使用敏感标签对所有用户和资源强制执行安全策略,一般采用 3 种方法:限制访问控制、过程控制和系统限制。强制访问控制常用于多级安全军事系统,对专用或简单系统较有效,但对通用或大型系统并不太有效。

强制访问控制的安全级别有多种定义方式,常用的分为 4 级,级别由高到低为:绝密级、秘密级、机密级和无级别级。所有系统中的主体(用户,进程)和客体(文件,数据)都分配安全标签,以标识安全等级。

通常强制访问控制与自主访问控制结合使用,并实施一些附加的、更强的访问限制。一个主体只有通过自主与强制性访问限制检查后,才能访问其客体。用户可利用自主访问控制来防范其他用户对自己客体的攻击,由于用户不能直接改变强制访问控制属性,所以强制访问控制提供了一个不可逾越的、更强的安全保护层,以防范偶然或故意地滥用自主访问控制。

基于角色的访问控制(Role-Based Access Control,RBAC)是通过对角色的访问所进行的控制。角色是一定数量的权限的集合。指完成一项任务必须访问的资源及相应操作权限的集合。角色作为一个用户与权限的代理层,表示为权限和用户的关系,所有的授权应该给予角色而不是直接给用户或用户组。

使权限与角色相关联,用户通过成为适当角色的成员而得到其角色的权限。可极大地简化权限管理。为了完成某项工作创建角色,用户可依其责任和资格分派相应的角色,角色可依新需求和系统合并赋予新权限,而权限也可根据需要从某角色中收回。减小了授权管理的复杂性,降低管理开销,提高企业安全策略的灵活性。

角色访问控制的授权管理方法,主要有 3 种。

① 根据任务需要定义具体不同的角色。

② 为不同角色分配资源和操作权限。

③ 给一个用户组(权限分配的单位与载体)指定一个角色。

角色的访问控制支持三个著名的安全原则:最小权限原则、责任分离原则和数据抽象原则。前者可将其角色配置成完成任务所需要的最小权限集。第二个原则可通过调用相互独立互斥的角色共同完成特殊任务,如核对账目等。后者可通过权限的抽象控制一些操作,如财务操作可用借款、存款等抽象权限,而不用操作系统提供的典型的读、写和执行权限。这些原则需要通过角色的访问控制各部件的具体配置才可实现。

（3）访问控制的安全策略

访问控制的安全策略是指在某个自治区域内，用于所有与安全相关活动的一套访问控制规则。由此安全区域中的安全权力机构建立，并由此安全控制机构来描述和实现。安全策略实施原则有三点。

① 最小特权原则。在主体执行操作时，按照主体所需权利的最小化原则分配给主体权力。优点是最大限度地限制了主体实施授权行为，可避免来自突发事件、操作错误和未授权主体等意外情况的危险。为了达到一定目的，主体必须执行一定操作，但只能做被允许的操作，其他操作除外。这是抑制特洛伊木马和实现可靠程序的基本措施。

② 最小泄露原则。主体执行任务时，按其所需最小信息分配权限，以防泄密。

③ 多级安全策略。主体和客体之间的数据流向和权限控制，按照安全级别的绝密、秘密、机密、限制和无级别5级来划分。其优点是避免敏感信息扩散。具有安全级别的信息资源，只有高于安全级别的主体才可访问。

访问控制的安全策略有三种类型：基于身份的安全策略、基于规则的安全策略和综合访问控制策略。

基于身份的安全策略主要是过滤主体对数据或资源的访问。只有通过认证的主体才可以正常使用客体的资源。这种安全策略包括基于个人的安全策略和基于组的安全策略。基于个人的安全策略是以用户个人为中心建立的策略，主要由一些控制列表组成。这些列表针对特定的客体，限定了不同用户所能实现的不同安全策略的操作行为；基于组的安全策略是基于个人策略的发展与扩充，主要指系统对一些用户使用同样的访问控制规则，访问同样的客体。

在基于规则的安全策略系统中，所有数据和资源都标注了安全标记，用户的活动进程与其原发者具有相同的安全标记。系统通过比较用户的安全级别和客体资源的安全级别，判断是否允许用户进行访问。这种安全策略一般具有依赖性与敏感性。

综合访问控制策略继承和吸取了多种主流访问控制技术的优点，有效地解决了信息安全领域的访问控制问题，保护了数据的保密性和完整性，保证授权主体能访问客体和拒绝非授权访问。综合访问控制策略具有良好的灵活性、可维护性、可管理性、更细粒度的访问控制性和更高的安全性，为信息系统设计人员和开发人员提供了访问控制安全功能的解决方案。综合访问控制策略如下。

① 入网访问控制。入网访问控制是网络访问的第一层访问控制。对用户可规定所能登入到的服务器及获取的网络资源，控制准许用户入网的时间和登入入网的工作站点。用户的入网访问控制分为用户名和口令的识别与验证、用户账号的默认限制检查。该用户若有任何一个环节检查未通过，就无法登入网络进行访问。

② 网络的权限控制。网络的权限控制是防止网络非法操作而采取的一种安全保护措施。用户对网络资源的访问权限通常用一个访问控制列表来描述。从用户的角度，网络的权限控制可分为以下3类用户：具有系统管理权限的特殊用户；根据实际需要而分配到一定操作权限的一般用户；专门负责审计网络的安全控制与资源使用情况的审计用户。

③ 目录级安全控制。目录级安全控制主要是为了控制用户对目录、文件和设备的访问，或指定对目录下的子目录和文件的使用权限。用户在目录一级制定的权限对所有目录下的文

件仍然有效,还可进一步指定子目录的权限。在网络和操作系统中,常见的目录和文件访问权限有:系统管理员权限(Supervisor)、读权限(Read)、写权限(Write)、创建权限(Create)、删除权限(Erase)、修改权限(Modify)、文件查找权限(File Scan)、控制权限(Access Control)等。一个网络系统管理员应为用户分配适当的访问权限,以控制用户对服务器资源的访问,进一步强化网络和服务器的安全。

④ 属性安全控制。属性安全控制可将特定的属性与网络服务器的文件及目录网络设备相关联。在权限安全的基础上,对属性安全提供更进一步的安全控制。网络上的资源都应先标示其安全属性,将用户对应网络资源的访问权限存入访问控制列表中,记录用户对网络资源的访问能力,以便进行访问控制。

⑤ 网络服务器安全控制。网络服务器安全控制允许通过服务器控制台执行的安全控制操作包括:用户利用控制台装载和卸载操作模块、安装和删除软件等。操作网络服务器的安全控制还包括设置口令锁定服务器控制台,主要防止非法用户修改、删除重要信息。另外,系统管理员还可通过设定服务器的登入时间限制、非法访问者检测,以及关闭的时间间隔等措施,对网络服务器进行多方位的安全控制。

⑥ 网络监控和锁定控制。在网络系统中,通常服务器自动记录用户对网络资源的访问,如有非法的网络访问,服务器将以图形、文字或声音等形式向网络管理员报警,以便引起警觉进行审查。对试图登入网络者,网络服务器将自动记录企图登入网络的次数,当非法访问的次数达到设定值时,就会将该用户的账户自动锁定并进行记载。

⑦ 网络端口和结点的安全控制。网络中服务器的端口常用自动回复器、静默调制解调器等安全设施进行保护,并以加密的形式来识别结点的身份。自动回复器主要用于防范假冒合法用户,静默调制解调器用于防范黑客利用自动拨号程序进行网络攻击。还应经常对服务器端和用户端进行安全控制,如通过验证器检测用户真实身份,然后,用户端和服务器再进行相互验证。

**4. 可信计算**

可信计算是一种基于可信机制的计算方式,以提高系统整体的安全性。也称为可信用计算,是一项由可信计算小组推动和开发的技术。对于可信计算可从多方面理解。用户身份认证,是对使用者的信任;平台软硬件配置的正确性,体现了使用者对平台运行环境的信任;应用程序的完整性和合法性,体现了应用程序运行的可信;平台之间的可验证性,指网络环境下平台之间的相互信任。

可信计算技术的核心是可信平台模块(TPM)的安全芯片。TPM是一个含有密码运算部件和存储部件的小型片上系统,以TPM为基础,可信机制主要体现在三个方面。

① 可信的度量。对于任何将要获得控制权的实体,都需要先对该实体进行可信度量,主要是指完整性的计算等。

② 度量的存储。可将所有度量值形成一个序列,并保存在TPM中,主要包括度量过程日志的存储。

③ 度量的报告。可通过"报告"机制确定平台的可信度,可让TPM报告度量值和相关日志信息,其过程需要询问实体和平台之间进行双向的认证。若平台的可信环境被破坏,询问者有权拒绝与该平台的交互或向该平台提供服务。如瑞达信安公司的可信安全计算机,采用了

可信密码模块方案。

可信计算在遵守 TCG (Trusted Computing Group)规范的完整可信系统方面,主要用到了 5 个关键技术概念。

① 签注密钥。签注密钥是一个 RSA 公共和私有密钥对,存入芯片在出厂时随机生成且不可改变。公共密钥用于认证及加密发送到该芯片的敏感数据。

② 安全输入/输出。指用户认为与之交互的软件间受保护的路径。系统上的恶意软件有多种方式拦截用户和软件进程间传送的数据,如键盘监听和截屏。

③ 储存器屏蔽。可拓展存储保护技术,提供完全独立的存储区域,包含密钥位置。即使操作系统也没有被屏蔽存储的完全访问权限,所以,网络攻击者即便控制了操作系统信息也是安全的。

④ 密封储存。将机密信息和所用软硬件平台配置信息捆绑保护机密信息,使该数据只能在相同的软硬件组合环境下读取。如某用户不能读取无许可证的文件。

⑤ 远程认证。准许用户改变被授权方的感知。例如,软件公司可避免用户干扰其软件以规避技术保护措施。通过让硬件生成当前软件的证明书,利用计算机可将此证明书传送给远程被授权方,显示该软件公司的软件尚未被破解。

可信计算的典型应用如下。

① 数字版权管理。可信计算可使公司构建安全的数字版权管理系统,难以破解。如下载音乐文件,用远程认证可使音乐文件拒绝被播放,除非在指定唱片公司规定的特定音乐播放器上。密封存储可防止用户使用其他的播放器或在其他计算机上打开该文件。音乐在屏蔽存储里播放,可阻止用户在播放该音乐文件时进行该文件的无限复制。安全 I/O 阻止用户捕获发送到音响系统中。

② 身份盗用保护。可信计算可用于防止身份盗用。如网上银行,当用户接入银行网站并进行远程认证时,服务器可产生正确的认证证书并只对该页面服务,用户便可通过该页面发送用户名、密码和账号等信息。

③ 保护系统不受病毒和间谍软件危害。软件的数字签名可使用户识别出经过第三方修改加入的间谍软件的应用程序。如一个网站提供一个修改过的且包含间谍软件的流行的即时通信程序版本。操作系统可发现这些版本缺失有效签名并通知用户该程序已被修改,这也带来一个"谁来决定签名是否有效"的问题。

④ 保护生物识别身份验证数据。用于身份认证的生物鉴别设备可使用可信计算技术,确保无间谍软件窃取敏感的生物识别信息。

⑤ 核查远程网格计算的计算结果。可以确保网格计算系统的参与者的返回结果不是伪造的。这样,大型模拟运算(如天气系统模拟)就无需使用繁重的冗余运算来保证结果不被伪造,从而得到想要的正确结论。

⑥ 防止在线模拟训练或作弊。可信计算可控制在线模拟训练或游戏作弊。一些玩家修改其软件副本以获得优势;远程认证、安全输入输出及存储器屏蔽可核对所有接入服务器的用户,确保其正在运行一个未修改的软件副本。还可设计增强用户能力属性或自动执行某种任务的软件修改器。例如,用户可能想要在射击训练中安装一个自动瞄准 BOT,在战略训练中安装收获机器人。由于服务器无法确定这些命令是由人还是程序发出的,推荐的解决方案是

验证用户计算机上正在运行的代码。

**5. 云安全技术**

云安全融合了并行处理、网格计算、未知病毒行为判断等新兴技术和概念，是云计算技术在信息安全领域的应用。是网络时代信息安全的最新体现，通过网状的大量客户端对网络中软件行为的异常监测，获取互联网中木马、恶意程序的最新信息，传送到 Server 端进行自动分析和处理，再把病毒和木马的解决方案分发到每一个客户端，构成整个网络系统的安全体系。

云安全是为了解决木马商业化之后，互联网严峻的安全形势应运而生的一种全网防御的安全体系结构，包括智能化客户端、集群式服务端和开放性安全服务平台 3 个层次。云安全是对现有反病毒技术基础上的强化与补充，最终目的是让互联网时代的用户都能得到更快、更全面的安全保护。

稳定高效的智能客户端，可以是独立的安全产品，也可以作为与其他产品集成的安全组件，可为整个云安全体系提供样本收集与威胁处理的基础功能。

服务器端的支持，包括分布式的海量数据存储中心、专业的安全分析服务和安全趋势的智能分析挖掘技术，同时与客户端协作，为用户提供云安全服务。

云安全以一个开放性安全服务平台为基础，为第三方安全合作伙伴提供与病毒对抗的平台支持。云安全既可为第三方安全合作伙伴用户提供安全服务，又依靠与第三方的安全

可信云安全的关键技术主要包括：可信密码学技术、可信模式识别技术、可信融合验证技术、可信"零知识"挑战应答技术、可信云计算安全架构技术等。

云安全有六大主要应如下。

① Web 信誉服务。借助全球最大的域信誉数据库，按照恶意软件行为分析发现的网站页面、历史位置变化和可疑活动迹象等因素指定信誉分数，从而追踪网页可信度。为了提高准确性，降低误报率，并为网站特定网页或链接指定信誉分值，而不对整个网站分类或拦截。通过信誉分值比对，可知网站潜在的风险级别。当用户访问此网站时，可及时获得系统提醒或阻止，并可防范恶意程序源头。

② 电子邮件信誉服务。利用已知垃圾邮件来源的信誉数据库检查 IP 地址，并对可实时评估邮件发送者信誉的动态服务对 IP 地址进行验证。信誉评分通过对 IP 地址的行为、活动范围和历史不断分析及细化。按照发送者的 IP 地址，恶意邮件在云中即被拦截，从而防止 Web 威胁到达网络或用户。

③ 文件信誉服务。可以检查位于端点、服务器或网关处文件的信誉。检查依据为已知的文件清单，即防病毒特征码。高性能的内容分发网络和本地缓冲服务器，确保在检查过程中使延迟时间降到最低。由于恶意信息保存在云中，可以立即到达网络中的所有用户。而且，与占用端点空间的传统防病毒特征码文件下载相比，降低了端点内存和系统消耗。

④ 行为关联分析技术。利用行为分析的"相关性技术"将威胁活动综合关联，确定其是否属于恶意行为。若 Web 威胁某一活动似乎无害，同时进行多项活动就可能会导致恶意结果。需要按照启发式观点判断是否实际存在威胁，可以检查潜在威胁不同组件之间的相互关系。通过把威胁的不同部分相关联并不断更新其威胁数据库，实时做出响应，针对邮件和 Web 威胁提供及时和自动保护。

⑤ 自动反馈机制。以双向更新流方式在全天候威胁研究中心和技术人员之间实现不间

断通信。通过检查单个客户的路由信誉确定各种新型威胁,利用类似的"邻里监督"方式,实时探测和及时的"共同智能"保护,将有助于确立全面的最新威胁指数。单个客户常规信誉检查发现的各种新威胁都会自动更新至位于全球各地的所有威胁数据库,防止后续客户遇到威胁。

⑥ 威胁信息汇总。在趋势科技防病毒研发暨技术支持中心 TrendLabs,各种语言的员工可提供实时响应,全天候威胁监控和攻击防御,以探测、预防并清除攻击。

### 9.2.3 信息对抗技术

#### 1. 空间信息对抗的定义

信息对抗是敌对双方为争夺信息空间的制信息权,综合利用以信息技术及装备为主的各种作战手段所展开的全时空信息较量的斗争。它是围绕着信息、信息处理过程、信息系统和卫星物联网计算机网络而进行的信息对抗,通过利用、封锁及施加影响等手段,攻击敌方的国家和国防信息基础设施以及指挥控制系统,以夺取和保持决定性的信息优势,并进而使整个部队在战场上处于优势。信息对抗是敌对双方在信息领域和认知领域的对抗活动,包括信息的攻击和防御,对抗中的资源主要是信息和信息系统,目标在于获取信息优势。信息对抗从作战样式可以分为指挥控制对抗、情报对抗、电子对抗、网络对抗和心理对抗等。

空间信息对抗是敌对双方在空间争夺制信息权的作战行动,是破坏敌方和保护己方的空间信息系统而进行的作战行动。从性质看,空间信息对抗可分为空间信息对抗的进攻、防御和支援三种类型。空间信息对抗进攻是攻击敌方空间信息的作战行动;空间信息对抗防御是防御敌方空间信息进攻的作战行动;空间信息对抗支援是支援在空间信息进攻或防御中的作战行动。

空间信息对抗的目的是夺取空间信息优势,空间信息对抗是攻防兼备的网络作战行动。空间信息对抗的实施对象或是空间信息系统及设施,或是信息的流通过程。因此,空间信息对抗可以描述为:敌对双方在空间信息领域为争夺对空间信息的获取权、控制权和使用权,主要通过信息技术手段及装备所展开的网络对抗行为。

信息安全、空间信息安全与空间信息对抗、空间信息攻击的关系如图 9-2 所示。

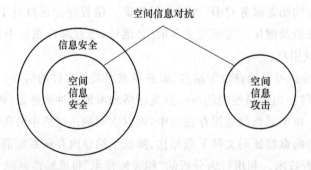

图 9-2　信息安全、空间信息安全与空间信息对抗、空间信息攻击的关系

#### 2. 空间信息对抗需求

军事和国防应用是推动空间信息系统发展的重要源动力,随着时代的进步,战争的作战样式发生了很大的变化,从原来的机械化作战转变为信息化作战,从原来的平台作战转变为网络中心战。在这些新的作战样式中,对空、天、地一体网络的作战需求很多,如表 9-6 所示。

表 9-6　空间信息对抗需求划分

| 空间信息系统对抗需求 | 按作战层次 | 满足战略决策的需求 |
| | | 满足战役指挥的需求 |
| | | 满足战术实施的需求 |
| | 按作战任务 | 空间威慑需求 |
| | | 信息支援与保障需求 |
| | | 信息攻防对抗需求 |
| | | 空间攻防对抗需求 |
| | 按信息作战要求 | 提升指挥控制能力 |
| | | 提升一体化综合作战能力 |
| | | 集成战场综合信息系统 |
| | | 提供实时战场态势信息 |
| | | 提升精确打击能力 |
| | | 提升防御作战预警能力 |

### 3. 空间信息对抗结构体系

空间信息对抗结构体系主要由信息对抗行为、信息流和信息结构三部分组成,如图 9-3 所示。

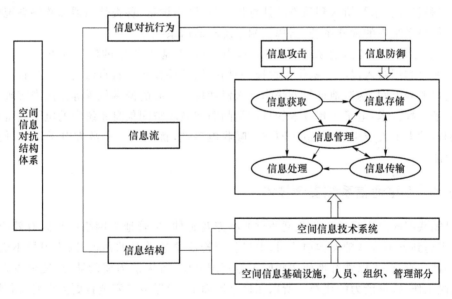

图 9-3　空间信息对抗结构体系

信息对抗行为包括信息攻击和信息防御。信息攻击是指利用空间信息网络侦测、渗透、封锁、阻塞、欺骗等软杀伤手段,干扰、破坏或瘫痪敌方空间信息网络系统,降低其信息作战效能的行为。信息防御是指利用结构控制、传输控制、接入控制和访问控制等控制方式,采用信息加密、鉴别交换、访问控制、信息流控制和消息认证等安全机制,构建保护、检测、预警、响应和恢复一体化的信息安全防护体系的行为。

空间信息系统的信息结构是用于获取、传输、存储、处理和分发网络信息的整个基础设施、人员、组织和管理部分的总和。空间信息技术系统作为空间信息系统的一部分,是执行信息网络功能的用于获取、传输、存储、处理和分发网络数据或信息的计算机硬件、软件和固件的任何组合。空间信息系统是在信息技术系统的基础上,综合考虑了人员、管理等系统综合运行环境的一个整体。

空间信息基础设施是建立在陆、海、空、天一体化综合信息系统基础上的空间信息系统。它由空间通信网络系统、空间指挥与控制系统,空间侦察与预警系统、空间监视与情报处理系统等分系统构成,涉及空间信息获取、处理、分发、传输和存储的各个环节,为导航定位、侦察、通信、预警、监视等空间信息支援和空间信息对抗提供技术和能力保障。

**4. 空间信息对抗技术**

① 电子侦察技术:通过对传播于空间的空间信息系统辐射的电磁信号进行截获和分析,收集有关对方辐射源的特性、能力和意图等信息,监视空间信息系统的电磁频谱活动,查清空间信息系统的电子环境,从而获得有价值的情报支援对空间信息系统进一步的渗透、入侵和破坏。

② 通信侦察技术:使用通信接收设备截获空间信息系统的通信信号,分析其技术体制,了解空间信息系统的通信网络组成,还可侦听其通信内容。采用通信侦察技术,可以探明空间信息系统通信信号的技术特征,如工作频段、工作频率、通信体制、调制样式等。通信侦察按频段分为短波侦察、超短波和微波侦察;按运载工具又可分为地面系统、车载系统、机载系统、舰载系统和星载系统。

③ 恶意代码注入技术:通过无线电磁波辐射方式、有线网络方式或兼有两种方式等把病毒、逻辑炸弹、后门、木马植入到敌方的计算机主机、网络设备、各类传感器和软件系统中,伺机破坏空间信息系统中的武器系统、指挥控制系统和通信系统等。

④ 入侵隐藏技术:包括连接隐藏、进程隐藏、篡改日志文件中的信息等方法。其中,连接隐藏主要通过利用被入侵的主机作为跳板、使用电话转接技术隐蔽自己、冒用空间信息系统中的合法用户账号上网、伪造地址等方法隐藏入侵和攻击发起的源端位置等方法来实现。

⑤电子干扰技术:电子干扰技术的目的是削弱或破坏空间信息系统中的电子设备效能,通过辐射和转发电磁波或声波,制造假回波或吸收电磁波,扰乱或欺骗敌方电子设备,使其失效或降低效能。

## 9.2.4 卫星通信系统安全技术

卫星物联网同时也是地面物联网的重要补充及延伸,尽管地面网络已足以有效应付尖峰承载,但当遇到灾难或基础架构损毁时,卫星就能扮演紧急救难的角色,因为卫星不受地面绝大部分事件的影响,可以弥补地面物联网覆盖范围有限、抗灾能力弱的缺点,充分发挥全球覆盖、全天候工作、抗灾能力的优势。所以在这个层面上,确保卫星安全将更为重要,而且也能支援更多计划。例如,欧盟的 5G 公私合营联盟基础建设 (5G Infrastructure Public Private Partnership,5GPPP)目前正与一些大型机构如 EU Horizon 2020 合作,尽可能发挥政府部门的调解能力与民间投资的力量以保障空中与地面的 5G 通讯。

**1. 抗损毁技术**

在军事对抗中,卫星将会成为打击的目标。卫星的抗毁防护主要采用冗余备份、多轨道卫星组网、高轨道卫星以便增加攻击难度;卫星地面站的物理防护通常采用加强安保设施、多站备份等方式;中央控制站的物理防护可以通过增强卫星自主处理能力,减少卫星通信系统对中央控制站的依赖以及增加波束中心控制站、采用点对点通信等灵活的组网方式。

#### 2. 抗干扰技术

目前,针对卫星网络的干扰主要有欺骗干扰和压制干扰两种类型,对应的抗干扰技术也主要针对这两种类型。

对于压制干扰,最简单的技术手段是提高信号的发射功率,但由于星载系统的供电能力有限,单纯通过提高信号发射功率来提高抗压制干扰的效果不好。伪卫星技术、跳扩频技术也可以提高星载系统的抗压制干扰能力。在伪卫星技术中,采用近地设备对卫星信号进行中继加强,伪卫星与用户间距远小于卫星与用户的距离,因此该技术可将卫星信号强度增强数百倍提高接收端信号的信噪比,从而抵抗压制干扰。跳扩频技术:扩频技术具有信号频谱宽、波形复杂、安全隐蔽等特点,截获、干扰的难度大,是卫星通信中最基本的抗干扰技术,通过对干扰信号进行"稀释"的手段达到抗干扰目的,抗干扰能力与扩频处理增益成正比,对多径干扰有较强的抑制能力;跳频技术充分利用卫星转发器的带宽,提供较高的处理增益;二者结合的跳扩频技术能更好地发挥两种技术的优势,提供更强的抗干扰能力。

考虑到卫星的工作环境恶劣,单一的卫星网络抗干扰技术效果不佳,于是提出了多域协同的抗干扰技术,主要利用凸集投影理论将时域、空域、频域的多种抗干扰技术进行融合,对各域的参数和变量进行统一处理,并设计了不同技术在域内、域间的切换机制,大幅增强了抗干扰效果。

#### 3. 安全认证技术

安全认证的目的是构建可信的卫星通信系统,分为入网认证和端到端认证。入网认证由中央控制站对通信双方进行身份认证并分配信道,保证通信双方安全动态接入卫星网络;端到端认证是由通信双方进行双向身份认证,并进行密钥协商。端到端认证相较于入网认证单纯由中央控制站进行身份认证,具有更高的可靠性和鲁棒性,在卫星 IP 网络中广泛使用。

#### 4. 信息加密技术

信息加密是防止信息被截获、系统被控制的重要手段。由于卫星通信系统采用集中统一的管理模式,密钥更新较为方便,但也存在星上处理能力弱、算法更新难等弱点,通常采用应用层加密方式,对于安全性能要求较高的军用卫星通信,可采用底层加密方法,综合防护效果好。但只能保护一条链路的传输安全,效率较低。

## 9.3　区块链技术

比特币作为最流行的加密货币之一,与传统货币不同,其网络中的交易可以在没有任何第三方的情况下进行,而构建比特币的核心技术是区块链技术,该技术于 2008 年首次提出。

区块链可以看作是一种融合了多种现有计算机技术的新型应用,其中包括分布式存储、共识算法、点对点传输、密码学技术等,实质上是一个去中心化的数据库。区块链角度下的中心化,是指在任何交易场景中都要依靠单一组织承担信用中心功能,例如,最常见的转账交易需要通过银行等金融机构对交易双方进行身份验证、信用审查等过程,在这个过程中构建信任关系的组织枢纽不可避免地会产生一定的信用成本,且效率低下。相反,去中心化的应用场景不依靠单一组织机构构建信任关系,参与交易的各方共同为所有交易行为提供信任背书,也就是说,各组织机构在交易发生与存储的过程中基本具有相同的重要性。

### 9.3.1 区块链的基础架构

在工信部发布的《区块链技术和应用发展白皮书 2016》中,对于区块链的解释是:狭义来讲,区块链是一种按照时间顺序将数据区块以顺序相连的方式组合成的一种链式数据结构,并以密码学方式保证的不可篡改和不可伪造的分布式账本;广义来讲,区块链技术是利用块链式数据结构来验证和存储数据、利用分布式节点共识算法来生成和更新数据、利用密码学的方式保证数据传输和访问的安全性、利用由自动化脚本代码组成的智能合约来编程和操作数据的一种全新的分布式基础架构与计算范式。

通俗一点来说,区块链是一种以区块为单位产生和存储数据,并按照时间顺序首尾相连形成链式结构,同时通过密码学保证不可篡改、不可伪造及数据传输访问安全的去中心化分布式账本。区块链中所谓的账本,其作用和现实生活中的账本基本一致,按照一定的格式记录流水等交易信息。特别是在各种数字货币中,交易内容就是各种转账信息。只是随着区块链的发展,记录的交易内容由各种转账记录扩展至各个领域的数据。

区块链基础架构可分为数据层、网络层、共识层、合约层、激励层以及应用层,其基础架构模型如图 9-4 所示。

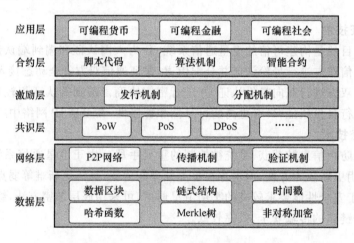

图 9-4　区块链基础架构

### 9.3.2 区块链技术的分类

根据不同的应用场景,可将区块链分为许可链(Permissionless Blockchain)和非许可链(Permissioned Blockchain),其中非许可链又称为公共链(Public Blockchain),根据网络的中心化程度,许可链又可以分为联盟链(Consortium Blockchain)和私有链(Private Blockchain)。

**1. 公有链**

公有链系统没有中心机构管理,而是依靠事先约定的规则来运作,并通过这些规则在不可信的网络环境中构建起可信的网络系统。通常来说,需要公众参与,以及需要最大限度保证数据公开透明的系统,都适合选用公有链,如数字货币系统、众筹系统等。

公有链环境中,节点数量不定,节点实际身份未知,在线与否也无法控制,甚至极有可能被一个蓄意破坏系统者控制。在大部分公有链环境下,主要通过共识算法、激励或惩罚机制、对等网络的数据同步保证最终一致性。

公有链的典型案例是比特币系统。比特币开创了去中心化加密数字货币的先河,并充分验证了区块链技术的可行性和安全性,比特币本质上是一个分布式账本加上一套记账协议,但比特币尚有不足,在比特币体系里只能使用比特币一种符号,很难通过扩展用户自定义信息结构来表达更多信息,比如资产、身份、股权等,从而导致扩展性不足。

为了解决比特币的扩展性问题,以太坊应运而生。以太坊通过支持一个图灵完备的智能合约语言,极大地扩展了区块链技术的应用范围。以太坊系统中也有以太币地址,当用户向合约地址发送一笔交易后,合约激活,然后根据交易请求,合约按照事先达成共识的契约自动运行。

公有链系统主要存在以下问题。

① 激励问题:为促使全节点提供资源,自发维护整个网络,公有链系统需设计激励机制,以保证公有链系统持续健康运行。但比特币的激励机制存在一种"验证者困境",即没有获得记账权的节点付出算力验证交易,却没有任何回报。

② 安全风险:包括来自外部实体的攻击(拒绝服务攻击 DDoS 等)、来自内部参与者的攻击(冒名攻击、共谋攻击等)及组件的失效、算力攻击等。

③ 隐私问题:公有链上传输和存储的数据都是公开可见的,仅通过"伪匿名"的方式对交易双方进行一定隐私保护。对于某些涉及大量商业机密和利益的业务场景来说,数据的暴露不符合业务规则和监管要求。

④ 最终确定性问题:交易的最终确定性指特定的某笔交易是否会最终被包含进区块链中。PoW 等公有链共识算法无法提供最终确定性,只能保证一定概率的近似。

**2. 私有链**

私有链与公有链是相对的概念,所谓私有就是指不对外开放,仅仅在组织内部使用。私有链是联盟链的一种特殊形态,即联盟中只有一个成员,比如企业内部的票据管理、账务审计、供应链管理,或者政府部门内部管理系统等。私有链通常具备完善的权限管理体系,要求使用者提交身份认证,在私有链环境中,参与方的数量和节点状态通常是确定的、可控的,且节点数目要远小于公链。同时,私有链有很强的私密性,数据不会公开地被拥有网络连接的任何人获得。

与公有区块链的无准入限制形成鲜明对比的是,私有区块链建立了准入规则,规定谁可以查看和写入区块链。私有链也不是去中心化系统,因为在控制方面有明确的层次结构。但是,它们是分布式的,许多节点仍在其计算机上维护区块链的副本。私有链更适合企业维护,因为企业希望在不让外部网络访问的情况下,能够享受区块链带来的优势。

私有链的特点如下。

① 灵活性高。私有链规模一般较小,同一个组织内已经有一定的信任机制,可以采用一些非拜占庭容错类、对区块进行即时确认的共识算法,如 Paxos、Raft 等,因此确认时延和写入频率较公有链有很大的提高,甚至与中心化数据库的性能相当。

② 验证公开,避免恶意攻击。

③ 交易效率高,交易成本更低。

④ 隐私保密。私有链大多在一个组织内部,因此可充分利用现有的企业信息安全防护机制。相比传统数据库系统,私有链的最大好处是加密审计和自证清白的能力,没有人可以轻易篡改数据,即使发生篡改也可以追溯到责任方。

### 3. 联盟链

联盟链是介于公有链和私有链之间的一种架构,结合了两者的特征要素。联盟链只针对特定某个群体的成员和有限的第三方,内部指定多个预选的节点为验证者,每个块的生成由所有的预选节点共同决定,其他接入节点可以参与交易,但不过问记账过程,其他第三方可以通过该区块链开放的 API 进行限定查询。为了获得更好的性能,联盟链对于共识或验证节点的配置和网络环境有一定要求。有了准入机制,可以使得交易性能更容易提高,避免由参差不齐的参与者产生的一些问题。

在共识方面,联盟链与私有链和公有链最显著的差异。联盟链将少数同等权力的参与方视为验证者,而不是像公有链那样开放的系统,让任何人都可以验证区块,也不是像私有链那样,通过一个封闭的系统,只允许某一个实体来任命区块的生产者。

在同一行业中运营的多个组织,且需要共同的基础设施进行交易或中继信息的环境中,联盟链将是最佳的选择。加入联盟链的组织能够与其他参与者分享对行业的见解。联盟链通常应用在多个互相已知身份的组织之间构建,比如多个银行之间的支付结算、多个企业之间的物流供应链管理、政府部门之间的数据共享等。联盟链的典型代表是 Hyperledger Fabric 系统。

联盟链的特点如下。

① 部分去中心化。不同于公有链,联盟链在某种程度上只属于联盟内部的成员所有,且很容易达成共识。

② 可控性较强。不同于公有链,公有链是一旦区块链形成,将不可篡改,这主要源于公有链的节点一般是海量的,比如比特币节点太多,想要篡改区块数据,几乎不可能,而联盟链,只要所有机构中的大部分达成共识,即可将区块数据进行更改。

③ 数据不会默认公开。不同于公有链,联盟链的数据只限于联盟里的机构及其用户才有权限进行访问。

④ 交易速度快。与私有链类似,达成共识容易,交易速度自然也就快很多。

区块链类型及其特性如表 9-7 所示。

**表 9-7　区块链类型及其特性**

| 类型 | 公有链 | 联盟链 | 私有链 |
|---|---|---|---|
| 参与者 | 任何人自由进出 | 联盟成员 | 个体或公司内部 |
| 共识机制 | PoW/PoS/DPoS 等 | 分布式一致性算法 | 分布式一致性算法 |
| 记账人 | 所有参与者 | 联盟成员协商确定 | 自定义 |
| 激励机制 | 需要 | 可选 | 可选 |
| 中心化程度 | 去中心化 | 多中心化 | (多)中心化 |
| 突出特点 | 信用的自建立 | 效率和成本优化 | 透明和可追溯 |
| 承载能力 | 3～20 笔/秒 | 1 000～1 万笔/秒 | 1 000～20 万笔/秒 |
| 典型场景 | 加密数字货币、存证 | 支付、清算、公益 | 审计、发行 |

## 9.3.3　区块链的代表性系统

### 1. 比特币

比特币是迄今为止最为成功的区块链公有链应用场景,在没有政府和中央银行信用背书的情况下,去中心化的比特币已经依靠算法信用创造出与欧洲小国体量相当的全球性经济体,预计到 2027 年,全球 10 % 的 GDP 将会通过区块链技术存储。比特币区块链的第一个区块(称为创世区块)诞生于 2009 年 1 月 4 日,由创始人中本聪持有。一周后,中本聪发送了10 个比特币给密码学专家哈尔芬尼,形成了比特币史上第一次交易;2010 年 5 月,佛罗里达程序员用 1 万比特币购买价值为 25 美元的比萨优惠券,从而诞生了比特币的第一个公允汇率。

比特币网络为用户提供兑换和转账业务,该业务的价值流通媒介由账本确定的交易数据——比特币支撑。为了保持账本的稳定和数据的权威性,业务制定奖励机制,即账本为节点产生新的比特币或用户支付比特币,以此驱动节点共同维护账本。

比特币网络主要由 2 种节点构成:全节点和轻节点。全节点是功能完备的区块链节点,而轻节点不存储完整的账本数据,仅具备验证与转发功能。全节点也称为矿工节点,计算证明依据的过程被称为"挖矿",目前全球拥有近 1 万个全节点;矿池则是依靠奖励分配策略将算力汇集起来的矿工群;除此之外,还有用于存储私钥和地址信息、发起交易的客户。

(1)网络层

比特币在网络层运行一个 P2P Overlay Network,采用非结构化方式组网,路由表呈现随机性。节点间则采用多点传播方式传递数据,曾基于 Gossip 协议实现,为提高网络的抗匿名分析能力改为基于 Diffusion 协议实现。新节点入网时,首先向硬编码 DNS 节点(种子节点)请求初始节点列表;然后向初始节点随机请求它们路由表中的节点信息,以此生成自己的路由表;最后节点通过控制协议与这些节点建立连接,并根据信息交互的频率更新路由表中节点时间戳,从而保证路由表中的节点都是活动的。交互逻辑层为建立共识交互通道,提供了区块获取、交易验证、主链选择等协议;轻节点只需要进行简单的区块头验证,因此通过头验证协议和连接层中的过滤设置协议指定需要验证的区块头即可建立简单验证通路。在安全机制方面,比特币网络可选择利用匿名通信网络 Tor 作为数据传输承载,通过沿路径的层层数据加密机制来保护对端身份。

(2)数据层

比特币数据层使用 UTXO(Unspent Transaction Output)信息模型记录交易数据,实现所有权的简单、有效证明,利用默克尔树、散列函数和时间戳实现区块的高效验证并产生强关联性。在加密机制方面,比特币采用参数为 Secp256k1 的椭圆曲线数字签名算法(Elliptic Curve Digital Signature Algorithm,ECDSA)生成用户的公私钥,钱包地址则由公钥经过双重散列、Base58Check 编码等步骤生成,提高了可读性。

比特币中定义,一枚电子货币(an electronic coin)就是一串数字签名,如图 9-5 所示:每一位所有者对前一次交易和下一位拥有者的公钥(Public Key)的哈希值签署数字签名,并将这个签名附加在这枚电子货币的末尾,电子货币就发送给了下一位拥有者。而收款人通过对签名进行检验,就能够验证该链条的所有者。

该过程的问题在于,收款人将难以检验之前的某位所有者,是否对这枚电子货币进行了双重支付,即双花问题。通常的解决方案,就是引入信得过的第三方权威或者类似于造币厂(mint)的机构,来对每一笔交易进行检验,以防止双重支付。在每一笔交易结束后,这枚电子货币就要被造币厂回收,而造币厂将发行一枚新的电子货币;而只有造币厂直接发行的电子货币,才算有效,这样就能够防止双重支付。可是该解决方案的问题在于,整个货币系统的命运

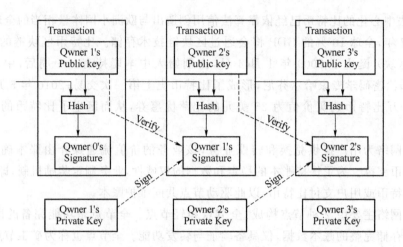

图 9-5 比特币交易记录

完全依赖于运作造币厂的公司,因为每一笔交易都要经过该造币厂的确认,而造币厂就充当了传统交易中银行的角色。

收款人需要有某种方法,能够确保之前的所有者没有对更早发生的任何交易进行签名。从逻辑上看,需要关注的只是于本交易之前发生的交易,而不需要关注这笔交易发生之后是否会有双重支付的概率。唯一能确保某一次交易不存在的方法就是获悉之前发生过的所有交易。在造币厂方案中,造币厂知晓所有的交易,并且决定了交易完成的先后顺序。在不引入一个第三方可信机构的前提下达到这个目的,交易信息就应当被公开宣布,我们需要整个系统内的所有参与者,都有唯一公认的历史交易序列,即对该序列达成共识。收款人需要确保在交易期间绝大多数的节点都认同该交易是首次出现。

(3) 共识层

采用 PoW 算法实现节点共识,该算法证明依据中的阈值设定可以改变计算难度。计算难度由每小时生成区块的平均块数决定,如果生成太快,难度就会增加。目前该阈值被设定为 10 min 产出一个区块。除此之外,比特币利用奖惩机制保证共识的可持续运行,主要包括转账手续费、挖矿奖励和矿池分配策略等。

(4) 控制层

比特币最初采用链上处理模型,并将控制语句直接记录在交易中,使用自动化锁定/解锁脚本验证 UTXO 模型中的比特币所有权。由于可扩展性和确认时延的限制,比特币产生多个侧链项目如 Liquid、RSK、Drivechain 等,以及链下处理项目 Lightning Network 等,从而优化交易速度。

**2. 以太坊**

以太坊是第一个以智能合约为基础的可编程非许可链开源平台项目,支持使用区块链网络构建分布式应用,包括金融、音乐、游戏等类型;当满足某些条件时,这些应用将触发智能合约与区块链网络产生交互,以此实现其网络和存储功能。

以太坊自 2017 年开始准备多阶段升级,旨在通过对网络基础设施的多项改革来解决以太坊网络的可扩展性和安全性问题,提高以太坊网络的速度、效率和可扩展性,使其能够处理更多交易并缓解瓶颈问题。

第一阶段被称为 Beacon Chain(信标链),它已于 2020 年 12 月 1 日完成上线。信标链将原生质押引入以太坊区块链,这是区块链网络向 PoS 共识机制转变的一个关键特征,而且它是一个独立于以太坊主网的区块链。

第二阶段称为 Merge(合并),将信标链和以太坊主链进行合并。

最后一个阶段为 shard chains(分片链),它将在扩展以太坊网络中发挥关键作用。所谓"分片",是通过将网络拓展到 64 个分片区块链,扩展以太坊处理交易和存储数据的能力。同时,分片将分多个阶段推出,旨在提高以太坊的可扩展性和容量。

如图 9-6 所示,以太坊架构分为 7 层,由下至上依次是存储层、数据层、网络层、协议层、共识层、合约层、应用层。

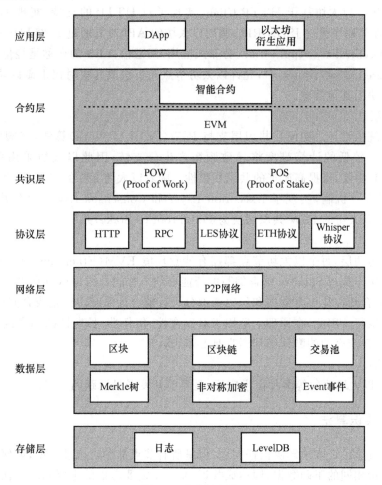

图 9-6 以太坊架构

(1)存储层

主要用于存储以太坊系统运行中的日志数据及区块链元数据,存储技术主要使用文件系统和 LevelDB。

(2)数据层

主要用于处理以太坊交易中的各类数据,如将数据打包成区块,将区块维护成链式结构,区块中内容的加密与哈希计算,区块内容的数字签名及增加时间戳印记,将交易数据构建成 Merkle 树,并计算 Merkle 树根节点的 hash 值等。与比特币的不同之处在于以太坊引入了交易和交易池的概念。交易指的是一个账户向另一个账户发送被签名的数据包的过程。而交易池则存放通过节点验证的交易,这些交易会放在矿工挖出的新区块里。以太坊的 Event(事件)指的是和以太坊虚拟机提供的日志接口,当事件被调用时,对应的日志信息被保存在日志文件中。

(3) 网络层

与比特币一样,以太坊的系统也是基于 P2P 网络的,在网络中每个节点既有客户端角色,又有服务端角色。

(4) 协议层

提供的供系统各模块相互调用的协议支持,主要有 HTTP、RPC 协议、LES、ETH 协议、Whipser 协议等。以太坊基于 HTTP Client 实现了对 HTTP 的支持,实现 GET、POST 等HTTP 方法;外部程序通过 JSON RPC 调用以太坊的 API 时需通过 RPC 协议;Whisper 协议用于 DApp(Decentralized Application,分布式应用)间通信;LES 的全称是轻量级以太坊子协议(Light Ethereum Sub-protocol),允许以太坊节点同步获取区块时仅下载区块的头部,在需要时再获取区块的其他部分。

(5) 共识层

以太坊系统从设计之初便在共识层支持 PoW(Proof of Work)算法,将阈值设定为 15 s产出一个区块。较低的计算难度将导致频繁产生分支链,因此以太坊采用独有的奖惩机制——GHOST 协议,以提高矿工的共识积极性。随着以太坊 2.0 的推出,以太坊在区块高度15537393 触发合并机制,实现了 Execution Layer 和 Consensus Layer 的合并,并产出首个PoS 区块,此后以太坊的 PoW 共识切换为 PoS(Proof of Stake)共识。

(6) 合约层

合约层分为两层,每个以太坊节点都拥有沙盒环境 EVM(Ethereum Virtual Machine,以太坊虚拟机),用于执行 Solidity 语言编写的智能合约。智能合约是运行在以太坊上的代码的统称,一个智能合约往往包含数据和代码两部分。智能合约系统将约定或合同代码化,由特定事件驱动触发执行。因此,在原理上适用于对安全性、信任性、长期性的约定或合同场景。在以太坊系统中,智能合约的默认编程语言是 Solidity。

(7) 应用层

有 DApp、以太坊钱包等多种衍生应用,是目前开发者最活跃的一层。

### 9.3.4 共识算法

区块链通过全民记账来解决信任问题,但是所有节点都参与记录数据,如何保证所有节点最终都记录一份相同的正确数据,即达成共识,是一个需要考虑的重要问题。在传统的中心化系统中,因为有权威的中心节点背书,因此可以以中心节点记录的数据为准,其他节点仅简单复制中心节点的数据即可,很容易达成共识。然而在区块链这样的去中心化系统中,并不存在中心权威节点,所有节点对等地参与到共识过程之中。由于参与的各个节点的自身状态和所处网络环境不尽相同,而交易信息的传递又需要时间,并且消息传递本身不可靠,因此,每个节点接收到的需要记录的交易内容和顺序也难以保持一致。更不用说,由于区块链中参与的节点的身份难以控制,还可能会出现恶意节点故意阻碍消息传递或者发送不一致的信息给不同节点,以干扰整个区块链系统的记账一致性,从而从中获利的情况。因此,区块链系统的记账一致性问题,或者说共识问题,是一个十分关键的问题,它关系着整个区块链系统的正确性和安全性。

当前区块链系统的共识算法有许多种：①工作量证明类（Proof of Work，PoW）的共识算法；②凭证类（Proof of X，PoX）共识算法；③拜占庭容错类（Byzantine Fault Tolerance，BFT）算法；④结合可信执行环境的共识算法等，下面重点介绍前面三种。

**1. PoW 类的共识算法**

PoW 类的共识算法主要包括比特币所采用的 PoW 共识及一些类似项目（如莱特币等）的变种 PoW。这类共识算法的核心思想实际是所有节点竞争记账权，而对于每一批次的记账（或挖出一个区块）都赋予一个"难题"，要求只有能够解出这个难题的节点挖出的区块才是有效的。同时，所有节点都不断地通过试图解决难题来产生自己的区块并将自己的区块追加在现有的区块链之后，但全网络中只有最长的链才被认为是合法且正确的。

比特币类区块链系统采取这种共识算法的巧妙之处在于两点：首先，它采用的"难题"具有难以解答，但很容易验证答案的正确性的特点，同时这些难题的"难度"，或者说全网节点平均解出一个难题所消耗时间，是可以很方便地通过调整难题中的部分参数来进行控制的，因此它可以很好地控制链增长的速度。同时，通过控制区块链的增长速度，它还保证了若有一个节点成功解决难题完成了出块，该区块能够以（与其他节点解决难题速度相比）更快的速度在全部节点之间传播，并且得到其他节点的验证的特性；这个特性再结合它所采取的"最长链有效"的评判机制，就能够在大多数节点都是诚实（正常记账出块，认同最长链有效）的情况下，避免恶意节点对区块链的控制。这是因为，在诚实节点占据了全网 50% 以上的算力比例时，从期望上讲，当前最长链的下一个区块很大概率也是诚实节点生成的，并且该诚实节点一旦解决了"难题"并生成了区块，就会在很快的时间内告知全网其他节点，而全网的其他节点在验证完毕该区块后，便会基于该区块继续解下一个难题以生成后续的区块，这样一来，恶意节点很难完全掌控区块的后续生成。

PoW 俗称"挖矿"，是指系统为了达到某一目标而设定的度量方法，通过一份证明用来确认其他人做过一定量的工作。整个工作的过程的算法需要一定量的算力来完成而且通常极其低效，需要消耗大量资源，而检测工作的结果的认证则需要很少的算力，是一种相当高效的办法。在 PoW 机制的竞争中，各方的算力决定其获得共识的概率，谁的算力越多，完成工作的概率就越大，最后获得的记账权利就越大。PoW 工作机制在比特币中应用最为经典，接下来介绍下比特币中 PoW 机制工作流程。

在比特币中工作量证明需要先求解一个问题。即找到一个 nonce 值，通过两次 SHA256 算法使得新区块头的哈希值小于某个指定的值，即区块头结构中的"难度目标"。可以通过调整区块头的哈希值需要小于的值来控制整个谜题的难度，解决这个问题只能通过计算不断的遍历 nonce 值来查找可用的 nonce 值，即暴力搜索。这个环节需要大量的算力来完成，当找到合适的 nonce 值，节点会将区块广播，其他节点收到区块会立刻进行验证，最终达成全网共识。

① 客户端产生新的交易，向全网进行广播记账请求；

② 每个节点一旦收到这个请求，即将收到的交易信息纳入一个区块中；

③ 通过 PoW 过程在自己的区块中找到一个具有足够难度的工作量证明；

④ 当某个节点找到了一个工作量证明，它就向全网进行广播；

⑤ 当该区块中的所有交易都是有效的且之前未存在过的，其他节点才认同该区块的有效性；

⑥ 其他节制造新的区块以延长该链条，而将被接受区块的随机哈希值视为先于新区块的随机哈希值。

下面介绍挖矿难度是如何确定的。

首先来看看难度是怎么来的,比特币的挖矿里面,是有一个计算哈希的目标值(target)的,如果这个目标值越小,那么难度越大。简单来说,难度是一个指标,用于表示计算当前的目标值的困难程度。

难度(diff)计算公式如下:

$$diff = diff\_1\_target / target$$

目标值(target)是一个很大的数字,target 以指数形式存在,以十六进制表示,总共有 8 位,前 2 位为指数,后 6 位为系数。计算公式为:

$$target = 系数 * 2^\wedge(8 * (指数 - 3))$$

这里出现了一个 diff_1_target,顾名思义,这个是难度 diff 为 1 的时候的目标值,这是常数,是一个很大的数字。这个值是标记为 0x1d00ffff 的数,这个标记是压缩标记,它的指数是 0x1d,系数是 0x00ffff,它的实际值是:

$$0x00ffff * 2^\wedge(8 * (0x1d - 3))$$

= 0x00000000FFFF0000000000000000000000000000000000000000000000000000

= 26959535291011309493156476344723991336010898738574164086137773096960

【例 9-1】 当目标值 target 标记为 0x171320bc 时,尝试算出此时的 target 的十六进制与十进制形式。

解:已知计算公式为:

$$target = 系数 * 2^\wedge(8 * (指数 - 3))$$

可得

$$target = 0x1320bc * 2^\wedge(8 * (0x17 - 3))$$

结果如下:

十六进制为:0x1320bc0000000000000000000000000000000000000000000000000000

十进制为:183208583849907598575508397363915460725196942230316646464

挖矿就是不断尝试 nonce,使整个区块头中的哈希值小于等于给定的目标阈值 target,即 H(block header)<=target。target 越小,挖矿难度越大。调整挖矿难度,就是调整目标空间在整个输出空间中所占的比例。

比特币系统中,难度是系统动态调整的,目的是使整个系统平均 10 分钟出一个块。随着挖矿设备的进化升级,系统的总算力会越来越强,如果难度保持不变的话,出块时间会越来越短,一方面是提高了对系统的响应时间和效率的考验,另一个方面是出块时间缩短后在同一时间将会产生多个区块,必然会导致区块链形成多分叉,这样就导致系统的总算力分散到各个分叉链中了,这时系统的安全性大幅度降低,黑客可以集中算力进行分叉攻击等攻击行为。因此,比特币系统需要调整难度。

难度调整规则的目标是系统平均每 10 分钟产生一个区块。调整的周期是:每 2 016 个区块产生后会调整一次(大约 2 周,14 天)调整的计算公式是:

新难度值=旧难度值 * (最近 2 016 个区块的预期时间/最近 2 016 个区块的真正时间)

如果最近 2 016 个区块产生的时间超过 14 天,说明平均每一个区块的出块时间超过 10min,这时候挖矿难度应该降低。如果实际时间小于 14 天,说明出块太快,这时候应该提高挖矿难度。实际代码中,上调或下调都有 4 倍的限制。比如实际时间非常长,超过 8 周,那么算的时候也按照 8 周来算,最多增大 4 倍。相反如果实际时间很短,不到半周,那么算的时候按照半周来算,最小也是 1/4。

由于公有链节点十分繁杂,节点选择加入或退出的自由度很高,因此 PoW 对于公有链的共识来说,是一个比较简单粗暴的方法。但是该方法的缺点,是各节点在选举过程中都会消耗自己的算力,只为挣得记账的权利,从而导致许多计算资源被无谓浪费。且比较"算力"需花费大量时间,这对于追求实时性的交易来说,效率是十分低下的。

PoW 技术的优点如下。

① 算法流程简单,不容易出现漏洞。相对于其他算法,PoW 逻辑较为简单,且 SHA256 算法数学上尚且没有逆向的解法,是公认的比较安全的共识算法。其他算法可能由于算法逻辑上的漏洞,使恶意节点能以一种成本较低的方法,对整个网络造成巨大损失。而 PoW 算法经过多年的验证,尚且没有容易破解的漏洞。

② 整个网络维护简单,对于整个网络,任何节点加入,只需要节点计算 hash 值并扩散即可。节点加入网络和离开网络的实现简单。

③ 抗攻击性强,任何想要破坏系统的恶意节点都需要大量算力与成本才有可能进行有效的进攻。

PoW 技术的缺点如下。

① 需要大量资源来进行计算,比较浪费资源。

② 有可能不同节点同时计算出合适的 nonce 值。在网络中造成竞争,在间接造成资源浪费的同时不能保证整个网络的最终一致性。

③ 出块效率较低,如果想要较高的出块速度,只能降低区块的计算难度,如果降低计算难度,会导致多个节点都有可能同时出块。造成整个网络分叉概率大大增加。所以只能保持一个较低的出块速度。

④ 为了减少资源浪费,多个节点会将算力整合到一起形成矿场。违背了最终的去中心化的技术要求。

【例 9-2】 假设一个比特币系统,当前难度值为 200,若最近 2 016 个区块的产生时间为 28 天,则难度值应调整为多少? 如果产生时间为 60 天呢?

**解:** 首先,28 天为 4 周,而预期时间为 2 周,由难度调整规则,可得

$$新难度值 = 200 * 2/4 = 100$$

其次,由于 60 天超过 8 周,根据 4 倍限制,可得

$$新难度值 = 200 * 1/4 = 50$$

**2. PoX 的凭证类共识算法**

鉴于 PoW 的缺陷,人们提出了一些 PoW 的替代者——PoX 类算法。这类算法引入了"凭证"的概念(即 PoX 中的 X,代表各种算法所引入的凭证类型):根据每个节点的某些属性(拥有的币数、持币时间、可贡献的计算资源、声誉等),定义每个节点进行出块的难度或优先级,并且取凭证排序最优的节点,或是取凭证最高的小部分节点进行加权随机抽取某一节点进行下一段时间的记账出块。这种类型的共识算法在一定程度上降低了整体的出块开销,同时能够有选择地分配出块资源,即可根据应用场景选择"凭证"的获取来源,是一个较大的改进。然而,凭证的引入提高了算法的中心化程度,一定程度上有悖于区块链"去中心化"的思想,且多数该类型的算法都未经过大规模的正确性验证实验,部分该类算法的矿工激励不够明确,节点缺乏参与该类共识的动力。下面介绍 PoX 类算法中的两种常用算法 PoA 和 PoS。

(1) PoA(Proof of Stake) 活跃证明

PoA 机制是联盟链所常用共识机制之一。基于 PoA 的网络、事务和区块,是由一些经认

可的账户认证的,这些被认可的账户称为"验证者"。验证者运行的软件支持其将交易置于区块中。使用 PoA 机制的区块链网络,每个个体都具有变成验证者的权利,因此存在一旦获取就保持验证者位置的动机。通过对身份附加一个声誉,可以鼓励验证者去维护交易的过程。因为验证者并不希望让自己获得负面声誉,这会使其失去来之不易的验证者地位。

PoA 共识机制中,节点可以无限多,但验证者数量是有限的。节点主要是同步区块链账本信息,而验证者则负责验证交易、打包出块。由于验证者数量有限,PoA 共识机制的区块链在效率、可扩展性上就远远超过公有链。

不同于 PoW,PoA 是存在准入门槛,因此 PoA 共识机制在安全性上也有一定的保证。此外,常见的安全问题,比如双重支付问题,在 PoA 共识机制中能非常容易地避免掉,因为所有的交易都是验证人进行验证的。

但如果验证人作恶,发动对网络的攻击或者篡改账本,就很容易对整个区块链网络造成伤害。对此,很多采用 PoA 共识机制的区块链会采用多重签名机制来避免单个验证人作恶,或者让验证人来自不同的区域、不同的利益集体,从而避免作恶。实际联盟链中,PoA 也常与 PBFT 结合使用。

(2) PoS(Proof of Stake) 权益证明

PoS 共识机制是通过权益证明的方法选择生成区块的节点。PoS 算法通过"股权"大小来决定不同的记账节点拥有的记账权力的概率,在实现中常常使用节点所拥有的币龄。所谓的币龄指的就是矿工持有的股份乘以矿工持有的时间。在 PoS 算法中,每个区块的产生就在这些选中的节点中进行。同时为了节约能源,PoS 算法中的哈希值很容易获得。拥有大量权益的节点更值得信赖,从博弈论的角度上,拥有更多权益的节点,没有动力攻击自己拥有大量权益的区块链。

PoS 算法是由 Quantum Mechanic 于 2011 年在比特币论坛讲座上首先提出,后来经点点币和未来币以不同思路实现。现在存在两种流行的 PoS 共识算法,一种是纯粹的运用权益来实现共识,另一种是结合权益以及 PoW 来实现共识的混合 PoS。

纯权益共识算法是未来币(NextCoin)中实现的 PoS 权益证明算法,在未来币中一个矿工如果拥有更多的股份,那么它更加容易获得新区块的记账权。在未来币中,如果所有矿工共持有 $b$ 枚币,其中矿工 $M$ 拥有 $a$ 枚币,并且 $a<b$,那么矿工 $M$ 取得新区块记账权的概率则为 $a/b$,这样也就说明在未来币中获得新区块记账权的概率与自身持有的币数是相关的。能够获得新区块记账权的矿工的挑选工作是每 60 min 进行的,并且这个挑选过程是根据每个矿工的股份随机进行挑选的一个过程。当一个矿工取得新区块的记账权以后,它会验证该区块的交易,并且广播给其他矿工并获得奖励。然而,由于这种奖励机制的存在导致了矿工为了追求更高的奖励,容易导致分叉现象。

混合 PoS 共识算法由 King 和 Nadal 正式提出。为了获得新区块的记账权,存在一种特殊的交易叫做利息币。利息币存在于一种特殊的区块之中,这个区块除了记录所有的交易以外,还要记录创造该区块的矿工。在交易币上花的钱越多,那么该矿工就更加有可能挖到新矿。在此之后,矿工还需要解决一个数学难题。但是和 PoW 共识算法中所有节点解决的数学难题复杂度相同不一样的是,在混合 PoS 共识算法中,花钱越多则需要解决的难题的复杂度越低。对于任何一个解决数学难题的矿工,他将获得他在交易所花费的币的总数的百分之一,但是这些硬币累积的币龄会被清零。

与 PoW 算法相比,PoS 能够提高资源利用率,缩短共识时间。

① 相对于 PoW 技术节约了在每个节点暴力遍历中和多个节点中相互竞争所产生的能源浪费。只需要少量的计算资源即可记账。

② 达成共识所需时间更少。在 PoS 共识算法中节点达成共识的速度更快。相对于 PoW 技术,PoS 不需要多余计算时间来进行工作量证明。从而节约了时间。

与此同时,PoS 算法中也存在一定的缺陷:

① PoS 共识机制中存在"无利害关系问题",安全性相对于 PoW 技术更弱,对拥有较多的股权的人来说如果想要获得不正当利益。那么将不需要付出任何成本。导致矿工在记账中没有作恶惩罚,就更有可能作恶。

② 仍然需要利用一定量的算力进行哈希计算。没有根本上改变挖矿这一模式,PoS 共识算法仍然需要挖矿,并没有从本质上解决商业应用的痛点。在 PoS 中利益关系可以适用于多条竞争链,这样对于部分为了追逐利益的节点可以同时在多条链上进行挖矿,这样的操作几乎是零风险的,这样就导致了区块链的分叉问题。

③ PoS 共识机制存在远程攻击的隐患,作恶者可以通过获取他人私钥,从持币的时间生成另一套交易历史。

**3. BFT 类算法**

无论是 PoW 类算法还是 PoX 类算法,其中心思想都是将所有节点视作竞争对手,每个节点都需要进行一些计算或提供一些凭证来竞争出块的权利(以获取相应的出块好处)。BFT 类算法则采取了不同的思路,它希望所有节点协同工作,通过协商的方式来产生能被所有(诚实)节点认可的区块。

拜占庭容错问题最早由 Leslie Lamport 等学者于 1982 年在论文"The Byzantine Generals Problem"中正式提出,主要描述分布式网络节点通信的容错问题。在介绍 CFT 算法之前,首先对拜占庭容错问题作简要说明。

(1) 拜占庭容错问题

拜占庭问题又称拜占庭将军问题(Byzantine Generals' Problem),是在 10 世纪 80 年代提出的一个假想问题。拜占庭帝国在攻击敌方城堡时,在地方城堡外驻扎了多个军队,每个军队都有各自的将军指挥,将军们只能通过信使进行沟通。在观察敌情之后,他们必须制定一个共同的计划,如进攻或者撤退,只有当半数以上的军队都发起进攻才能取得胜利。然而这其中的一些将军可能是叛徒,就会阻止将军们达成一致的行动计划;另外,传递消息的信使也可能是叛徒,他们可以进行篡改和伪造消息或者不进行消息的传递。

因此,拜占庭将军问题的核心——是要寻找一个,使得将军们在一个明知有叛徒的非信任环境中,建立对战计划的共识,可以不带任何条件的相信彼此。为了能够合理地解决拜占庭将军问题,我们假设每个将军都有自己的军队,每支军队都位于他们打算攻击的城市周围的不同位置,这些将军需要就攻击或者撤退达成一致。因此我们可以考虑以下几个条件:

① 每个将军必须就攻击还是撤退进行投票;

② 一旦投票则不可更改;

③ 所有将军都必须就同样的决定,形成统一意见,并协调执行;

④ 他们只能通过情报员发送的信息进行交流。

拜占庭将军问题所面临的核心挑战便是信息可能以某种方式被延误,破坏或丢失。此外即使消息传递成功。一个或多个将军也可能因为各种原因选择发送欺诈性消息,以混淆其他将军,导致行动失败。

如果我们将拜占庭将军问题对应到区块链网络中,则每个将军代表一个网络节点,需要就系统的当前状态达成共识。这意味着分布式网络中的大多数参与者必须同意并执行相同的操作,以避免失败。其中有运行正常的服务器,类似于忠诚的拜占庭将军,还有故障的服务器,有破坏者的服务器,类似于叛变的拜占庭将军。

现在将拜占庭将军问题简化,假设只有三个拜占庭将军,分别为 A、B、C,他们要讨论的只有一件事情:明天是进攻还是撤退。为此,将军们需要依据"少数服从多数"原则投票表决,只要有两个人意见达成一致就可以了。举例来说,A 和 B 投进攻,C 投撤退:

① 那么 A 的信使传递给 B 和 C 的消息都是进攻;

② B 的信使传递给 A 和 C 的消息都是进攻;

③ 而 C 的信使传给 A 和 B 的消息都是撤退。

④ 最终决定:进攻。

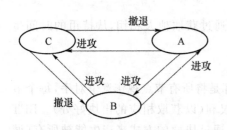

图 9-7　三将军问题(无叛徒)

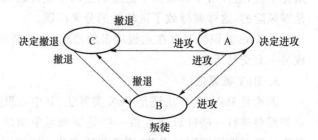

图 9-8　三将军问题(存在叛徒)

但是如果三个将军出现一个叛徒 B,就会导致将军间的一致的达成遭到破坏。当 B 向 A,C 发出不同的决策消息,就会导致 A,C 做出不同的决策。

由于上述原因,在只有三个角色的系统中,只要有一个是叛徒,即叛徒数等于 1/3,拜占庭问题便不可解,进而得到以下两个结论:

① 在存在 $m$ 个叛徒将军的情况下,将军总数小于或等于 $3m$ 时,忠诚将军之间的一致性无法达成;

② 当将军总是大于等于 $3m+1$ 时,忠诚将军之间可以达成一致。

对以上结论进行证明。发令将军将指令发送给 $n-1$ 个副官(传递消息的将军),副官之间需要通过协作达成下列两个目标:

IC1:所有忠诚的副官对发令将军发送的指令达成一致。

IC2:如果发令将军是忠诚的,那么所有忠诚副官最终达到一致的指令和发令将军发出的指令相同。

IC2 是对 IC1 的强化,当发令将军是叛徒时,所有的忠诚副官只需要保持一致即可;如果发令将军是忠诚的,那么忠诚副官不仅要保持一致,还要和发令将军一致,也就是说,忠诚发令将军的指令最终要被忠诚副官接受,忠诚副官之间不能达成一个与发令将军不同的一致性。

将解决拜占庭将军问题的方法定义为 BGP,BGP($n,m$) 代表解决 $m$ 个叛徒将军的方法,其中 $n$ 代表将军总数,则需要证明的数学问题为:

证明一:如果将军总数 $n$ 小于或等于 $3m$,BGP($n,m$)不存在。

证明二:如果将军总数 $n$ 大于 $3m$,BGP($n,m$)存在。

由三将军问题无解,可知,在 $n=3$,$m=1$ 的情况下 BGP(3,1)是不存在的。尝试反证法,通过 BGP($3m,m$) 来构造 BGP(3,1)的解法,如果构造成功了,那么就和 BGP(3,1)不存在出现了矛盾，那么证明 $BGP(3m, m)$ 不存在。

为了和拜占庭将军区分，将掌握了 $BGP(3m, m)$ 方法的将军命名为阿尔巴尼亚将军。那么在拜占庭三将军问题里，让每个拜占庭将军模拟 $m$ 个阿尔巴尼亚将军的行为：

① 发令拜占庭将军模拟一个阿尔巴尼亚发令将军和 $m-1$ 个阿尔巴尼亚副官的行为；

② 忠诚拜占庭将军模拟忠诚阿尔巴尼亚将军的行为；

③ 叛徒拜占庭将军可以做任意的事情。

由于在 $BGP(3m, m)$ 的存在，也就是 IC1 和 IC2 同时满足，$2m$ 个忠诚阿尔巴尼亚将军之间可以达成一致。那么忠诚的拜占庭将军只需要使用自身模拟的 $m$ 个阿尔巴尼亚将军的决策也就可以获得一致，从而推导出了三将军问题解决方法存在的推论，该推论与三将军问题无解相矛盾，故 $BGP(3m, m)$ 不存在，故证明一成立。

有兴趣的读者可以自行对证明二进行理论验证。

（2）实用拜占庭容错算法

从 20 世纪 80 年代起，提出了很多解决该问题的算法，这类算法被统称为 BFT 算法。具体地，BFT 类共识算法一般都会定期选出一个领导者，由领导者来接收并排序区块链系统中的交易，领导者产生区块并递交给所有其他节点对区块进行验证，进而其他节点"举手"表决时接受或拒绝该领导者的提议。如果大部分节点认为当前领导者存在问题，这些节点也可以通过多轮的投票协商过程将现有领导者推翻，再以某种预定好的协议协商产生出新的领导者节点。

BFT 类算法一般都有完备的安全性证明，能在算法流程上保证在群体中恶意节点数量不超过三分之一时，诚实节点的账本保持一致。然而，这类算法的协商轮次也很多，协商的通信开销也比较大，导致这类算法普遍不适用于节点数目较大的系统。普遍认为 BFT 算法所能承受的最大节点数目不超过 100。

实用拜占庭容错（Practical Byzantine Fault Tolerance，PBFT）算法是最经典的 BFT 算法，由 Miguel Castro 和 Barbara Liskov 于 1999 年提出。PBFT 算法解决了之前 BFT 算法容错率较低的问题，且降低了算法复杂度，使 BFT 算法可以实际应用于分布式系统。PBFT 在实际分布式网络中应用非常广泛，随着当前区块链的迅速发展，很多针对具体场景的优化 BFT 算法不断涌现。PBFT 其核心思想是：每个节点都告诉众节点自己的选票，这样节点间都知道各自的选择。但免去了"计票"的麻烦，不代表问题的解决。如果节点中存在不可信的恶意节点，那么势必会对其他节点的判断造成影响，这就是所谓的"拜占庭将军问题"，如何在可能存在"叛徒"，即不可信节点的情况下，实现共识，仍是一个亟须解决的问题。

因此，PBFT 算法有一个前提，若链中存在 $F$ 个不可信的恶意节点，那么可信节点必须至少达到 $2F+1$，即总节点数 $N=3F+1$。

原因是：当有 $F$ 个节点为故障或被攻击的节点，我们只能从 $N-F$ 个节点中进行判断。但是由于异步传输，故当收到 $N-F$ 个消息后，并不能确定后面是否有新的消息，有可能是目前收到的 $N-F$ 个节点的消息中存在被攻击的节点发来的消息，而诚实节点的消息由于异步传输还没有被收到。

所以我们考虑最坏的情况，即剩下 $F$ 个都是诚实节点，收到的消息中有 $F$ 个来自被攻击的节点，故我们需要使得收到的消息中，来自诚实节点的消息数量 $N-2F$ 大于被攻击节点的数量 $F$，于是有 $N-2F>F$，即 $N>3F$，所以 $N$ 的最小整数为 $N=3F+1$。

【例 9-3】 假设一个联盟链系统，其共识算法采用 PBFT，已知该系统中总节点数为 6，请问该系统若要正常运行,问题节点数量至多为多少?

**解:**根据本节所证明的结论:

$$N \geq 3F+1;$$

其中,$N$ 为节点总数,$F$ 为问题节点数量,可得:

$$F \leq (N-1)/3;$$

所以,$F \leq (6-1)/3$,取最大整数值 1。

故问题节点的数量至多为 1。

**【例 9-4】** 假设一个联盟链系统,采用 PBFT 共识算法,已知该系统中有 2 个拜占庭节点,请问该系统若要正常运行,正常节点数量至少为多少? 请给出理由。

**解:**由上述结论可知:

$$N \geq 3F+1$$

可直接得 $N$ 至少为 7。

理由:假设系统总节点数是 $N$,其中有 2 个拜占庭节点。

如果这 2 个拜占庭节点选择不发送消息,那么理论上来讲,只需收到其他 $N-2$ 个节点发送的信息即可。

但在实际情况下,无法确定这 2 个拜占庭节点是否真的不发送任何信息,他们也可能发送错误信息干扰共识的达成。所以,当收到 $N-2$ 个节点信息时,其中会包含 2 个信息为拜占庭节点所发,而剩下 2 个正常节点的信息由于异步传输等原因,尚未送达。

也就是说,此时收到的 $N-2$ 个节点信息中,最坏情况可能会包括 2 个恶意信息,所以收到的正常信息数为 $N-4$。

由于至少需要 $2+1=3$ 个节点具有相同的确认消息才能保证消息在大多数节点上达成了共识,所以 $N$ 需要满足不等式:

$$N-4 \geq 3$$

所以 $N$ 至少为 7。

接下来介绍实用拜占庭容错算法的流程。

PBFT 算法启动时选取系统其中一个节点作为主节点,其余节点作为副本节点。当前主节点发送请求处于同一个视图 view 内,切换主节点时 view 随之更新。主节点切换方式采用轮询机制。PBFT 算法分为五个阶段分别是:request 请求,pre-prepare 预准备,prepare 准备,commit 提交,reply 回复。

算法从 request 阶段开始客户端向主节点发送请求,pre-prepare 阶段主节点对接收到的请求进行编号广播给副本节点。副本节点收到消息验证有效性,副本广播 prepare 消息。当节点收到 $2f$ 个不同的 prepare 消息后进入 commit 阶段,此阶段广播 commit 消息给所有节点。节点收到 $2f+1$ 个不同的 commit 消息在本地执行请求,将执行结果返回客户端。其中 pre-prepare 阶段和 prepare 阶段保证了不同视图内主节点发送请求的有序性。prepare 阶段和 commit 阶段保证了系统更换主节点后,处于 prepare 状态的节点仍然能够重新执行 pre-prepare 消息发起共识。

request 阶段:客户端 C 作为请求发起者,向系统选定的主节点发送请求 $<request,c,o,t>$,其中包含了发送的消息 $m$ 以及消息 $m$ 的摘要 digest,$t$ 代表消息生成的时间戳,$o$ 表示客户端需要执行的操作。主节点收到客户端发来的请求。客户端发送的请求带有时间戳用来标识每个请求的唯一性。

pre-prepare 阶段：主节点收到客户端发来的请求后，执行消息签名验证，判断是否由客户端发来且中间没有被篡改。验证通过后主节点对消息进行按照接受顺序编号，之后广播消息给副本节点，发送的 pre-prepare 消息格式为＜pre-prepare,$m$,$d$,$n$,$v$＞，其中 $m$ 表示从客户端接收的消息，$d$ 代表针对消息的摘要，$n$ 表示主节点对该请求生成的编号，$v$ 则是视图编号。副本节点收到 pre-prepare 消息后会对消息的安全性进行验证，包括：验证签名是否有效；是否处于同一个 view 中；请求序号是否位于当前的高低水位线之间。校验通过后写入本地 log，进入 prepare 阶段。

prepare 阶段：节点收到 prepare 消息后会检查签名、视图 view、序号的有效性，如果验证通过接受 prepare 消息保存在本地的 log 中，并向系统其余节点广播 prepare 消息，prepare 消息格式＜prepare,$d$,$n$,$v$,$i$＞，其中 $d$ 仍旧是消息的摘要，$n$ 是请求编号，$v$ 视图编号，$i$ 表示节点的编号。同时等待接受其余节点发来的 prepare 消息。如果消息 $m$ 已经写入 log 中，并且对于消息 $m$ 在本地 log 中存在对应 pre-prepare 的消息，同时接收到了 $2f$ 个其他节点发来的不同 prepare 消息，节点进入 prepared 状态。prepared 状态保证了在同一个视图 view 中，对于消息 $m$ 的序号已经有 $2f+1$ 节点达成了一致性。

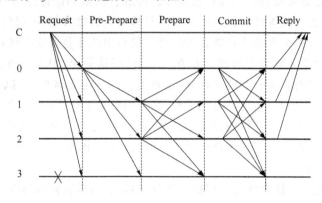

图 9-9　实用拜占庭容错算法流程

commit 阶段：节点进入 prepared 状态后广播 commit 消息。＜commit,$d$,$n$,$v$,$i$＞其中 $d$ 是消息的摘要，$n$ 是请求编号，$v$ 视图编号，$i$ 表示节点的编号。副本节点收到 commit 消息后会检查签名、视图 view、序号的有效性。如果验证通过并且等待 $2f+1$ 个不同节点发来的 commit 消息，那么节点进入 commit-local 状态。commit-local 状态保证了对于消息 $m$ 节点已经在全局范围内对其顺序达成了一致性，可以写入本地并执行操作。

reply 阶段：副本节点在本地执行完毕后，需要向客户端返回消息执行结果。副本节点发送格式为＜reply,$c$,$i$,$v$,$t$,$r$＞的消息，其中 $c$ 表示请求，包含消息 $m$ 和摘要 $d$，而字段 $i$ 表示节点编号，$v$ 表示当前所处视图编号，$t$ 是消息的时间戳，$r$ 表示请求的执行结果。客户端等待 $f+1$ 个节点返回的 reply 消息后表示请求已经成功执行。

实用拜占庭共识算法的优点如下。

① 能够解决拜占庭将军问题。PBFT 共识算法能够达到 1/3 的容错率因此可以保证系统在网络中存在无效或者恶意节点的情况下仍可以达成一致。

② 通信复杂度低。PBFT 共识算法降低了传统拜占庭类容错共识算法的复杂度，使算法更具有实用性。

实用拜占庭共识算法的缺点：

① 局限于固定数量的节点。PBFT 共识算法中节点的数量是固定,不能满足分布式网络中节点动态变更的需求。此外,当参与的节点数量增多时容易造成网络拥堵,系统达成共识的延迟时间更长,导致效率下降。

② 故障节点会对系统造成严重影响。当网络中失效或恶意节点数量不少于 1/3 节点时,网络就会出现停止服务和分叉的情况。

### 9.3.5  智能合约

区块链中的参与节点需要一个规程来执行既定逻辑,智能合约技术由此引入。1995 年,跨领域学者 Nick Szabo 提出了智能合约的概念,他对智能合约的定义为:"一个智能合约是一套以数字形式定义的承诺,包括合约参与方可以在上面执行这些承诺的协议。"简单来说,智能合约是一种在满足一定条件时,就自动执行的计算机程序。例如自动售货机,就可以视为一个智能合约系统。客户需要选择商品,并完成支付,这两个条件都满足后售货机就会自动吐出货物。

合约在生活中处处可见:租赁合同、借条等。传统合约依靠法律进行背书,当产生违约及纠纷时,往往需要借助法院等政府机构的力量进行裁决。智能合约,不仅仅是将传统的合约电子化,它的真正意义在革命性地将传统合约的背书执行由法律替换成了代码。

尽管智能合约这个如此前卫的理念早在 1995 年就被提出,但是一直没有引起广泛的关注,缺少一个良好的运行智能合约的平台,确保智能合约一定会被执行,执行的逻辑没有被中途修改。区块链这种去中心化、防篡改的平台,完美地解决了这些问题。智能合约一旦在区块链上部署,所有参与节点都会严格按照既定逻辑执行。基于区块链上大部分节点都是诚实的基本原则,如果某个节点修改了智能合约逻辑,那么执行结果就无法通过其他节点的校验而不会被承认,即修改无效。

一个基于区块链的智能合约需要包括事务处理机制、数据存储机制以及完备的状态机,用于接收和处理各种条件。并且事务的触发、处理及数据保存都必须在链上进行。当满足触发条件后,智能合约即会根据预设逻辑,读取相应数据并进行计算,最后将计算结果永久保存在链式结构中。智能合约在区块链中的运行逻辑如图 9-10 所示。

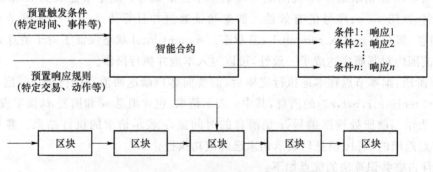

图 9-10  智能合约在区块链中的运行逻辑

在以太坊之前的公链项目中,如果需要修改某条公链的某些特征或者增加对某种场景的支持,开发者必须在原有的公链设计的基础上修改系统底层源代码,并重新维护一套公链生态,这往往被称作硬分叉。比如比特币的众多分叉币,开发人员为了修改诸如区块大小的参数,需要重新分裂一条公链,这是一项极其繁重的工作,不仅会消耗资源、时间,有时候还会分裂原有公链的共识社区。

而以太坊虚拟机 EVM 的出现,使得任何需要实现某一行业具体逻辑的开发者,无须复制以太坊的整套代码,再修改出符合自己逻辑的公链,而是基于以太坊现有的公链网络和矿机组织、共识社区,通过 EVM 提供的编程 API 来编写智能合约,就可以完成一套区块链系统,一套满足自己业务需求的系统,该系统具有区块链所有的通用特征:去中心化、公开透明、无法篡改等。

因此,EVM 的出现使得对区块链编程成为可能,具有 EVM 的以太坊公链技术可以视作是对原有区块链技术的一次重大革新。如果把区块链比作 PC 操作系统,那么 EVM 就是类似于 JVM 一样的运行环境,Solidity 智能合约就是类似于 Java 的高级编程语言,而 EVM 出现之前的比特币网络仅有有限的指令可以对区块链编程,有点类似于底层的汇编语言编程。从这个角度来讲,EVM 使得区块链高级语言编程成为可能。

通过智能合约编译器,可以将智能合约编译为虚拟机能够理解的指令,然后通过以太坊账户发起一个交易,将这些指令部署到区块链上,部署成功后会得到一个以太坊的地址,这个地址指明了该合约代码存放的位置。

智能合约与人工智能并没有关系,其被冠以"智能"之名,是因为其一旦提交到区块链之后就再也无法篡改,并且可以在无监管、无干预的环境下自主运行。图 9-11 所示为合约代码到 EVM 代码的转换流程。在这个过程中,开发人员按照 Solidity 的语法编写业务逻辑,编译器会将智能合约编译成合约初始代码和一些人机交互需要使用的辅助数据,其中包括 ABI 接口描述数据和一些其他的说明性文件。账户发起创建合约交易时,以太坊交易中会加载合约创建代码,矿工在打包交易时会执行该合约的初始化代码,并生成智能合约对应的 EVM 代码和该合约对应的账户地址,当该交易所在的区块被成功打包并同步到其他节点时,其他节点就可以通过消息调用来访问该合约对外开放的接口和功能。

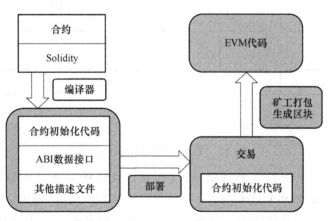

图 9-11 合约代码到 EVM 代码转换流程

## 9.3.6 区块链中的密码学技术

区块链中引入了密码学技术来提高数据的安全性保障,利用哈希算法,不可逆地将任意消息压缩为长度固定的输出值,在区块链中作为交易内容的数字摘要;利用 Merkle 树的树型数据结构,在其根节点中存储底层账本数据的数字摘要,在查找验证等过程中实现快速比较大量数据以及高效定位的功能;利用非对称加密算法,规避密钥在传输过程中可能遇到的泄漏以及被篡改的风险;基于非对称加密算法利用数字签名和数字证书技术,对数据进行确认签名和来源验证,实现用户公钥的安全分发,保证数据的完整性和合法性。

**1. 哈希算法**

Hash(哈希或散列)算法又称为哈希函数,是一种单向不可逆的密码学工具。输入任意可被数字化的明文,通过哈希计算,映射为一个固定长度的二进制数字摘要,该输出值称为哈希(散列)值。

区块的哈希值被存储在区块头中,依据前继散列值与上一区块关联,从而形成链式结构。哈希算法的单向、定长以及差异放大化特性,使得节点只需对比本区块头中存储的前继哈希值便能确定前一区块数据的正确性,且能有效维持区块的链式结构。

**2. Merkle 树**

默克尔(Merkle)树是一个由唯一根节点、若干中间节点和叶节点组成的树型存储结构。账本数据的哈希值存储在叶节点内,中间节点存储的内容都是其子节点内容的哈希值,树根的值可以表示底层所有数据的数字摘要。Merkle 树的结构如图 9-12 所示。

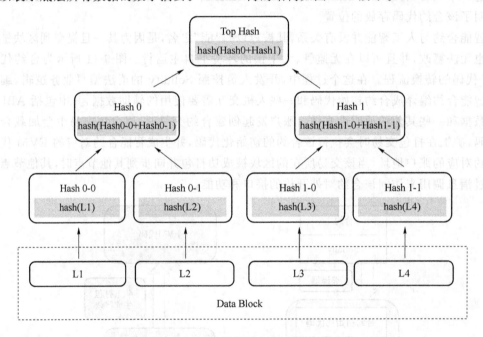

图 9-12 区块链中的 Merkle 树示例

Merkle 树大多用来进行完整性验证,比如在区块链的分布式存储环境下,只要验证 Merkle 树根哈希一致,即可验证不同节点存储的账本是否一致,因为底层账本数据的变化导致的相应哈希值的变化会导致根哈希值的不同。如果根哈希不一致,那么可以利用 Merkle 树快速定位到出现变化的数据,实现高效查找的目的。

**3. 非对称加密算法**

区块链中基于非对称加密以及数字签名的证书认证过程,其实是一种零知识证明过程。零知识证明(Zero Knowledge Proof,ZKP)允许在不泄露任何秘密信息的情况下实现身份识别、密钥交换和其他基本密码操作。证明者可以使验证者相信一个陈述是真实的,而验证者除了陈述的有效性之外获取不到与陈述相关的任何信息。零知识证明分为交互式证明和非交互式证明。交互式零知识证明中,需要各方互动,靠通信过程证明某方具备某知识,而另一方检验该证明是否成立。非交互式零知识证明中,为了保证挑战的随机,通常使用哈希函数模拟随机数。哈希函数的广泛抗碰撞性决定了证明者无法通过挑选随机数进行作弊。

一个具象的例子就是视觉正常的证明者向红绿色盲证明,两个球分别着色为红色和绿色。证明过程如下。

第一步:证明者先将两个球分别放在色盲的两只手中,记住左右手中的颜色。

第二步:色盲将手放背后,随机决定是否在背后交换手中的球,然后双手握球展示给证明者并问他自己是否刚才在背后交换了手中的球。

第三步:证明者通过对比之前色盲两手中球的颜色来回答他的问题。

证明者如果想骗过验证者,具有 $1/2$ 的错误概率。通过重复多次的证明,证明者欺骗成功的概率指数级降低。零知识的特点体现在色盲在交互结束后除了知道球的颜色不同外并没有得到关于两个球具体颜色的知识。

零知识证明具备下列三种性质。

① 完备性:如果该陈述为真,那么验证者一定会相信这个陈述是真实的。

② 合理性:如果这个陈述是假的,那么任何作弊的证明者都无法让诚实的验证者相信它是真的。

③ 零知识性:如果该陈述为真,那么验证者除了知道该陈述为真这一事实之外,获取不到任何相关信息。

基于上述红绿色盲交互的例子,我们引出零知识证明构造方法的三段论。

① 证明方先根据论断内容向验证方发个交底材料,这个样例论断需要是随机的或加密的。

② 验证方随机生成一个试探(challenge),发给证明方。

③ 证明方根据该试探和交底材料生成证明信息发给验证方。验证方根据已知信息和交底材料,判断证明方是否通过了该试探。

具体来讲,交互式零知识证明的一般过程如下:证明方和验证方拥有相同的某一个函数或一系列的数值。证明方向验证方发送满足一定条件的随机值作为"承诺"。验证方向证明方发送满足一定条件的随机值作为"挑战"。证明方执行一个秘密的计算,并将结果发送给验证方作为"响应"。验证方对响应进行验证,如果验证失败,则表明证明方不具有他所谓的"知识"。重复执行这个过程多次,如果每一次验证方都验证成功,则验证方就相信证明方拥有某种知识。而且此过程中,验证方没有得到关于这个知识的任何一点信息。

1986 年,Feige,Fiat 和 Shamir 基于零知识的思想设计了一个零知识身份识别协议,这就是著名的 Feige-Fiat-Shamir 零知识身份识别协议。该协议的目的是证明者 P 向验证者 V 证明他的身份(私钥),且事后 V 不能冒充 P。

根据三段论,进行 Feige-Fiat-Shamir 零知识身份认证过程如下:

在发放私人密钥之前,仲裁方随机选取一个模数 $n$,$n$ 为两个大素数之积。为了产生 P 的公开密钥和私人密钥,可信仲裁方选取一个数 $v$,$v$ 为对模 $n$ 的二次剩余。即选择 $v$ 使得 $x^2 \equiv v \bmod n$ 有一个解且 $v^{-1} \bmod n$ 存在。$v$ 即为 P 的公开密钥。然后计算满足 $s \equiv \text{sqrt}(v^{-1} \bmod n)$ 的最小的 $s$,$s$ 就作为 P 的私人密钥。

第一步:P 选取一个随机数 $r$,$r < n$,接着计算 $x^2 \equiv r^2 \bmod n$,并将 $x$ 发送给 V。

第二步:V 发送一个随机位 $b$ 给 P。

第三步:如果 $b = 0$,P 将 $r$ 发送给 V;如果 $b = 1$,那么 P 发送 $y \equiv r \times s \bmod n$。

第四步:如果 $b = 0$,V 验证 $x^2 \equiv r^2 \bmod n$,以证实 P 知道 $\text{sqrt}(x)$;如果 $b = 1$,V 验证 $x \equiv$

$y^2 \times v \bmod n$,以证实 P 知道 $\mathrm{sqrt}(v^{-1})$。

P 和 V 重复这个协议 $t$ 次,直到 V 确信 P 知道 S。这构成了一个身份认证系统:验证方在证明完成后没有得到任何有关两个素因子的知识。

**【例 9-5】 数独问题**

背景:一个经典数独题,数字范围是 1~9。

论断:证明方有该数独题的答案。

**证明:**

第一步:证明方将数独题答案的每个数字(连同题面上的数字)写在一张卡片上,然后将每张卡片放到数独框图中对应的位置,同时将答案卡片翻面(题面数字对应的卡片依然朝上)。

第二步:验证方首先验证题面数字和朝上的卡片的数字一致,然后随意指定一行(或列)。

第三步:证明方将该行(或列)的卡片收拢并打乱,然后全部展示给验证方。验证方验证是否数字正好为 1~9。

零知识证明协议又分为专职的零知识证明协议和通用零知识证明协议。Schnorr 协议就是一种专职的零知识协议,由德国数学家和密码学家 Claus-Peter Schnorr 在 1991 年提出,是一种基于离散对数难题的知识证明机制。证明者声称知道一个密钥 $a$ 的值,通过使用 Schnorr 加密技术,可以在不揭露 $a$ 的值情况下向验证者证明对 $a$ 的知情权。

交互式 Schnorr 协议的流程分为三步。

第一步:为了保证零知识,证明者 A 需要先产生一个随机数 $r$,用来保护私钥 $a$ 无法被验证者 B 抽取出来。将 $r$ 映射到椭圆曲线群上的点 $rG$(椭圆曲线的相关内容将在后文阐述),记为 R 发送给验证者 B。

第二步:验证者 B 要提供一个随机数 $c$ 进行挑战。

第三步:证明者 A 根据挑战数 $c$ 计算 $z = r + a * c$,然后把 $z$ 发给验证者 B,验证者 B 检验:$z * G$ 是否等于 $R + c * \mathrm{PK}$。

由于 $z = r + c * \mathrm{sk}$,等式两边添加相同的点 $G$ 可得:$z * G = rG + c * (aG) = c * \mathrm{PK} + R$。就可以验证证明者 A 确实拥有私钥 sk,但是验证者 B 并不能得到私钥 sk 的值,因此这个过程是零知识的,并且是交互式的。由于椭圆曲线上的离散对数问题,知道 R 和 G 的情况下通过 $R = r * G$ 解出 $r$ 是不可能的,所以保证了 $r$ 的私密性,更保证了完全隐藏与私钥 $a$ 相关的信息。

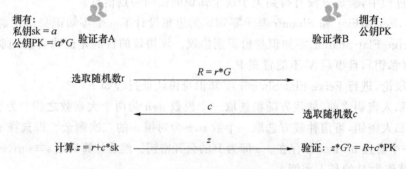

图 9-13 交互式 Schnorr 协议的流程

在区块链领域中,交易的隐私保护和交易的多方校验、共识之间的矛盾,正是零知识证明技术要解决的问题。举一个实际的场景:利用区块链系统,多家银行组成联盟链。联盟中某银行的 A 账户给另外一家银行的 B 账户转账 100 元,我们不希望区块链系统各节点看到 A 给 B

的具体转账金额,同时,又需要确定 A 给 B 的转账是有效的。为了保证交易金额的隐私性,A 账户给 B 账户的转账金额,在整个区块链系统中都是采用同态加密技术进行加密的,对于执行智能合约的节点,当它执行 A 给 B 的转账逻辑时,面对的是一堆加密过后的金额,那么如何判断以上三个条件是成立的? 在以上的场景中,可以利用零知识证明相关的技术来完成加密后交易有效性验证,结合同态加密隐私保护能力,完成完整的交易隐私保护和校验流程。

目前在区块链领域,应用的零知识证明技术有几种,包括 zk-SNARKs、ZKBoo、zk-STARKs 等,其中以 zk-SNARKs 应用最为广泛。zk-SNARKs 是在一种非常适合于区块链的零知识证明技术,它的全称是 zero-knowledge Succinct Non-Interactive Arguments of Knowledge(零知识,简洁,非交互的知识论证)。它可以实现验证节点在不知道具体交易内容的情况下,验证交易的有效性。

零知识证明的实现是基于非对称加密,即无法通过计算的结果反推出原来的信息内容,进而保证了知识不在证明的过程中泄露。非对称加密,是指在加密的过程中使用一种密钥,而解密的过程中使用另一种密钥的算法。在该算法中,密钥分为公开密钥和私有密钥,二者一般成对出现。用户在网络中公开自己的一种密钥,用户 A 向另一个用户 B 发送消息时,A 用自己的私钥加密数据并发送给 B。B 使用 A 的公钥进行验证,检查数据是否已被篡改。使用非对称加密,不需要对密钥进行传输,且无法根据公钥推算出私钥,只要保证私钥不泄漏,数据内容的安全性就有所保障。

非对称加密算法中的一种是椭圆曲线加密算法。该算法是一种基于椭圆曲线数学的公钥密码的算法,其安全性依赖于椭圆曲线离散对数问题的困难性。用于加密算法的椭圆曲线是一种形如 $y^2 = x^3 + ax + b$ 的曲线。

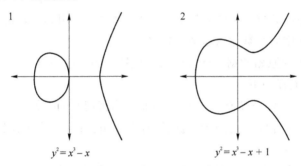

图 9-14 椭圆曲线 $y^2 = x^3 - x$ 和 $y^2 = x^3 - x + 1$

椭圆曲线具有独特的加法性质。任意取椭圆曲线上两点 $P$、$Q$(若 $P$、$Q$ 重合则做切线),作直线交于椭圆曲线的另一点 $R$,则 $P + Q + R = 0$。这样曲线上点的加法和也在曲线上。

为了适用于加密,我们在加密算法中使用有限域上的椭圆曲线。有限域 $\text{GF}(p)$ 指给定某个质数 $p$,由 $0,1,2,\cdots,p-1$ 共 $p$ 个元素组成的整数集合参与运算。由于上述的加法性质,当给定有限域的椭圆曲线上的一点 $G$ 和系数 $k$ 时,求曲线上另一点 $kG$ 点非常容易。反之,仅知道椭圆曲线上的点 $G$ 和点 $kG$,求系数 $k$ 则非常困难。运用在加密算法中,$k$ 即为私钥,$kG$ 即为公钥。这种计算的单向性即为椭圆曲线加密算法背后的数学原理。

**4. 数字签名**

在交易过程中,为识别交易发起者的合法身份,防止恶意节点身份冒充,区块链主要使用数字签名来实现权限控制。数字签名也称作电子签名,是通过一定算法实现类似传统物理签名的效果。目前已经有包括欧盟、美国和中国等在内的 20 多个国家和地区认可数字签名的法

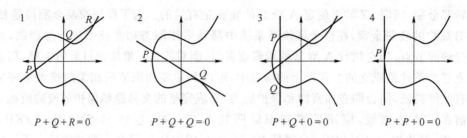

图 9-15　椭圆曲线的加法性质

律效力。数字签名在 IS07498-2 标准中定义为:"附加在数据单元上的一些数据,或是对数据单元所做的密码变换,这种数据和变换允许数据单元的接收者用以确认数据单元来源和数据单元的完整性,并保护数据,防止被人(如接收者)进行伪造。"

数字签名是通过密码学领域相关算法对签名内容进行处理,获取一段用于表示签名的字符。在密码学领域,一套数字签名算法一般包含签名和验签两种运算,数据经过签名后,非常容易验证完整性,并且不可抵赖。只需要使用配套的验签方法验证即可,不必像传统物理签名一样需要专业手段鉴别。数字签名通常采用非对称加密算法,即每个节点需要一对私钥、公钥密钥对。所谓私钥即只有本人可以拥有的密钥,签名时需要使用私钥。不同的私钥对同一段数据的签名是完全不同的,类似物理签名的字迹。数字签名一般作为额外信息附加在原消息中,以此证明消息发送者的身份。公钥即所有人都可以获取的密钥,验签时需要使用公钥。因为公钥人人可以获取,所以所有节点均可以校验身份的合法性。

数字签名的流程如下。

① 发送方 A 对原始数据通过哈希算法计算数字摘要,使用非对称密钥对中的私钥对数字摘要进行加密,这个加密后的数据就是数字签名。

② 数字签名与 A 的原始数据一起发送给验证签名的任何一方。

验证数字签名的流程如下。

① 签名的验证方,一定要持有发送方 A 的非对称密钥对的公钥。

② 在接收到数字签名与 A 的原始数据后,首先使用公钥,对数字签名进行解密,得到原始摘要值。

③ 然后,对 A 的原始数据通过同样的哈希算法计算摘要值,进而比对解密得到的摘要值与重新计算的摘要值是否相同,如果相同,那么签名验证通过。

A 的公钥可以解密数字签名,保证了原始数据确实来自 A。解密后的摘要值,与原始数据重新计算得到的摘要值相同,保证了原始数据在传输过程中未经过篡改。在区块链网络中,每个节点都拥有一份公私钥对。在节点发送交易时,先利用自己的私钥对交易内容进行签名,并将签名附加在交易中。其他节点收到广播消息后,先对交易中附加的数字签名进行验证,完成消息完整性校验及消息发送者身份合法性校验后,该交易才会触发后续处理流程。

此外,数字证书一般伴随着数字签名同时使用,是由证书认证机构背书和签发的用于标识通信双方身份的数字标识,与数字签名相同,具有两种类型,一种用于保护加密公钥,另一种用于保护验证公钥,实现公钥的安全分发。

# 本 章 习 题

## 一、选择题

1. (单选题)下列选项中不属于入侵检测作用的是( )。

A. 监控、分析用户和系统的活动      B. 发现入侵企图

C. 阻断非法数据包流入内部网络      D. 对异常活动的统计与分析

2. (多选题)TCP 协议用于下述哪些服务( )。

A. HTTP        B. FTP        C. TELNET        D. SMTP

## 二、判断题

1. 入侵检测是网络安全中的第一道屏障。( )

2. Hash 算法是一个可逆函数,可以由散列值确定输入值。( )

3. 从网站下载的软件,经杀毒软件查杀,没有查出该软件含有恶意代码,安装使用该软件不存在安全风险。( )

## 三、填空题

1. 传统信息安全中信息的三个安全属性为_____、_____、_____。

2. 信息系统中需要从_____、_____、_____、_____、_____五个环节保障信息安全。

3. 一个密码体制至少包含_____、_____、_____、_____、_____五个部分。

4. 常用的入侵检测方法分为_____和_____。

5. 空间信息对抗分为空间信息对抗的_____、_____、_____三种类型。

## 四、简答题

1. 解释密码学技术中的明文、密文和密钥的含义。

2. 简述用户使用对称加密体制的基本原理。

3. OSI 模型与 TCP/IP 模型之间有什么区别?

4. IPv6 相比于 IPv4 有什么优势?

5. 列举几个可信计算技术的应用场景。

6. 区块链具有哪些特点?

7. 区块链基础架构分为哪几层?

8. 简述许可链与非许可链之间的区别。

9. 简述不同的区块是如何连接成为链式结构的。

10. 共识机制在区块链的工作过程中起到什么作用?

## 五、计算题

1. 假设一个比特币系统,当前难度值为 100,若最近 2 016 个区块的产生时间为 7 天,则难度值应调整为多少? 如果产生时间为 3 天呢?

2. 假设一个联盟链系统,采用 PBFT 共识算法,已知该系统中有 3 个节点被黑客操控,另有 2 个节点宕机,请问该系统若要正常运行,正常节点数量至少为多少? 请给出理由。

3. 假设一个联盟链系统共有 6 个节点,其中两个节点为拜占庭节点,不发送任何消息,请画出该 6 个节点采用 PBFT 共识的流程图,并简要说明每一步骤的流程。

## 六、证明题

1. 将解决拜占庭将军问题的方法定义为 BGP,BGP$(n,m)$ 代表解决 $m$ 个叛徒将军的方法,其中 $n$ 代表将军总数,请证明:如果将军总数 $n$ 大于 $3m$,BGP$(n,m)$ 存在。

2. 离散对数问题

背景:函数 $f(x)=g^x$,其中 $g$ 为公开大整数。

论断:给定一个数字 $y$,证明方证明他知道离散对数 $\log_g y$,即 $y=f(x)$。

3. 证明者 A 要向验证者 B 证明其拥有数字 $k$(私钥)而不告诉有关 $k$ 的信息。证明者 A 首先选取椭圆曲线上一点 $G$,公开 $G$ 和 $kG$(公钥)。请给出 A 的证明步骤。

# 参考文献

［1］ International Telecommunication Union，Internet Reports 2005：The Internet of things ［R］. Geneva：ITU，2005.

［2］ Weyrich M，Schmidt J P，Ebert C. Machine-to-Machine Communication［J］. IEEE Software，2014，31(4)：19-23. doi：10.1109/MS. 2014. 87.

［3］ Li S，Xu L D，Zhao S. 5G Internet of Things：A survey［J］. Journal of Industrial Information Integration，2018，10：1-9. doi：10.1016/j. jii. 2018.01.005.

［4］ Al-Fuqaha A，Guizani M，Mohammadi M，et al. Internet of Things：A Survey on Enabling Technologies，Protocols，and Applications［J］. IEEE Communications Surveys & Tutorials，2015，17(4)：2347-2376.

［5］ Xu L D，He W，Li S. Internet of Things in Industries：A Survey［J］. IEEE Transactions on Industrial Informatics，2014，10(4)：2233-2243.

［6］ Lin J，Yu W，Zhang N，et al. A Survey on Internet of Things：Architecture，Enabling Technologies，Security and Privacy，and Applications［J］. IEEE Internet of Things Journal，2017，4(5)：1125-1142.

［7］ Sisinni E，Saifullah A，Han S，et al. Industrial Internet of Things：Challenges，Opportunities，and Directions［J］. IEEE Transactions on Industrial Informatics，2018，14(11)：4724-4734.

［8］ Mao Y，You C，Zhang J，et al. A Survey on Mobile Edge Computing：The Communication Perspective［J］. IEEE Communications Surveys & Tutorials，2017，19(4)，2322-2358.

［9］ Chiang M，Zhang T. Fog and IoT：An Overview of Research Opportunities［J］. IEEE Internet of Things Journal，2017，3(6)：854-864.

［10］ Xia F，Yang L T，Wang L，et al. Internet of Things［J］. International journal of communications systems，2012，25(9)：1101.

［11］ 彭木根,等.6G 移动通信系统 理论与技术［M］. 北京:人民邮电出版社,2020.

［12］ 田捷,等. 生物特征识别技术理论与应用［M］.北京:电子工业出版社,2005.

［13］ 朱明. 无线传感器网络技术与应用［M］.北京:工业出版社,2020.

［14］ 刘云浩. 物联网导论［M］.北京:科学出版社,2022.

［15］ 韩毅刚,等. 物联网概论［M］. 北京:机械工业出版社,2012.

［16］ 王平. 物联网概论［M］. 北京:北京大学出版社,2014.

[17] 甘早斌,等.物联网识别技术及应用[M].北京:清华大学出版社,2020.

[18] 范茂军.物联网与传感器技术[M].北京:机械工业出版社,2012.

[19] 寇艳红,等.GPS/GNSS原理与应用[M].北京:电子工业出版社,2021.

[20] 王靖宇.分析5G移动通信技术发展与应用趋势[J].信息通信,2020(07):256-257.

[21] 王艳峰,谷林海,刘鸿鹏.低轨卫星移动通信现状与未来发展[J].通信技术,2020,53(10):2447-2453.

[22] 申莉华,李晓辉.近地空间通信中的降雨衰减影响分析[J].通信技术,2010,43(05):79-81.

[23] Andrews J G, et al. What Will 5G Be? [J]. IEEE Journal on Selected Areas in Communications, 2014, 32(6):1065-1082. doi:10.1109/JSAC.2014.2328098.

[24] Mesleh R Y, Haas H, Sinanovic S, et al. Spatial Modulation[J]. IEEE Transactions on Vehicular Technology,2008, 57(4):2228-2241, doi:10.1109/TVT.2007.912136.

[25] Falconer D, Ariyavisitakul S L, Benyamin-Seeyar A, et al. Frequency domain equalization for single-carrier broadband wireless systems[J]. IEEE Communications Magazine, 2002, 40(4):58-66, doi:10.1109/35.995852.

[26] Hwang T, Yang C, Wu G, et al. OFDM and Its Wireless Applications: A Survey[J]. IEEE Transactions on Vehicular Technology, 2009,5(4):1673-1694,doi:10.1109/TVT.2008.2004555.

[27] Morelli M, Mengali U. A comparison of pilot-aided channel estimation methods for OFDM systems[J]. IEEE Transactions on Signal Processing, 2001, 49(12):3065-3073, doi:10.1109/78.969514.

[28] Alouini M S, Goldsmith A J. Capacity of Rayleigh fading channels under different adaptive transmission and diversity-combining techniques[J]. IEEE Transactions on Vehicular Technology,1999,48(4):1165-1181, doi:10.1109/25.775366.

[29] Larsson E G, Edfors O, Tufvesson F, et al. Massive MIMO for next generation wireless systems[J]. IEEE Communications Magazine,2014,52(2):186-195, doi:10.1109/MCOM.2014.6736761.

[30] Agiwal M, Roy A, Saxena N, et al. Next Generation 5G Wireless Networks: A Comprehensive Survey[J]. IEEE Communications Surveys & Tutorials, 2016, 18(3):1617-1655, doi:10.1109/COMST.2016.2532458.

[31] Seo DongBum, Jeon You-Boo, Lee Song-Hee, et al. Cloud computing for ubiquitous computing onM2M and IoT environment mobile application[J]. Cluster Computing, 2016, 19(2):1001-1013.

[32] Muñoz R, Ricard Vilalta, et al. Integration of IoT, Transport SDN, and Edge/Cloud Computing for Dynamic Distribution of IoT Analytics and Efficient Use of Network Resources[J]. Journal of Lightwave Technology,2018, 36(7):1420-1428.

[33] 王智民.云计算安全——机器学习与大数据挖掘应用实践[M].北京:清华大学出版社,2022.

[34] 杨正洪.智慧城市:大数据、物联网和云计算之应用[M].北京:清华大学出版社,2014.

［35］ 张溶芳,许丹丹,王元光,等.机器学习在物联网虚假用户识别中的运用[J].电信科学,2019,35(07):136-144.

［36］ Zhu Chao，Tao Jin，Pastor Giancarlo，et al. Folo：Latency and quality optimized task allocation in vehicular fog computing[J]. IEEE Internet of Things Journal,2019,6(3):4150-4161.

［37］ Bansal Maggi，Chana Inderveer，Clarke Siobhan. Enablement of IoT based context-awaresmart home with fog computing［J］. Journal of Cases on Information Technology，2017，19(4):1-12.

［38］ Rathee Geetanjali，Sandhu Rajinder，Saini Hemraj，et al. A trust computed framework for IoT devices and fog computing environment[J]. Wireless Networks，2020，26(4):2339-2351.

［39］ Ning Z，Zhang K，Wang X,et al. Intelligent Edge Computing in Internet of Vehicles：A Joint Computation Offloading and Caching Solution［J］. IEEE Transactions on Intelligent Transportation Systems，2021，22(4):2212-2225

［40］ Lin X，Wu J，MumtazS，et al. Blockchain-Based on-Demand Computing Resource Trading in IoV-Assisted Smart City[J]. IEEE Transactions on Emerging Topics in Computing，2020，9(3)：1373-1385.

［41］ 屈芳,郭骅."物联网＋大数据"视阈下的智慧养老模式研究[J].信息资源管理学报,2017,7(04):51-57.

［42］ Shannon C E. Communication Theory of Secrecy Systems[J]. Bell System Technical Journal，1949，28(4):656-715.

［43］ Diffie W，Hellman M. New directions in cryptography[J]. IEEE Transactions on Information Theory，1976，22(6):644-654.

［44］ Granjal J，Monteiro E，Sa Silva J. Security for the Internet of Things：A Survey of Existing Protocols and Open Research Issues[J]. IEEE Communications Surveys & Tutorials，2015，17(3):1294-1312.

［45］ Yang Y，Wu L，Yin G，et al. A Survey on Security and Privacy Issues in Internet-of-Things[J]. IEEE Internet of ThingsJournal，2017，4(5):1250-1258.

［46］ Liu J，Kato N，Ma J，et al. Device-to-Device Communication in LTE-Advanced Networks：A Survey[J]. IEEE Communications Surveys & Tutorials，2015，17(4)：1923-1940.

［47］ Yue J，Ma C，Yu H，et al. Secrecy-Based Access Control for Device-to-Device Communication Underlaying Cellular Networks[J]. IEEE Communications Letters，2013，17(11):2068-2071.

［48］ Zeng K. Physical layer key generation in wireless networks：challenges and opportunities[J]. IEEE Communications Magazine，2015，56(6):33-39.

［49］ Burg A，Chattopadhyay A，Lam K Y. Wireless Communication and Security Issues for Cyber-Physical Systems and the Internet-of-Things[J]. Proceedings of the IEEE，2017，106(1):38-60.

［50］ Mukherjee A. Physical-Layer Security in the Internet of Things：Sensing andCommunication Confidentiality Under Resource Constraints[J]. Proceedings of the IEEE, 2015, 103(10):1747-1761.

[51] Hassija V, Chamola V, Saxena V, et al. A Survey on IoT Security: Application Areas, Security Threats, and Solution Architectures[J]. IEEE Access, 2019, 7: 82721-43.

[52] Li J, Liang W, Xu W. Service Home Identification of Multiple-Source IoT Applications in Edge Computing[J]. IEEE Transactions on Services Computing, 2023,16(2): 1417-1430, doi: 10.1109/TSC.2022.3176576.

[53] Goudarzi M, Wu H, Palaniswami M. An Application Placement Technique for Concurrent IoT Applications in Edge and Fog Computing Environments[J]. IEEE Transactions on Mobile Computing, 2021, 20(4): 1298-1311, doi: 10.1109/TMC. 2020.2967041.

[54] Chen F, Xiao Z, Xiang T. A Full Lifecycle Authentication Scheme for Large-Scale Smart IoT Applications[J]. IEEE Transactions on Dependable and Secure Computing, 2023,20(3): 2221-2237, doi: 10.1109/TDSC.2022.3178115.

[55] Chen S, Xu H, Liu D, et al. A Vision of IoT: Applications, Challenges, and Opportunities With China Perspective[J]. IEEE Internet of Things Journal, 2014, 4: 349-359,doi: 10.1109/JIOT.2014.2337336.

[56] Lohiya R, Thakkar A. Application Domains, Evaluation Data Sets, and Research Challenges of IoT: A Systematic Review[J]. IEEE Internet of Things Journal, 2021, 8(11): 8774-8798, doi: 10.1109/JIOT.2020.3048439.

[57] Alobaidy H A H, Jit Singh M, Behjati M, et al. Wireless Transmissions, Propagation and Channel Modelling for IoT Technologies: Applications and Challenges[J]. IEEE Access, 2022,10: 24095-24131, doi: 10.1109/ACCESS.2022.3151967.

[58] 黄达辉,钟伟华,于欣宁.基于物联网平台的智慧医疗系统应用研究[J].现代医院, 2023,23(04):622-625.

[59] 但海涛.物联网在物流经济管理中的应用研究[J].商场现代化,2023(06):34-36. doi: 10.14013/j.cnki.scxdh.2023.06.019.

[60] 鲁刚强,向模军.物联网技术在智慧农业中应用研究[J].核农学报,2022,36(06):1293.

[61] Li J, Liang W, Xu W, et al. Service Home Identification of Multiple-Source IoT Applications in Edge Computing[J]. IEEE Transactions on Services Computing, 2023, 16(2): 1417-1430, doi: 10.1109/TSC.2022.3176576.

[62] Cheong Yui Wong, Cheng R S, Lataief K B, et al. Multiuser OFDM with adaptive subcarrier, bit, and power allocation[J]. IEEE Journal on Selected Areas in Communications, 1999, 17(10):1747-1758, doi: 10.1109/49.793310.

[63] Dai L,Wang B, Ding Z, et al. A Survey of Non-Orthogonal Multiple Access for 5G[J]. IEEE Communications Surveys&Tutorials, 2018, 20(3): 2294-2323, doi: 10.1109/COMST.2018.2835558.

[64] Chen C, Zhong W D,Yang H, et al. On the Performance of MIMO-NOMA-Based Visible Light Communication Systems[J]. IEEE Photonics Technology Letters,

2018,30(4)：307-310,doi：10.1109/LPT.2017.2785964.

[65] Dai L，Wang B，Yuan Y，et al. Non-orthogonal multiple access for 5G：solutions, challenges，opportunities，and future research trends[J]. IEEE Communications Magazine，2015，53(9):74-81，doi：10.1109/MCOM.2015.7263349.

[66] Ding Z，Lei X，Karagiannidis G K，et al. A Survey on Non-Orthogonal Multiple Access for 5G Networks：Research Challenges and Future Trends[J]. IEEE Journal on Selected Areas in Communications，2017，35(10)：2181-2195，doi：10.1109/JSAC.2017.2725519.

[67] Ye H，Li G Y，Juang B H. Power of Deep Learning for Channel Estimation and Signal Detection in OFDM Systems[J]. IEEE Wireless Communications Letters，2018，7(1):114-117，doi：10.1109/LWC.2017.2757490.

[68] Islam S M R，Avazov N，Dobre O A，et al. Power-Domain Non-Orthogonal Multiple Access（NOMA）in 5G Systems：Potentials and Challenges[J]. IEEE Communications Surveys & Tutorials,2017,19(2)：721-742，doi：10.1109/COMST.2016.2621116.

[69] 曾海勇.基于非正交多址接入技术的无线通信系统资源分配研究[D].哈尔滨:哈尔滨工业大学,2022.doi:10.27061/d.cnki.ghgdu.2022.000427.

[70] 朱建月．宽带无线通信系统中的非正交多址接入技术[D].南京:东南大学,2021.doi：10.27014/d.cnki.gdnau.2021.000067.

[71] 江林华.5G物联网及NB-IoT技术详解[M].北京:电子工业出版社,2018.

[72] 刘云浩.物联网导论[M].3版.北京:科学出版社,2017.

[73] 张飞舟.物联网应用与解决方案[M].2版.北京:电子工业出版社,2019.

[74] 王佳斌,郑力新.物联网概论[M].北京:清华大学出版社,2019.

[75] 桂小林,安健,何欣.物联网技术导论[M].2版.北京:清华大学出版社,2018.

[76] 张起贵.物联网技术与应用[M].北京:电子工业出版社,2015.

[77] 桂劲松.物联网系统设计[M].2版.北京:电子工业出版社,2017.

[78] 李永忠.物联网信息安全[M].西安:西安电子科技大学出版社,2019.

[79] 吴功宜,吴英.物联网工程导论[M].2版.北京:机械工业出版社,2018.

[80] 马飒飒,王伟明,张磊,等.物联网基础技术及应用[M].西安:西安电子科技大学出版社,2018.

[81] 谭方勇,臧燕翔.物联网应用技术概论[M].北京:中国铁道出版社,2019.

[82] 贺方成,韦鹏程,付仕明.物联网安全技术[M].北京:清华大学出版社,2018.

[83] 梅文.物联网信息安全[M].西安:西安电子科技大学出版社,2019.

[84] 高建良.物联网RFID原理与技术[M].2版.北京:电子工业出版社,2017.

[85] 黄玉兰.物联网射频识别(RFID)技术与应用[M].北京:人民邮电出版社,2013.

[86] 黄东军.物联网技术导论[M].2版.北京:电子工业出版社,2017.

[87] 张凯,张雯婷.物联网导论[M].北京:清华大学出版社,2012.

[88] 熊茂华,熊昕,甄鹏.物联网技术与应用实践(项目式)[M].西安:西安电子科技大学出版社,2019.

[89] 孙其博,刘杰,黎羴,等.物联网:概念、架构与关键技术研究综述[J].北京邮电大学学

报,2010,3:1-9.

[90] 钱志鸿,王义君.面向物联网的无线传感器网络综述[J].电子与信息学报,2013,1:215-227.

[91] 刘强,崔莉,陈海明.物联网关键技术与应用[J].计算机科学,2010,10(6):1-4.

[92] 朱洪波,杨龙祥,朱琦.物联网技术进展与应用[J].南京邮电大学学报(自然科学版),2011,1:1-9.

[93] 李德仁,龚健雅,邵振峰.从数字地球到智慧地球[J].武汉大学学报(信息科学版),2010,2:127-132.

[94] 朱洪波,杨龙祥,于全.物联网的技术思想与应用策略研究[J].通信学报,2010,11:2-9.

[95] Rivest R L, Shamir A, Adleman L M. A method for obtaining digital signatures and public-key cryptosystems[J]. Commun ACM, 1978(21): 120-126.

[96] Goldreich O, Oren Y. Definitions and properties of zero-knowledge proof systems[J]. Journal of Cryptology,1994(7):1-32.

[97] 张焕国,韩文报,来学嘉,等.网络空间安全综述[J].中国科学:信息科学,2016,46(02):125-164.

[98] 袁勇,王飞跃.区块链技术发展现状与展望[J].自动化学报,2016,42(04):481-494.

[99] 秦志光.密码算法的现状和发展研究[J].计算机应用,2004(02):1-4.

[100] 廖勇,樊卓宸,赵明.空间信息网络安全协议综述[J].计算机科学,2017,44(04):202-206.

[101] 王晓海.空间信息对抗技术的现状及发展[J].中国航天,2007,353(09):17-21.

[102] 关汉男,易平,俞敏杰,等.卫星通信系统安全技术综述[J].电信科学,2013,29(07):98-105.

[103] 郑敏,王虹,刘洪,等.区块链共识算法研究综述[J].信息网络安全,2019,223(07):8-24.